云课版

UG NX 12

中文版

从入门到精通

刘生 卢园 编著

U0277376

人民邮电出版社

北 京

图书在版编目（CIP）数据

UG NX12中文版从入门到精通 / 刘生，卢园 编著
. -- 北京 : 人民邮电出版社，2019.5
ISBN 978-7-115-50564-4

Ⅰ．①U… Ⅱ．①刘… ②卢… Ⅲ．①计算机辅助设计
－应用软件－基础知识 Ⅳ．①TP391.72

中国版本图书馆CIP数据核字(2019)第000804号

内 容 提 要

本书结合具体实例由浅入深、从易到难地讲述了 UG NX12 的基本知识，并介绍了 UG NX12 在工程设计中的应用。本书按知识结构分为 14 章，包括 UG NX12 基础环境，UG NX12 基础操作，曲线操作，草图绘制，实体建模，特征建模，特征操作，编辑特征、信息和分析，曲面功能，装配特征，工程图，钣金设计，运动仿真和有限元分析等内容。

随书配送了丰富的电子资源，包含书中所有实例的源文件或结果文件，以及主要实例操作过程的视频讲解文件。

本书适合作为各类院校和培训机构相关课程的教材和参考书，也可以作为从事机械设计、工业设计等专业的工程技术人员的学习参考书。

　◆ 编　著　刘　生　卢　园
　　责任编辑　俞　彬
　　责任印制　马振武
　◆ 人民邮电出版社出版发行　　北京市丰台区成寿寺路 11 号
　　邮编　100164　　电子邮件　315@ptpress.com.cn
　　网址　http://www.ptpress.com.cn
　　北京九州迅驰传媒文化有限公司印刷
　◆ 开本：787×1092　1/16
　　印张：34.5　　　　　　　　　2019 年 5 月第 1 版
　　字数：941 千字　　　　　　　2025 年 3 月北京第 15 次印刷

定价：79.00 元

读者服务热线：(010)81055410　印装质量热线：(010)81055316
反盗版热线：(010)81055315

Unigraphics Solutions 公司（简称 UGS）是全球著名的 MCAD 供应商，它主要通过其虚拟产品开发（VPD）的理念，为汽车与交通、航空航天、日用消费品、通用机械及电子工业等领域提供多级化的、集成的、企业级的包括软件产品与服务在内的完整 MCAD 解决方案。其主要的 CAD 产品是 UG。

UG 软件是一个集成化的 CAD/CAE/CAM 系统软件，它为工程设计人员提供了非常强大的应用工具，利用这些工具可以对产品进行设计（包括零件设计和装配设计）、工程分析（有限元分析和运动机构分析）、绘制工程图、编制数控加工程序等。随着版本的不断升级和功能的不断扩充，其应用范围不断扩大，并向专业化和智能化发展，例如各种模具设计模块（冷冲模、注塑模等）、钣金加工模块、管路布局、机体设计及车辆工具包等。

UG 每次推出的新版本都能体现当时较先进的制造发展技术，很多现代的设计方法和理念都能较快地在新版本中反映出来。本书所介绍的 UG NX12 版本在很多方面都进行了改进和升级，例如并行工程中的几何关联设计、参数化设计等。

一、本书特色

本书具有以下 5 大特色。

☑　由浅入深

本书编者根据自己多年的计算机辅助设计领域工作经验和教学经验，针对初级用户学习 UG 的难点和疑点，由浅入深，全面、细致地讲解了 UG 在工业设计应用领域的各种功能和使用方法。

☑　实例专业

本书中的很多实例本身就是工程设计项目案例，经过编者精心提炼和改编，可以帮助读者更好地学习知识点，更重要的是能帮助读者掌握实际的操作技能。

☑　提升技能

本书从全面提升 UG 设计能力的角度出发，结合大量的案例来讲解如何利用 UG 进行工程设计，真正让读者懂得计算机辅助设计并能够独立地完成各种工程设计。

☑　内容全面

本书在有限的篇幅内，讲解了 UG 的一些常用功能，内容涵盖了草图绘制、零件建模、曲面造型、钣金设计、装配建模和工程图等知识。本书不仅有透彻的讲解，还有丰富的实例，读者能够通过这些实例的演练找到一条学习 UG 的捷径。

☑　知行合一

结合大量的工业设计实例详细讲解 UG 知识要点，让读者在学习案例的过程中潜移默化地掌握 UG 软件的操作，同时提高工程设计实践的能力。

二、本书的组织结构和主要内容

本书以 UG NX12 版本为演示平台，全面介绍 UG 软件从基础到实例制作的知识，帮助读者从入门走向精通。全书分为 14 章，各章内容如下。

第 1 章主要介绍 UG NX12 基础环境；

第 2 章主要介绍 UG NX12 基础操作；

第 3 章主要介绍曲线操作；

第 4 章主要介绍草图绘制；

第 5 章主要介绍实体建模；

第 6 章主要介绍特征建模；

第 7 章主要介绍特征操作；

第 8 章主要介绍编辑特征、信息和分析；

第 9 章主要介绍曲面功能；

第 10 章主要介绍装配特征；

第 11 章主要介绍工程图；

第 12 章主要介绍钣金设计；

第 13 章主要介绍运动仿真；

第 14 章主页介绍有限元分析。

三、本书的配套资源

本书配套资源可通过扫描二维码下载，配套资源内容极为丰富，有助于读者在较短的时间内学会并精通这门技术。

1．配套教学视频

编者针对本书实例专门制作了 46 集配套教学视频，读者可以先看视频，像看电影一样轻松愉悦地学习本书内容，然后对照课本加以实践和练习，这样可以大大提高学习效率。扫描下方"云课"二维码即可获得全书视频，也可扫描正文中的二维码观看对应章节的内容。

云课

2．6 套大型图纸设计方案及长达 10 小时同步教学视频

为了帮助读者拓宽视野，本书特意赠送 6 套设计图纸源文件，以及视频教学录像（动画演示），视频总长 10 小时。

3．全书实例的源文件和素材

本书配套资源中提供了全书实例和练习实例的源文件和素材。

资源下载

提示：关注"职场研究社"公众号，回复关键字"50564"即可获得所有资源的获取方式。

四、本书编写人员

本书由沈阳市化工学校的刘生老师和石家庄三维书屋文化传播有限公司的卢园老师编写，刘生执笔编写了第 1 ～ 8 章，卢园执笔编写了第 9 ～ 14 章。胡仁喜、刘昌丽、王敏、李亚莉、康士廷等人员也参加了部分章节的编写与整理工作。

由于编者水平有限，书中疏漏之处在所难免，广大读者可以发邮件（win760520@126.com）与编者交流或提出宝贵意见。读者也可以加入 QQ 群 334596627 参与交流和讨论。

编者

2018 年 6 月

目　录
CONTENTS

第6章　特征建模 ························ 151

第 11 章　工程图 ……………………………………………………………… 385

第 14 章 有限元分析 ································· 496

第 1 章
UG NX12 基础环境

/ 导读

　　基础环境模块是 UG 软件所有模块的基本框架，是启动 UG 软件时运行的第一个模块，它为其他 UG 模块提供了统一的数据支持和交互环境。在此模块中，可以执行打开、创建、保存、屏幕布局、视图定义、模型显示、分析部件、调用在线帮助和文档、执行外部程序等操作。

/ 知识点

- ➲ UG NX12 用户界面
- ➲ UG NX12 功能区
- ➲ 系统的环境设置和参数设置
- ➲ 参数首选项

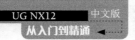

1.1 UG NX12 用户界面

本节主要介绍 UG NX12 中文版的启动方法和工作界面。

1.1.1 UG NX12 的启动方法

启动 UG NX12 中文版的方法有以下几种。

（1）双击桌面上的 UG NX12 快捷方式图标。

（2）单击桌面左下方的"开始"→"所有程序"→"UGS NX 12.0"→"NX 12.0"命令。

（3）直接在 UG NX12 安装目录的"UGII"子目录下双击"ugraf.exe"图标🐾。

UG NX12 中文版启动界面如图 1-1 所示。

图 1-1　UG NX12 中文版启动界面

1.1.2 UG NX12 中文版工作界面

UG NX12 在界面设计上倾向于 Windows 风格。在创建一个部件文件后，进入 UG NX12 主界面，如图 1-2 所示。

（1）标题栏：用于显示 UG NX12 的版本、当前模块、当前工作部件文件名、当前工作部件文件的修改状态等信息。

（2）菜单：用于显示 UG NX12 中各功能菜单，主菜单是经过分类并固定显示的。通过主菜单，可激发各层级联菜单，UG NX12 中几乎所有功能都能在菜单上找到。

（3）功能区：用于显示 UG NX12 的常用功能。

（4）工作区：用于显示模型及相关对象。

（5）提示行：用于显示下一操作步骤的提示信息。

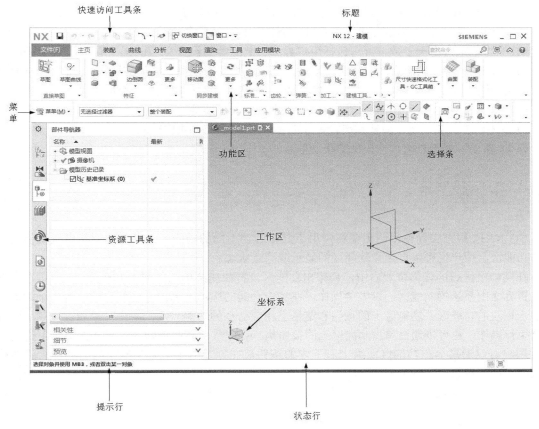

图 1-2　UG NX12 主界面

（6）状态行：用于显示当前操作步骤的状态，或当前操作的结果。

（7）部件导航器：用于显示建模的先后顺序和父子关系，可以直接在相应的条目上右击，以便快速地进行各种操作。

1.2　菜单

UG NX12 的菜单如图 1-3 所示，包括以下 14 个菜单项。

（1）文件：用于模型文件的管理，包括新建、打开、保存、导入或导出文件等。

（2）编辑：用于模型文件的设计更改，包括复制、删除、选择、对象显示等。

（3）视图：用于模型的显示控制，包括刷新、布局、可视化等。

（4）插入：用于提供建模模块环境下的常用命令，进行设计特征、细节特征等的创建。

（5）格式：用于模型格式的组织与管理，可以进行图层设置、分组等操作。

（6）工具：用于提供复杂建模工具，包括表达式、电子表格、重用库等。

（7）装配：用于虚拟装配建模功能，是装配模块的功能。

图 1-3　菜单

（8）信息：用于查询相关信息，包括对象、部件、装配等信息。

（9）分析：用于模型对象分析，包括几何属性分析、装配分析等。

（10）首选项：用于参数设置，包括用户界面、装配等的设置。

（11）应用模块：用于启动 NX 应用模块，包括建模应用模块、装配应用模块、PMI 应用模块、制图应用模块、加工应用模块和设计仿真模块等。打开部件时只能选择一个应用模块。

（12）窗口：用于进行图形窗口切换，可以进行新建、层叠、平铺窗口等操作。

（13）GC 工具箱：用于弹簧和齿轮等标准零件的创建以及加工准备。

（14）帮助：用于查阅软件提供的帮助信息。

1.3 功能区

UG NX12 根据实际使用的需要将常用工具组合为不同的功能区，进入不同的模块就会显示相关的功能区。用户也可以自定义功能区的显示或隐藏状态。

在功能区区域的任何位置右击，会弹出功能区设置快捷菜单，如图 1-4 所示。用户可以根据需要设置界面中显示的功能区，以方便操作。在相应功能的选项上单击，使其前面出现一个对勾，即可显示相应的功能区。功能区上的按钮和菜单上相应命令的功能一致，用户可以通过在菜单中选择命令执行操作，也可以通过单击功能区上的按钮执行操作，但有些特殊命令只能在菜单中找到。

用户可以通过单击功能区面组上右下方的按钮，在打开的菜单中单击相应的选项来添加或删除该面组内的按钮，如图 1-5 所示。

图 1-4 "功能区"设置快捷菜单

图 1-5 新的面组设置方式

1.3.1 功能区选项卡的设置

在 UG NX12 中，用户可以根据需要来定制用户界面的布局和自定义功能区选项卡。例如，设置图标的大小、图标名称的显示、图标显示、各项命令的快捷键、图标在功能区选项卡中放置的位置，以及加载自己开发的功能区选项卡等，这可使用户节省更多的时间，提高设计效率。

　　单击"菜单"→"工具"→"定制"命令，打开图 1-6 所示的"定制"对话框。

图 1-6　"定制"对话框

　　该对话框包含"命令""选项卡 / 条""快捷方式"和"图标 / 工具提示"4 个选项卡。在选项卡中设置相关的参数，就可以进行相关功能区的设置。

1.3.2　常用功能区选项卡

1."视图"选项卡

"视图"选项卡用于对图形窗口的物体进行显示操作，如图 1-7 所示。

图 1-7　"视图"选项卡

2."应用模块"选项卡

"应用模块"选项卡用于各个模块之间的相互切换，如图 1-8 所示。

图 1-8　"应用模块"选项卡

3."曲线"选项卡

"曲线"选项卡提供了绘制各种曲线形状的工具和修改曲线形状与参数的工具，如图 1-9 所示。

图 1-9 "曲线"选项卡

4."主页"选项卡

"主页"选项卡根据选择的模块不同，显示的内容会不一样。图 1-10 所示为建模环境中的"主页"选项卡，它提供了建立参数化特征实体模型的大部分工具，主要用于建立规则和不太复杂的实体特征，以及用于修改特征形状、位置及其显示状态等。

图 1-10 "主页"选项卡

5."曲面"选项卡

"曲面"选项卡提供了构建各种曲面的工具和用于修改曲面形状及参数的工具，如图 1-11 所示。

图 1-11 "曲面"选项卡

6."分析"选项卡

"分析"选项卡提供了用于模型几何分析、形状分析和曲线分析等的工具，如图 1-12 所示。

图 1-12 "分析"选项卡

1.4　系统的基本设置

在使用 UG NX12 中文版进行建模之前，首先要对 UG NX12 中文版进行系统设置。下面主要介绍系统的环境设置和参数设置。

1.4.1　环境设置

在 Windows 操作系统中，软件的工作路径是由系统注册表和环境变量来设置的。安装 UG NX12 以后，其会自动建立一些系统环境变量，如 UGII_BASE_DIR、UGII_LANG、UG_ROOT_DIR 等。如果用户要添加环境变量，可以在"计算机"图标上右击，在弹出的快捷菜单中选择"属性"命令，在打开的对话框中单击"高级系统设置"选项，打开图 1-13 所示的"系统属性"对话框，在"高级"选项卡中单击"环境变量"按钮，打开图 1-14 所示的"环境变量"对话框。

图 1-13　"系统属性"对话框

图 1-14　"环境变量"对话框

如果要对 UG NX12 进行中英文界面的切换，在图 1-14 所示对话框的"系统变量"列表框中选择"UGII_LANG"，然后单击"编辑"按钮，打开图 1-15 所示的"编辑系统变量"对话框，在"变量值"文本框中输入"simpl_chinese"（中文）或"english"（英文），就可实现中英文界面的切换。

图 1-15　"编辑系统变量"对话框

1.4.2　默认参数设置

在 UG NX12 环境中，操作参数一般都可以修改。大多数的操作参数，如尺寸的单位、尺寸的标注方式、字体的大小以及对象的颜色等，都有默认值。而参数的默认值都保存在默认参数设置文件中，当启动 UG NX12 时，会自动调用默认参数设置文件中的默认参数。UG NX12 提供了修改默认参数的方式，用户可以根据自己的习惯预先设置参数的默认值，可显著提高设计效率。

单击"菜单"→"文件"→"实用工具"→"用户默认设置"命令，打开图 1-16 所示的"用户默认设置"对话框。在该对话框中可以设置参数的默认值，查找所需默认设置的作用域和版本，把默认参数以电子表格的格式输出，升级旧版本的默认设置等。

下面介绍"用户默认设置"对话框中两个重要按钮的用法。

图 1-16 "用户默认设置"对话框

1. 查找默认设置

在对话框中单击 （查找默认设置）按钮，打开图 1-17 所示的"查找默认设置"对话框，在该对话框的"输入与默认设置关联的字符"文本框中输入要查找的默认设置，单击"查找"按钮，"找到的默认设置"列表框中即可列出默认设置的作用域、版本、类型等。

图 1-17 "查找默认设置"对话框

2. 管理当前设置

在对话框中单击 （管理当前设置）按钮，打开图 1-18 所示的"管理当前设置"对话框。在该对话框中可以实现对默认设置的新建、删除、导入、导出和以电子表格的格式输出。

图 1-18　"管理当前设置"对话框

1.5　UG NX12 参数首选项

在建模过程中，不同的用户会有不同的绘图习惯，比如图层的颜色、线框设置和预览效果等。在 UG NX12 中，用户可以通过修改相关的系统参数来设置工作环境。"首选项"菜单中的命令为用户提供了设置参数的工具。

UG 中参数的默认值是可以修改的。通过修改安装目录下"UGII"文件夹中的相关模块的 DEF 文件，即可改变参数的默认值。

1.5.1　对象首选项

"对象"首选项用于设置新对象的属性和对新对象进行分析时的颜色显示。

单击"菜单"→"首选项"→"对象"命令，打开图 1-19 所示的"对象首选项"对话框，该对话框中包含"常规"和"分析"两个选项卡。

1."常规"选项卡

在"对象首选项"对话框中，选择"常规"选项卡，显示相应的参数设置内容，如图 1-19 所示。

（1）工作层：用于设置新对象的工作图层。

（2）类型：用于设置对象首选项的类型。

（3）颜色：用于设置所选对象的颜色。单击其右侧的色块后，系统打开"调色板"对话框，用户可以通过该对话框设置所选对象类型的颜色。

（4）线型：用于设置所选对象类型曲线的特点。可在"线型"下拉列表中选择用户所需的线型，系统的默认值为连续直线。

（5）宽度：用于设置所选对象类型曲线的宽度。可在"宽度"下拉列表中选择用户所需的线宽，系统默认值为正常线。

（6）局部着色：用于设置新的实体和片体的显示属性是否为局部着色效果。

（7）面分析：用于设置新的实体和片体的显示属性是否为面分析效果。

（8）透明度：用于设置新的实体和片体的透明状态。用户可以移动滑块改变透明度的大小。

（9）（继承）：用于继承某个对象的属性设置。使用该功能时，先选择对象类型，然后单击（继承）按钮，选择要继承的对象，这样，新设置的对象就会和被继承的对象具有同样的属性。

（10）（信息）：用于显示对象属性设置的信息对话框。单击（信息）按钮，系统显示对象属性设置清单，列出各种对象类型的属性值。

2. "分析"选项卡

在"对象首选项"对话框中，选择"分析"选项卡，显示相应的参数设置内容，如图 1-20 所示。该选项卡用于在进行"曲面连续性显示""截面分析显示""偏差度量显示"和"高亮线显示"分析时，设置相应分析曲线的颜色。

图 1-19 "对象首选项"对话框

图 1-20 "分析"选项卡

1.5.2 可视化首选项

"可视化"首选项用于设置绘图窗口的显示属性。

单击"菜单"→"首选项"→"可视化"命令，打开图 1-21 所示的"可视化首选项"对话框，该对话框包含 10 个选项卡。

1. "颜色 / 字体" 选项卡

在"可视化首选项"对话框中，选择"颜色 / 字体"选项卡，显示相应的参数设置内容。该选项卡用于设置预选对象、选择对象、前景、背景等的颜色。

2. "小平面化" 选项卡

在"可视化首选项"对话框中，选择"小平面化"选项卡，显示相应的参数设置内容，如图 1-22 所示。

图 1-21　"可视化首选项"对话框

图 1-22　"小平面化"选项卡

该对话框用于设置利用小平面进行着色时的参数。

（1）"着色视图"选项组：主要针对着色、静态线框和局部着色渲染样式视图。

（2）"高级可视化视图"选项组：主要针对艺术外观、真实着色和面分析渲染样式的视图。

① 分辨率：控制小平面几何体的显示分辨率。

② 更新：用于设置在更新操作过程中哪些对象更新显示。

③ 小平面比例：调整系统缩放分辨率公差设置指定的小平面化公差。

④ 沿边对齐小平面：通过共享小平面的顶点，沿着公共边对齐体的小平面。

3. "可视" 选项卡

在"可视化首选项"对话框中，选择"可视"选项卡，显示相应的参数设置内容，如图 1-23 所示。该对话框用于设置实体在视图中的显示特性，其部件设置中各参数的改变只影响所选择的视图，但"透明度""线条反锯齿""全景反锯齿""着重边""高级艺术外观显示"和"更新隐藏边"等参数的改变会影响所有视图。

（1）"常规显示设置"面板。

① 渲染样式：用于为所选的视图设置着色模式。

② 着色边颜色：用于为所选的视图设置着色边的颜色。

③ 隐藏边样式：用于为所选的视图设置隐藏边的显示方式。

④ 透明度：用于设置处在着色或部分着色模式中的着色对象是否透明显示。

⑤ 线条反锯齿：用于设置是否对直线、曲线和边的显示进行处理，使线显示更光滑、更真实。

⑥ 着重边：用于设置着色对象是否突出边缘显示。

（2）"边显示设置"面板。

用于设置着色对象的边缘显示参数。当渲染样式为"静态线框""面分析"和"局部着色"时，该面板中的参数被激活，如图 1-24 所示。

① 隐藏边：用于为所选的视图设置消隐边的显示方式。

② 轮廓线：用于设置是否显示圆锥、圆柱体、球体和圆环轮廓。

③ 光顺边：用于设置是否显示光滑面之间的边。该选项还用于设置光顺边的颜色、字体和线宽。

④ 更新隐藏边：用于设置系统在实体编辑过程中是否随时更新隐藏边缘。

图 1-23 "可视"选项卡

图 1-24 "边显示设置"面板

4. "视图 / 屏幕"选项卡

在"可视化首选项"对话框中，选择"视图 / 屏幕"选项卡，显示相应的参数设置内容，如图 1-25 所示。该选项卡用于设置视图拟合比例和校准屏幕的物理尺寸。

（1）显示视图三重轴：勾选此复选框，在图形窗口中显示视图的三重转轴。视图三重轴默认显示在所有视图的左下角。

（2）适合百分比：用于设置在进行拟合操作后，模型在视图中的显示范围。

（3）显示或隐藏时适合：在使用隐藏或显示命令后自动使模型适合视图。

（4）使基准不合适：使部件适合视图，无须考虑基准对象。

（5）适合工作截面：在动态视图截面过程中，使用剪切平面作为对象边界来适合视图。

（6）使用组件边框以适合窗口：控制性能优化的使用，以便进行设计大型装配的适合窗口操作，勾选此复选框，适合窗口操作将使用每个组件的边框，而不使用组件中每个对象的边框。

（7）校准：用于设置校准显示器屏幕的物理尺寸。在图 1-25 所示的对话框中，单击"校准"按钮，打开图 1-26 所示的"校准屏幕分辨率"对话框，该对话框用于设置准确的屏幕尺寸。

（8）显示旋转中心：勾选此复选框，在交互视图旋转期间，在图形窗口中显示旋转中心。

图 1-25　"视图 / 屏幕"选项卡

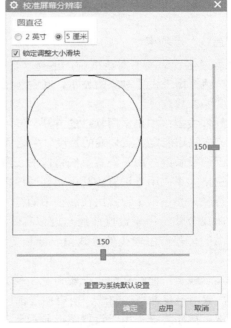

图 1-26　"校准屏幕分辨率"对话框

5. "特殊效果"选项卡

在"可视化首选项"对话框中，选择"特殊效果"选项卡，显示相应的参数设置内容，如图 1-27 所示，该对话框用于设置使用特殊效果来显示对象。勾选"雾"复选框，单击"雾设置"按钮，打开图 1-28 所示的"雾"对话框，该对话框用于设置使着色状态下较近的对象与较远的对象显示效果不同。

在图 1-28 所示对话框中可以设置"雾"的类型为"线性""浅色"或"深色",勾选"用背景色"复选框来使用系统背景色,也可以选择定义颜色方式"RGB""HSV"和"HLS"后,再通过移动滑块来定义雾的颜色。

图 1-27 "特殊效果"选项卡

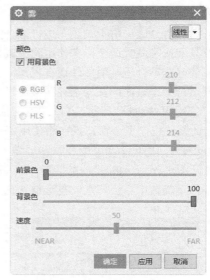

图 1-28 "雾"对话框

6. "直线"选项卡

在"可视化首选项"对话框中,选择"直线"选项卡,显示相应的参数设置内容,如图 1-29 所示。该对话框用于设置对象的显示,其中包括非实线线型各组成部分的尺寸、曲线的显示公差以及线型宽度等参数。

(1)软件线型:如果采用软件的方法,能够准确产生成比例的非实线线型。这种方法常常用在绘图时,该方法还能定义点划线的长度、空格大小以及符号大小。

(2)虚线段长度:用于设置虚线每段的长度。

(3)空格大小:用于设置虚线中相邻两段之间的距离。

(4)符号大小:用于设置用在线型中的符号的显示尺寸。

(5)曲线公差:用于设置曲线与近似直线段之间的公差,决定当前所选择的显示模式的细节表现度。大的公差产生较少的直线段,导致更快的视图显示速度。然而曲线公差越大,曲线显示越粗糙。

(6)显示线宽:曲线有细、一般和宽 3 种宽度。勾选"显示宽度"复选框,曲线以设定的线宽显示出来,取消该复选框的勾选,所有曲线都以细线宽显示。

(7)深度排序线框:用于设置图形显示卡在线框视图中是否按深度分类显示对象。

(8)线框对照:用于必要时调整线框颜色,以确保与视图背景形成对比。

7. "名称/边界"选项卡

在"可视化首选项"对话框中,选择"名称/边界"选项卡,显示相应的参数设置内容,如图 1-30 所示。该对话框用于设置是否显示对象名、视图名和视图边框。

(1)关:选择此选项,则不显示对象、属性、图样及组等的名称。

图 1-29　"直线"选项卡

图 1-30　"名称 / 边界"选项卡

（2）定义视图：选择此选项，则在定义对象、属性、图样以及组名的视图中显示其名称。

（3）工作视图：选择此选项，则在当前视图中显示对象、属性、图样以及组等的名称。

（4）显示模型视图名：勾选此复选框，在图形窗口中显示模型视图的名称。

（5）显示模型视图边界：勾选此复选框，显示模型视图的边界，显示模型视图的边界对图纸边界或图纸成员视图的边界都没有影响。

1.5.3　可视化性能首选项

"可视化性能"首选项用于控制图形的显示性能。

单击"菜单"→"首选项"→"可视化性能"命令，打开图 1-31 所示的"可视化性能首选项"对话框，该对话框包含两个选项卡。

1."一般图形"选项卡

用于设置图形的"禁用透明度""禁用平面透明度"和"忽略背面"等显示性能。

2."大模型"选项卡

用于设置大模型的显示特性，目的是改善大模型的动态显示能力。动态显示能力包括视图的旋转、平移、放大等，如图 1-32 所示。

图 1-31 "可视化性能首选项"对话框

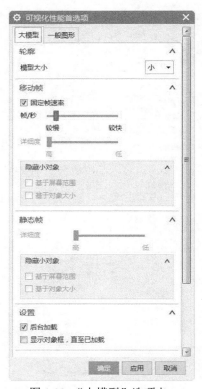

图 1-32 "大模型"选项卡

1.5.4 用户界面首选项

单击"菜单"→"首选项"→"用户界面"命令，打开图 1-33 所示的"用户界面首选项"对话框。该对话框包含 7 个选项卡，主要含义如下。

1．布局

该选项卡用于设置用户界面、功能区选项、提示行 / 状态行的位置等，如图 1-33 所示。

2．主题

该选项卡用于设置 NX 的主题界面，包括浅色（推荐）、浅灰色、经典、使用系统字体和系统 5 种类型的主题，如图 1-34 所示。

3．资源条

该选项卡用于设置 UG 工作区左侧资源条的状态，如图 1-35 所示，其中可以设置资源条

图 1-33 "布局"选项卡

主页、停靠位置、自动飞出与否等。

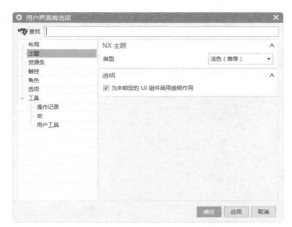

图 1-34　"主题"选项卡　　　　　　　图 1-35　"资源条"选项卡

4．触控

"触控"选项卡如图 1-36 所示。针对触摸屏操作进行优化，还可以调节数字触摸板和圆盘触摸板的显示。

5．角色

"角色"选项卡如图 1-37 所示。可以新建和加载角色，也可以重置当前应用模块的布局。

图 1-36　"接触"选项卡　　　　　　　图 1-37　"角色"选项卡

6．选项

"选项"选项卡如图 1-38 所示。设置对话框内容显示的多少，设置对话框中的文本框中数据的小数点后的位数以及用户的反馈信息。

7．工具

（1）宏是一个储存一系列描述用户键盘和鼠标在 UG 交互过程中操作语句的文件（扩展名为".macro"），任意一串交互输入操作都可以记录到宏文件中，然后可以通过简单的播放功能来重放记录的操作，如图 1-39 所示。宏对于执行重复的、复杂的或较长时间的任务十分有用，而且还可以使用户工作环境个性化。

图 1-38 "选项"选项卡

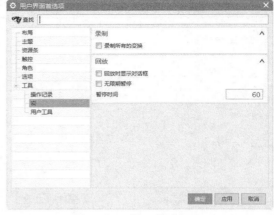

图 1-39 "宏"选项卡

对于宏记录的内容，用户可以通过记事本打开保存了的宏文件，可以查看系统记录的全过程。

① 录制所有的变换：该复选框用于设置在记录宏时，是否记录所有的动作。选中该复选框后，系统会记录所有的操作，所以文件会较大；不选中该复选框时，则系统仅记录动作结果，因此宏文件较小。

② 回放时显示对话框：该复选框用于设置在回放时是否显示设置对话框。

③ 无限期暂停：该复选框用于设置记录宏时，如果用户执行了暂停命令，则在播放宏时，系统会在指定的暂停时刻显示对话框并停止播放宏，提示用户单击"OK"按钮后方可继续播放。

④ 暂停时间：该文本框用于设置暂停时间，单位为 s。

（2）操作记录：在该选项卡中可以设置操作文件的各种不同的格式，如图 1-40 所示。

（3）用户工具：该选项卡用于装载用户自定义的工具文件、显示或隐藏用户定义的工具。如图 1-41 所示，其列表框中已装载了用户定义的工具文件。单击"载入"即可装载用户自定义工具栏文件（扩展名为".utd"），用户自定义工具文件可以以对话框形式显示，也可以以工具图标形式显示。

图 1-40 "操作记录"选项卡

图 1-41 "用户工具"选项卡

1.5.5　电子表格首选项

单击“菜单”→“首选项”→“电子表格”命令，打开图 1-42 所示的“电子表格首选项”对话框。该对话框用于设置用电子表格输出数据时电子表格的格式，有“XESS”和“Excel”两种格式。

图 1-42　“电子表格首选项”对话框

1.5.6　资源板首选项

单击“菜单”→“首选项”→“资源板”命令，打开图 1-43 所示的“资源板”对话框。该对话框用于控制整个窗口最左边的资源条的显示。

（1）（新建资源板）：用户可以设置自己的加工、制图、环境设置的模板，用于完成以后重复的工作。

（2）（打开资源板）：用于打开一些 UG 系统已经做好的模板。系统会提示选择后缀为 .pax 的模板文件。

（3）（打开目录作为资源板）：可以选择一个路径作为模板。

（4）（打开目录作为模板资源板）：可以选择一个路径作为空白模板。

图 1-43　“资源板”对话框

（5）（打开目录作为角色资源板）：用于打开一些角色作为模板。可以选择一个路径作为指定的模板。

1.5.7　草图首选项

单击“菜单”→“首选项”→“草图”命令，打开图 1-44 所示的“草图首选项”对话框。该对话框包括“草图设置”“会话设置”和“部件设置”3 个选项卡。

1.“草图设置”选项卡

在“草图首选项”对话框中选择“草图设置”选项卡，显示相应的参数设置内容，如图 1-44 所示。

（1）尺寸标签：用于设置尺寸的文本内容，其下拉列表中包含“表达式”“名称”和“值”3 个选项。

① 表达式：选择该选项，将用尺寸表达式作为尺寸文本内容。

② 名称：选择该选项，将用尺寸表达式的名称作为尺寸文本内容。

③ 值：选择该选项，将用尺寸表达式的值作为尺寸文本内容。

（2）屏幕上固定文本高度：用于设置固定尺寸文本的高度。

（3）创建自动判断约束：对创建的所有新草图启动自动判断约束。

（4）连续自动标注尺寸：启用曲线构造过程中的自动标注尺寸功能。

图 1-44 "草图首选项"对话框

图 1-45 "会话设置"选项卡

2. "会话设置"选项卡

在"草图首选项"对话框中选择"会话设置"选项卡，显示相应的参数设置内容，如图 1-45 所示。

（1）对齐角：用于设置捕捉角度，它用来控制不采取捕捉方式绘制直线时是否自动为水平或垂直直线。如果所画直线与草图工作平面 *XC* 轴或 *YC* 轴的夹角小于等于该参数值，则所画直线会自动为水平或垂直直线。

（2）更改视图方向：用于控制草图退出激活状态时，工作视图是否回到原来的方向。

（3）保持图层状态：用于控制工作层状态。当草图被激活后，它所在的工作层自动称为当前工作层。勾选该复选框，当草图退出激活状态时，草图工作层会回到激活前的工作层。

（4）显示自由度箭头：用于控制自由箭头的显示状态。勾选该复选框，则草图中未约束的自由度会用箭头显示出来。

（5）动态草图显示：用于控制约束是否动态显示。

3. "部件设置"选项卡

在"草图首选项"对话框中选择"部件设置"选项卡，显示相应的参数设置内容，如图 1-46 所示。该选项卡用于设置草图对象的颜色。

图 1-46 "部件设置"选项卡

1.5.8 装配首选项

单击"菜单"→"首选项"→"装配"命令，打开图 1-47 所示的"装配首选项"对话框。下面介绍该对话框中主要选项的用法。

（1）显示为整个部件：更改工作部件时，此选项会临时将新工作部件的引用集改为整个部件引用集。如果系统操作引起工作部件发生变化，引用集并不发生变化。

（2）自动更改时警告：在工作部件自动更改时显示通知。

（3）检查较新的模板部件版本：确定加载操作是否检查装配引用的部件族是否是由基于加载选项配置的该版本模板生成的。

（4）显示更新报告：当加载装配后，自动显示更新报告。

（5）拖放时警告：在装配导航器中拖动组件时，将出现一条警告消息。此消息通知子装配将接收组件，以及可能丢失一些关联，并让用户接受或取消操作。

（6）选择组件成员：勾选此复选框，则可在该组件内选择组件成员，取消此复选框的勾选，则选择组件本身。

（7）删除时发出警告：控制在删除装配中的组件或删除协同设计中的设计元素时是否显示消息。

（8）描述性部件名样式：用于设置部件名称的显示方式，其中包括"文件名""描述"和"指定的属性" 3 种方式。

（9）接受容错曲线：指定在建模距离公差范围内呈圆形的曲线或边可以选作圆以用于装配约束。

（10）部件间复制：用于在装配中不同级别的组件之间创建装配约束，方法是自动创建一个指向在工作部件外部所选几何体的 WAVE 链接。

图 1-47　"装配首选项"对话框

1.5.9　建模首选项

单击"菜单"→"首选项"→"建模"命令，打开图 1-48 所示的"建模首选项"对话框。该对话框包含 6 个选项卡，下面介绍该对话框中主要选项的用法。

1."常规"选项卡

在"建模首选项"对话框中选择"常规"选项卡，显示相应的参数设置内容，如图 1-48 所示。

（1）体类型：用于控制在利用曲线创建三维特征时，是生成实体还是片体。

（2）密度：用于设置实体的密度，该密度值只对以后创建的实体起作用。其下方的"密度单位"下拉列表用于设置密度的默认单位。

（3）用于新面：用于设置新的面显示属性是父体还是部件默认。

（4）用于布尔操作面：用于设置在布尔运算中生成的面显示属性是继承目标体还是工具体。

（5）用于抽取和链接几何元素：用于设置抽取和链接几何体性是父对象还是默认部件。

（6）网格线：用于设置实体或片体表面在 U 和 V 方向上栅格线的数目。如果其下方 U 向计数和 V 向计数的参数值大于 0，则当创建表面时，表面上就会显示网格曲线。网格曲线只是一

图 1-48　"建模首选项"对话框

个显示特征，其显示数目并不影响实际表面的精度。

2. "自由曲面"选项卡

在"建模首选项"对话框中选择"自由曲面"选项卡，显示相应的参数设置内容，如图 1-49 所示。

（1）曲线拟合方法：用于选择生成曲线时的拟合方式，包含"三次""五次"和"高阶"3 种。

（2）构造结果：用于选择构造自由曲面的结果。包含"平面"和"B 曲面"两种方式。

（3）高级重建选项：用于展开曲线的曲线拟合方法默认最高次数和最大段数。

（4）动画：控制某个曲面编辑操作中的曲面动画功能。

（5）样条上的默认操作：指定在双击样条时要使用的默认编辑器。

3. "分析"选项卡

在"建模首选项"对话框中选择"分析"选项卡，显示相应的参数设置内容，如图 1-50 所示。

图 1-49 "自由曲面"选项卡

图 1-50 "分析"选项卡

（1）极点和多段线显示：指定 B 曲线极点和 B 曲面多线段的颜色及线型。

（2）已编辑极点和多段线显示：在编辑 B 曲线极点和 B 曲面多线段时，指定它们的颜色及线型。

（3）面显示：指定网格线以及 C0、C1 和 C2 结点线的颜色和线型。可以选择继承面所属体的颜色或线型，也可以为网格线和结点线指定一种颜色或线型。

4. "编辑"选项卡

在"建模首选项"对话框中选择"编辑"选项卡，显示相应的参数设置内容，如图 1-51 所示。

（1）双击操作（特征）：用于设置双击特征操作的功能，包含"可回滚编辑"和"编辑参数"两种选项。

（2）双击操作（草图）：用于设置双击草图操作的功能，包含"可回滚编辑"和"编辑"两种选项。

（3）编辑草图操作：用于设置编辑草图时的操作是直接在建模应用模块中进行还是进入草图任务环境中进行。

（4）删除时通知：当尝试删除一个特征相关性的特征时，将会显示警告消息。

（5）允许编辑内部草图的尺寸：控制在打开编辑特征的对话框时，是否可以查看和编辑内部草图尺寸。

5.　"更新"选项卡

在"建模首选项"对话框中选择"更新"选项卡，显示相应的参数设置内容，如图 1-52 所示。

图 1-51　"编辑"选项卡

图 1-52　"更新"选项卡

（1）动态更新模式：用于设置编辑时的更新状态，包含"无""增量"和"连续"3 种更新方式。

（2）缺少参考时警告：将缺少参考时警告作为工具提示显示在部件导航器主面板中，并显示在信息窗口的更新警告和失败报告中。

当特征所依赖的对象被抑制或因建模而被抑制时，特征建模中就会缺少参考。

（3）出错时设为当前特征：当执行"出现错误时停止部件更新"和"部件导航中将问题特征设为当前特征，以便更正错误"操作时，可以编辑、添加或移除特征，然后手动恢复更新。

第 **2** 章

UG NX12
基础操作

/ 导读

　　本章主要介绍 UG NX12 中最基本的三维设计概念和操作方法，重点介绍通用工具在所有模块中的使用方法。熟练掌握这些基本操作将会提高绘图效率。

/ 知识点

- ◯ 视图布局设置
- ◯ 工作图层设置
- ◯ 选择对象的方法

2.1　视图布局设置

视图布局的主要作用是在图形区内显示多个视角的视图，使用户能够更加方便地观察和操作模型。用户可以定义系统默认的视图，也可以生成自定义的视图布局。

2.1.1　布局功能

视图布局功能主要通过单击"菜单"→"视图"→"布局"子菜单中的命令来实现，它们主要
用于控制视图布局的状态和各视图显示的角度。用户可以将图形
工作区分为多个视图，以便进行组件细节的编辑和实体观察。

1. 新建视图布局

单击"菜单"→"视图"→"布局"→"新建"命令，打开图2-1
所示的"新建布局"对话框，该对话框用于设置布局的形式和各
视图的视角。

2. 打开视图布局

单击"菜单"→"视图"→"布局"→"打开"命令，打开图2-2
所示的"打开布局"对话框。该对话框用于选择要打开的某个布
局，系统会按该布局的方式来显示图形。

3. 适合所有视图

单击"菜单"→"视图"→"布局"→"适合所有视图"命令，
系统自动调整当前视图布局中所有视图的中心和比例，使实体模
型最大程度地吻合在每个视图边界内。只有在定义了视图布局后，该命令才被激活。

图 2-1　"新建布局"对话框

4. 更新显示布局

单击"菜单"→"视图"→"布局"→"更新显示"命令，系统自动进行更新操作。当对实体
进行修改以后，可以使用更新操作，使每一幅视图实时显示。

5. 重新生成布局

单击"菜单"→"视图"→"布局"→"重新生成"命令，系统重新生成视图布局中的每个视图。

6. 替换视图

单击"菜单"→"视图"→"布局"→"替换视图"命令，打开图 2-3 所示的"视图替换为"
对话框，该对话框用于替换布局中的某个视图。

图 2-2　"打开布局"对话框

图 2-3　"视图替换为"对话框

7. 删除布局

单击"菜单"→"视图"→"布局"→"删除"命令，当存在用户删除的布局时，将打开图 2-4 所示的"删除布局"对话框。该对话框用于从列表框中选择视图布局后，将其删除。

8. 保存布局

单击"菜单"→"视图"→"布局"→"保存"命令，系统则用当前的视图布局名称保存修改后的布局。

单击"菜单"→"视图"→"布局"→"另存为"命令，打开图 2-5 所示的"另存布局"对话框，在列表框中选择要更换名称进行保存的布局，在"名称"文本框中输入一个新的布局名称，则系统会用新的名称保存修改过的布局。

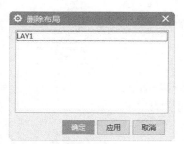

图 2-4 "删除布局"对话框

图 2-5 "另存布局"对话框

技巧荟萃 同一布局中，只有一个视图是工作视图，其他视图都是非工作视图。在进行视图操作时，默认都是针对工作视图的，用户可以随时改变工作视图。

2.1.2 布局操作

视图布局功能主要是通过单击"菜单"→"视图"→"操作"子菜单中的命令来实现，它们主要用于在指定视图中改变显示模型的显示尺寸和显示方位。

1. 适合窗口

单击"菜单"→"视图"→"操作"→"适合窗口"命令，或单击"视图"选项卡"方位"面组中的 ⊞（适合窗口）按钮，系统自动将模型中所有对象尽可能最大地全部显示在视图窗口的中心，不改变模型原来的显示方位。

2. 缩放

单击"菜单"→"视图"→"操作"→"缩放"命令，打开图 2-6 所示的"缩放视图"对话框。系统会按照用户指定的数值，缩放整个模型，不改变模型原来的显示方位。

3. 设置非比例缩放

单击"菜单"→"视图"→"操作"→"设置非比例缩放"

图 2-6 "缩放视图"对话框

命令，系统会要求用户使用光标托曳一个矩形，然后按照矩形的比例缩放实际的图形。

4. 旋转

单击"菜单"→"视图"→"操作"→"旋转"命令，打开图 2-7 所示的"旋转视图"对话框，该对话框用于将模型沿指定的轴线旋转至指定的角度，或绕工作坐标系原点自由旋转模型，使模型的显示方位发生变化，不改变模型的显示大小。

5. 原点

单击"菜单"→"视图"→"操作"→"原点"命令，打开图 2-8 所示的"点"对话框。该对话框用于指定视图的显示中心，将视图重新定位到指定的中心。

图 2-7　"旋转视图"对话框　　　　　　图 2-8　"点"对话框

6. 导航选项

单击"菜单"→"视图"→"操作"→"导航选项"命令，打开图 2-9 所示的"导航选项"对话框，同时光标自动变为↔形状。用户可以直接使用光标移动产生轨迹或单击"重新定义"按钮，选择已经存在的曲线或者边缘来定义轨迹，模型会自动沿着定义的轨迹运动。

7. 镜像显示

单击"菜单"→"视图"→"操作"→"镜像显示"命令，系统会根据用户已经设置好的镜像平面生成镜像显示，默认状态下镜像平面为当前 WCS 的 XZ 平面。

8. 设置镜像平面

单击"菜单"→"视图"→"操作"→"设置镜像平面"命令，系统会出现动态坐标系，以方便用户进行设置。

9. 截面

单击"视图"选项卡"可见性"面组上的 （编辑截面）按钮，打开图 2-10 所示的"视图剖切"对话框，该对话框用于设置一个或多个平面来截取当前对象，便于详细观察截面特征。

10. 恢复

单击"菜单"→"视图"→"操作"→"恢复"命令，可将视图恢复为原来的显示状态。

图 2-9 "导航选项"对话框　　　　　　　　图 2-10 "视图剖切"对话框

2.2 工作图层设置

图层用于在空间使用不同的层次时来放置几何体，相当于传统设计者使用的透明图纸。用多张透明图纸来表示设计模型，每个图层上存放模型中的部分对象，所有图层叠加起来就构成了模型的所有对象。

为了便于对各图层的管理，UG 中的图层用图层号来表示和区分，图层号不能改变。每一个模型文件中最多可包含 256 个图层，分别用 1 ～ 256 表示。

图层的引入使得用户对模型中各种对象的管理更加有效和方便。

2.2.1 图层的设置

可根据实际需要和习惯设置用户自己的图层标准，通常可根据对象类型来设置图层和图层的类别，可以创建表 2-1 所示的图层。

表 2-1　图层的创建

图 层 号	对 象	类 别 名
1 ～ 20	实体	SOLID
21 ～ 40	草图	SKETCHES

续表

图　层　号	对　　　象	类　别　名
41 ～ 60	曲线	CURVES
61 ～ 80	参考对象	DATUMS
81 ～ 100	片体	SHEETS
101 ～ 120	工程图对象	DRAF
121 ～ 140	装配组件	COMPONENTS

设置图层的具体操作如下。

单击"菜单"→"格式"→"图层设置"命令，或单击"视图"选项卡"可见性"面组上的 🎴（图层设置）按钮，打开图 2-11 所示的"图层设置"对话框。

（1）工作层：将指定的一个图层设置为工作图层。

（2）按范围 / 类别选择图层：用于输入范围或图层种类的名称，以便进行筛选操作。

（3）类别过滤器：用于控制图层类列表框中显示图层类条目，可使用通配符"*"，表示接收所有的图层种类。

图 2-11　"图层设置"对话框

技巧荟萃

在一个组件的所有图层中，只有一个图层是当前工作图层，所有工作只能在工作图层上进行。可对其他图层的可见性、可选择性等进行设置来辅助工作。如果要在某图层中创建对象，则应在创建前使其成为当前工作层。

2.2.2 图层的类别

为更有效地对图层进行管理，可将多个图层构成一组，每一组称为一个图层类。图层类用名称来区分，必要时还可附加一些描述信息。通过图层类，可同时对多个图层进行可见性或可选性的改变。同一图层可属于多个图层类。

单击"菜单"→"格式"→"图层类别"命令，打开图2-12所示的"图层类别"对话框，对话框中主要参数的含义如下。

（1）过滤：用于控制图层类别列表框中显示的图层类条目，可使用通配符"*"。

（2）图层类别表框：用于显示满足过滤条件的所有图层类条目。

（3）类别：用于在"类别"文本框中输入要建立的图层类名。

（4）创建/编辑：用于建立新的图层类并设置该图层类所包含的图层，或编辑选定图层类所包含的图层。

（5）删除：用于删除选定的一个图层类。

（6）重命名：用于改变选定的一个图层类的名称。

（7）描述：用于显示选定的图层类的描述信息，或输入新建图层类的描述信息。

图 2-12 "图层类别"对话框

（8）加入描述：新建图层类时，若在"描述"文本框中输入了该图层类的描述信息，单击该按钮才能使描述信息有效。

2.2.3 图层的其他操作

1. 在视图中可见

"在视图中可见"命令用于在多视图布局显示情况下，单独控制指定视图中各图层的属性，而不受图层属性全局设置的影响。

单击"菜单"→"格式"→"视图中可见图层"命令，打开图2-13所示的"视图中可见图层"视图选择对话框。在列表框中选择"Isometric"选项，单击"确定"按钮，打开图2-14所示的"视图中可见图层"对话框。

2. 移动至图层

"移动至图层"命令用于将选定的对象从原图层移动到指定的图层中，原图层中不再包含这些对象。

单击"菜单"→"格式"→"移动至图层"命令，或单击"视图"选项卡"可见性"面组上的 ⊰（移动至图层）按钮，即可将所选的对象移动至目标图层。

3. 复制至图层

"复制至图层"命令用于将选定的对象从原图层复制一个备份到指定的图层，原图层和目标图层中都包含这些对象。

单击"菜单"→"格式"→"复制至图层"命令，即可将所选的对象复制至目标图层。

图 2-13　"视图中可见图层"视图选择对话框

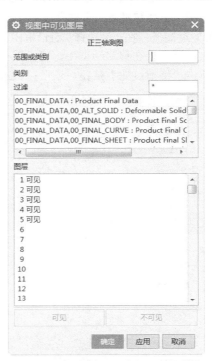

图 2-14　"视图中可见图层"对话框

2.3　选择对象的方法

选择对象是一个最普通的操作，在进行很多操作时特别是对对象进行编辑操作时都需要选择对象。选择对象操作通常是通过"类选择"对话框、鼠标左键、"选择"工具栏、"快速拾取"对话框和部件导航器来完成的。

1．"类选择"对话框

"类选择"对话框是选择对象的一种常用工具，一次可选择一个或多个对象，对话框中提供了多种选择方法及对象类型过滤方法，"类选择"对话框如图 2-15 所示。

（1）"对象"面板：包含"选择对象""全选"和"反选"3 种对象选择方式。

① 选择对象：用于选取对象。

② 全选：用于选取所有对象。

③ 反选：用于选取在绘图工作区中未被用户选中的对象。

（2）"其他选择方法"面板：包含"按名称选择""选择链"和"向上一级"3 种方式。

① 按名称选择：用于输入预选取对象的名称，可使用通配符"？"或"*"。

② 选择链：用于选择首尾相接的多个对象。选择方法是首先单击对象链中的第一个对象，然后再单击最后一个对象，使所选对象呈高亮度显示，最后确定，结束选择对象的操作。

③ 向上一级：用于选取上一级的对象。当选取了含有群组的对象时，该按钮才被激活。单击

该按钮，系统自动选取群组中当前对象的上一级对象。

（3）过滤器：用于限制要选择对象的范围。包含"类型过滤器""图层过滤器""颜色过滤器""属性过滤器"和"重置过滤器"5 种方式。

① 类型过滤器：在"类选择"对话框中，单击 （类型过滤器）按钮，打开图 2-16 所示的"按类型选择"对话框。在该对话框中，可设置在对象选择中需要包括或排除的对象类型。当选取对象类型时，单击"细节过滤"按钮，还可以做进一步限制，如图 2-17 所示。

图 2-15 "类选择"对话框

图 2-16 "按类型选择"对话框

② 图层过滤器：在"类选择"对话框中，单击 （图层过滤器）按钮，打开图 2-18 所示的"按图层选择"对话框，在该对话框中可以设置选择对象时需包括或排除对象的所在图层。

图 2-17 "基准"对话框

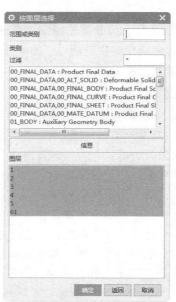

图 2-18 "按图层选择"对话框

③ 颜色过滤器：在"类选择"对话框中，单击▓▓▓▓▓▓（颜色过滤器）按钮，打开图 2-19 所示的"颜色"对话框，在该对话框中通过指定的颜色来限制选择对象的范围。

④ 属性过滤器：在"类选择"对话框中，单击 （属性过滤器）按钮，打开图 2-20 所示的"按属性选择"对话框，在该对话框中，可按对象的线型、线宽或其他自定义属性过滤。

 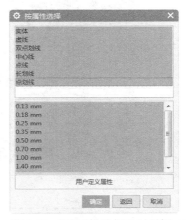

图 2-19　"颜色"对话框　　　　　　图 2-20　"按属性选择"对话框

⑤ 重置过滤器：在"类选择"对话框中，单击 （重置过滤器）按钮，可恢复成默认的过滤方式。

2．"选择"工具栏

"选择"工具栏位于功能区选项卡的下方，如图 2-21 所示。可利用"选择"工具栏中的各个按钮来实现对对象的选择。

图 2-21　"选择"工具栏

3．"快速选取"对话框

在图形区用光标选取对象时，若在深度方向存在多个对象，可打开"快速选取"对话框，如图 2-22 所示。在该对话框中用户可以设置所要选取对象的限制范围，如实体特征、面、边、组件等。

4．部件导航器

在图形区右侧的资源条中单击 （部件导航器）按钮，打开图 2-23 所示的"部件导航器"对话框，在该对话框中可选择目标对象。

图 2-22　"快速选取"对话框　　　　图 2-23　"部件导航器"对话框

第 3 章
曲线操作

/ 导读

    曲线是生成三维模型的基础，在 UG NX12 中，熟练掌握曲线操作功能对于高效建立复杂的三维图形是非常有利的。

/ 知识点

- ➜ 曲线绘制
- ➜ 派生的曲线
- ➜ 曲线编辑

3.1　曲线绘制

本节主要介绍常用曲线绘制命令的功能及用法，绘制命令包括直线、圆弧、基本曲线、多边形、抛物线、双曲线、样条曲线、螺旋线、规律曲线、文本、点和点集等。

3.1.1　直线和圆弧

绘制直线主要有以下 2 种方式。

● 单击"菜单"→"插入"→"曲线"→"直线"命令。

● 单击"菜单"→"插入"→"曲线"→"直线和圆弧"子菜单中绘制直线的命令。

同样，绘制圆弧也可采用类似的方式，本节介绍第一种方式。

1. 直线

单击"菜单"→"插入"→"曲线"→"直线"命令，或单击"曲线"选项卡"曲线"面组中的 ⁄（直线）按钮，打开图 3-1 所示的"直线"对话框。

（1）支持平面：用于设置直线平面的形式。包含"自动平面""锁定平面"和"选择平面"3 种方式。

（2）限制：用于设置直线的起始位置和结束位置。包含的参数有"起始限制""距离"和"终止限制""距离"。

（3）设置：用于设置直线关联性。

2. 圆弧

单击"菜单"→"插入"→"曲线"→"圆弧 / 圆"命令，或单击"曲线"选项卡"曲线"面组中的 ⌒（圆弧 / 圆）按钮，打开图 3-2 所示的"圆弧 / 圆"对话框。

图 3-1　"直线"对话框

图 3-2　"圆弧 / 圆"对话框

圆弧／圆的绘制包括"三点画圆弧"和"从中心开始的圆弧／圆"两种类型。其他参数的含义和"直线"对话框中对应部分相同。

3.1.2　基本曲线

单击"菜单"→"插入"→"曲线"→"基本曲线（原有）"命令，打开图 3-3 所示的"基本曲线"对话框和图 3-4 所示的"跟踪条"对话框。利用"基本曲线"对话框可绘制直线、圆弧、圆、圆角等曲线。

图 3-3　"基本曲线"对话框

图 3-4　"跟踪条"对话框 1

技巧荟萃

在 UG 中，用户可以根据自己的需要定制菜单或功能区选项卡。例如在曲线子菜单中添加"基本曲线"命令，方法如下。

单击"菜单"→"工具"→"定制"命令，打开"定制"对话框。选择"命令"选项卡，在左侧的"类别"列表框中选择"插入"→"曲线"命令，再在右侧的"命令"列表框中选择"基本曲线"命令，将其直接拖放在"菜单"→"插入"→"曲线"子菜单中即可。

1. 直线

（1）无界：勾选该复选框，绘制一条无界直线；取消对"线串模式"复选框的勾选，该选项被激活。

（2）增量：以增量形式绘制直线。给定直线的起点后，可以直接在绘图窗口指定结束点，也可以在"跟踪条"对话框中输入结束点相对于起点的增量。

（3）点方法：通过下拉列表框设置点的选择方式。

（4）线串模式：勾选该复选框，绘制连续曲线，直到单击"打断线串"按钮为止。

（5）锁定模式：在绘制一条与绘图窗口中已有直线相关的直线时，由于涉及对其他几何对象的操作，利用锁定模式记住相关直线与开始选择对象的关系，随后用户可以选择其他直线。

（6）平行于：用来绘制 XC 轴、YC 轴和 ZC 轴的平行线。

（7）按给定距离平行于：用来绘制多条平行线。包括"原始的"和"新的"两个选项。

① 原始的：表示生成的平行线始终与用户选定的直线平行，通常只能生成一条平行线。

② 新的：表示生成的平行线始终是与前一步生成的平行线平行，通常用来生成多条等距离的

平行线。

2．圆弧

在"基本曲线"对话框中单击 （圆弧）按钮，"基本曲线"对话框刷新为图 3-5 所示，"跟踪条"对话框刷新为图 3-6 所示。

图 3-5　绘制圆弧界面

图 3-6　"跟踪条"对话框 2

（1）整圆：勾选该复选框，用于绘制一个整圆。

（2）备选解：该按钮用于设置在绘制圆弧过程中是绘制大圆弧还是小圆弧。

该方法绘制圆弧的方式和上节绘制圆弧的方式基本相同。不同的是点、半径和直径的值既可在图 3-6 所示的对话框中直接输入，也可通过直接单击在绘图窗口中指定。

其他参数的含义与图 3-3 所示对话框中的参数含义相同。

3．圆

在"基本曲线"对话框中单击○（圆）按钮，"基本曲线"对话框刷新如图 3-7 所示，"跟踪条"对话框如图 3-6 所示。

绘制圆的方法：先指定圆心，然后指定半径或直径来绘制圆。当在绘图窗口绘制了一个圆后，勾选"多个位置"复选框，在绘图窗口单击确定圆心位置，将生成与已绘制的圆大小相同的圆。

4．圆角

在"基本曲线"对话框中单击 〕（圆角）按钮，打开图 3-8 所示的"曲线倒圆"对话框。

图 3-7　绘制圆界面

图 3-8　"曲线倒圆"对话框

曲线倒圆包括"简单圆角""2 曲线圆角"和"3 曲线圆角"3 种方法。

（1）（简单圆角）：只能用于对直线的倒圆，其创建步骤如下。

① 在图 3-8 所示对话框的"半径"文本框中输入半径值，或单击"继承"按钮，在绘图窗口选择已存在的圆弧，则倒圆的半径和所选圆弧的半径相同。

② 单击两条直线的倒角处，光标位置决定倒角的位置，生成倒角的同时修剪直线。

（2）（2 曲线圆角）：不仅可以对直线倒圆，也可以对曲线倒圆。按照选择曲线的顺序逆时针产生圆弧，在生成圆弧时，用户也可以通过"修剪选项"选项组来决定在倒圆角时是否裁剪曲线。

（3）（3 曲线圆角）：同"2 曲线圆角"一样，圆弧按照选择曲线的顺序逆时针产生圆弧，不同的是不需要用户输入倒圆半径，系统自动计算半径值。

下面介绍如何利用"基本曲线"命令绘制圆。

（1）单击"菜单"→"文件"→"新建"命令，或单击"快速访问"工具栏中的（新建）按钮，打开"新建"对话框。在"模板"列表框中选择"模型"选项，在"名称"文本框中输入"yuan"，单击"确定"按钮，进入 UG 主界面。

（2）单击"菜单"→"插入"→"曲线"→"基本曲线（原有）"命令，打开图 3-3 所示的"基本曲线"对话框。

（3）单击○（圆）按钮，在"点方法"下拉列表中选择 （点构造器）选项，打开图 3-9 所示的"点"对话框。

（4）在对话框的"X""Y""Z"文本框中均输入"0"，以（0，0，0）为圆心绘制圆。单击"确定"按钮，输入圆弧上点的坐标值（5，0，0），单击"确定"按钮，创建以原点为圆心、半径为 5 的圆。

（5）采用同样的方法，分别绘制以原点为圆心、半径为 6 和 15 的圆，绘制结果如图 3-10 所示。

图 3-9　"点"对话框

图 3-10　绘制的圆

3.1.3　倒斜角

单击"菜单"→"插入"→"曲线"→"倒斜角（原）"命令，系统打开图 3-11 所示"倒斜角"对话框，用于在两条共面的直线或曲线之间生成斜角。

系统提供了两种选择方式，简介如下。

1. 简单倒斜角

该选项用于建立简单倒角，其产生的两边偏置值必须相同，且角度为 45° 并且该选项只能用于两共面的直线间倒角。选中该选项后系统会要求输入倒角尺寸，而后选择两直线交点即可完成倒角，如图 3-12 所示。

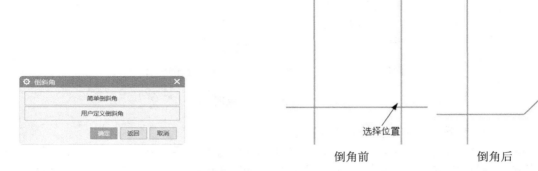

图 3-11　"倒斜角"对话框　　　　　　　　　　图 3-12　"简单倒斜角"示意图

2. 用户定义倒斜角

在两个共面曲线（包括圆弧、样条和三次曲线）之间生成斜角。该选项比生成简单倒角时具有更多的修剪控制。选中该选项后会打开图 3-13 所示的对话框。下面对其各选项功能做一说明。

（1）自动修剪：该选项用于使两条曲线自动延长或缩短以连接倒角曲线，如图 3-14 所示。如果原有曲线未能如愿修剪，可恢复原有曲线（单击"取消"按钮，或按 <Ctrl+Z> 组合键）并选择手工修剪。

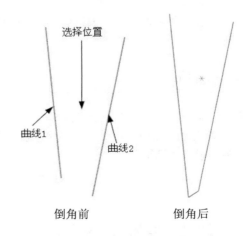

图 3-13　"倒斜角"用户定义倒斜角对话框　　　　图 3-14　"自动修剪"示意图

（2）手工修剪：该选项可以选择想要修剪的倒角曲线。然后指定是否修剪曲线，并且指定要修剪倒角的哪一侧。选取的倒角侧将被从几何体中切除。图 3-15 所示为以偏置和角度方式进行倒角。

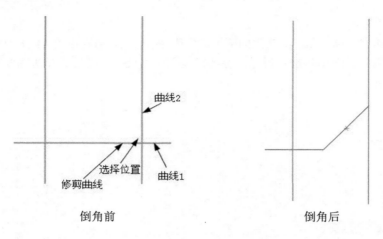

图 3-15 "手工修剪"示意图

（3）不修剪：该选项用于保留原有曲线不变。

当用户选定某一倒角方式后，系统会打开图 3-16 所示对话框，要求用户输入偏置值和角度（该角度是从第二条曲线测量的）或者全部输入偏置值来确定倒角范围，以上两选项可以通过"偏置值"和"偏置和角度"按钮来进行切换。

图 3-16 "倒斜角"偏置选项对话框

其中"偏置"是两曲线交点与倒角线起点之间的距离。对于简单倒角，沿两条曲线的偏置相等。对于线性倒角偏置而言，偏置值是直线距离，但是对于非线性倒角偏置而言，偏置值不一定是直线距离。

3.1.4　多边形

单击"菜单"→"插入"→"曲线"→"多边形（原有）"命令，打开图 3-17 所示的"多边形"对话框。在该对话框的"边数"文本框中输入所需的数值后，单击"确定"按钮，打开图 3-18 所示的"多边形"对话框。

图 3-17 "多边形"对话框

图 3-18 "多边形"创建方式对话框

1．内切圆半径

在图 3-18 所示的对话框中单击"内切圆半径"按钮，打开图 3-19 所示的"多边形"参数对话框，在该对话框中输入多边形的"内切圆半径"和"方位角"来确定正多边形的形状。单击"确定"按钮，打开图 3-9 所示的"点"对话框，指定一点作为正多边形的中心，单击"确定"按钮，创建多边形。

图 3-19　"多边形"参数对话框

2．多边形边

在图 3-18 所示的对话框中单击"多边形边"按钮，打开图 3-20 所示的"多边形"边数参数对话框，在该对话框中输入多边形的"侧"和"方位角"来确定正多边形的形状。单击"确定"按钮，打开图 3-9 所示的"点"对话框，指定一点作为正多边形的中心，单击"确定"按钮，创建多边形。

3．外接圆半径

在图 3-18 所示的对话框中单击"外接圆半径"按钮，打开图 3-21 所示的"多边形"形状参数对话框，在该对话框中输入"圆半径"和"方位角"来确定正多边形的形状。单击"确定"按钮，打开图 3-9 所示的"点"对话框，指定一点作为正多边形的中心，单击"确定"按钮，创建多边形。

图 3-20　"多边形"边数参数对话框

图 3-21　"多边形"形状参数对话框

3.1.5　样条曲线

单击"菜单"→"插入"→"曲线"→"样条（即将失效）"命令，打开图 3-22 所示"样条"对话框。

UG 中生成的所有样条都是"非均匀有理 B 样条"（NURBS）。系统提供了 4 种方式生成 B 样条，介绍如下。

1．根据极点

该选项中所给定的数据点称为曲线的极点或控制点。样条曲线靠近它的各个极点，但通常不通过任何极点（端点除外）。使用极点可以对曲线的总体形状和特征进行更好的控制。该选项还有助于避免曲线中多余的波动（曲率反向）。

选择"根据极点"后，将显示"根据极点生成样条"对话框，如图 3-23 所示。该对话框中各选项功能说明如下。

（1）曲线类型：样条可以生成为"单段"或"多段"，每段限制为 25 个点。"单段"样条为 Bezier 曲线；"多段"样条为 B 样条。

（2）曲线次数：曲线次数即曲线的次数，这是一个代表定义曲线的多项式次数的数学概念。曲线次数通常比样条线段中的点数小 1。因此，样条的点数不得少于次数数。UG 样条的曲线次数必须介于 1 和 24 之间（包含 1 和 24）。但是建议用户在生成样条时使用三次曲线（曲线次数为 3）。

图 3-22 "样条"对话框

图 3-23 "根据极点生成样条"对话框

提示

应尽可能使用较低曲线次数的曲线（3、4、5）。如果没有什么更好的理由要使用其他次数，则应使用默认曲线次数 3。单段曲线的次数取决于其指定点的数量。

（3）封闭曲线：通常，样条是非闭合的，它们开始于一点，而结束于另一点。通过选择"封闭曲线"选项可以生成开始和结束于同一点的封闭样条。该选项仅可用于多段样条。当生成封闭样条时，不需将第一个点指定为最后一个点，样条会自动封闭。

（4）文件中的点：用来指定一个其中包含用于样条数据点的文件。点的数据可以放在 *.dat 文件中。

2．通过点

该选项生成的样条将通过一组数据点。还可以定义任何点或所有点处的切矢和 / 或曲率。

选择"通过点"后，将显示"通过点生成样条"对话框，如图 3-24 所示。

若要生成"通过点"的样条，方式如下。

（1）设置"通过点生成样条"对话框中的参数，然后选择"确定"按钮。

（2）为样条指定点，使用一种点定义方式，如图 3-25 所示。下面介绍该对话框中点定义方式各选项功能。

图 3-24 "通过点生成样条"对话框

图 3-25 点定义方式

① 全部成链：用来指定起始点和终止点，从而选择两点之间的所有点。

② 在矩形内的对象成链：用来指定形成矩形的点。从而选择矩形内的所有点。必须指定第一个和最后一个点。

③ 在多边形内的对象成链：用来指定形成多边形的点。从而选择生成后的形状中的所有点。必须指定第一个和最后一个点。

④ 点构造器：可以使用点构造器来定义样条点。

（3）指派斜率和指派曲率，然后选择"确定"生成样条。

3．拟合

该选项可以通过在指定公差内将样条与构造点相"拟合"来生成样条。该方式减少了定义样条所需的数据量。由于不是强制样条精确通过构造点，从而简化了定义过程，其构造对话框如图 3-26 所示。

以下对其中部分选项功能做一说明。

（1）拟合方法：该选项用于指定数据点之后，可以通过选择以下方式之一定义如何生成样条。

① 根据公差：用来指定样条可以偏离数据点的最大允许距离。

② 根据段：用来指定样条的段数。

③ 根据模板：可以将现有样条选作模板，在拟合过程中使用其次数和节点序列。用"根据模板"选项生成的拟合曲线，可在需要拟合曲线以具有相同次数和相同节点序列的情况下使用。这样，在通过这些曲线构造曲面时，可以减少曲面中的面片数。

（2）公差：该选项表示控制点与数据点相符的程度。

（3）段数：该选项用来指定样条中的段数。

（4）赋予端点斜率：该选项用来指定或编辑端点处的切矢。

（5）更改权值：该选项用来控制选定数据点对样条形状的影响程度，改变权用来更改任何数据点的加权系数。指定较大的权值可确保样条通过或逼近该数据点。指定零权值将在拟合过程中忽略特定点。这对忽略"坏"数据点非常有用。默认的加权系数使离散位置点获得比密集位置点更高的加权。

4．垂直于平面

该选项可以生成通过并垂直于一组平面中各个平面的样条。每个平面组中允许的最大平面数为 100，如图 3-27 所示。

样条段在平行平面之间呈直线状，在非平行平面之间呈圆弧状。每个圆弧段的中心为边界平面的交点。

图 3-26 "由拟合创建样条"对话框

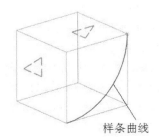

图 3-27 "垂直于平面"生成样条示意图

3.1.6 抛物线

单击"菜单"→"插入"→"曲线"→"抛物线"命令，打开"点"对话框。在绘图窗口定义抛物线的顶点，打开图 3-28 所示的"抛物线"对话框，在该对话框中输入用户所需的参数值，单击"确定"按钮，绘制的抛物线如图 3-29 所示。

图 3-28 "抛物线"对话框

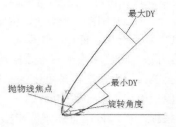

图 3-29 绘制抛物线

3.1.7 双曲线

单击"菜单"→"插入"→"曲线"→"双曲线"命令，打开"点"对话框，输入双曲线中心点，打开图 3-30 所示的"双曲线"对话框，在该对话框中输入用户所需的数值，单击"确定"按钮，双曲线示意图如图 3-31 所示。

图 3-30 "双曲线"对话框

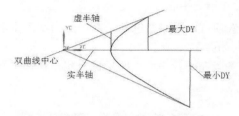

图 3-31 双曲线示意图

3.1.8 螺旋线

单击"菜单"→"插入"→"曲线"→"螺旋"命令，打开图 3-32 所示的"螺旋"对话框，对话框中主要参数的含义如下。

（1）类型。

① 沿矢量：用于沿指定矢量创建直螺旋线。

② 沿脊线：用于沿所选脊线创建螺旋线。

（2）方位：定义螺旋曲线生成的方向。

（3）大小。

① 规律类型：螺旋曲线每圈半径 / 直径按照指定的规律变化；

② 值：螺旋曲线每圈半径按照输入的值恒定不变。

（4）旋转方向：用于指定绕螺旋轴旋转的方向。

（5）螺距：沿螺旋轴或脊线指定螺旋线各圈之间的距离。

（6）圈数：表示螺旋曲线旋转圈数。

（7）长度：按照圈数或起始 / 终止限制来指定螺旋线长度。

在图 3-32 所示的对话框中输入用户所需的参数, 绘制的螺旋线如图 3-33 所示。

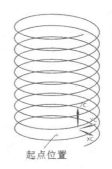

起点位置

图 3-32 "螺旋"对话框　　　　　图 3-33 绘制螺旋线

3.1.9 规律曲线

单击"菜单"→"插入"→"曲线"→"规律曲线"命令, 打开图 3-34 所示的"规律曲线"对话框, 对话框中主要参数的含义如下。

（1）⼐（恒定）: 定义某分量是常值, 曲线在三维坐标系中表示为二维曲线。单击该按钮, 打开图 3-35 所示的"规律曲线"规律设置对话框。

图 3-34 "规律曲线"对话框　　　图 3-35 "规律曲线"规律设置对话框

（2）⻆（线性）：定义曲线某分量的变化按线性变化。

（3）⻆（三次）：定义曲线某分量按三次多项式变化。

（4）⻝（沿脊线的线性）：两个点或多个点沿脊线线性变化。当选择脊线后，指定若干个点，每个点可以对应一个数值。

（5）⻞（沿脊线的三次）：利用两个点或多个点沿脊线三次多项式变化。当选择脊线后，指定若干个点，每个点可以对应一个数值。

（6）⻆（根据方程）：利用表达式或表达式变量定义曲线某分量。在使用该选项前，应先在工具表达式中定义表达式或表达式变量。

（7）⻝（根据规律曲线）：选择一条已存在的光滑曲线定义规律函数。选择这条曲线后，系统还需用户选择一条直线作为基线，为规律函数定义一个矢量方向。如果用户未指定基线，则系统会默认选择绝对坐标系的 X 轴方向作为规律曲线的矢量方向。

下面介绍如何利用"规律曲线"命令绘制曲线。

（1）单击"菜单"→"文件"→"新建"命令，打开"新建"对话框。在"模板"列表框中选择"模型"选项，在"名称"文本框中输入"glqx"，单击"确定"按钮，进入 UG 主界面。

（2）单击"菜单"→"插入"→"曲线"→"规律曲线"命令，打开图 3-34 所示的"规律曲线"对话框。

（3）在对话框中将"X 规律"中的规律类型设置为"⻀（恒定）"类型，在"值"文本框中输入"10"，单击"确定"按钮，确定 X 分量的变化方式。

（4）在对话框中将"Y 规律"中的规律类型设置为"⻆（线性）"类型，在"起始值"和"终止值"文本框中输入"1"和"10"，单击"确定"按钮，确定 Y 分量的变化方式。

（5）在对话框中将"Z 规律"中的规律类型设置为"⻆（三次）"类型，在"起始值"和"终止值"文本框中输入"5"和"15"。

（6）在对话框中使用系统默认的坐标系方向，单击"确定"按钮，绘制出图 3-36 所示的规律曲线。

图 3-36　绘制规律曲线

3.1.10　艺术样条

单击"菜单"→"插入"→"曲线"→"艺术样条"命令，或单击"曲线"选项卡"曲线"面组上的⤳（艺术样条）按钮，打开图 3-37 所示的"艺术样条"对话框。

1. 类型

（1）根据极点：通过延伸曲线使其穿过定义点来创建样条。

（2）通过点：通过构造和操控样条极点来创建样条。

2. 参数化

（1）单段：此方式只能产生一个节段的样条曲线。

（2）次数：用户设置的控制点数必须至少为曲线次数加 1，否则无法创建样条曲线。

（3）封闭：用于设定随后生成的样条曲线是否封闭。勾选此复选框，所创建的样条曲线起点和终点会在同一位置，生成一条封闭的样条曲线，否则生成一条开放的样条曲线。

3. 制图平面

指定要在其中创建和约束样条的平面。

约束到平面：将制图平面约束到坐标系的 X-Y 平面。未勾选此复选框，将制图平面约束到一个可用的其他平面。

4. 移动

在指定的方向上或沿指定的平面移动样条点和极点。

（1）WCS：在工作坐标系的指定 X、Y 或 Z 方向上或沿 WCS 的一个主平面移动点或极点。

（2）视图：现对于视图平面移动极点或点。

（3）矢量：用于定义所选极点或多段线的移动方向。

（4）平面：选择一个基准平面、基准坐标系或使用指定平面来定义一个平面，以在其中移动选定的极点或曲线。

（5）法向：沿曲线的法向移动点或极点。

（6）多边形：用于沿极点的一个多段线拖动选定的极点。

图 3-37　"艺术样条"对话框

3.1.11　文本

单击"菜单"→"插入"→"曲线"→"文本"命令，或单击"曲线"选项卡"曲线"面组上的 **A**（文本）按钮，打开图 3-38 所示的"文本"对话框，该对话框用于给指定几何体创建文本。图 3-39 所示为给圆弧创建的文本。

图 3-38　"文本"对话框

图 3-39　给圆弧创建文本

3.1.12　点

选择"菜单"→"插入"→"基准/点"→"点"命令，或单击"曲线"选项卡"曲线"面组上的十（点）按钮，打开图 3-40 所示的"点"对话框。利用"点"工具可以在绘图窗口中创建相关点和非相关点。

图 3-40　"点"对话框

3.1.13　点集

单击"菜单"→"插入"→"基准/点"→"点集"命令，或单击"曲线"选项卡"曲线"面组上的 $^+_+$（点集）按钮，打开图 3-41 所示的"点集"对话框，对话框中主要参数的含义如下。

1. 曲线点

用于在曲线上创建点集。

曲线点产生方法：该下拉列表用于选择曲线上点的创建方法，包含"等弧长""等参数""几何级数""弦公差""增量弧长""投影点"和"曲线百分比"7 种方法。

（1）等弧长：用于在点集的起始点和结束点之间按点间等弧长的方法来创建指定数目的点集。例如，在绘图窗口选择要创建点集的曲线，分别在图 3-41 所示对话框的"点数""起始百分比"和"终止百分比"文本框中输入"8""0"和"100"，以"等弧长"方式创建的点集如图 3-42 所示。

（2）等参数：用于以曲线曲率的大小来确定点集的位置。曲率越大，产生点的距离越大，反之则越小。例如，在图 3-41 所示对话框的"曲线点产生方法"下拉列表中选择"等参数"，分别在"点数""起始百分比"和"终止百分比"文本框中输入"8""0"和"100"，以等参数方式创建的点集如图 3-43 所示。

（3）几何级数：在图 3-41 所示对话框的"曲线点产生方法"下拉列表中选择"几何级数"，则在该对话框中会多出一个"比率"文本框。在设置完其他参数后，还需要指定一个比率值，用来确定点集中彼此相邻的后两点之间距离与前两点之间距离的比率。例如，分别在"点数""起始百分比""终止百分比"和"比率"文本框中输入"8""0""100"和"2"，以"几何级数"方式创建的点集如图 3-44 所示。

图 3-41　"点集"对话框

图 3-42　以等弧长方式创建的点集

图 3-43　以等参数方式创建的点集

图 3-44　以几何级数方式创建的点集

（4）弦公差：在图 3-41 所示对话框的"曲线点产生方法"下拉列表中选择"弦公差"，根据所给弦公差的大小来确定点集的位置。弦公差值越小，产生的点数越多，反之则越少。例如，弦公差值为 1 时，以"弦公差"方式创建的点集如图 3-45 所示。

（5）增量弧长：在图 3-41 所示对话框的"曲线点产生方法"下拉列表中选择"增量弧长"，根据弧长的大小确定点集的位置，而点数的多少则取决于曲线总长及两点间的弧长，按照顺时针方向生成各点。例如，弧长值为 1 时，以"增量弧长"方式创建的点集如图 3-46 所示。

图 3-45　以弦公差方式创建点集

图 3-46　以增量弧长方式创建的点集

（6）投影点：通过指定点来确定点集。

（7）曲线百分比：通过曲线上的百分比位置来确定一个点。

① 点数：用于设置要添加点的数量。

② 起始百分比：用于设置所要创建的点集在曲线上的起始位置。

③ 终止百分比：用于设置所要创建的点集在曲线上的结束位置。

④ 选择曲线或边：单击该按钮，可以选择新的曲线来创建点集。

2．样条点

用于在样条上创建点集。

（1）样条点类型：下拉列表包含"定义点""结点"和"极点"3 种样条点类型。

① 定义点：利用绘制样条曲线时的定义点来创建点集。

② 结点：利用绘制样条曲线时的结点来创建点集。

③ 极点：利用绘制样条曲线时的极点来创建点集。

（2）选择样条：单击该按钮，可以选择新的样条曲线来创建点集。

3．面的点

用于在曲面上创建点集。

（1）面点产生方法：下拉列表中包含"阵列""面百分比"和"B 曲面极点"3 种点的生成方式。

① 阵列：用于设置点集的边界。其中，"对角点"单选钮用于以对角点方式来限制点集的分布范围，点选该单选钮，系统会提示用户在绘图区中选择一点，完成后再选择另一点，这样就以这两点为对角点设置了点集的边界；"百分比"单选钮用于以曲面参数百分比的形式来限制点集的分布范围。

② 面百分比：通过在选定曲面 U、V 方向上的百分比位置来创建该曲面上的一个点。

③ B 曲面极点：用于以 B 曲面极点的方式创建点集。

（2）选择面：单击该按钮，可以选择新的面来创建点集。

3.1.14　实例——五角星

👉 **制作思路**

本例绘制图 3-47 所示的五角星。首先通过"多边形"命令绘制五边形，接着通过"基本曲线"命令连接各个边，最后通过"修剪曲线"命令修剪多余的线段。

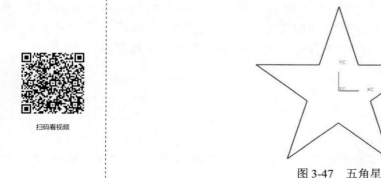

扫码看视频

图 3-47　五角星

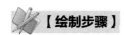　【绘制步骤】

1．新建文件

单击"菜单"→"文件"→"新建"命令，或单击"快速访问"工具栏中的 □（新建）按钮，打开"新建"对话框，在"模板"列表框中选择"模型"选项，在"名称"文本框中输入"wujiaoxing"，单击"确定"按钮，进入 UG 主界面。

2．绘制五边形

（1）单击"菜单"→"插入"→"曲线"→"多边形（原有）"命令，打开图 3-48 所示的"多边形"对话框。

（2）在"边数"文本框中输入"5"，单击"确定"按钮，打开图 3-49 所示的"多边形"创建方式对话框，单击"内切圆半径"按钮。

图 3-48　"多边形"对话框

图 3-49　"多边形"创建方式对话框

（3）打开图 3-50 所示的"多边形"参数对话框，分别在对话框的"内切圆半径"和"方位角"文本框中输入"2"和"18"，单击"确定"按钮。

（4）打开"点"对话框，确定五边形的中心，如图 3-51 所示。以坐标原点为五边形的中心，单击"确定"按钮，完成图 3-52 所示五边形的绘制。

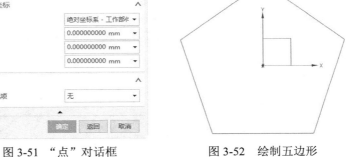

图 3-50　"多边形"参数对话框　　　图 3-51　"点"对话框　　　图 3-52　绘制五边形

3．绘制五角星

（1）单击"菜单"→"插入"→"曲线"→"基本曲线（原有）"命令，打开图 3-53 所示的"基本曲线"对话框。

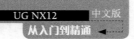

（2）单击 ╱（直线）按钮，勾选"线串模式"复选框，在"点方法"下拉列表框中选择"端点"方式。

（3）分别选择五边形的各端点，单击"确定"按钮，完成直线的绘制，绘制的图形如图 3-54 所示。

图 3-53 "基本曲线"对话框

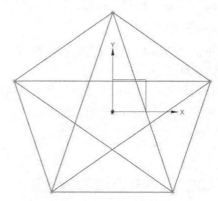

图 3-54 绘制直线

4. 修剪曲线

（1）单击"菜单"→"编辑"→"曲线"→"修剪"命令，或单击"曲线"选项卡"编辑曲线"面组上的 ╛（修剪曲线）按钮，打开图 3-55 所示的"修剪曲线"对话框。

（2）根据系统提示完成各曲线的修剪，最后生成的曲线如图 3-56 所示。

图 3-55 "修剪曲线"对话框

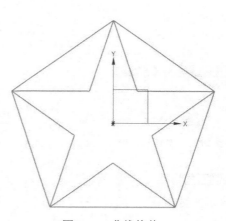

图 3-56 曲线修剪

5. 隐藏曲线

（1）单击"菜单"→"编辑"→"显示和隐藏"→"隐藏"命令，打开图 3-57 所示的"类选择"对话框。

（2）在绘图窗口中选择第 4 步创建的五边形，单击"确定"按钮，完成五边形曲线的隐藏，绘制的五角星结果如图 3-58 所示。

图 3-57 "类选择"对话框

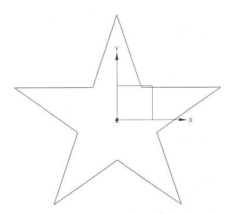

图 3-58 五角星绘制结果

3.2 派生的曲线

本节主要介绍偏置曲线、在面上偏置、投影、镜像、桥接、简化、缠绕/展开以及组合投影等命令的操作方法。

3.2.1 相交曲线

"相交曲线"命令是利用两个曲面相交生成交线。

单击"菜单"→"插入"→"派生曲线"→"相交"命令，或单击"曲线"选项卡"派生曲线"面组中的 （相交曲线）按钮，打开图 3-59 所示的"相交曲线"对话框。利用该对话框创建两组对象的交线，各组对象可以为一个或者多个曲面（若为多个曲面必须属于同一实体）、参考面、片体或实体，对话框中主要参数的含义如下。

（1）第一组：用于确定欲产生交线的第一组对象。

（2）第二组：用于确定欲产生交线的第二组对象。

（3）保持选定：用于设置在单击"应用"按钮后，是否自动重复选择第一组或第二组对象的操作。

（4）指定平面：用于设定第一组和第二组对象的选择范围为平面、参考面或基准面。

（5）高级曲线拟合：用于设置曲线的拟合方式。

（6）距离公差：用于设置距离公差。

两组对象进行相交操作的示意图如图 3-60 所示。

图 3-59 "相交曲线"对话框

相交线

图 3-60 "相交曲线"示意图

下面介绍如何创建相交曲线。

1. 新建文件

单击"菜单"→"文件"→"新建"命令，打开"文件新建"对话框。在"模板"列表框中选择"模型"选项，在"名称"文本框中输入"XiangJiao"，单击"确定"按钮，进入 UG 主界面。

2. 创建草图

（1）单击"菜单"→"插入"→"草图"命令，打开"创建草图"对话框，单击"确定"按钮，在 X-Y 平面创建草图，进入草图环境。

（2）单击"菜单"→"插入"→"曲线"→"艺术样条"命令，在草图上绘制两条样条曲线。样条次数为 3，利用"通过点"方式创建样条曲线，如图 3-61 所示。单击 （完成草图）按钮，退出草图环境。

3. 调整坐标系

（1）单击"菜单"→"格式"→"WCS"→"定向"命令，打开"坐标系"对话框。

（2）在对话框的下拉列表中选择"点，垂直于曲线"类型。

（3）在绘图窗口中选择一条样条曲线，然后选择其端点。

（4）在"坐标系"对话框中单击"确定"按钮，完成坐标系的创建，如图 3-62 所示。

4. 绘制圆

（1）单击"菜单"→"插入"→"曲线"→"基本曲线（原有）"命令，打开"基本曲线"对话框。

（2）在对话框中单击 ○（圆）按钮，在"点方法"下拉列表中选择 ╱（端点）选项。

（3）在绘图窗口中捕获样条曲线的端点为圆心。

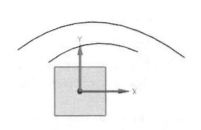

图 3-61　绘制样条曲线　　　　　　　　图 3-62　创建坐标系

（4）在"跟踪条"对话框的 （半径）文本框中输入"30"，按 <Enter> 键确认，完成图 3-63 所示圆的绘制。

（5）采用同样的方法，在另一条样条曲线的端点绘制一个半径为 30 的圆，最终绘制的圆弧图形如图 3-64 所示。

5. 创建扫掠体

（1）单击"菜单"→"插入"→"扫掠"→"沿引导线扫掠"命令，打开"沿引导线扫掠"对话框。

（2）在绘图窗口中选择圆作为截面线串。

（3）在绘图窗口中选择样条曲线作为引导线。

（4）单击"确定"按钮，创建的实体特征如图 3-65 所示。

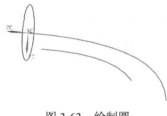

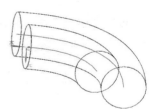

图 3-63　绘制圆　　　　　图 3-64　最终绘制的圆弧　　　　图 3-65　沿引导线扫掠

6. 获取相交线

（1）单击"菜单"→"插入"→"派生曲线"→"相交"命令，打开"相交曲线"对话框。

（2）在绘图窗口中依次选择两组相交对象，如图 3-66 所示。

（3）单击"确定"按钮，完成相交线的获取，如图 3-67 所示。

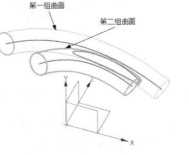

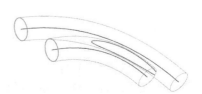

图 3-66　选择相交对象　　　　　　　　　图 3-67　获取相交线

3.2.2 截面曲线

单击"菜单"→"插入"→"派生曲线"→"截面"命令,或单击"曲线"选项卡"派生曲线"面组中的  (截面曲线)按钮,打开图 3-68 所示的"截面曲线"对话框。该对话框用于使设定的截面与选定的表面或平面等对象相交,生成相交的几何对象。一个平面与曲线相交后会建立一个点,一个平面与一表面或一平面相交后会建立一截面曲线。

截面的类型包括"选定的平面""平行平面""径向平面"和"垂直于曲线的平面"4 种。用户可根据实际情况选择截面的类型。

1. 选定的平面

该选项用于指定单独平面或基准平面作为截面。

(1)要剖切的对象:用来选择将被截取的对象。需要时,可以使用"过滤器"功能辅助选择所需对象,可以将过滤器选项设置为体、面、曲线、平面或基准平面等。

(2)剖切平面:用来选择已有平面或基准平面,或者使用平面子功能定义临时平面。需要注意的是,如果勾选"关联"复选框,则平面子功能不可用,此时必须选择已有平面。

(3)高级曲线拟合:用于指定方法、次数和段数。

(4)距离公差:指定截面曲线操作的公差。该文本框中的公差值确定截面曲线与定义截面曲线的对象和平面的接近程度。

2. 平行平面

该选项用于设置一组等间距的平行平面作为截面。选择该选项后,对话框变换成图 3-69 所示。

图 3-68 "截面曲线"对话框

图 3-69 "平行平面"类型

(1)"起点"和"终点":从基本平面测量,正距离为显示的矢量方向。系统将生成适合指定限制的平面数。这些输入的距离值不必恰好是步长距离的偶数倍。

(2)步进:指定每个临时平行平面之间的相互距离。

3．径向平面

从一条普通轴开始以扇形展开生成等角度间隔的平面，以用于截取选中的体、面和曲线。选择该选项后，对话框变换成图 3-70 所示。

（1）选择对象：用来定义径向平面绕其旋转的轴矢量。若要指定轴矢量，可使用"矢量"或矢量构造器工具。

（2）指定矢量：通过使用点方式或点构造器工具，指定径向参考平面上的点。径向参考平面是包含该轴线和点的唯一平面。

（3）起点：表示相对于基础平面的角度，径向面由此角度开始。按右手法则确定正方向，限制角不必是步长角度的偶数倍。

（4）终点：表示径向面相对于基础平面的角度，径向面在此角度处结束。

（5）步进：表示径向平面之间的夹角。

4．垂直于曲线的平面

该选项用于设定一个或一组与所选定曲线垂直的平面作为截面。选择该选项后，对话框变换成图 3-71 所示。

图 3-70　"径向平面"类型

图 3-71　"垂直于曲线的平面"类型

（1）选择曲线或边：选择沿其生成垂直平面的曲线或边。使用"过滤器"选项来辅助对象的选择，可以将过滤器设置为曲线或边。在选择曲线或边之前，先选择适合该操作的剖切对象。

（2）间距：设置生成间隔平面的方式。

① 等弧长：沿曲线路径以等弧长方式间隔平面。必须在"副本数"文本框中输入截面平面的数目，以及平面相对于曲线全弧长的起始和终止位置的百分比值。

② 等参数：根据曲线的参数化法来间隔平面。必须在"副本数"文本框中输入截面平面的数目，以及平面相对于曲线参数长度的起始和终止位置的百分比值。

③ 几何级数：根据几何级数比间隔平面。必须在"副本数"文本框中输入截面平面的数目，还必须在"比例"文本框中输入数值，以确定起始和终止点之间的平面间隔。

④ 弦公差：根据弦公差间隔平面。选择曲线或边后，定义曲线段使线段上的点距线段端点连线的最大弦距离，等于在"弦公差"文本框中输入的弦公差值。

⑤ 增量弧长：以沿曲线路径递增的方式间隔平面。在"弧长"文本框中输入值，在曲线上以递增弧长方式定义平面。

下面介绍如何创建截面曲线。

（1）单击"菜单"→"文件"→"打开"命令，选择 \yuanwenjian\3\3-1.prt 文件，单击"OK"按钮，打开图 3-72 所示的模型。

（2）单击"菜单"→"文件"→"另存为"命令，打开"另存为"对话框，在"文件名"文本框中输入"JieMian"，单击"OK"按钮保存。

（3）单击"菜单"→"插入"→"派生曲线"→"截面"命令，或单击"曲线"选项卡"派生曲线"面组上的 (截面曲线) 按钮，打开"截面曲线"对话框。

（4）选择"选定的平面"类型，图 3-73 所示圆柱体为要剖切的对象，图 3-74 所示的基准平面为剖切平面。

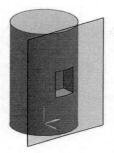
图 3-72　打开模型

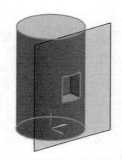
图 3-73　选择要剖切的对象

图 3-74　选择剖切平面

（5）单击"确定"按钮，生成图 3-75 所示的曲线。

（6）在"截面曲线"对话框中选择"平行平面"类型，选择圆柱为要剖切的对象。

（7）单击 (平面对话框) 按钮，打开图 3-76 所示"平面"对话框，选择"XC-YC 平面"，并在"距离"文本框中输入"9"，单击"确定"按钮。

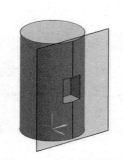
图 3-75　生成截面曲线

图 3-76　"平面"对话框

（8）返回到"截面曲线"对话框，"平面位置"面板的参数设置如图 3-77 所示。单击"确定"按钮，生成的截面曲线如图 3-78 所示。

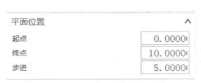

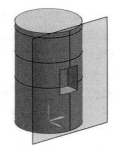

图 3-77　"平面位置"面板参数设置　　　　　图 3-78　生成的截面曲线

3.2.3　抽取曲线

单击"菜单"→"插入"→"派生曲线"→"抽取（原有）"命令，打开图 3-79 所示的"抽取曲线"对话框。该对话框用于基于一个或多个对象的边缘和表面生成曲线，抽取的曲线与原对象无相关性。

（1）边曲线：用于抽取表面或实体的边缘。单击该按钮，打开图 3-80 所示的"单边曲线"对话框，系统提示用户选择边缘，单击"确定"按钮，抽取所选边缘。

图 3-79　"抽取曲线"对话框　　　　　　　图 3-80　"单边曲线"对话框

（2）轮廓曲线：用于从轮廓被设置为不可见的视图中抽取曲线。如抽取球的轮廓线如图 3-81 所示。

（3）完全在工作视图中：用于对视图中的所有边缘抽取曲线，此时产生的曲线将与工作视图的设置有关。

（4）阴影轮廓：对选定对象的不可见轮廓线抽取曲线。

（5）精确轮廓：精确轮廓类似于阴影轮廓，不同之处可以使用任何显示模式，并且如果在图纸成员视图中抽取，生成的曲线只与视图相关。精确轮廓是真正的 3D 曲线创建算法，与阴影轮廓相比，它生成的轮廓显示精确得多。

下面通过实例介绍如何创建抽取曲线。

（1）新建文件。

单击"菜单"→"文件"→"新建"命令，打开"文件新建"对话框。在"模板"列表框中选择"模型"选项，在"名称"文本框中输入"ChouQu"，单击"确定"按钮，进入 UG 主界面。

（2）新建文件。

① 单击"菜单"→"插入"→"曲线"→"基本曲线（原有）"命令，打开"基本曲线"对话框。

② 在"基本曲线"对话框中选择◯（圆）创建模式。

③ 在绘图窗口中选择坐标原点为圆心，绘制半径为 30 的圆。

（3）创建旋转体。

① 单击"菜单"→"插入"→"设计特征"→"旋转"命令，或单击"主页"选项卡"特征"面组上的 🔘（旋转）按钮，打开"旋转"对话框。

② 在绘图窗口中选择刚创建的圆为截面曲线。

③ 在"旋转"对话框的"指定矢量"下拉列表中选择"*XC* 轴"为旋转轴，圆心点即为旋转原点。

④ 设置开始的"角度"为"0"，结束的"角度"为"360"，单击"确定"按钮，即可完成球体的创建，如图 3-82 所示。

图 3-81　以"轮廓线"方式抽取曲线　　　　图 3-82　球体的创建

（4）抽取曲线。

① 单击"菜单"→"插入"→"派生曲线"→"抽取（原有）"命令，打开"抽取曲线"对话框。

② 在"抽取曲线"对话框中单击"轮廓曲线"按钮，打开图 3-83 所示的"轮廓曲线"对话框。

③ 选择球表面，单击"取消"按钮完成抽取操作，如图 3-84 所示。

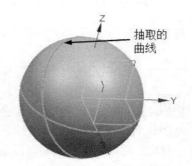

图 3-83　"轮廓曲线"对话框　　　　　　图 3-84　抽取曲线

3.2.4　偏置曲线

偏置曲线用于对已存在的曲线以一定的方式进行偏置得到新的曲线。新得到的曲线与原曲线是相关的，即当原曲线发生改变时，新的曲线也会随之改变。

单击"菜单"→"插入"→"派生曲线"→"偏置"命令，或单击"曲线"选项卡"派生的曲线"面组上的 (偏置曲线) 按钮，打开图 3-85 所示的"偏置曲线"对话框，系统提示用户选择欲偏置的曲线，然后拾取偏置平面上的点，设置好参数后，单击"确定"按钮，即可得到所需的偏置曲线。

（1）偏置类型：用于设置曲线的偏置方式，其下拉列表中包含"距离""拔模""规律控制"和"3D 轴向"4 种偏置方式。

① 距离：依据给定的偏置距离来偏置曲线。选择该方式后，对话框中的"距离"文本框被激活，在"距离"和"副本数"文本框中输入偏置距离和产生偏置曲线的数量，并设定好其他参数后，单击"确定"按钮即可。

② 拔模：选择该方式后，"偏置"面板中的"高度"和"角度"文本框被激活，设置好参数值后，单击"确定"按钮即可。"拔模"方式的基本思想是将曲线按指定的拔模角度偏置到与曲线所在平面相距拔模高度的平面上。拔模高度为原曲线所在平面和偏置后曲线所在平面间的距离。拔模角是偏置方向与原曲线所在平面的法向夹角。

③ 规律控制：利用规律曲线控制偏置距离来偏置曲线。选择该方式后，"偏置"面板中出现"规律"选项组，在"规律类型"下拉列表中选择相应偏置距离的规律控制方式，设定好其他参数后，单击"确定"按钮即可。

④ 3D 轴向：按照三维空间内指定的矢量方向和偏置距离来偏置曲线。用户按照生成矢量的方法制定需要的矢量方向，然后输入需要偏置的距离就可生成相应的偏置曲线。

（2）修剪：用于设置偏置曲线的修剪方式。其下拉列表中包含"无""相切延伸"和"圆角"3 种方式。

图 3-85　"偏置曲线"对话框

① 无：偏置后的曲线既不延长相交也不彼此裁剪或倒圆角，其实例示意图如图 3-86 所示。

② 相切延伸：偏置后的曲线延长相交或彼此裁剪。选择该方式时，若取消对"关联"复选框的勾选，则出现"延伸因子"文本框，在该文本框中输入延迟比例。若输入延伸比例为 10，则偏置曲线串中各组成曲线的端部延长值为偏置距离的 10 倍；若彼此仍不能相交，则以斜线与各组成曲线相连；若偏置曲线串中各组成曲线彼此交叉，则在其交点处裁剪多余部分，其实例示意图如图 3-87 所示。

图 3-86　"无"方式

图 3-87　"相切延伸"方式

③ 圆角：偏置曲线的各组成曲线彼此不相连接，则系统以半径值为偏置距离的圆弧，将各组成曲线彼此相邻的端点相连；若偏置曲线的各组成曲线彼此相交，则系统在其交点处裁剪多余部

分，其实例示意图如图 3-88 所示。

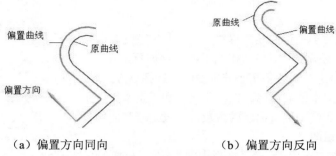

（a）偏置方向同向　　　　　　　（b）偏置方向反向

图 3-88　"圆角"方式

（3）距离公差：用于设置偏置距离的近似公差的值。

（4）副本数：用于设置偏置操作所产生的新对象数目。

（5）输入曲线：用于对原曲线的操作，包含"保留""隐藏""删除"和"替换"4 个选项。

下面介绍如何创建偏置曲线。

（1）利用绘制圆的命令在绘图窗口绘制图 3-89 所示的半径为 10 的圆。

（2）单击"菜单"→"插入"→"派生曲线"→"偏置"命令，或单击"曲线"选项卡"派生曲线"面组上的（偏置曲线）按钮，打开"偏置曲线"对话框。

（3）在"偏置类型"下拉列表中选择"距离"，选择绘制的圆为要偏置的曲线，此时显示偏置方向，如图 3-90 所示。

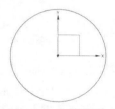　　　　　　　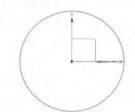

图 3-89　曲线模型　　　　　　图 3-90　"距离"方式偏置方向

（4）分别在"距离"和"副本数"文本框中输入"2"和"3"，单击"应用"按钮，生成图 3-91 所示的曲线。

（5）在"偏置曲线"对话框中选择"拔模"偏置类型，选择最小的圆为要偏置的曲线，此时图中显示偏置方向，如图 3-92 所示。

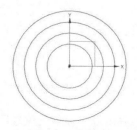　　　　　　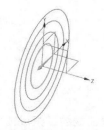

图 3-91　"距离"方式偏置曲线　　　图 3-92　"拔模"方式偏置方向

（6）"偏置"面板中参数的设置如图 3-93 所示。

（7）单击"确定"按钮，生成图 3-94 所示的曲线。

图 3-93 "偏置"面板

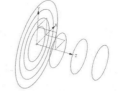

图 3-94 "拔模"偏置类型偏置曲线

3.2.5 在面上偏置

单击"菜单"→"插入"→"派生曲线"→"在面上偏置"命令，或单击"曲线"选项卡"派生曲线"面组上的 （在面上偏置曲线）按钮，打开图 3-95 所示的对话框，对话框中主要参数的含义如下。

1．偏置法

（1）弦：沿曲线的弦长偏置。

（2）弧长：沿曲线的弧长偏置。

（3）测地线：沿曲面的最小距离创建。

（4）相切：沿曲面的切线方向创建。

2．公差

该选项用于设置偏置曲线的公差，其默认值是在建模预设置对话框中设置的。公差值决定了偏置曲线与被偏置曲线的相似程度，选用默认值即可。

利用"在面上偏置曲线"命令创建的偏置曲线如图 3-96 所示。

图 3-95 "在面上偏置曲线"对话框

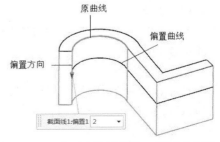

图 3-96 "在面上偏置曲线"实例示意图

3.2.6 投影

单击"菜单"→"插入"→"派生曲线"→"投影"命令，或单击"曲线"选项卡"派生曲线"面组上的 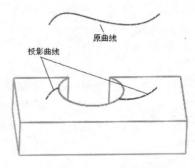 （投影曲线）按钮，打开图 3-97 所示的"投影曲线"对话框。该对话框用于将曲线或点沿某一方向投影到现有曲面、平面或参考平面上。如果投影曲线与面上的孔或面上的边缘相交，则投影曲线会被面上的孔或边缘所裁剪，对话框中主要参数的含义如下。

（1）选择曲线或点：用于确定要投影的曲线和点。

（2）指定平面：用于确定投影所在的表面或平面。

（3）方向：用于指定将对象投影到片体、面和平面上时所使用的方向。其下拉列表中包含"沿面的法向""朝向点""朝向直线""沿矢量"和"与矢量成角度"5 种投影方式。

利用"投影曲线"命令创建的曲线如图 3-98 所示。

图 3-97 "投影曲线"对话框

图 3-98 "投影曲线"实例示意图

下面通过实例介绍如何创建投影曲线。

（1）打开文件。

单击"菜单"→"文件"→"打开"命令，打开 3.2.1 节绘制的"XiangJiao"实体，单击"OK"按钮，进入 UG 主界面。

（2）另存部件文件。

单击"菜单"→"文件"→"另存为"命令，打开"另存为"对话框，在"文件名"文本框中输入"TouYing"，单击"OK"按钮保存。

（3）创建基准平面。

① 单击"菜单"→"插入"→"基准 / 点"→"基准平面"命令，或单击"主页"选项卡"特征"面组上的 按钮，打开"基准平面"对话框。

② 在对话框中选择"曲线和点"类型构造平面，在两条样条曲线上选择 3 个不在同一直线上的点即可创建一基准平面，如图 3-99 所示。

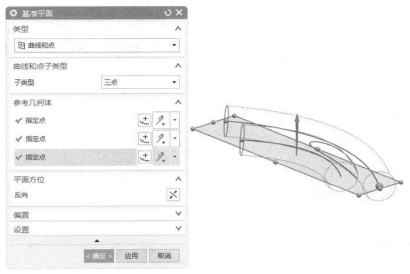

图 3-99 创建基准平面

（4）获取投影曲线。

① 单击"菜单"→"插入"→"派生曲线"→"投影"命令，打开图 3-100 所示的"投影曲线"对话框。

② 在绘图窗口选择相交线为要投影的曲线，选择步骤（3）中创建的基准平面作为投影面。

③ 在"投影曲线"对话框中单击"确定"按钮完成操作，即可得到图 3-101 所示的投影曲线。

图 3-100 "投影曲线"对话框

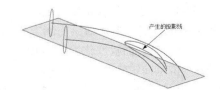

图 3-101 投影曲线

3.2.7 镜像曲线

单击"菜单"→"插入"→"派生曲线"→"镜像"命令，打开图 3-102 所示的"镜像曲线"对话框，对话框中主要参数的含义如下。

（1）选择曲线：用于确定要镜像的曲线。

（2）镜像平面：用于选择现有平面或创建新的平面。

（3）关联：投影面上生成与原曲线相关联的投影曲线，只要原曲线发生变化，投影曲线也随之发生变化。

图 3-102 "镜像曲线"对话框

3.2.8 桥接曲线

单击"菜单"→"插入"→"派生曲线"→"桥接"命令，或单击"曲线"选项卡"派生曲线"面组上的（桥接曲线）按钮，打开图 3-103 所示的"桥接曲线"对话框。该对话框用于将两条不同位置的曲线桥接，对话框中主要参数的含义如下。

（1）起始对象：用于确定桥接曲线操作的第一个对象。

（2）终止对象：用于确定桥接曲线操作的第二个对象。

（3）连续性：包含"位置""相切""曲率"和"流"4种类型。相切，表示桥接曲线与第一条曲线、第二条曲线在连接点处相切连续，且为三阶样条曲线；曲率，表示桥接曲线与第一条曲线、第二条曲线在连接点处曲率连续，且为五阶或七阶样条曲线。

（4）位置：移动滑尺上的滑块，确定点在曲线上的位置。

（5）方向：通过"点构造器"来确定点在曲线上的位置。

（6）约束面：用于限制桥接曲线所在面。

（7）半径约束：用于限制桥接曲线的半径类型和大小。

（8）形状控制：包含"相切幅值""深度和歪斜度"和"模板曲线"3种类型。

① 相切幅值：通过改变桥接曲线与第一条曲线和第二条曲线连接点的切矢量值，来控制桥接曲线的形状。切矢量值的改变是通过"开始"和"结束"滑尺，或直接在"第一曲线"和"第二根曲线"文本框中输入切矢量来实现的。

② 深度和歪斜度：当选择该控制方式时，"桥接曲线"对话框中的"形状控制"面板变化为图 3-104 所示。

a. 深度：桥接曲线峰值点的深度，即影响桥接曲线形状的曲率百分比。其值可通过拖动下面的滑尺或直接在"深度"文本框中输入百分比来实现。

b. 歪斜度：桥接曲线峰值点的倾斜度，即设定沿桥接曲线从第一条曲线向第二条曲线度量时

图 3-103 "桥接曲线"对话框

峰值点位置的百分比。

③ 模板曲线：用于选择控制桥接曲线形状的参考样条曲线，桥接曲线继承选定参考曲线的形状。

利用"桥接曲线"命令创建的实例如图 3-105 所示。

图 3-104　"形状控制"面板

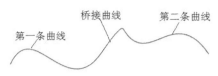

图 3-105　"桥接曲线"实例示意图

3.2.9　简化曲线

单击"菜单"→"插入"→"派生曲线"→"简化"命令，或单击"曲线"选项卡"更多"库下的 （简化曲线）按钮，打开图 3-106 所示的"简化曲线"对话框。该对话框用于以一条最合适的逼近曲线来简化一组选择的曲线，将这组曲线简化为圆弧或直线的组合，即将高次曲线降成二次或一次曲线。

图 3-106　"简化曲线"对话框

在"简化曲线"对话框中，用户可以选择原曲线的方式为"保持""删除"或"隐藏"3 种。单击"保持"按钮，系统提示用户在绘图窗口选择要简化的曲线，用户最多可选择 512 条曲线。若要简化的曲线首尾相接，则可利用其中的"成链"选项，通过选择第一条曲线和最后一条曲线来选择其间彼此相连的一组曲线。单击"确定"按钮，则系统用一条与其逼近的曲线来拟合所选的多条曲线。

3.2.10　缠绕 / 展开曲线

单击"菜单"→"插入"→"派生曲线"→"缠绕 /展开曲线"命令，打开图 3-107 所示的"缠绕 / 展开曲线"对话框。该对话框用于将选定的曲线由一平面缠绕在一锥面或柱面上生成一缠绕曲线，或将选定的曲线由一锥面或柱面展开至一平面生成一条展开曲线，该对话框中主要参数的含义如下。

（1）曲线或点：用于确定欲缠绕或展开的曲线。

（2）面：用于确定被缠绕对象的圆锥或圆柱的实体表面。

（3）平面：用于确定产生缠绕的与被缠绕表面相切的平面。

利用"缠绕 / 展开曲线"命令创建的实例如图 3-108 所示。

图 3-107　"缠绕 / 展开曲线"对话框

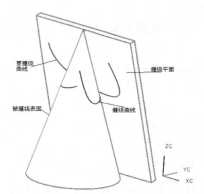

图 3-108 "缠绕/展开曲线"实例示意图

3.2.11 组合投影

单击"菜单"→"插入"→"派生曲线"→"组合投影"命令，打开图 3-109 所示的"组合投影"对话框。该对话框用于将两条选定的曲线沿各自的投影方向投影生成一条新的曲线。需要注意的是，所选两条曲线的投影必须是相交的，对话框中主要参数的含义如下。

（1）曲线 1：用于确定欲投影的第一条曲线。

（2）曲线 2：用于确定欲投影的第二条曲线。

（3）投影方向 1：用于确定第一条曲线投影的矢量方向。

（4）投影方向 2：用于确定第二条曲线投影的矢量方向。

利用"组合投影"命令创建的实例如图 3-110 所示。

图 3-109 "组合投影"对话框

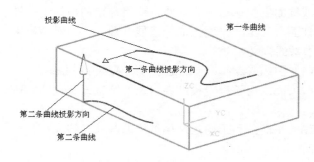

图 3-110 "组合投影"实例示意图

3.2.12　实例——缠绕 / 展开创建曲线

【绘制步骤】

（1）打开文件 3-1.prt 文件，进入建模模块，如图 3-111 所示。

扫码看视频

图 3-111　模型

（2）单击"菜单"→"插入"→"派生曲线"→"缠绕 / 展开曲线"命令，打开"缠绕 / 展开曲线"对话框。

（3）选择圆锥面为选择面，选择基准平面为指定平面，选取样条曲线为曲线。

（4）选择"缠绕"类型，设置切割线角度为"90"。

（5）单击"确定"按钮，生成曲线如图 3-112 所示。

（6）同上步骤，选择"展开"类型，生成曲线如图 3-113 所示。

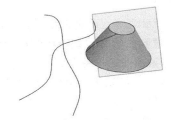

图 3-112　缠绕曲线　　　　　　　　　　图 3-113　展开曲线

3.3　曲线编辑

前面讲述了曲线的绘制，本节主要讲述曲线的编辑。

3.3.1　编辑曲线参数

单击"菜单"→"编辑"→"曲线"→"参数"命令，打开图 3-114 所示的"编辑曲线参数"对话框。

在"编辑曲线参数"对话框中设置完相关的参数后，出现的系统提示随着选择的编辑对象类型不同而变化。

图 3-114　"编辑曲线参数"对话框

3.3.2　修剪曲线

单击"菜单"→"编辑"→"曲线"→"修剪"命令，或单击"曲线"选项卡"编辑曲线"面组上的 （修剪曲线）按钮，打开图 3-115 所示的"修剪曲线"对话框，对话框中主要参数的含义如下。

（1）要修剪的曲线：选择一条或多条要修剪的曲线（此步骤是必需的）。

（2）边界对象：此选项让用户从绘图窗口中选择一串对象作为边界，沿着它修剪曲线。

（3）关联：勾选该复选框，则输出的已被修剪的曲线与原始曲线是相关联的。关联的修剪导致生成一个 TRIM_CURVE 特征，它是原始曲线的副本。

原始曲线的线型改为虚线，这样它们对照于被修剪的、关联的副本更容易看得到。如果输入参数改变，则关联的修剪曲线会自动更新。

图 3-115　"修剪曲线"对话框

（4）输入曲线：该选项让用户指定输入曲线被修剪的部分处于何种状态。

① 隐藏：意味着输入曲线被渲染成不可见。

② 保留：意味着输入曲线不受修剪曲线操作的影响，被保持在它们的初始状态。

③ 删除：意味着通过修剪曲线操作把输入曲线从模型中删除。

④ 替换：意味着输入曲线被已修剪的曲线替换或交换。当使用"替换"功能时，原始曲线的子特征成为已修剪曲线的子特征。

（5）曲线延伸：如果正修剪一个要延伸到它的边界对象的样条曲线，则可以选择延伸的形状。其下拉列表框中包含"自然""线性""圆形"和"无"4 个选项。

① 自然：从样条曲线的端点沿它的自然路径延伸它。

② 线性：把样条曲线从它的任一端点延伸到边界对象，样条曲线的延伸部分是线性的。

③ 圆形：把样条曲线从它的端点延伸到边界对象，样条曲线的延伸部分是圆弧形的。

④ 无：对任何类型的曲线都不通过菜单命令延伸。

下面介绍如何利用"修剪曲线"命令删除多余曲线。

（1）新建文件。

单击"菜单"→"文件"→"新建"命令，打开"文件新建"对话框。在"模板"列表框中选择"模型"选项，在"名称"文本框中输入"xiujian"，单击"确定"按钮，进入 UG 主界面。

（2）绘制轮廓。

① 单击"菜单"→"插入"→"曲线"→"直线和圆弧"→"圆（圆心 - 半径）"命令，绘制圆心点为（0，50，0）、半径为 50 的圆，如图 3-116 所示。

② 单击"菜单"→"插入"→"派生曲线"→"偏置"命令，将绘制的圆向内偏移 2，如图 3-117 所示。

③ 单击"菜单"→"插入"→"曲线"→"直线"命令，捕捉大圆的象限点绘制两条相交直线，

如图 3-118 所示。

图 3-116　绘制圆

图 3-117　偏置圆

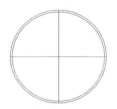

图 3-118　绘制相交直线

（3）修剪曲线。

① 单击"菜单"→"编辑"→"曲线"→"修剪"命令，或单击"曲线"选项卡"编辑曲线"面组上的 （修剪曲线）按钮，打开"修剪曲线"对话框，对话框中参数的设置如图 3-119 所示。

② 选取图形中的两直线作为边界对象，如图 3-120 所示。

③ 选择两圆弧作为被修剪曲线，单击"确定"按钮，得到的修剪曲线如图 3-121 所示。

图 3-119　"修剪曲线"对话框

图 3-120　选择边界对象

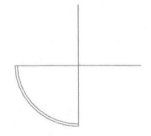

图 3-121　修剪曲线

④ 以小圆为边界，修剪两直线，结果如图 3-122 所示。

⑤ 单击"菜单"→"插入"→"曲线"→"直线"命令，定义端点 A 为线段的起点，沿 YC 轴负向绘制一条长度为 2 的线段。

⑥ 依照上述方法，绘制图 3-123 所示的线段 C、D、E，长度分别为 15、2、5。再绘制线段 F，使线段 F 与圆弧 1 相交。

（4）单击"菜单"→"编辑"→"曲线"→"修剪"命令，或单击"曲线"选项卡"编辑曲线"面组上的 （修剪曲线）按钮，打开"修剪曲线"对话框。

（5）选择线段 F 为边界对象，圆弧 1 为被修剪对象，单击"确定"按钮，完成修剪操作，结果如图 3-124 所示。

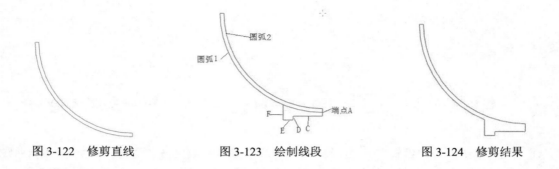

图 3-122　修剪直线　　　　图 3-123　绘制线段　　　　图 3-124　修剪结果

3.3.3　修剪拐角

单击"菜单"→"编辑"→"曲线"→"修剪拐角"命令，系统提示用户选择要修剪的拐角，即选择球应将两条曲线完全包围住，选择要裁剪的对象，被选择的部分被修剪掉（或被延伸至交点处）。

需注意的是当修剪对象包含圆弧拐角时，修剪结果和圆弧的端点有关。

3.3.4　分割曲线

单击"菜单"→"编辑"→"曲线"→"分割"命令，打开图 3-125 所示的"分割曲线"对话框。该对话框用于将指定曲线按指定要求分割成多个曲线段，每一段为一独立的曲线对象，对话框中的主要参数含义如下。

分割曲线包含"等分段""按边界对象""弧长段数""在结点处"和"在拐角上"5 种类型。

（1）等分段：选择此类型，对话框如图 3-125 所示，该对话框用于将曲线按指定的参数等分成指定的段数。

（2）按边界对象：选择此类型，对话框如图 3-126 所示，该对话框用于通过指定的边界对象将曲线分割成多段，曲线在指定的边界对象处断口。边界对象可以是点、曲线、平面或实体表面。

图 3-125　"分割曲线"对话框

图 3-126　选择"按边界对象"类型

（3）弧长段数：选择此类型，对话框如图 3-127 所示，该对话框用于通过指定每段曲线的长度将曲线进行分段。

（4）在结点处：选择此类型，对话框如图 3-128 所示，该对话框用于指定在节点处对样条曲线进行分割，分割后将删除样条曲线的参数。

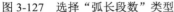

图 3-127 选择"弧长段数"类型

图 3-128 选择"在结点处"类型

（5）在拐角上：选择此类型，对话框如图 3-129 所示，该对话框用于在样条曲线的拐角处（斜率方向突变处）对样条曲线进行分割。

下面介绍如何利用"分割曲线"命令编辑曲线。

（1）单击"菜单"→"插入"→"曲线"→"直线和圆弧"→"圆（圆心 - 半径）"命令，以坐标原点为圆心，绘制半径为 20 的圆，如图 3-130 所示。

（2）单击"菜单"→"编辑"→"曲线"→"分割"命令，打开图 3-125 所示的"分割曲线"对话框。

（3）选择"等分段"类型，选择屏幕中的圆为要分割的曲线。

（4）"段数"面板中的参数设置如图 3-131 所示，单击"确定"按钮，圆被分等成 4 段圆弧。

图 3-129 选择"在拐角上"类型

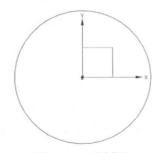

图 3-130 绘制圆

图 3-131 "段数"面板

（5）单击"菜单"→"插入"→"曲线"→"直线"命令，连接各段圆弧的端点，如图 3-132 所示。

（6）同步骤（2）～（3）中的操作，"段数"面板中的参数设置如图 3-133 所示。

（7）分别选择 4 段直线，单击"确定"按钮，每段直线被等分成 2 段直线。

（8）单击"菜单"→"插入"→"曲线"→"直线"命令，连接直线的端点，如图 3-134 所示。

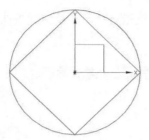

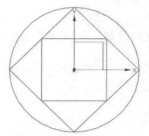

图 3-132　绘制直线 1　　　　　图 3-133　参数设置　　　　　图 3-134　绘制直线 2

3.3.5　拉长曲线

单击"菜单"→"编辑"→"曲线"→"拉长（即将失效）"命令，打开图 3-135 所示的"拉长曲线"对话框，该对话框用于移动或拉伸几何对象。如果选择的是对象的端点，其功能是拉伸该对象；如果选择的是对象端点以外的位置，其功能是移动对象，对话框中的主要参数含义如下。

（1）XC 增量、YC 增量、ZC 增量：对象分别沿 XC、YC 和 ZC 轴方向移动或拉伸曲线，文本框用于输入增量值。

（2）点到点：单击该按钮，打开"点"对话框，该对话框用于定义一个参考点和一个目标点，系统以该参考点到目标点的位移移动或拉长对象。

利用"拉长曲线"命令创建的曲线如图 3-136 所示。

图 3-135　"拉长曲线"对话框

（a）原曲线　　　（b）拉长后的曲线　　　（c）移动后的曲线

图 3-136　"拉长曲线"实例示意图

3.3.6　编辑圆角

单击"菜单"→"编辑"→"曲线"→"圆角（原有）"命令，打开图 3-137 所示的"编辑圆角"对话框，对话框中的主要参数含义如下。

（1）自动修剪：系统自动根据圆角来裁剪两条连接曲线。单击该按钮，系统提示依次选择第一条连接曲线、圆角和第二条连接曲线，接着打开图 3-138 所示的"编辑圆角"参数对话框。对话框中各选项的含义如下。

① 半径：用于设置圆角的新半径值。

② 默认半径：用于设置"半径"文本框中的默认半径。

图 3-137　"编辑圆角"对话框　　　　图 3-138　"编辑圆角"参数对话框

③ 新的中心：勾选该复选框，可以通过设定新的一点改变圆角的大致圆心位置。取消对该复选框的勾选，仍以当前圆心位置来对圆角进行编辑。

（2）手工修剪：在用户的干预下裁剪圆角的两条连接曲线。

（3）不修剪：不裁剪圆角的两条连接曲线。

利用"编辑圆角"命令创建的曲线如图 3-139 所示。

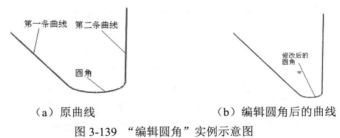

（a）原曲线　　　　　　　　　（b）编辑圆角后的曲线

图 3-139　"编辑圆角"实例示意图

3.3.7　编辑曲线长度

单击"菜单"→"编辑"→"曲线"→"长度"命令，或单击"曲线"选项卡"编辑曲线"面组上的 （曲线长度）按钮，打开图 3-140 所示的"曲线长度"对话框，该对话框用于通过指定弧长增量或总弧长方式来改变曲线的长度，对话框中的主要参数含义如下。

（1）长度：该下拉列表中包含"增量"和"总数"两个选项。

① 增量：表示以给定弧长增加量或减少量的方式来编辑选定曲线的长度。选择该选项时，"限制"面板中的"开始"和"结束"文本框被激活，在这两个文本框中可分别输入曲线长度在起点和终点增加或减少的长度值。

② 总数：表示以给定总长的方式来编辑选定曲线的长度。选择该选项，"限制"面板中的"总数"文本框被激活，在该文本框中可输入曲线的总长度。

（2）侧：该下拉列表中包含"起点和终点"和"对称"两个选项。

① 起点和终点：选择该选项，表示从选定曲线的起点和终点开始延伸。

② 对称：选择该选项，表示从选定曲线起点和终点延伸的长度值相同。

图 3-140　"曲线长度"对话框

（3）方法：该选项用于确定所选样条曲线延伸的形状。该下拉列表框中包含"自然""线性"和"圆形"3个选项。

① 自然：从样条曲线的端点沿它的自然路径延伸。

② 线性：从任意一个端点延伸样条曲线，它的延伸部分是线性的。

③ 圆形：从样条的端点延伸它，它的延伸部分是圆弧。

利用"曲线长度"命令创建的曲线如图 3-141 所示。

图 3-141 "曲线长度"实例示意图

3.3.8 光顺样条

单击"菜单"→"编辑"→"曲线"→"光顺样条"命令，打开图 3-142 所示的"光顺样条"对话框，该对话框用于光顺样条曲线的曲率，使得样条曲线更加光顺，对话框中的主要参数含义如下。

（1）类型：该下拉列表中包含"曲率"和"曲率变化"两个选项。

① 曲率：通过最小曲率值的大小来光顺样条曲线。

② 曲率变化：通过最小整条曲线的曲率变化来光顺样条曲线。

（2）要光顺的曲线：选择要光顺的曲线。

（3）约束：用于选择在光顺样条的时候，对线条起点和终点的约束。

"光顺样条"实例示意图如图 3-143 所示。

图 3-142 "光顺样条"对话框

（a）原样条曲线

（b）光顺后的样条曲线

图 3-143 "光顺样条"实例示意图

3.3.9 实例——绘制碗轮廓线

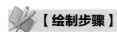 **制作思路**

本例绘制碗轮廓线，如图 3-144 所示，首先通过"基本曲线"和"偏置曲线"命令绘制两个圆，然后通过"直线"命令绘制两条相交直线，最后通过"修剪曲线"命令将图形修剪，最终完成碗轮廓线的绘制。

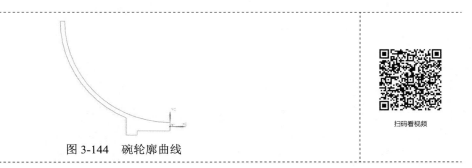

图 3-144 碗轮廓曲线

扫码看视频

【绘制步骤】

（1）创建一个新的文件。单击"菜单"→"文件"→"新建"命令，或单击"标准"组中的"新建"按钮，打开"新建"对话框。在文件名中输入"wan"，单位选择"毫米"，单击"确定"按钮，进入 UG 界面。

（2）单击"菜单"→"插入"→"曲线"→"基本曲线（原有）"命令，打开"基本曲线"对话框，在"类型"选项中单击○（圆）按钮，绘制圆心点为（0，50，0），半径为 50 的圆，如图 3-145 所示。

（3）单击"菜单"→"插入"→"派生曲线"→"偏置"命令，将步骤（2）绘制的圆向里偏移 2，如图 3-146 所示。

（4）利用"直线"命令，捕捉圆 1 的象限点绘制两相交直线，如图 3-147 所示。

图 3-145 绘制圆 1

图 3-146 绘制圆 2

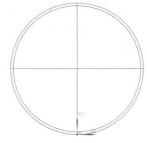

图 3-147 绘制直线

（5）单击"菜单"→"编辑"→"曲线"→"修剪"命令，或单击"曲线"功能区"编辑曲线"面组上的（修剪曲线）按钮，打开"修剪曲线"对话框，各选项设置如图 3-148 所示。

（6）选择步骤（4）绘制的两直线为两边界对象，如图 3-149 所示。

（7）两圆弧为被修剪曲线，单击"确定"按钮，如图 3-150 所示。

图 3-148 "修剪曲线"对话框

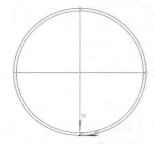

图 3-149 选取边界对象

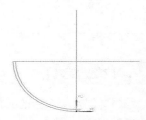

图 3-150 曲线模型

（8）以圆 2 为边界，修剪两直线，结果如图 3-151 所示。

（9）利用直线命令，定义 A 点为直线起点。选择"沿 YC"终点选项，此时绘制的直线沿 Y 轴方向，在"跟踪条"的 Y 坐标中输入"-2"，单击"应用"按钮，完成直线 1 的创建。

（10）依照上述方法定义图 3-152 所示的线段 C、D、E，长度分别为 15、2、5。在定义线段 F 时，长度刚好到圆弧 1 即可。

（11）单击"菜单"→"编辑"→"曲线"→"修剪"命令，或单击"曲线"功能区"编辑曲线"面组上的 （修剪曲线）按钮，打开"修剪曲线"对话框。

（12）选择线段 F 为边界对象，圆弧 1 为修剪对象，单击"确定"按钮，完成修剪操作，如图 3-144 所示。

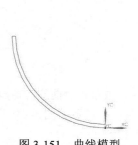

图 3-151 曲线模型

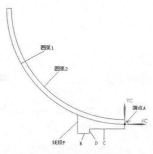

图 3-152 轮廓曲线

3.4　综合实例——咖啡壶曲线

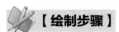 **制作思路**

本例绘制咖啡壶曲线，如图 3-153 所示，首先通过"圆"命令绘制各个节圆，然后倒圆角创建壶嘴曲线，最后通过"艺术样条"命令创建两侧引导线。

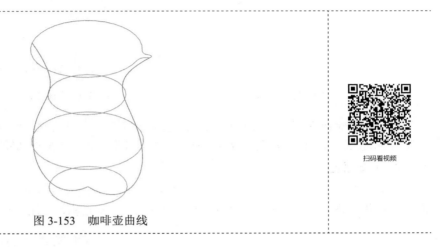

图 3-153　咖啡壶曲线

扫码看视频

【绘制步骤】

1．新建文件

单击"菜单"→"文件"→"新建"命令，或者单击"标准"工具栏中的（新建）按钮，打开"新建"对话框，在"模型"选项卡中选择适当的模板，文件名为"kafeihu"，单击"确定"按钮，进入建模环境。

2．创建圆

（1）单击"菜单"→"插入"→"曲线"→"基本曲线（原有）"命令，系统打开图 3-154 所示的"基本曲线"对话框。

（2）单击〇（圆）按钮，在"点方法"下拉列表中单击"点构造器"按钮打开"点"对话框，输入圆中心点（0，0，0），单击"确定"按钮。系统提示选择对象以自动判断点，输入（100，0，0），单击"确定"按钮完成圆 1 的创建。

（3）按照上面的步骤创建圆心为（0，0，-100），半径为 70 的圆 2；圆心为（0，0，-200），半径为 100 的圆 3；圆心为（0，0，-300），半径为 70 的圆 4；圆心为（115，0，0），半径为 5 的圆 5。生成的曲线模型如图 3-155 所示。

图 3-154　"基本曲线"对话框

3．创建圆角

（1）单击"菜单"→"插入"→"曲线"→"基本曲线（原有）"命令，系统打开"基本曲线"

79

对话框，单击 （圆角）按钮，系统打开"曲线倒圆"对话框，如图 3-156 所示。

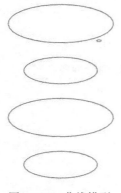

图 3-155　曲线模型　　　　　　　　　　　　图 3-156　"曲线倒圆"对话框

（2）单击对话框中的 （2 曲线圆角）按钮，半径为"15"，取消"修剪第一条曲线"和"修剪第二条曲线"复选框的勾选，分别选择圆 1 和圆 5 倒圆角，生成的曲线模型如图 3-157 所示。

4．修剪曲线

（1）单击"菜单"→"编辑"→"曲线"→"修剪"命令，或单击"曲线"选项卡"编辑曲线"面组上的 （修剪曲线）按钮，系统打开"修剪曲线"对话框，如图 3-158 所示。

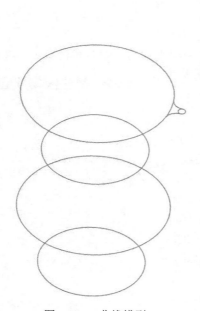

图 3-157　曲线模型　　　　　　　　　　　　图 3-158　"修剪曲线"对话框

（2）选择要修剪的曲线为圆 5，边界对象为圆角 1 和圆角 2，单击"确定"完成对圆 5 的修剪。按照上面的步骤，选择要修剪的曲线为圆 1，边界对象为圆角 1 和圆角 2，单击"确定"完成对圆 1 的修剪。生成的曲线模型如图 3-159 所示。

5．创建艺术样条

（1）单击"菜单"→"插入"→"曲线"→"艺术样条"命令，或单击"曲线"选项卡"曲线"面组上的  （艺术样条）按钮，系统打开图 3-160 所示的"艺术样条"对话框。

（2）选择"通过点"类型，次数为"3"，选择通过的点，第 1 点为圆 4 的圆心。第 2、3、4 点分别为圆 4、圆 3、圆 2、圆 1 的象限点。单击"确定"按钮生成样条 1。

（3）采用上面相同的方法构建样条 2，选择通过的点如图 3-161 所示，第 1 点为圆 4 的圆心。第 2、3、4 点分别为圆 4、圆 3、圆 2、圆 5 的象限点。单击"确定"按钮生成样条 2。生成的曲线模型如图 3-162 所示。

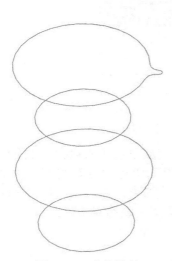

图 3-159　曲线模型

图 3-160　"艺术样条"对话框

图 3-161　创建样条 1

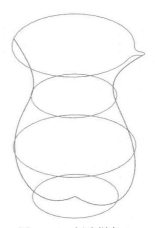

图 3-162　创建样条 2

第 4 章
草图绘制

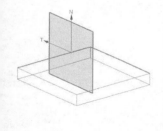

/ 导读

　　通常情况下，三维设计应该从草图（Sketch）绘制开始。在 UG NX12 的草图绘制界面中可以绘制各种基本曲线，对曲线添加几何约束和尺寸约束，然后对二维草图进行拉伸、旋转等操作，创建与草图关联的实体模型。

/ 知识点

 草图平面
 草图曲线
 草图操作
 草图约束

4.1　草图平面

单击"菜单"→"插入"→"在任务环境中绘制草图"命令，或单击"曲线"选项卡中的 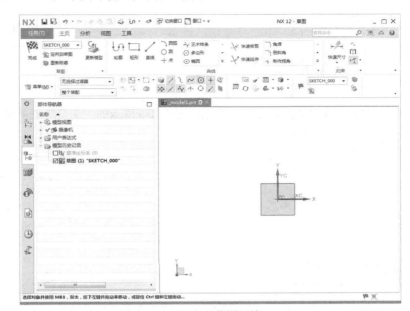 （在任务环境中绘制草图）按钮，打开"创建草图"对话框，如图 4-1 所示，提示用户选择一个草图放置平面。

单击"确定"按钮，进入 UG NX12 草图环境，如图 4-2 所示。

图 4-1　"创建草图"对话框　　　　　　　　图 4-2　UG NX12 草图环境

1. 在平面上

（1）自动判断：在绘图窗口选择一个平面作为草图平面，同时系统在所选平面创建坐标系，如图 4-3 所示。

（2）新平面：选择该选项，单击对话框中的  （平面对话框）按钮，打开图 4-4 所示的"平面"对话框，用户可选择"自动判断""点和方向""按某一距离"和"成一角度"等方式创建草图平面。

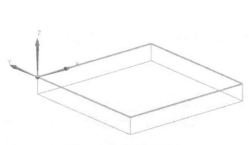

图 4-3　选择草图平面　　　　　　　　　　图 4-4　"平面"对话框

2. 基于路径

在"创建草图"对话框的"草图类型"面板中
选择"基于路径"选项，在绘图窗口选择一条连续
的曲线作为路径，同时系统在和所选曲线的路径方
向上显示草图平面及其坐标方向，还有草图平面和
路径相交点在曲线上的"弧长百分比"文本对话框，
在该文本框中输入弧长值，即可改变草图平面的位
置，如图4-5所示。

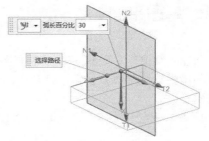

图4-5　选择"基于路径"

4.2　草图曲线

进入草图环境后，系统会自动打开图4-6所示的"主页"选项卡。

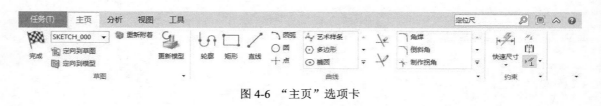

图4-6　"主页"选项卡

4.2.1　轮廓

利用"轮廓"命令，可以绘制单一或连续的直线和圆弧。

单击"菜单"→"插入"→"曲线"→"轮廓"命令，或单击"主
页"选项卡"曲线"面组上的 ╰（轮廓）按钮，打开图4-7所示的"轮
廓"对话框。

图4-7　"轮廓"对话框

1. 直线

单击"轮廓"对话框中的 ╱（直线）按钮，在绘图窗口选择两点绘制直线。

2. 圆弧

单击"轮廓"对话框中的 ╮（圆弧）按钮，在绘图窗口选择一点，输入半径，然后再在绘图
窗口选择另一点，或根据相应约束和扫描角度绘制圆弧。

3. 坐标模式

单击"轮廓"对话框中的 XY（坐标模式）按钮，在绘图窗口显示图4-8所示的"XC"和"YC"
文本框，在文本框中输入所需数值，确定绘制点。

4. 参数模式

单击"轮廓"对话框中的 凸（参数模式）按钮，在绘图窗口显示图4-9所示"长度"和"角度"
文本框或"半径"文本框，在文本框中输入所需数值，拖动鼠标，在所要放置的位置处单击，即可
绘制直线或弧。和坐标模式的区别：在文本框中输入数值后，坐标模式是确定的，而参数模式是浮
动的。

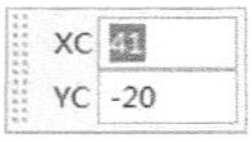

图 4-8 "坐标模式"文本框

（a）绘制直线　　（b）绘制弧

图 4-9 "参数模式"文本框

4.2.2 直线

单击"菜单"→"插入"→"曲线"→"直线"命令，或单击"主页"选项卡"曲线"面组上的 ∕（直线）按钮，打开图 4-10所示的"直线"对话框，其中各按钮的含义和"轮廓"对话框中对应按钮的含义相同。

图 4-10 "直线"对话框

4.2.3 圆弧

单击"菜单"→"插入"→"曲线"→"圆弧"命令，或单击"主页"选项卡"曲线"面组上的 ⌒（圆弧）按钮，打开图 4-11 所示的"圆弧"对话框，其中"坐标模式"和"参数模式"按钮的含义和"轮廓"对话框中对应按钮的含义相同。

1. 三点定圆弧

单击"圆弧"对话框中的 ⌒（三点定圆弧）按钮，利用圆弧上的 3 个点绘制圆弧。

图 4-11 "圆弧"对话框

2. 中心和端点定圆弧

单击"圆弧"对话框中的 ⌒（中心和端点定圆弧）按钮，利用圆心和圆弧上的两个端点绘制圆弧。

4.2.4 圆

单击"菜单"→"插入"→"曲线"→"圆"命令，或单击"主页"选项卡"曲线"面组上的 ○（圆）按钮，打开图 4-12 所示的"圆"对话框，其中"坐标模式"和"参数模式"按钮的含义和"轮廓"对话框中对应按钮的含义相同。

1. 圆心和直径定圆

单击"圆"对话框中的 ⊙（圆心和直径定圆）按钮，利用圆心和半径绘制圆。

图 4-12 "圆"对话框

2. 三点定圆

单击"圆"对话框中的 ○（三点定圆）按钮，利用圆上的 3 个点绘制圆。

4.2.5 派生直线

选择一条或几条直线后，利用"派生直线"命令，系统自动生成其平行线、中线或角平分线。

单击"菜单"→"插入"→"来自曲线集的曲线"→"派生直线"命令，选择"派生直线"方式绘制直线。"派生直线"方式绘制的草图如图 4-13 所示。

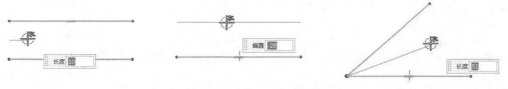

图 4-13 "派生直线"方式绘制的草图

4.2.6 圆角

利用"圆角"命令，可以在两条曲线之间进行倒角，并且可以动态改变圆角半径。

单击"菜单"→"插入"→"曲线"→"圆角"命令，或单击"主页"选项卡"曲线"面组上的 ⌐（角焊）按钮，打开"半径"文本框，同时系统打开图 4-14 所示的"圆角"对话框。

1. 圆角方法

单击"圆角"对话框中的 ⌐（修剪）按钮，修剪输入曲线。单击 ⌐（取消修剪）按钮：使输入曲线保持取消修剪状态。创建的圆角如图 4-15 所示。

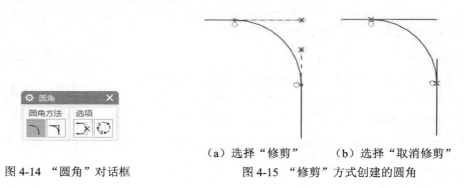

（a）选择"修剪"　（b）选择"取消修剪"

图 4-14 "圆角"对话框　　　　图 4-15 "修剪"方式创建的圆角

2. 删除第三条曲线

单击"圆角"对话框中的 ⌐×（删除第三条曲线）按钮，表示在选择两条曲线和圆角半径后，如果存在第三条曲线和该圆角相切，系统在创建圆角的同时，自动删除和该圆角相切的第三条曲线。"删除第三条曲线"方式创建的圆角如图 4-16 所示。

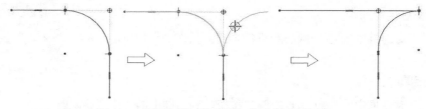

图 4-16 "删除第三条曲线"方式创建的圆角

4.2.7 矩形

单击"菜单"→"插入"→"曲线"→"矩形"命令，或单击"主页"选项卡"曲线"面组上的 □（矩形）按钮，打开图 4-17 所示的"矩形"对话框，其中"坐标模式"和"参数模式"按钮的含义和"轮廓"对话框中对应按钮的含义相同。

图 4-17 "矩形"对话框

1. 按 2 点

单击"矩形"对话框中的 （按 2 点）按钮，利用矩形的两对角点绘制矩形。

2. 按 3 点

单击"矩形"对话框中的 （按 3 点）按钮，利用矩形的 3 个角点绘制矩形。

3. 从中心

单击"矩形"对话框中的 （从中心）按钮，利用矩形的中心绘制矩形。

4.2.8 拟合曲线

单击"菜单"→"插入"→"曲线"→"拟合曲线"命令，或单击"主页"选项卡"曲线"面组上的 （拟合曲线）按钮，打开图 4-18 所示的"拟合曲线"对话框。

图 4-18 "拟合曲线"对话框

拟合曲线类型分为拟合样条、拟合曲线、拟合圆和拟合椭圆 4 种。

其中拟合曲线、拟合圆和拟合椭圆创建类型下的各个操作选项基本相同，如选择点的方式有自动判断、指定的点和成链的点 3 种，创建出来的曲线也可以通过"结果"来查看误差。与其他 3 种不同的是，拟合样条，其可选的操作对象有自动判断、指定的点、成链的点、曲线、面和小片面体 6 种。

4.2.9 艺术样条

利用"艺术样条"命令，可以在绘图窗口中定义样条曲线的各点来生成样条曲线。

单击"菜单"→"插入"→"曲线"→"艺术样条"命令，或单击"主页"选项卡"曲线"面组上的 ⚛ （艺术样条）按钮，打开图 4-19 所示的"艺术样条"对话框。

可以利用"类型"选项组中包含的"通过点"和"根据极点"两种方法创建艺术样条曲线，还可利用"根据极点"方法对已创建的样条曲线的各个定义点进行编辑。

图 4-19 "艺术样条"对话框

4.2.10 椭圆

单击"菜单"→"插入"→"曲线"→"椭圆"命令，或单击"主页"选项卡"曲线"面组上的 ⊕ （椭圆）按钮，打开图 4-20 所示的"椭圆"对话框。在该对话框中输入各项参数值，单击"确定"按钮，创建椭圆。创建的椭圆如图 4-21 所示。

图 4-20 "椭圆"对话框

图 4-21 创建的椭圆

4.3　草图操作

本节主要介绍草图绘制过程中用到的操作命令，包括快速修剪、延伸、镜像、相交等命令。

4.3.1　快速修剪

修剪一条或多条曲线。

单击"菜单"→"编辑"→"曲线"→"快速修剪"命令，或单击"主页"选项卡"曲线"面组上的 ✂（快速修剪）按钮，修剪不需要的曲线。修剪草图中不需要的线素有以下 3 种方式。

（1）修剪单一对象：直接选择不需要的线素，修剪边界指定为离对象最近的曲线，如图 4-22 所示。

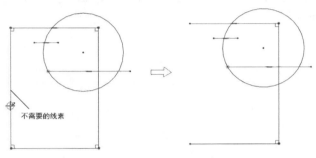

图 4-22　修剪单一对象

（2）修剪多个对象：按住鼠标左键并拖动，这时光标变成画笔，与画笔画出的曲线相交的线素都被裁剪掉，如图 4-23 所示。

（3）修剪至边界：按住 <Ctrl> 键，用光标选择剪切边界，然后再单击多余的线素，被选中的线素即以边界线为边界被修剪掉，如图 4-24 所示。

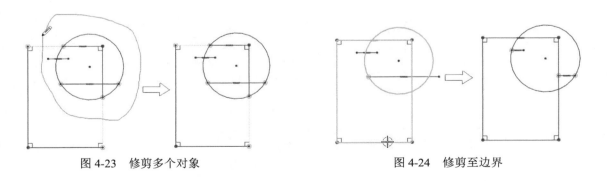

图 4-23　修剪多个对象　　　　　　　　图 4-24　修剪至边界

4.3.2　快速延伸

利用"快速延伸"命令，可以延伸指定的对象与曲线边界相交。

单击"菜单"→"编辑"→"曲线"→"快速延伸"命令，或单击"主页"选项卡"曲线"面

组上的 ✔ （快速延伸）按钮，延伸指定的线素与边界相交。延伸指定的线素有以下 3 种方式。

（1）延伸单一对象：直接选择要延伸的线素并单击确定，线素自动延伸到下一个边界，如图 4-25 所示。

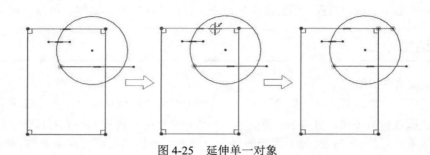

图 4-25 延伸单一对象

（2）延伸多个对象：按住鼠标左键并拖动，这时光标变成画笔，与画笔画出的曲线相交的线素都会被延伸，如图 4-26 所示。

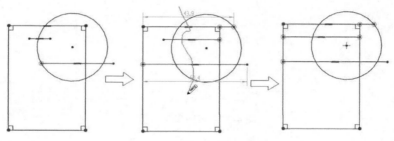

图 4-26 延伸多个对象

（3）延伸至边界：按住 <Ctrl> 键，用光标选择延伸的边界线，然后单击要延伸的对象，被选中对象延伸至边界线，如图 4-27 所示。

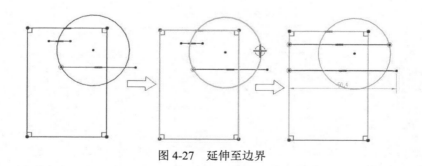

图 4-27 延伸至边界

4.3.3 镜像曲线

草图镜像操作是以一条直线为对称中心线，将所选择的对象以该直线为轴进行镜像，拷贝成新的草图对象。镜像拷贝的对象与原对象形成一个整体，并且保持相关性。

单击"菜单"→"插入"→"来自曲线集的曲线"→"镜像曲线"命令，或单击"主页"选项卡"曲线"面组上的 （镜像曲线）按钮，打开图 4-28 所示的"镜像曲线"对话框，对话框中的主要参数含义如下。

（1）中心线：用于在绘图窗口选择一条直线作为镜像中心线。在"镜像曲线"对话框中单击 ⊕ （中心线）按钮，在绘图窗口选择中心线。

（2）要镜像的曲线：用于选择一个或多个需要镜像的草图对象。在"镜像曲线"对话框中单击 ╱ （曲线）按钮，在绘图窗口选择镜像几何体。

（3）中心线转换为参考：将活动中心线转换为参考。如果中心线为参考轴，则系统沿该轴创建一条参考线。

（4）显示终点：显示端点约束，以便移除或添加它们。如果移除端点约束，然后编辑原先的曲线，则未约束的镜像曲线将不会更新。

图 4-28　"镜像曲线"对话框

4.3.4　添加现有曲线

"添加现有曲线"命令用于将已存在的曲线或点（不属于草图对象的曲线或点）添加到当前的草图中。

单击"菜单"→"插入"→"来自曲线集的曲线"→"现有曲线"命令，或单击"主页"选项卡"曲线"面组上的 （添加现有曲线）按钮，打开图 4-29 所示的"添加曲线"对话框。

图 4-29　"添加曲线"对话框

完成对象选择后，系统会自动将所选的曲线添加到当前草图中，刚添加进草图的对象不具有任何约束。

4.3.5 相交曲线

"相交曲线"命令用于计算已存在的实体边缘和草图平面的交点。

单击"菜单"→"插入"→"配方曲线"→"相交曲线"命令，或单击"主页"选项卡"曲线"面组上的 （相交曲线）按钮，打开图 4-30 所示的"相交曲线"对话框。系统提示用户选择已存在的实体边缘，边缘选定后，在边缘与草图平面相交的地方就会出现"*"号，表示存在交点。若存在循环解则 （循环解）按钮被激活，单击该按钮，用户可以选择所需的交点。

图 4-30 "相交曲线"对话框

4.3.6 投影曲线

利用"投影曲线"命令，可以将抽取的对象按垂直于草图平面的方向投影到草图平面中，使之成为草图对象。

单击"菜单"→"插入"→"配方曲线"→"投影曲线"命令，或单击"主页"选项卡"曲线"面组上的 （投影曲线）按钮，打开图 4-31 所示的"投影曲线"对话框。

该命令用于将选中的对象沿草图平面的法向投影到草图平面上。通过选择草图平面外部的对象，可以生成抽取的曲线或线串。能够抽取的对象包括曲线（关联或非关联的）、边、面、点、其他草图或草图内的曲线。

图 4-31 "投影曲线"对话框

4.3.7 偏置曲线

该选项可以在草图中关联性地偏置抽取的曲线，生成偏置约束。修改原先的曲线，将会更新抽取的曲线和偏置曲线，示意图如图 4-32 所示。

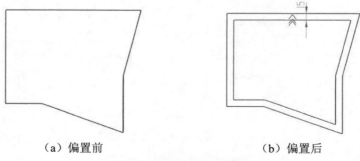

（a）偏置前　　　　　　　　　　（b）偏置后

图 4-32　偏置曲线示意图

单击"主页"选项卡"曲线"面组中的 （偏置曲线）按钮，打开图 4-33 所示"偏置曲线"对话框。

该选项可以在草图中关联性地偏置抽取的曲线。关联性地偏置曲线指的是，如果修改了原先的曲线，将会相应地更新抽取的曲线和偏置曲线。被偏置的曲线都是单个样条，并且是几何约束。

"偏置曲线"对话框中的大部分功能与基本建模中的曲线偏置功能类似。

图 4-33　"偏置曲线"对话框

4.4　草图约束

草图约束用于限制草图的形状和大小，包括限制大小的尺寸约束和限制形状的几何约束。

4.4.1　几何约束

用于建立草图对象的几何特征，或建立两个或多个对象之间的关系。

单击"菜单"→"插入"→"几何约束"命令，或单击"主页"选项卡"约束"面组上的 （几何约束）按钮，打开图 4-34 所示的"几何约束"对话框，在"约束"选项组中选择要添加的约束，在视图中分别选择要约束的对象和要约束到的对象，可以在"设置"选项组中勾选约束添加到"约束"选项组中。

下面以轴为例讲解几何约束的约束方式。

1．绘制中心线

（1）单击"菜单"→"插入"→"在任务环境中绘制草图"命令，或单击"曲线"选项卡中的 （在任务环境中绘制草图）按钮，进入 UG NX12 草图环境，并打开"创建草图"对话框。

（2）选择 *XC-YC* 平面作为工作平面。

（3）单击"菜单"→"插入"→"曲线"→"直线"命令，或单击"主页"选项卡"曲线"面组上的 ╱（直线）按钮，打开"直线"对话框。

（4）绘制一条水平直线。

图 4-34 "几何约束"对话框

2. 绘制轮廓线

（1）单击"菜单"→"插入"→"曲线"→"轮廓"命令，或单击"主页"选项卡"曲线"面组上的 ┗（轮廓）按钮，打开"轮廓"对话框。

（2）以坐标原点为起点，绘制图 4-35 所示的轮廓线。

3. 添加几何约束

（1）单击"主页"选项卡"约束"面组上的 ╱⊥（几何约束）按钮，打开图 4-34 所示的"几何约束"对话框，单击 ╲（共线）按钮，勾选"自动选择递进"复选框，选择上述步骤绘制中心线为要约束的对象，选择 *X* 轴为要约束到的对象，使中心线和 *X* 轴重合。

（2）选择竖直直线 1 和 *Y* 轴，使竖直直线 1 和 *Y* 轴重合。

（3）在对话框中单击 ∥（平行）按钮，选择图中的所有竖直直线，使其平行于 *Y* 轴。

（4）选择图中的所有水平直线，使其平行于 *X* 轴，几何约束结果如图 4-36 所示。

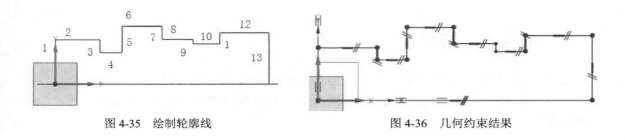

図 4-35　绘制轮廓线　　　　　　　　　　図 4-36　几何约束结果

4.4.2　自动约束

单击"主页"选项卡"约束"面组上的 ⊥（自动约束）按钮，打开图 4-37 所示的"自动约束"对话框，可以通过选择约束对两个或两个以上的对象进行几何约束操作。用户可以在该对话框中设置距离和公差，以控制显示自动约束的符号范围。单击"全部设置"按钮选择全部约束，单击"全部清除"按钮清除全部设置。若勾选"施加远程约束"复选框，则在绘图窗口和其他草图文件中包含所选约束类型时，系统会显示约束符号。

図 4-37　"自动约束"对话框

4.4.3　显示草图约束

单击"主页"选项卡"约束"面组上的 ⌇（显示草图约束）按钮，系统显示草图中所有约束，否则不显示最先创建的约束。再次单击此按钮，隐藏草图约束。

4.4.4 自动判断约束和尺寸

用于预先设置约束类型。系统会根据对象间的关系，自动添加相应的约束到草图对象上。单击"主页"选项卡"约束"面组上的 ⌄ （自动判断约束和尺寸）按钮，打开图4-38所示的"自动判断约束和尺寸"对话框。

图4-38 "自动判断约束和尺寸"对话框

4.4.5 尺寸约束

单击"菜单"→"插入"→"尺寸"子菜单，或单击"主页"选项卡"约束"面组上"尺寸"下拉菜单（如图4-39所示），来实现尺寸约束。

1. ⊢⊣ （快速尺寸）

选择该方式时，打开图4-40所示的"快速尺寸"对话框，根据所选草图对象的类型和光标与所选对象的相对位置，自动进行尺寸标注。

2. ⊢⊣ （线性尺寸）

选择该方式时，打开图4-41所示的"线性尺寸"对话框，在对话框中选择一种尺寸测量方法来在选定的对象间创建线性尺寸约束。

图 4-39　"尺寸"下拉菜单　　　　　　图 4-40　"快速尺寸"对话框

3.　∡₁（角度尺寸）

选择该方式时，打开图 4-42 所示的"角度尺寸"对话框，系统对所选的两条直线进行角度尺寸约束。标注该类尺寸时，一般在远离直线交点的位置选择两直线，则系统会标注这两直线之间的夹角，如果选择直线时光标比较靠近两直线的交点，则标注该角度的对顶角。"角度"方式标注尺寸示意图如图 4-43 所示。

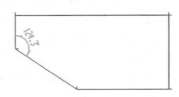

图 4-41　"线性尺寸"对话框　　　　图 4-42　"角度尺寸"对话框　　　图 4-43　"角度"方式标注尺寸示意图

4. ⟋（径向尺寸）

选择该方式时，打开图 4-44 所示的"径向尺寸"对话框。系统对所选的圆弧或圆对象进行半径或直径尺寸约束。标注该类尺寸时，在绘图窗口中选择一圆弧或圆曲线，系统直接标注圆弧或圆的半径或直径尺寸。标注尺寸时所选择的圆弧或圆必须是在草图环境中创建的。"径向"方式标注尺寸示意图如图 4-45 所示。

5. ⟋（周长尺寸）

选择该方式时，打开图 4-46 所示的"周长尺寸"对话框，系统对所选的多个对象进行周长的尺寸约束，标注该类尺寸时，用户可在绘图窗口中选择一段或多段曲线，则系统会标注这些曲线的周长。这种方式不会在绘图窗口中显示。

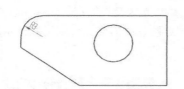

图 4-44 "径向尺寸"对话框 　　图 4-45 "径向"方式标注尺寸示意图 　　图 4-46 "周长尺寸"对话框

4.4.6 转换至 / 自参考对象

单击"主页"选项卡"约束"面组上的 ⟋（转换至 / 自参考对象）按钮，打开图 4-47 所示的"转换至 / 自参考对象"对话框。在给草图添加几何约束和尺寸约束的过程中，有时会引起约束冲突，删除多余的几何约束和尺寸约束可以解决约束冲突，另外还可通过将草图平面内的几何对象或尺寸对象转换为参考对象来解决约束冲突。

该选项能够将草图曲线（但不是点）和草图尺寸由激活状态转换为参考状态，或由参考状态转换为激活状态。参考尺寸显示在草图平面中，虽然其值被更新，但是它不能控制草图几何体。参考曲线采用双点划线线型，尺寸不可编辑。在对草图对象进行拉伸或回转操作时，没有用到它的参考曲线。

图 4-47 "转换至 / 自参考对象"对话框

"转换为"面板中各选项的功能如下。

（1）参考曲线或尺寸：该选项用于将激活对象转换为参考状态。

（2）活动曲线或驱动尺寸：该选项用于将参考对象转换为激活状态。

4.4.7　实例——阶梯轴草图

制作思路

本例绘制阶梯轴草图，如图 4-48 所示，首先通过"直线"命令绘制中心线，然后通过"轮廓"命令绘制轮廓线，接着通过"几何约束"和"快速尺寸"命令添加几何约束和尺寸约束，再通过"镜像曲线"命令镜像图形，最后通过"直线"命令绘制轴肩完成阶梯轴草图的绘制。

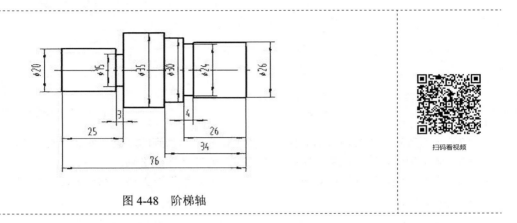

扫码看视频

图 4-48　阶梯轴

【绘制步骤】

1．新建文件

单击"主页"选项卡 □（新建）按钮，打开"新建"对话框，在"模板"列表框中选择"模型"，输入"Zhou"，单击"确定"按钮，进入 UG 建模环境，如图 4-49 所示。

2．绘制中心线

（1）单击"菜单"→"插入"→"在任务环境中绘制草图"命令，打开"创建草图"对话框。

（2）选择 *XC-YC* 平面作为工作平面。

（3）单击"菜单"→"插入"→"曲线"→"直线"命令，或单击"主页"选项卡"曲线"面组上的 ／（直线）按钮，打开"直线"对话框。

（4）绘制一条水平直线。

3．绘制轮廓线

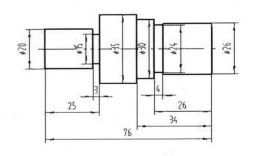

图 4-49　阶梯轴

（1）单击"菜单"→"插入"→"曲线"→"轮廓"命令，或单击"主页"选项卡"曲线"面组上的 ⌐（轮廓）按钮，打开"轮廓"对话框。

（2）以坐标原点为起点，绘制图 4-50 所示的图形。

4．几何约束

（1）单击"主页"选项卡"约束"面组上的 ⁄⊥（几何约束）按钮，打开图 4-51 所示"几何约束"对话框，选择步骤 2 绘制的中心线为要约束的对象，选择 X 轴为要约束到的对象，使中心线和 X 轴共线。

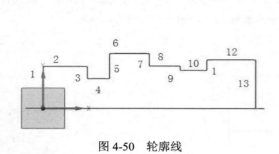

图 4-50　轮廓线

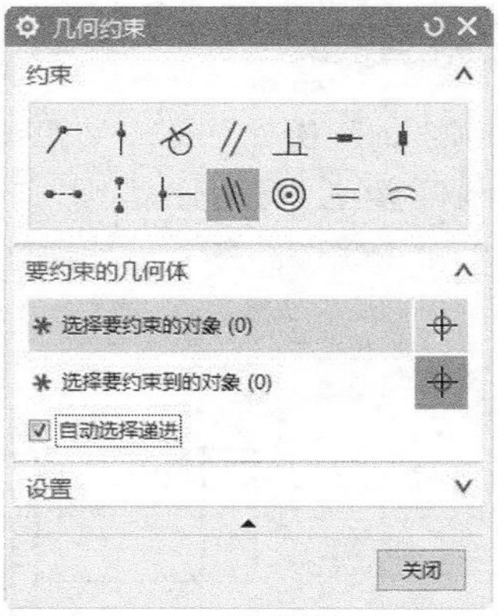

图 4-51　"几何约束"对话框

（2）选择直线 1 为要约束的对象，选择 Y 轴为要约束到的对象，使竖直直线 1 和 Y 轴重合。

（3）同上步骤，选择图中的所有竖直直线，使其平行于 Y 轴。

（4）同上步骤，选择图中的所有水平直线，使其平行于 X 轴，结果如图 4-52 所示。

5．尺寸约束

单击"主页"选项卡"约束"面组上的 ⊢┤（快速尺寸）按钮，标注图中的尺寸，如图 4-53 所示。

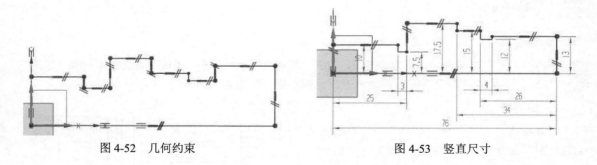

图 4-52　几何约束

图 4-53　竖直尺寸

6．镜像图形

（1）单击"菜单"→"插入"→"来自曲线集的曲线"→"镜像曲线"命令，打开"镜像曲线"对话框。

（2）选择与 X 轴重合的线段为镜像中心线。

（3）选取所有的曲线为要镜像的曲线，单击"确定"按钮，结果如图 4-54 所示。

7．绘制直线

（1）单击"菜单"→"插入"→"曲线"→"直线"命令，或单击"主页"选项卡"曲线"面组上的 ⁄（直线）按钮，打开"直线"对话框。

（2）连接所有轴肩，结果如图 4-55 所示。

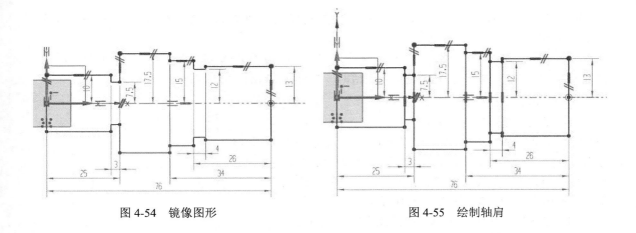

图 4-54　镜像图形　　　　　　　　　　　图 4-55　绘制轴肩

4.5　综合实例——端盖草图

制作思路

　　本例绘制端盖草图，如图 4-56 所示，首先绘制端盖草图的大体轮廓，然后对其进行几何约束，最后对其进行尺寸约束。

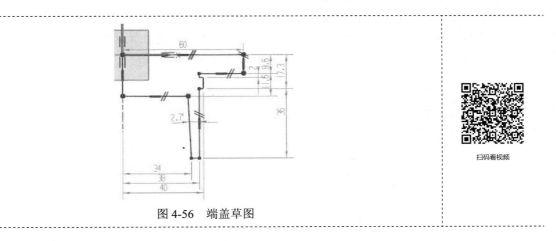

图 4-56　端盖草图

扫码看视频

【绘制步骤】

1. 新建文件

　　单击"菜单"→"文件"→"新建"命令，或单击"快速访问"工具栏中的 ☐（新建）按钮，打开"新建"对话框，在"模板"列表框中选择"模型"，在"名称"文本框中输入"duangai"，单击"确定"按钮，进入 UG 主界面。

2. 绘制轮廓

　　（1）单击"菜单"→"插入"→"在任务环境中绘制草图"命令，或单击"曲线"选项卡中的

（在任务环境中绘制草图）按钮，打开"创建草图"对话框，选择 *YC-XC* 平面为草图平面，进入草图环境。

（2）单击"菜单"→"插入"→"曲线"→"轮廓"命令，或单击"主页"选项卡"曲线"面组上的（轮廓）按钮，打开"轮廓"对话框，绘制草图轮廓，如图 4-57 所示。

3．草图约束

（1）单击"菜单"→"插入"→"几何约束"命令，或单击"主页"选项卡"约束"面组上的（几何约束）按钮，打开"几何约束"对话框，对草图添加几何约束。

（2）单击（共线）按钮，先选择图中的水平线 3，然后选择图中的 *XC* 轴，使线 3 与 *XC* 轴重合。

（3）单击（共线）按钮，选择图中的垂直线 2 和 *YC* 轴为其添加共线约束。

（4）单击（共线）按钮，选择图中的直线 6 和直线 10 为其添加共线约束。

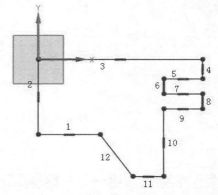

图 4-57　草图轮廓

4．移除约束

单击"主页"选项卡"约束"面组上的（显示草图约束）按钮，显示草图约束。

5．尺寸约束

（1）单击"主页"选项卡"约束"面组上的（线性尺寸）按钮，选择直线 2 和 8，在图 4-58 所示的文本框中输入"40"，按 <Enter> 键。

（2）采用同样的方法标注草图中的其他尺寸，绘制结果如图 4-59 所示。

（3）单击"主页"选项卡"草图"面组上的（完成）按钮，退出草图环境。

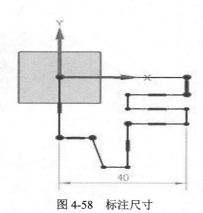

图 4-58　标注尺寸

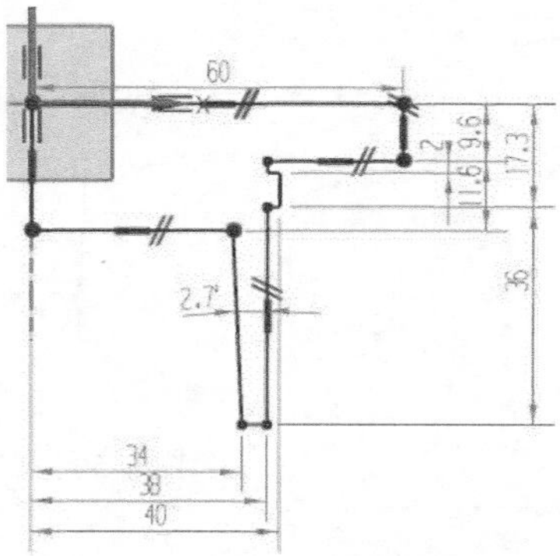

图 4-59　端盖草图绘制结果

第 5 章
实体建模

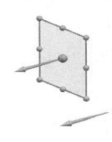

/ 导读

UG NX12 实体建模是利用拉伸、旋转、沿导线扫掠、管、长方体、圆柱、圆锥、球、GC 工具箱等建模工具，并辅之以布尔运算，将基于约束的特征造型功能和直接几何造型功能无缝地集合为一体的过程。

本章将主要介绍常用实体建模命令的功能和具体操作实例。

/ 知识点

- 基准建模
- 拉伸特征
- 旋转特征
- 管特征

5.1 基准建模

在 UG NX12 的建模环境中，经常需要建立基准平面、基准轴和基准坐标系。UG NX12 提供了基准建模工具，通过单击"菜单"→"插入"→"基准/点"命令，在打开的子菜单中选择相应的命令来实现。

5.1.1 基准平面

单击"菜单"→"插入"→"基准/点"→"基准平面"命令，或单击"主页"选项卡"特征"面组上的 □（基准平面）按钮，打开图 5-1 所示的"基准平面"对话框。

下面介绍各种基准平面的创建方法。

（1） □（自动判断）：系统根据所选对象创建基准平面。

（2） □（点和方向）：通过选择一个参考点和一个参考矢量来创建基准平面，其实例示意图如图 5-2 所示。

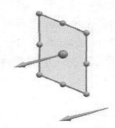

图 5-1 "基准平面"对话框   图 5-2 "点和方向"实例示意图

（3） □（曲线上）：通过已存在的曲线，创建在该曲线上某点处和该曲线垂直的基准平面，其实例示意图如图 5-3 所示。

（4） □（按某一距离）：通过对已存在的参考平面或基准面进行偏置得到新的基准平面，其实例示意图如图 5-4 所示。

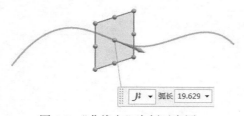

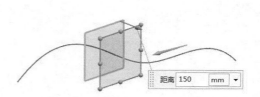

图 5-3 "曲线上"实例示意图   图 5-4 "按某一距离"实例示意图

（5） □（成一角度）：通过与一个平面或基准面成指定角度来创建基本平面，其实例示意图如

图 5-5 所示。

（6）（二等分）：在两个相互平行的平面或基准平面的对称中心处创建基准平面，其实例示意图如图 5-6 所示。

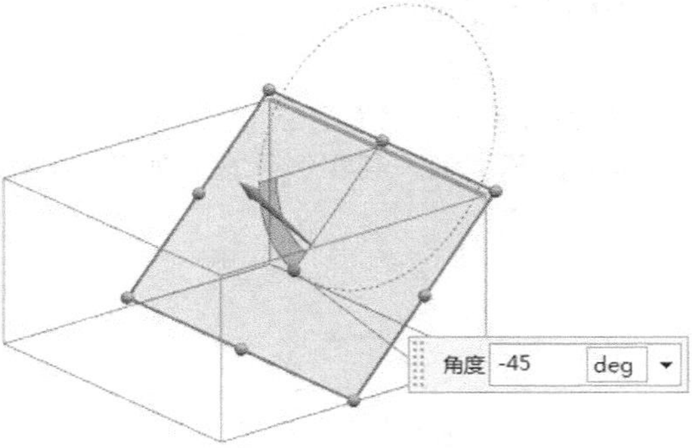

图 5-5　"成一角度"实例示意图 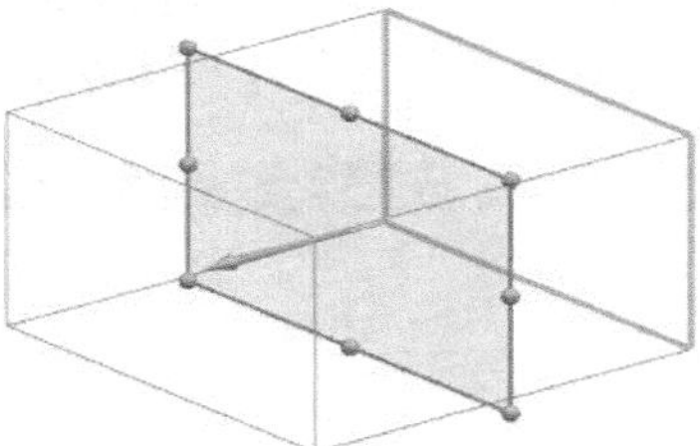　　　　　　图 5-6　"二等分"实例示意图

（7）（曲线和点）：通过选择曲线和点来创建基准平面，其实例示意图如图 5-7 所示。

（8）（两直线）：通过选择两条直线来创建基准平面。若两条直线在同一平面内，则以这两条直线所在平面为基准平面；若两条直线不在同一平面内，那么基准平面通过一条直线且和另一条直线平行，其实例示意图如图 5-8 所示。

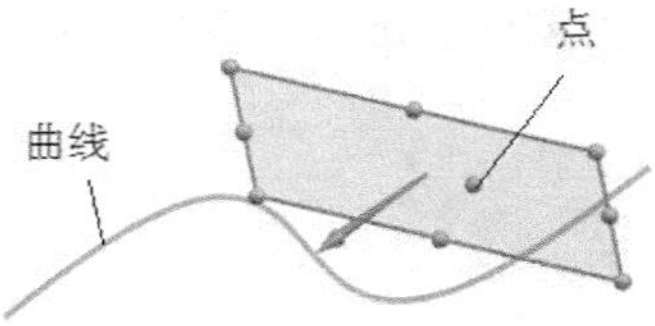

图 5-7　"曲线和点"实例示意图 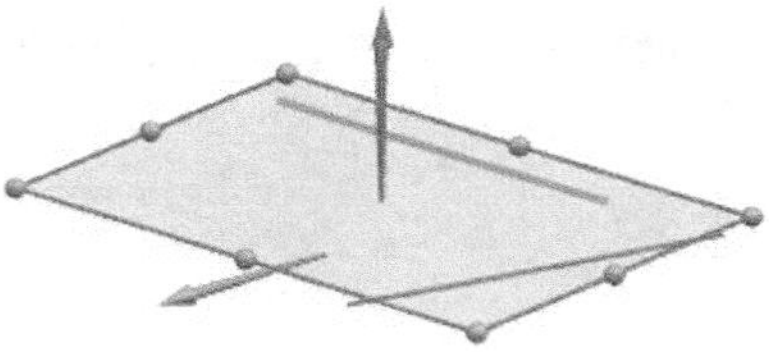　　　　　图 5-8　"两直线"实例示意图

（9）（相切）：通过和一曲面相切且通过该曲面上的点、线或平面来创建基准平面，其实例示意图如图 5-9 所示。

（10）（通过对象）：以对象平面为基准平面创建基准平面，其实例示意图如图 5-10 所示。

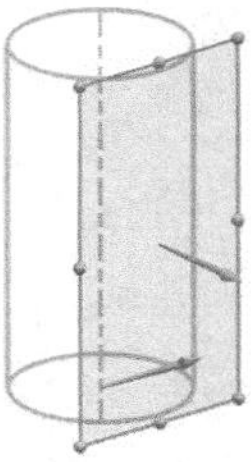

图 5-9　"相切"实例示意图 　　　　　图 5-10　"通过对象"实例示意图

同时，系统还提供了" XC-YC 平面""XC-ZC 平面""YC-ZC 平面"和"按系数"4 种方法来创建基准平面，在此不再一一叙述。

5.1.2 基准轴

单击"菜单"→"插入"→"基准/点"→"基准轴"命令，或单击"主页"选项卡"特征"面组上的 ↑（基准轴）按钮，打开图 5-11 所示的"基准轴"对话框。

下面介绍各种基准轴的创建方法。

（1）↕（自动判断）：根据所选的对象确定要使用的最佳基准轴类型。

（2）↖（点和方向）：通过选择一个点和方向矢量创建基准轴，其实例示意图如图 5-12 所示。

图 5-11 "基准轴"对话框   图 5-12 "点和方向"实例示意图

（3）✎（两个点）：通过选择两个点创建基准轴，其实例示意图如图 5-13 所示。

（4）✎（曲线上矢量）：通过选择曲线和该曲线上的点创建基准轴，其实例示意图如图 5-14 所示。

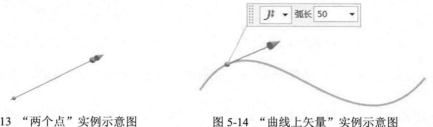

图 5-13 "两个点"实例示意图   图 5-14 "曲线上矢量"实例示意图

（5）🗄（曲面/面轴）：通过选择曲面和曲面上的轴创建基准轴。

（6）🖳（交点）：通过选择两相交对象的交点创建基准轴。

5.1.3 基准坐标系

单击"菜单"→"插入"→"基准/点"→"基准坐标系"命令，或单击"主页"选项卡"特征"面组上的 🖳（基准坐标系）按钮，打开图 5-15 所示的"基准坐标系"对话框，该对话框用于创建基准坐标系。和坐标系不同的是，基准坐标系一次建立 XY、YZ 和 XZ 3 个基准面以及 X、Y 和 Z 3 个基准轴。

下面介绍各种基准坐标系的创建方法。

（1）🖳（自动判断）：通过选择对象或输入沿 X、Y 和 Z 轴方向的偏置量来定义一个坐标系。

（2）（原点，*X* 点，*Y* 点）：利用绘制点功能先后指定 3 个点来定义一个坐标系。这 3 个点分别是原点、*X* 轴上的点和 *Y* 轴上的点。定义的第一点为原点，第一点指向第二点的方向为 *X* 轴的正向，第一点指向第三点的方向为 *Y* 轴的正向，利用右手定则来确定 *Z* 轴正向，其实例示意图如图 5-16 所示。

图 5-15　"基准坐标系"对话框　　　图 5-16　"原点，*X* 点，*Y* 点"实例示意图

（3）（三平面）：通过依次选择 3 个平面来定义一个坐标系。3 个平面的交点为坐标系的原点，第一个面的法向为 *X* 轴，第一个面与第二个面的交线方向为 *Z* 轴，其实例示意图如图 5-17 所示。

（4）（*X* 轴，*Y* 轴，原点）：先利用绘制点功能指定一个点作为坐标系原点，再利用矢量创建功能先后选择或定义两个矢量，这样就创建了基准坐标系。坐标系的 *X* 轴正向应与第一矢量的方向相同，*XY* 面平行于第一矢量及第二矢量所在的平面，*Z* 轴正向由从第一矢量在 *XY* 面上的投影矢量至第二矢量在 *XY* 面上的投影矢量按右手定则确定，其实例示意图如图 5-18 所示。

图 5-17　"三平面"实例示意图　　　图 5-18　"*X* 轴，*Y* 轴，原点"实例示意图

（5）（绝对坐标系）：在绝对坐标系的原点处定义一个新的坐标系。

（6）（当前视图的坐标系）：利用当前视图定义一个新的坐标系。*XY* 面为当前视图的所在平面。

（7）（偏置坐标系）：通过输入沿 *X*、*Y* 和 *Z* 轴方向相对于选择坐标系的偏距来定义一个新的坐标系。

5.2　拉伸

拉伸特征是将草图中的截面轮廓通过拉伸生成实体或片体。草绘截面可以是封闭的也可以是

开口的，可以由一个或多个封闭环组成，封闭环之间不能自交，但封闭环之间可以嵌套。如果存在嵌套的封闭环，在添加拉伸特征时，系统自动认为里面的封闭环类似于孔特征。

单击"菜单"→"插入"→"设计特征"→"拉伸"命令，或单击"主页"选项卡"特征"面组上的 （拉伸）按钮，打开图 5-19 所示的"拉伸"对话框，选择用于定义拉伸特征的截面曲线。

图 5-19 "拉伸"对话框

5.2.1 简单拉伸

1. 新建文件

单击"菜单"→"文件"→"新建"命令，或单击"快速访问"工具栏中的 （新建）按钮，打开"新建"对话框，在"模板"列表框中选择"模型"，在"名称"文本框中输入"LaShen1"，单击"确定"按钮，进入 UG 主界面。

2. 绘制草图

单击"菜单"→"插入"→"草图"命令，或单击"主页"选项卡"直接草图"面组上的 （草图）按钮，进入 UG NX12 草图环境。绘制图 5-20 所示的草图。

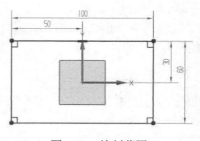

图 5-20 绘制草图

3．创建拉伸特征

（1）单击"菜单"→"插入"→"设计特征"→"拉伸"命令，或单击"主页"选项卡"特征"面组上的（拉伸）按钮，打开图 5-21 所示的"拉伸"对话框。选择绘制好的草图作为拉伸对象。

（2）按图 5-21 所示设置对话框中的参数。

（3）单击"确定"按钮，创建的拉伸特征如图 5-22 所示。

图 5-21　设置参数图

图 5-22　创建的拉伸特征

5.2.2　拔模拉伸

1．绘制草图

单击"菜单"→"插入"→"草图"命令，或单击"主页"选项卡"直接草图"面组上的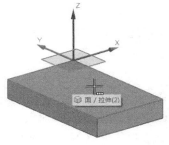（草图）按钮，进入 UG NX12 草图环境，选择图 5-23 所示的工作平面，绘制图 5-24 所示的草图。

图 5-23　选择工作平面

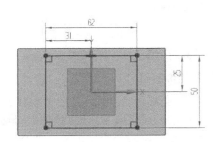

图 5-24　绘制草图

2. 创建拉伸特征

（1）单击"菜单"→"插入"→"设计特征"→"拉伸"命令，或单击"主页"选项卡"特征"面组上的（拉伸）按钮，打开"拉伸"对话框，选择图 5-24 所示的草图。

（2）按图 5-25 所示设置对话框中的参数。

（3）勾选"预览"复选框，预览的拉伸特征如图 5-26 所示。

（4）单击"确定"按钮，创建的拉伸特征如图 5-27 所示。

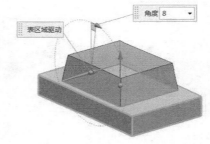

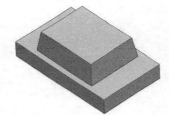

图 5-25 "拉伸"对话框　　　　图 5-26 预览的拉伸特征　　　　图 5-27 创建的拉伸特征

3. 保存文件

单击"菜单"→"文件"→"另存为"命令，打开"另存为"对话框，在"文件名"文本框中输入"lashen2"，单击"确定"按钮，保存绘制的实体特征。

5.2.3 对称拉伸

1. 绘制草图

单击"菜单"→"插入"→"草图"命令，进入草图环境，选择图 5-28 所示的工作平面，绘制图 5-29 所示的草图。

2. 创建拉伸特征

（1）单击"菜单"→"插入"→"设计特征"→"拉伸"命令，或单击"主页"选项卡"特征"面组上的（拉伸）按钮，打开"拉伸"对话框，选择图 5-30 所示的草图为拉伸对象。

（2）在图 5-31 所示的对话框中，选择"指定矢量"下拉列表中的（两点）选项，利用"两个点"方式给出拉伸方向。

图 5-28　选择工作平面

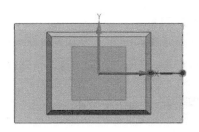

图 5-29　绘制草图

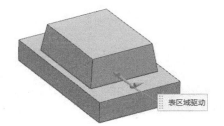

图 5-30　选择草图

图 5-31　"拉伸"对话框

（3）在图 5-32 所示的零件体中选择点 1 和 2。

（4）对话框中的其他参数设置如图 5-31 所示。

（5）单击"确定"按钮，创建的拉伸特征如图 5-33 所示。

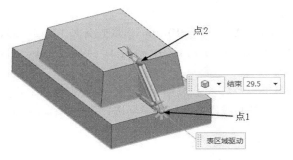

图 5-32　选择点 1 和 2

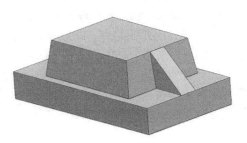

图 5-33　创建的拉伸特征

3. 保存文件

单击"菜单"→"文件"→"另存为"命令，打开"另存为"对话框，在"文件名"文本框中输入"lashen3"，单击"确定"按钮，保存绘制的实体特征。

5.2.4 实例——圆头平键

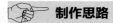 **制作思路**

本例绘制圆头平键，如图 5-34 所示，首先通过"基本曲线"命令绘制圆头平键端面曲线，然后通过"拉伸"命令创建源头平键。

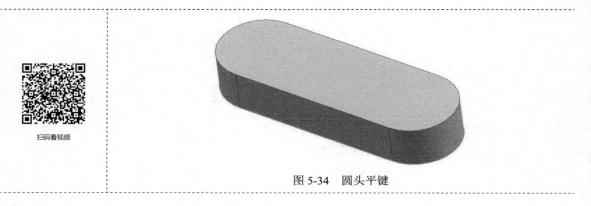

扫码看视频

图 5-34 圆头平键

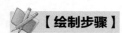 **【绘制步骤】**

1. 创建新文件

单击"菜单"→"文件"→"新建"命令或单击"快速访问"工具栏中的 ▢（新建）按钮，打开"新建"对话框，如图 5-35 所示。在"模板"列表框中选择"模型"，输入名称为"yuantoupingjian"，单击"确定"按钮，进入建模环境。

2. 创建曲线

（1）单击"菜单"→"插入"→"曲线"→"基本曲线（原有）"命令，打开"基本曲线"对话框。

（2）单击"基本曲线"对话框中的 ⌒（圆弧）按钮，打开图 5-36 所示的"基本曲线"对话框，在"创建方法"选项中选择"起点，终点，圆弧上的点"，在"点方法"下拉列表中选择 ⁺（点构造器）按钮，打开"点"对话框。

（3）依次在点构造器中输入圆弧起点（0，10，0）、终点（0，-10，0）和弧上点（-10，0，0），同上，构造另一弧线起点、终点和弧上点，分别是（40，10，0）、（40，-10，0）和（50，0，0），单击"后退"按钮，返回到"基本曲线"对话框中。

（4）在对话框中单击 ∕（直线）按钮，在"点方法"下拉列表中选择 ∕（端点）按钮，在屏幕上依次选择两段圆弧下端点，生成一线段，单击"打断线串"按钮，继续选择两段圆弧上端点，生成另一线段。生成曲线如图 5-37 所示。

图 5-35　"新建"对话框

图 5-36　"基本曲线"对话框

图 5-37　圆头平键端面曲线

3. 拉伸操作

（1）单击"菜单"→"插入"→"设计特征"→"拉伸"命令，或单击"主页"选项卡"特征"面组上的 （拉伸）按钮，打开图 5-38 所示"拉伸"对话框。

（2）选择步骤 2 创建的曲线为拉伸截面。在对话框中"指定矢量"下拉列表中选择"ZC 轴"，在"限制"栏中开始"距离"和结束"距离"文本框中分别输入"0"和"10"，其他默认。单击"确定"按钮，完成拉伸操作，生成平键，如图 5-39 所示。

图 5-38 "拉伸"对话框

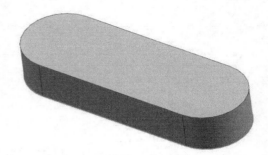

图 5-39 圆头平键

5.3 旋转

旋转特征是由特征截面曲线绕旋转中心线旋转而成的一类特征，它适合于构造旋转体零件特征。

单击"菜单"→"插入"→"设计特征"→"旋转"命令，或单击"主页"选项卡"特征"面组上的 (旋转) 按钮，选择用于定义旋转特征的截面曲线，打开图 5-40 所示的"旋转"对话框。

图 5-40 "旋转"对话框

5.3.1　简单旋转

1．新建文件

单击"菜单"→"文件"→"新建"命令，打开"新建"对话框，在"模板"列表框中选择"模型"，在"名称"文本框中输入"xuanzhuan1"，单击"确定"按钮，进入 UG 主界面。

2．绘制草图

单击"菜单"→"插入"→"草图"命令，进入草图环境。绘制图 5-41 所示的草图。

3．创建旋转特征

（1）单击"菜单"→"插入"→"设计特征"→"旋转"命令，或单击"主页"选项卡"特征"面组上的 （旋转）按钮，打开"旋转"对话框。

（2）选择步骤 2 绘制的曲线为旋转曲线。

（3）在图 5-42 所示的对话框中，选择"指定矢量"下拉列表中的"YC 轴"选项，在绘图窗口选择原点为基准点。

（4）对话框中的其他参数设置如图 5-42 所示。

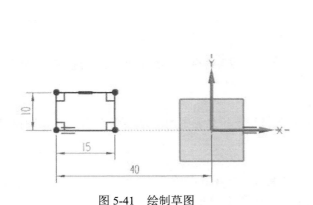

图 5-41　绘制草图

图 5-42　"旋转"对话框

（5）勾选"预览"复选框，预览所创建的旋转特征，如图 5-43 所示。

（6）单击"确定"按钮，完成旋转特征的创建，如图 5-44 所示。

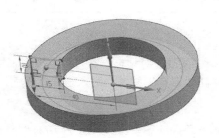

图 5-43　预览旋转特征

图 5-44　创建的旋转特征

5.3.2　角度旋转

在 5.3.1 节草图的基础上创建旋转特征。

（1）单击"菜单"→"插入"→"设计特征"→"旋转"命令，或单击"主页"选项卡"特征"面组上的 （旋转）按钮，打开"旋转"对话框。

（2）选择图 5-41 所示的曲线为旋转曲线。

（3）在图 5-42 所示的对话框中，选择"指定矢量"下拉列表中的"YC 轴"选项，在绘图窗口选择原点为基准点。

（4）在"限制"面板的"开始"下拉列表中选择"值"，在其"角度"文本框中输入"45"。同样，在"结束"下拉列表中选择"值"，在其"角度"文本框中输入"-45"。

（5）单击"确定"按钮，完成旋转特征的创建，如图 5-45 所示。

（6）单击"菜单"→"文件"→"另存为"命令，打开"另存为"对话框，在"文件名"文本框中输入"xuanzhuan2"，单击"确定"按钮，保存绘制的旋转特征。

图 5-45　创建的旋转特征

5.3.3　两侧旋转

在 5.3.1 节草图的基础上创建旋转特征。

（1）单击"菜单"→"插入"→"设计特征"→"旋转"命令，或单击"主页"选项卡"特征"面组上的 （旋转）按钮，打开"旋转"对话框。

（2）选择图 5-41 所示的曲线为旋转曲线。

（3）在图 5-46 所示的对话框中，选择"指定矢量"下拉列表中的"YC 轴"选项，在绘图窗口选择原点为基准点。

（4）对话框中的其他参数设置如图 5-46 所示。

（5）勾选"预览"复选框，预览所创建的旋转特征，如图 5-47 所示。

（6）单击"确定"按钮，完成旋转特征的创建，如图 5-48 所示。

（7）单击"菜单"→"文件"→"另存为"命令，打开"另存为"对话框，在"文件名"文本框中输入"xuanzhuan3"，单击"确定"按钮，保存创建的旋转特征。

图 5-46　"旋转"对话框

图 5-47　预览旋转特征

图 5-48　创建的旋转特征

5.3.4　实例——碗

👉 **制作思路**

本例绘制碗，如图 5-49 所示，首先采用曲线建立碗的截面轮廓，接着通过"旋转"命令将截面曲线绕旋转轴旋转形成碗模型。

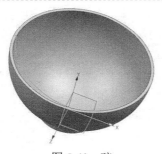

图 5-49　碗

扫码看视频

✍ **【绘制步骤】**

1．新建文件

单击"主页"选项卡"标准"面组上的 🗋（新建）按钮，打开"新建"对话框，如图 5-50 所示，在"模型"选项卡中选择"模型"模板，文件名为"wan"，单击"确定"按钮，进入建模环境。

图 5-50 "新建"对话框

2. 创建曲线

（1）单击"曲线"选项卡"曲线"面组上的 ↘（圆弧 / 圆）按钮，打开图 5-51 所示"圆弧 / 圆"对话框。

（2）选择"从中心开始的圆弧 / 圆"类型，根据系统提示定义弧中心点，在图 5-52 所示坐标输入框中输入坐标值（0，50，0）为圆弧中心点，按 <Enter> 键，完成中心点的设置，根据系统提示定义圆弧的终点，在"圆弧 / 圆"对话框里"通过点"栏第二项中单击 ⊕（点对话框）按钮，在坐标输入框中输入（-50，50，0），按 <Enter> 键，设置"圆弧 / 圆"对话框里"限制"栏中的终止限制角度为"90"，单击"应用"按钮生成图 5-53 所示的圆弧 1。

（3）按上述操作步骤，创建中心点在（0，50，0），通过点坐标为（-48，50，0），终止限制角度为"90"的圆弧 2。

3. 创建直线（建立碗底座轮廓）

图 5-51 "圆弧 / 圆"对话框

（1）单击"曲线"选项卡"曲线"面组上的 ╱（直线）按钮，打开图 5-54 所示"直线"对话框。

（2）将鼠标移动到弧线 1 的 A 端点，系统自动捕捉到 A 端点，单击鼠标左键，定义 A 点为直线起点。沿 Y 方向，在长度中输入"−2"，单击"应用"按钮，完成直线的创建。

（3）依照上述方法定义图 5-53 所示线段 C、D、E，方向分别为 X 方向、Y 方向、X 方向，长度分别为 −15、−2、−5。在定义线段 F 时，"起点"选择线段 E 的左端点，"方向"选择"沿 YC"，选择"终止限制"为"直至选定对象"，生成的 F 线段与 E 线段垂直且和弧线 1 相连。

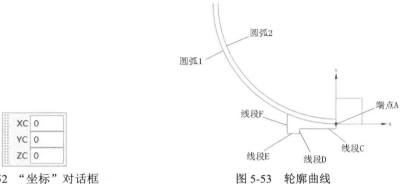

图 5-52　"坐标"对话框　　　　　　　　图 5-53　轮廓曲线

4．创建直线（使圆弧 1 与圆弧 2 连接）

打开"直线"对话框，"起点"选择 A 点，方向沿 Y 向，长度为 2，同理，两圆弧的另一端为方向沿 X 向，长度为 2，将两段圆弧连接在一起，如图 5-53 所示。

5．修剪操作（删除弧线 1 多余一段）

（1）单击"菜单"→"插入"→"曲线"→"基本曲线（原有）"命令，打开图 5-55 所示"基本曲线"对话框，在对话框中单击 ⤳（修剪）按钮，打开图 5-56 所示"修剪曲线"对话框，各选项设置如对话框所示。

（2）用鼠标单击圆弧 1 将被修剪的一段作为"要修剪的曲线"，"边界对象"选择线段 F，单击"确定"按钮，完成修剪操作，生成图 5-57 所示闭合轮廓曲线。

图 5-54　"直线"对话框

图 5-55　"基本曲线"对话框

图 5-56 "修剪曲线"对话框

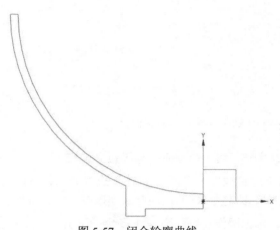

图 5-57 闭合轮廓曲线

6. 旋转成形操作

（1）单击"主页"选项卡"特征"面组上的 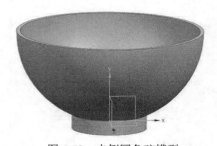（旋转）按钮，打开图 5-58 所示"旋转"对话框。

（2）根据系统提示选择屏幕中所有曲线，在对话框中"指定矢量"下拉菜单中选择"YC轴"，单击 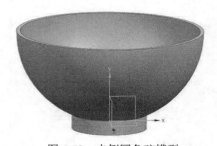（点构造器）按钮，打开"点"对话框，输入原点坐标（0，0，0），单击"确定"按钮，返回"旋转"对话框，按对话框各项赋值。单击"确定"按钮生成图 5-59 所示的模型。

图 5-58 "旋转"对话框

图 5-59 未倒圆角碗模型

5.4 沿引导线扫掠

沿引导线扫掠特征是指由截面曲线沿引导线扫描而成的一类特征。

单击"菜单"→"插入"→"扫掠"→"沿引导线扫掠"命令，打开图 5-60 所示的"沿引导线扫掠"对话框。

1. 打开文件

单击"菜单"→"文件"→"打开"命令，打开"打开"对话框，在"文件名"文本框中输入"yindaoxiansaolve1"，单击"OK"按钮，打开随书光盘目录下的模型文件。

2. 另存部件文件

单击"菜单"→"文件"→"另存为"命令，打开"另存为"对话框，在"文件名"文本框中输入"yindaoxiansaolve"，单击"OK"按钮，保存模型文件。

3. 沿引导线扫掠

（1）单击"菜单"→"插入"→"扫掠"→"沿引导线扫掠"命令，打开"沿引导线扫掠"对话框。

（2）在模型中选择小圆为截面曲线，如图 5-61 所示。

图 5-60 "沿引导线扫掠"对话框

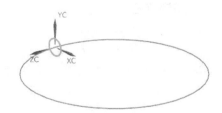

图 5-61 选择扫掠截面

（3）在模型中选择大圆为引导线，如图 5-62 所示。

（4）在"沿引导线扫掠"对话框中单击"确定"按钮，完成沿引导线扫掠操作，结果如图 5-63 所示。

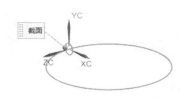

图 5-62 选择引导线

图 5-63 沿引导线扫掠

5.5 管

管特征是指把引导线作为旋转中心线旋转而成的一类特征。需要注意的是引导线串必须光滑、相切和连续。

单击"菜单"→"插入"→"扫掠"→"管"命令，打开图5-64所示的"管"对话框。通过该对话框可以创建多段管和单段管。

图 5-64 "管"对话框

5.5.1 多段管

1. 新建文件

单击"菜单"→"文件"→"新建"命令，或单击"快速访问"工具栏中的 □（新建）按钮，打开"新建"对话框，在"模板"列表框中选择"模型"，在"文件名"文本框中输入"guandao1"，单击"确定"按钮，进入 UG 主界面。

2. 绘制引导线

单击"菜单"→"插入"→"曲线"→"样条"命令，或单击"曲线"选项卡"曲线"面组上的 ⌀（艺术样条）按钮，在绘图窗口绘制图5-65所示的样条曲线。

3. 创建管道特征

（1）单击"菜单"→"插入"→"扫掠"→"管"命令，打开"管"对话框。

（2）在绘图窗口选择图5-65所绘制的引导线。

（3）按图5-66所示设置对话框中的参数。

（4）单击"确定"按钮，创建的多段管特征如图5-67所示。

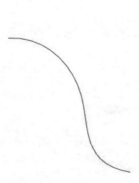

图 5-65 绘制引导线

图 5-66 "管"对话框

图 5-67 创建的多段管特征

5.5.2　单段管

使用多段管实例中绘制的样条曲线为引导线创建单段管特征。

（1）单击"菜单"→"插入"→"扫掠"→"管"命令，打开"管"对话框。

（2）在绘图窗口选择图 5-65 所示的引导线。

（3）分别在"外径"和"内径"文本框中输入"10"和"6"，在"输出"下拉列表中选择"单段"选项，如图 5-68 所示。

（4）单击"确定"按钮，创建的单段管特征如图 5-69 所示。

图 5-68　"管"对话框

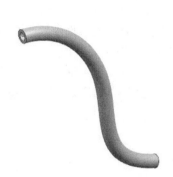

图 5-69　创建的单段管特征

（5）单击"菜单"→"文件"→"另存为"命令，打开"另存为"对话框，在"文件名"文本框中输入"guandao2"，单击"确定"按钮，保存创建的管道特征。

5.6　长方体

单击"菜单"→"插入"→"设计特征"→"长方体"命令，或单击"主页"选项卡"特征"面组上的 ⬛（长方体）按钮，打开图 5-70 所示的"长方体"对话框。其中提供了"原点和边长""两点和高度"和"两个对角点"3 种创建长方体的方式。

图 5-70　"原点和边长"类型对话框

5.6.1 原点和边长

1. 新建文件

单击"主页"选项卡中的 🗋（新建）按钮，打开"新建"对话框，在"模板"列表框中选择"模型"，输入"changfangti.prt"，单击"确定"按钮，进入 UG 建模环境。

2. 创建长方体特征 1

（1）单击"菜单"→"插入"→"设计特征"→"长方体"命令，或单击"主页"选项卡"特征"面组上的 🧊（长方体）按钮，打开"长方体"对话框。

（2）在"长方体"对话框中选择"原点和边长"类型，在原点栏的"指定点"右侧单击 ⬚（点构造器）按钮，打开图 5-71 所示的"点"对话框。

（3）在"点"对话框中的"XC""YC"和"ZC"文本框中分别输入"0"，单击"确定"按钮。

（4）在"长方体"对话框中的"长度（XC）""宽度（YC）"和"高度（ZC）"文本框中分别输入"80""100"和"60"。

（5）在"长方体"对话框中，单击"确定"按钮，创建长方体特征 1，如图 5-72 所示。

图 5-71 "点"对话框

图 5-72 创建长方体特征 1

5.6.2 两点和高度

（1）单击"菜单"→"插入"→"设计特征"→"长方体"命令，或单击"主页"选项卡"特征"面组上的 🧊（长方体）按钮，打开"长方体"对话框。

（2）在"长方体"对话框中选择"两点和高度"类型，如图 5-73 所示。

（3）在"原点"下的"指定点"下拉列表中选择 ╱（端点）选项，在图 5-72 所示实体中选择一条直线的端点，如图 5-74 所示。在"从原点出发的点 XC、YC"下的"指定点"右侧单击 ⬚（点构造器）按钮，打开"点"对话框。

（4）在"点"对话框中的"XC""YC"和"ZC"文本框中分别输入"30""100"和"60"，单击"确定"按钮。

（5）在"长方体"对话框中的"高度（ZC）"文本框中输入"30"。

（6）在"长方体"对话框中的"布尔"下拉列表中选择 🔗（合并）选项。

（7）在"长方体"对话框中，单击"确定"按钮，创建长方体特征 2，如图 5-75 所示。

（8）单击"菜单"→"文件"→"另存为"命令，打开"另存为"对话框，在"文件名"文本框中输入"changfangti2"，单击"确定"按钮，保存绘制的旋转特征。

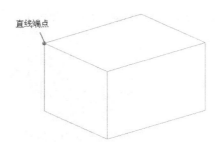

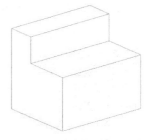

图 5-73　"两点和高度"类型对话框　　　图 5-74　选择直线的端点　　　图 5-75　创建长方体特征 2

5.6.3　两个对角点

（1）单击"菜单"→"插入"→"设计特征"→"长方体"命令，或单击"主页"选项卡"特征"面组上的 ⬜（长方体）按钮，打开"长方体"对话框。

（2）在"长方体"对话框中选择"两个对角点"类型，打开图 5-76 所示的对话框。

（3）在"原点"下的"指定点"右侧单击 ⬚（点构造器）按钮，打开"点"对话框。

（4）在"点"对话框中的"XC""YC"和"ZC"文本框中分别输入"60""20"和"40"，单击"确定"按钮。

（5）在"从原点出发的点 XC、YC、ZC"下的"指定点"右侧单击 ⬚（点构造器）按钮，打开"点"对话框。

（6）在"点"对话框中的"XC""YC"和"ZC"文本框中分别输入"30""80"和"60"，单击"确定"按钮。

（7）在"长方体"对话框中的"布尔"下拉列表中选择 ⬚（减去）选项。

（8）在"长方体"对话框中，单击"确定"按钮，创建长方体特征 3，如图 5-77 所示。

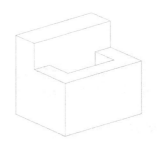

图 5-76　"两个对角点"类型对话框　　　图 5-77　创建长方体特征 3

（9）单击"菜单"→"文件"→"另存为"命令，打开"另存为"对话框，在"文件名"文本框中输入"changfangti3"，单击"确定"按钮，保存绘制的旋转特征。

5.6.4　实例——压板

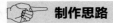
制作思路

本例绘制图 5-78 所示的压板，通过"长方体"命令创建压板。

扫码看视频

图 5-78　压板

【绘制步骤】

1. 新建文件

单击"菜单"→"文件"→"新建"命令，或者单击"标准"工具栏中的（新建）按钮，打开"新建"对话框，在"模型"选项卡中选择适当的模板，文件名为"yaban"，单击"确定"按钮，进入建模环境。

2. 创建长方体

单击"菜单"→"插入"→"设计特征"→"长方体"命令，打开图 5-79 所示的"长方体"对话框，长度、宽度和高度分别输入"50""100"和"10"，单击（点构造器）按钮，打开"点"对话框，输入坐标为（0，0，0，），单击"确定"按钮，生成长方体，如图 5-80 所示。

图 5-79　"长方体"对话框

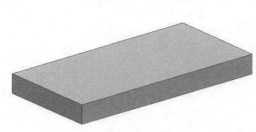

图 5-80　创建长方体

3. 创建长方体

单击"菜单"→"插入"→"设计特征"→"长方体"命令，打开图 5-81 所示的"长方体"

对话框，长度、宽度和高度分别输入"50""30"和"8"，单击⊡（点构造器）按钮，打开图 5-82 所示的"点"对话框，输入原点坐标为（0，0，-8），在"布尔"下拉列表中选择"合并"，系统自动选择步骤 2 创建的长方体合并，单击"确定"按钮，生成长方体，如图 5-78 所示。

图 5-81 "长方体"对话框

图 5-82 "点"对话框

5.7 圆柱

单击"菜单"→"插入"→"设计特征"→"圆柱"命令，或单击"主页"选项卡"特征"面组上的（圆柱）按钮，打开"圆柱"对话框。其中提供了"轴、直径和高度"和"圆弧和高度"两种创建圆柱的方式。

5.7.1 轴、直径和高度

用于指定圆柱体的直径和高度创建圆柱特征。

1. 新建文件

单击"菜单"→"文件"→"新建"命令，打开"新建"对话框，在"模板"列表框中选择"模型"，在"名称"文本框中输入"yuanzhu1"，单击"确定"按钮，进入 UG 主界面。

2. 创建圆柱特征 1

（1）单击"菜单"→"插入"→"设计特征"→"圆柱"命令，或单击"主页"选项卡"特征"面组上的（圆柱）按钮，打开"圆柱"对话框。

（2）在"类型"下拉列表中选择"轴、直径和高度"类型。

（3）在"指定矢量"下拉列表中选择"YC 轴"方向为圆柱轴向。

（4）在"圆柱"对话框中的"直径"和"高度"文本框中分别输入"30"和"50"。

（5）在"圆柱"对话框中，单击"确定"按钮，创建圆柱特征 1，如图 5-83 所示。

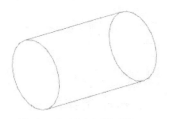

图 5-83 创建圆柱特征 1

5.7.2 圆弧和高度

用于指定一条圆弧作为底面圆，再指定高度创建圆柱特征。

1. 绘制圆

单击"菜单"→"插入"→"草图"命令，或单击"主页"选项卡"直接草图"面组上的 （草图）按钮，进入草图绘制界面，选择 *XC-YC* 平面为工作平面绘制圆，绘制后的圆弧如图 5-84 所示。

2. 创建圆柱特征 2

（1）单击"菜单"→"插入"→"设计特征"→"圆柱"命令，或单击"主页"选项卡"特征"面组上的 （圆柱）按钮，打开"圆柱"对话框，如图 5-85 所示。

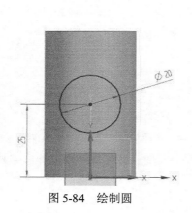

图 5-84 绘制圆

图 5-85 "圆柱"对话框

（2）在"类型"下拉列表中选择"圆弧和高度"类型，如图 5-85 所示。

（3）在视图区选择图 5-84 所绘制的圆。

（4）在"高度"文本框中输入"30"。

（5）在"布尔"下拉列表中选择"合并"选项。

（6）在"圆柱"对话框中，单击"确定"按钮。创建圆柱特征 2，如图 5-86 所示。

（7）单击"菜单"→"文件"→"另存为"命令，打开"另存为"对话框，在"文件名"文本框中输入"yuanzhu2"，单击"确定"按钮，保存创建的旋转特征。

图 5-86 创建圆柱特征 2

5.7.3 实例——时针

👉 **制作思路**

本例绘制时针，如图 5-87 所示。首先创建长方体，然后在长方体中创建圆柱体，再通过边倒圆和孔等操作，生成时针模型，最终完成时针的创建。

图 5-87　时针

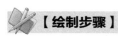【绘制步骤】

1. 创建新文件

单击"菜单"→"文件"→"新建"命令，或单击"主页"选项卡"标准"面组上的 （新建）按钮，打开"新建"对话框。在"模板"列表框中选择"模型"，在"名称"文本框中输入"shizhen"，单击"确定"按钮，进入建模环境。

2. 创建长方体

（1）单击"菜单"→"插入"→"设计特征"→"长方体"命令，或单击"主页"选项卡"特征"面组上的 （长方体）按钮，打开"长方体"对话框。

（2）在"类型"下拉列表中选择"原点和边长"，如图 5-88 所示。

（3）在"长度（XC）""宽度（YC）"和"高度（ZC）"文本框中分别输入"9""1"和"0.2"。

（4）单击 （点构造器）按钮，打开"点"对话框，从中将原点坐标设置为（0，0，0），然后单击"确定"按钮。返回"长方体"对话框后，单击"确定"按钮，生成图 5-89 所示的长方体。

3. 创建圆柱

（1）单击"菜单"→"插入"→"设计特征"→"圆柱"命令，或单击"主页"选项卡"特征"面组上的 （圆柱）按钮，打开"圆柱"对话框，如图 5-90 所示。

图 5-88　"长方体"对话框

图 5-89　长方体

图 5-90　"圆柱"对话框

（2）在"类型"下拉列表中选择"轴、直径和高度"，在"指定矢量"下拉列表中选择"ZC 轴"，如图 5-91 所示。

（3）单击 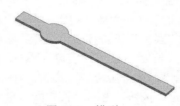（点构造器）按钮，打开"点"对话框，将原点坐标设置为（2，0.5，0），单击"确定"按钮。

（4）返回"圆柱"对话框后，在"直径"和"高度"文本框中分别输入"2"和"0.2"，在"布尔"下拉列表中选择"合并"选项，系统将自动选择长方体，最后单击"确定"按钮，生成模型如图 5-92 所示。

图 5-91　"圆柱"对话框　　　　　　　图 5-92　模型

4. 创建孔

（1）单击"菜单"→"插入"→"设计特征"→"圆柱"命令，或单击"主页"选项卡"特征"面组上的 （圆柱）按钮，打开"圆柱"对话框。

（2）在"类型"下拉列表中选择"轴、直径和高度"。

（3）在"指定矢量"下拉列表中选择"ZC 轴"；在"指定点"下拉列表中单击⊕（圆心）按钮，选取步骤 3 创建的圆柱体底边线。

（4）在"直径"和"高度"文本框中分别输入"0.5"和"0.2"，在"布尔"下拉列表中选择"减去"选项，系统将自动选择长方体，最后单击"确定"按钮，生成的孔如图 5-93 所示。

5. 创建圆柱体

（1）单击"菜单"→"插入"→"设计特征"→"圆柱"命令，或单击"主页"选项卡"特征"面组上的 （圆柱）按钮，打开"圆柱"对话框。

（2）在"类型"下拉列表中选择"轴、直径和高度"。

（3）在"指定矢量"下拉列表中选择"ZC 轴"。单击 （点构造器）按钮，在打开的"点"对话框中将原点坐标设置为（0，0.5，0），单击"确定"按钮。

（4）返回"圆柱"对话框后，在"直径"和"高度"文本框中分别输入"1"和"0.2"，在"布尔"下拉列表中选择"合并"，系统将自动选择长方体，然后单击"应用"按钮。

（5）在（9，0.5，0）处创建相同参数的圆柱体，结果如图 5-94 所示。

图 5-93　创建孔

图 5-94　创建圆柱体

5.8　圆锥

单击"菜单"→"插入"→"设计特征"→"圆锥"命令，或单击"主页"选项卡"特征"面组上的 （圆锥）按钮，打开图 5-95 所示的"圆锥"对话框。其中提供了"两个共轴的圆弧""直径和高度""直径和半角""底部直径，高度和半角"和"顶部直径，高度和半角"5 种创建圆锥的方式。

图 5-95　"圆锥"对话框

5.8.1　两个共轴的圆弧

1．新建文件

单击"菜单"→"文件"→"新建"命令，或单击"快速访问"工具栏中的 （新建）按钮，打开"新建"对话框，在"模板"列表框中选择"模型"，在"名称"文本框中输入"yuanzhui1"，单击"确定"按钮，进入 UG 主界面。

2．创建圆弧

单击"菜单"→"插入"→"曲线"→"圆弧 / 圆"命令，绘制图 5-96 所示的两条圆弧曲线。

3．创建圆锥

（1）单击"菜单"→"插入"→"设计特征"→"圆锥"命令，或单击"主页"选项卡"特征"面组上的 （圆锥）按钮，打开"圆锥"对话框。

图 5-96　绘制圆弧

（2）在对话框的"类型"下拉列表中选择"两个共轴的圆弧"选项，如图 5-97 所示。

（3）选择两个圆弧作为顶面和底面圆弧，单击"确定"按钮，创建的圆锥特征如图 5-98 所示。

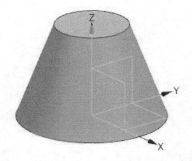

图 5-97 "两个共轴的圆弧"方式创建圆锥　　　　图 5-98 创建的圆锥特征

5.8.2 直径和高度

（1）单击"菜单"→"插入"→"设计特征"→"圆锥"命令，或单击"主页"选项卡"特征"面组上的 🔺（圆锥）按钮，打开"圆锥"对话框。

（2）在"圆锥"对话框中，选择"直径和高度"类型，如图 5-99 所示。

（3）在"指定矢量"下拉列表中选择"ZC轴"选项。

（4）分别在"底部直径""顶部直径"和"高度"文本框中输入"20""16"和"40"。

（5）在"布尔"下拉列表中选择"减去"选项，单击"确定"按钮，创建的圆锥特征如图 5-100 所示。

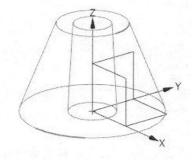

图 5-99 "直径和高度"方式创建圆锥　　　　图 5-100 创建的圆锥特征

（6）单击"菜单"→"文件"→"另存为"命令，打开"另存为"对话框，在"文件名"文本框中输入"yuanzhui2"，单击"确定"按钮，保存绘制的圆锥特征。

5.8.3　直径和半角

（1）单击"菜单"→"插入"→"设计特征"→"圆锥"命令，或单击"主页"选项卡"特征"面组上的 （圆锥）按钮，打开"圆锥"对话框。

（2）在"圆锥"对话框中，选择"直径和半角"类型，如图 5-101 所示。

（3）在"指定矢量"下拉列表中选择"ZC 轴"选项。

（4）分别在"底部直径""顶部直径"和"半角"文本框中输入"40""20"和"30"。

（5）单击"确定"按钮，创建的圆锥特征如图 5-102 所示。

（6）单击"菜单"→"文件"→"另存为"命令，打开"另存为"对话框，在"文件名"文本框中输入"yuanzhui3"，单击"确定"按钮，保存绘制的圆锥特征。

图 5-101　"直径和半角"方式创建圆锥　　　　　图 5-102　创建的圆锥特征

5.8.4　底部直径，高度和半角

（1）单击"菜单"→"插入"→"设计特征"→"圆锥"命令，或单击"主页"选项卡"特征"面组上的 △（圆锥）按钮，打开"圆锥"对话框。

（2）在"圆锥"对话框中，选择"底部直径，高度和半角"类型，如图 5-103 所示。

（3）在"指定矢量"下拉列表中选择"ZC 轴"选项。

（4）分别在"底部直径""高度"和"半角"文本框中输入"40""30"和"30"。

（5）单击"确定"按钮，创建的圆锥特征如图 5-104 所示。

（6）单击"菜单"→"文件"→"另存为"命令，打开"另存为"对话框，在"文件名"文本框中输入"yuanzhui4"，单击"确定"按钮，保存绘制的圆锥特征。

图 5-103 "底部直径，高度和半角"方式创建圆锥

图 5-104 创建的圆锥特征

5.8.5 顶部直径，高度和半角

（1）单击"菜单"→"插入"→"设计特征"→"圆锥"命令，或单击"主页"选项卡"特征"面组上的 （圆锥）按钮，打开"圆锥"对话框。

（2）在"圆锥"对话框中，选择"顶部直径，高度和半角"类型，如图 5-105 所示。

（3）在"指定矢量"下拉列表中选择"ZC 轴"选项。

（4）分别在"顶部直径"、"高度"和"半角"文本框中输入"20""30"和"30"。

（5）单击"确定"按钮，创建的圆锥特征如图 5-106 所示。

（6）单击"菜单"→"文件"→"另存为"命令，打开"另存为"对话框，在"文件名"文本框中输入"yuanzhui5"，单击"确定"按钮，保存绘制的圆锥特征。

图 5-105 "顶部直径，高度和半角"方式创建圆锥

图 5-106 创建的圆锥特征

5.9　球

单击"菜单"→"插入"→"设计特征"→"球"命令，或单击"主页"选项卡"特征"面组上的 ◯（球）按钮，打开图 5-107 所示的"球"对话框。其中提供了"圆弧"和"中心点和直径"两种创建球的方式。

图 5-107　"球"对话框

5.9.1　圆弧

用于指定一条圆弧，该圆弧的半径和圆心分别作为所创建球体的半径和球心，创建球特征。

1．新建文件

单击"菜单"→"文件"→"新建"命令，或单击"快速访问"工具栏中的 ▯（新建）按钮，打开"新建"对话框，在"模板"列表框中选择"模型"，在"文件名"文本框中输入"qiu1"，单击"确定"按钮，进入 UG 主界面。

2．绘制圆弧

单击"菜单"→"插入"→"草图"命令，或单击"主页"选项卡"直接草图"面组上的 ▣（草图）按钮，进入草图绘制界面，选择 XC-YC 平面为工作平面绘制圆弧，绘制后的圆弧如图 5-108 所示。

3．创建球特征 1

（1）单击"菜单"→"插入"→"设计特征"→"球"命令，或单击"主页"选项卡"特征"面组上的 ◯（球）按钮，打开"球"对话框。

（2）在"球"对话框中选择"圆弧"类型，如图 5-109 所示。

（3）在视图区选择图 5-108 所绘制的圆弧，单击"确定"按钮，创建球特征 1，如图 5-110 所示。

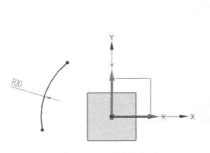

图 5-108　绘制圆弧

图 5-109　"球"对话框

图 5-110　创建球特征 1

5.9.2　中心点和直径

用于指定直径和球心位置，创建球特征。

（1）单击"菜单"→"插入"→"设计特征"→"球"命令，或单击"主页"选项卡"特征"面组上的 ⬤（球）按钮，打开"球"对话框。

（2）在"球"对话框中，选择"中心点和直径"类型，如图 5-111 所示。

（3）在"球"对话框中的"直径"文本框中输入"58"。

（4）在"球"对话框的"布尔"下拉列表中选择"减去"选项，单击"确定"按钮，创建球特征 2，如图 5-112 所示。

（5）单击"菜单"→"文件"→"另存为"命令，打开"另存为"对话框，在"文件名"文本框中输入"qiu2"，单击"确定"按钮，保存绘制的球特征。

图 5-111　"球"对话框

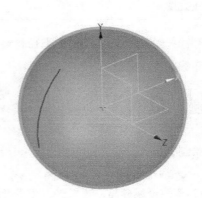

图 5-112　创建球特征 2

5.9.3　实例——乒乓球

👉 **制作思路**

本例绘制乒乓球，如图 5-113 所示。首先通过"球"命令创建一个大的球体，然后创建小球体，并通过"减去"命令对两模型进行布尔求差操作，生成一空心球体。

扫码看视频

图 5-113　乒乓球

🖊 **【绘制步骤】**

1. 新建文件

单击"菜单"→"文件"→"新建"命令，或者单击"标准"工具栏中的 ▯（新建）按钮，打开"新建"对话框，在"模型"选项卡中选择适当的模板，文件名为"pingpangqiu"，单击"确定"按钮，进入建模环境。

2．建立球体

单击"菜单"→"插入"→"设计特征"→"球"命令，打开图 5-114 所示"球"对话框。选择"中心点和直径"类型，在"直径"文本框中输入"38"，单击⊥（点构造器）按钮，打开"点"对话框，输入坐标点为（0，0，0），连续单击"确定"按钮，生成的球置于坐标原点上，如图 5-115 所示。

3．建立球体

单击"菜单"→"插入"→"设计特征"→"球"命令，打开图 5-114 所示"球"对话框。单击"中心点和直径"类型，打开"球"对话框，如图 5-116 所示，在"直径"文本框中输入"37"，单击⊥（点构造器）按钮，打开"点"对话框，输入坐标点为（0，0，0），单击"确定"按钮，返回到"球"对话框，在"布尔"下拉列表中选择"减去"选项，系统自动选择步骤 2 创建的球体，单击"确定"按钮，生成图 5-115 所示球体。

图 5-114　"球"对话框

图 5-115　球

图 5-116　"球"对话框

5.10　GC 工具箱

GC 工具箱是 UG NX8.0 以后新增的功能，包括 GC 数据规范、齿轮建模、弹簧设计、加工准备、注释等，本节主要介绍齿轮建模和弹簧设计。

5.10.1　齿轮建模

单击"菜单"→"GC 工具箱"→"齿轮建模"命令，如图 5-117 所示。齿轮建模工具箱可以创建圆柱齿轮和锥齿轮，还可以编辑齿轮和保留它与其他实体的几何关系，也可以显示齿轮的几何信息，以及进行转换、啮合和删除等操作。

下面以斜齿轮为例，介绍齿轮建模的方法。

1. 新建文件

单击"菜单"→"文件"→"新建"命令，或单击"快速访问"工具栏中的 ▯（新建）按钮，打开"新建"对话框，在"模板"列表框中选择"模型"，在"文件名"文本框中输入"chilun"，单击"确定"按钮，进入 UG 主界面。

2. 创建齿轮

（1）单击"菜单"→"GC 工具箱"→"齿轮建模"→"柱齿轮"命令，打开图 5-118 所示的"渐开线圆柱齿轮建模"对话框。

图 5-117 "齿轮建模"下拉菜单

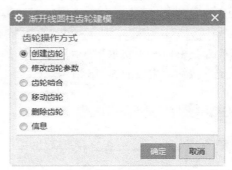

图 5-118 "渐开线圆柱齿轮建模"对话框

（2）选择"创建齿轮"单选按钮，单击"确定"按钮，打开图 5-119 所示的"渐开线圆柱齿轮类型"对话框。选择"斜齿轮""外啮合齿轮"和"滚齿"单选按钮，单击"确定"按钮。

（3）打开图 5-120 所示的"渐开线圆柱齿轮参数"对话框。在"标准齿轮"选项卡中选择"Left-hand"螺旋方式，在"法向模数""牙数""齿宽""法向压力角"和"Helix Angle（degree）"文本框中输入"3""27""65""20"和"15"，单击"确定"按钮。

图 5-119 "渐开线圆柱齿轮类型"对话框

图 5-120 "渐开线圆柱齿轮参数"对话框

（4）打开图 5-121 所示的"矢量"对话框。在"类型"下拉列表中选择"*ZC* 轴"选项，单击"确定"按钮，打开图 5-122 所示的"点"对话框。输入坐标点为（0，0，0），单击"确定"按钮，生成柱齿轮，如图 5-123 所示。

图 5-121 "矢量"对话框   图 5-122 "点"对话框   图 5-123 创建斜齿轮

5.10.2 弹簧设计

单击"菜单"→"GC 工具箱"→"弹簧设计"命令，子菜单如图 5-124 所示。弹簧建模工具箱可以创建圆柱压缩弹簧和圆柱拉伸弹簧，还可以显示弹簧的几何信息和删除等操作。

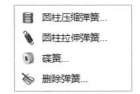

图 5-124 "弹簧设计"子菜单

下面以圆柱压缩弹簧为例介绍弹簧的设计过程。

1. 新建文件

单击"菜单"→"文件"→"新建"命令，或单击"快速访问"工具栏中的 🗋（新建）按钮，打开"新建"对话框。在"模板"列表中选择"模型"，输入名称为"tanhuang"，单击"确定"按钮，进入建模环境。

2. 创建弹簧

（1）单击"菜单"→"GC 工具箱"→"弹簧设计"→"圆柱压缩弹簧"命令，打开图 5-125 所示的"圆柱压缩弹簧"对话框。

（2）选择"选择类型"为"输入参数"，选择"创建方式"为"在工作部件中"，指定矢量为 *ZC* 轴，指定坐标原点为弹簧起始点，名称采用默认，单击"下一步"按钮。

（3）打开"输入参数"选项卡，如图 5-126 所示。"旋向"为"右旋"，选择"端部结构"为"并紧磨平"，在"中间直径""钢丝直径""自由高度""有效圈数"和"支撑圈数"文本框中输入"26""3""90""8"和"12"。单击"下一步"按钮。

（4）打开"显示结果"选项卡，如图 5-127 所示。显示弹簧的各个参数，单击"完成"按钮，完成弹簧的创建，如图 5-128 所示。

图 5-125 "圆柱压缩弹簧"对话框

图 5-126 "输入参数"选项卡

图 5-127 "显示结果"选项卡

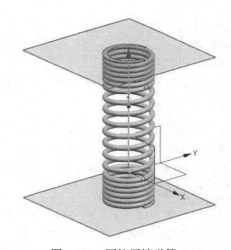

图 5-128 圆柱压缩弹簧

5.10.3 实例——斜齿轮

👉 **制作思路**

本例绘制斜齿轮。利用 GC 工具箱中的圆柱齿轮命令创建圆柱齿轮的主体，然后创建轴孔，再创建减重孔，最后创建键槽。

扫码看视频

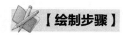【绘制步骤】

1. 创建新文件

新建"xiechilun"文件，在"模板"里选择"模型"，单击"确定"按钮，进入建模模块。

2. 创建齿轮基体

（1）单击"菜单"→"GC 工具箱"→"齿轮建模"→"柱齿轮"命令，或单击"主页"选项卡"齿轮建模 -GC 工具箱"面组中的 （柱齿轮建模）按钮，打开"渐开线圆柱齿轮建模"对话框。

（2）选择"创建齿轮"单选按钮，单击"确定"按钮，打开图 5-129 所示的"渐开线圆柱齿轮类型"对话框。

（3）选择"斜齿轮""外啮合齿轮"和"滚齿"单选按钮，单击"确定"按钮。打开图 5-130 所示的"渐开线圆柱齿轮参数"对话框。

图 5-129 "渐开线圆柱齿轮类型"对话框

（4）在"标准齿轮"选项卡中输入"法向模数""牙数""齿宽""法向压力角"和"Helix Angle（degree）"为"2.5""165""85""20"和"13.9"，单击"确定"按钮。

（5）打开图 5-131 所示的"矢量"对话框。在"类型"下拉列表中选择"ZC 轴"选项，单击"确定"按钮，打开图 5-132 所示的"点"对话框。输入坐标点为（0，0，0），单击"确定"按钮，生成圆柱齿轮如图 5-133 所示。

图 5-130 "渐开线圆柱齿轮参数"对话框

图 5-131 "矢量"对话框

3. 创建孔

（1）单击"菜单"→"插入"→"设计特征"→"孔"命令，或单击"主页"选项卡"特征"面组上的 （孔）按钮，打开图 5-134 所示"孔"对话框。

图 5-132 "点"对话框

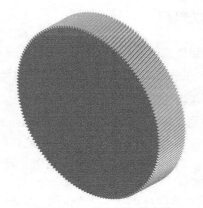

图 5-133 创建圆柱斜齿轮

（2）在"类型"下拉列表中选择"常规孔"选项，在"成形"下拉列表中选择"简单孔"选项，在"直径"文本框中输入"75"，在"深度限制"下拉列表中选择"贯通体"选项。捕捉图 5-135 所示的圆心为孔位置，单击"确定"按钮，完成孔的创建，如图 5-136 所示。

图 5-134 "孔"对话框

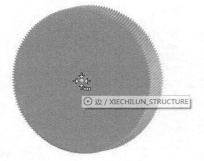

图 5-135 捕捉圆心

图 5-136 创建孔

4. 创建孔

（1）单击"菜单"→"插入"→"设计特征"→"孔"命令，或单击"主页"选项卡"特征"面组上的 ⬛（孔）按钮，打开图 5-137 所示"孔"对话框。

（2）在"类型"下拉列表中选择"常规孔"选项，在"成形"下拉列表中选择"简单孔"选项，在"直径"文本框中输入"70"，在"深度限制"下拉列表中选择"贯通体"选项。

（3）单击 ⬛（绘制截面）按钮，打开"创建草图"对话框，选择圆柱体的上表面为孔放置面，进入草图绘制环境。

（4）打开"草图点"对话框，创建点，如图 5-138 所示。单击"主页"选项卡"草图"面组上的 ⬛（完成）按钮，草图绘制完毕。返回到"孔"对话框，单击"确定"按钮，完成孔的创建，如

图 5-139 所示。

图 5-137　"孔"对话框

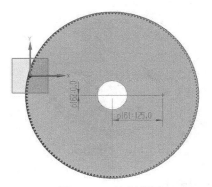

图 5-138　绘制草图

5．阵列孔特征

（1）单击"菜单"→"插入"→"关联复制"→"阵列特征"命令，或单击"主页"选项卡"特征"面组上的 （阵列特征）按钮，打开图 5-140 所示的"阵列特征"对话框。

（2）选择步骤 4 创建的简单孔为要阵列的特征。在"布局"下拉列表中选择"圆形"选项，在"指定矢量"下拉列表中选择"ZC 轴"为旋转轴，指定坐标原点为旋转点。在"间距"下拉列表中选择"数量和间隔"选项，输入"数量"和"节距角"为"6"和"60"，单击"确定"按钮，如图 5-141 所示。

图 5-139　创建孔

图 5-140　"阵列特征"对话框

6. 绘制草图

单击"菜单"→"插入"→"在任务环境中绘制草图"命令，进入草图绘制界面，选择圆柱齿轮的外表面为工作平面绘制草图。绘制后的草图如图 5-142 所示。单击"主页"选项卡"草图"面组上的 🏁（完成）按钮，草图绘制完毕。

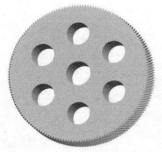

图 5-141 创建轴孔

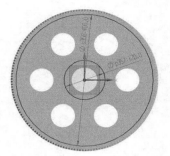

图 5-142 绘制草图

7. 创建减重槽

（1）单击"菜单"→"插入"→"设计特征"→"拉伸"命令，或单击"主页"选项卡"特征"面组上的 🔳（拉伸）按钮，打开图 5-143 所示"拉伸"对话框。

（2）选择步骤 6 绘制的草图为拉伸曲线，在"指定矢量"下拉列表中选择"ZC 轴"为拉伸方向，在开始"距离"和结束"距离"中输入"0"和"25"，在"布尔"下拉列表中选择"减去"选项，单击"确定"按钮，生成图 5-144 所示的圆柱齿轮。

图 5-143 "拉伸"对话框

图 5-144 创建轴孔

8. 拔模

（1）单击"菜单"→"插入"→"细节特征"→"拔模"命令，或单击"主页"选项卡"特征"

面组上的（拔模）按钮，打开图 5-145 所示"拔模"对话框。

（2）选择"边"类型，在"指定矢量"下拉列表中选择"ZC 轴"为脱模方向，选择图 5-146 所示的边为固定边，输入"角度 1"为"20"，单击"应用"按钮。

图 5-145 "拔模"对话框

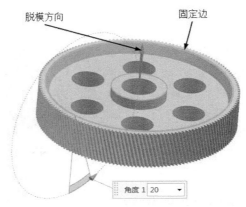

图 5-146 选择拔模边

（3）重复上述步骤，选择图 5-147 所示的边为固定边，单击"确定"按钮，完成拔模操作，如图 5-148 所示。

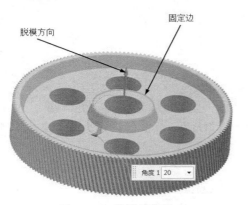

图 5-147 拔模示意图

图 5-148 模型

9. 边倒圆

（1）单击"菜单"→"插入"→"细节特征"→"边倒圆"命令，或单击"主页"选项卡"特征"面组上的（边倒圆）按钮，打开图 5-149 所示的"边倒圆"对话框。

（2）选择图 5-150 所示的边线，输入圆角半径为"8"，单击"确定"按钮。结果如图 5-151 所示。

10. 创建倒角

（1）单击"菜单"→"插入"→"细节特征"→"倒斜角"命令，或单击"主页"选项卡"特征"面组上的（倒斜角）按钮，打开图 5-152 所示的"倒斜角"对话框。

（2）选择图 5-153 所示的倒角边，选择"对称"横截面，将倒角距离设为"3"。单击"确定"

按钮，生成倒角特征，如图 5-154 所示。

图 5-149　"边倒圆"对话框

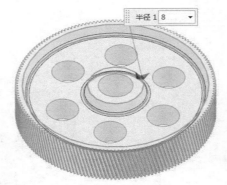

图 5-150　选择边线

图 5-151　边倒圆

图 5-152　"倒斜角"对话框

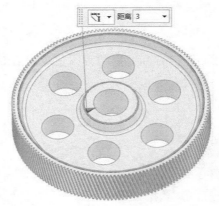

图 5-153　选择倒角边

图 5-154　生成倒角特征

11. 镜像特征

（1）单击"菜单"→"插入"→"关联复制"→"镜像特征"命令，或单击"主页"选项卡"特征"面组上的（镜像特征）按钮，打开图 5-155 所示"镜像特征"对话框。

（2）在相关特征列表中选择拉伸特征，拔模特征，边倒圆和倒斜角为镜像特征。在"平面"下拉列表中选择"新平面"选项，在"指定平面"中选择"XC-YC 平面"，输入"距离"为"42.5"，如图 5-156 所示，单击"确定"按钮，镜像特征，如图 5-157 所示。

12. 创建基准平面

（1）单击"菜单"→"插入"→"基准 / 点"→"基准平面"命令，或单击"主页"选项卡"特征"面组上的（基准平面）按钮，打开图 5-158 所示"基准平面"对话框。

（2）选择"YC-ZC 平面"类型，设置偏置值为"40"，单击"应用"按钮，生成与所选基准面平行的基准平面；选择"XC-ZC 平面"类型，设置偏置值为"0"，单击"应用"按钮；选择"XC-YC 平面"类型，设置偏置值为"0"，单击"确定"按钮，结果如图 5-159 所示。

图 5-155　"镜像特征"对话框

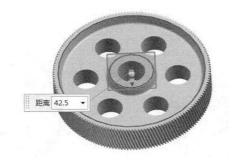

图 5-156　选择平面

图 5-157　镜像特征

图 5-158　"基准平面"对话框

图 5-159　基准平面

13. 创建腔

（1）单击"菜单"→"插入"→"设计特征"→"腔（原有）"命令，打开图 5-160 所示"腔"对话框。

（2）单击"矩形"按钮，打开"矩形腔"对话框，选择步骤 12 创建的基准平面 1 作为腔的放置面。打开"深度方向选择"对话框。单击"接受默认边"按钮，使腔的生成方向与默认方向相同，选择齿轮实体；打开"水平参考"对话框。单击基准平面 2 作为水平参考，打开"矩形腔"对话框，如图 5-161 所示。

图 5-160　"腔"对话框

图 5-161　"矩形腔"对话框

（3）设置腔"长度"为"85"、"宽度"为"12"、"深度"为"10"，其他参数保持默认值，单击"确定"按钮。打开"定位"对话框。选择"垂直"定位方式，选择图 5-159 中的基准平面 2 和图 5-162

中的腔的长边线 1，输入距离为"6"。选择图 5-159 中的基准平面 3 和图 5-162 中的腔的短边线 2，输入距离为"0"。生成最终的键槽，如图 5-163 所示。

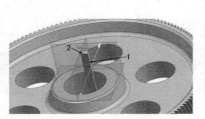

图 5-162　生成的键槽

图 5-163　生成的键槽

5.11　综合实例——活动钳口

制作思路

本例绘制活动钳口，如图 5-164 所示。首先绘制草图，通过"拉伸"命令创建实体，然后绘制引导线，通过"沿引导线扫掠"命令创建实体。

扫码看视频

图 5-164　活动钳口

【绘制步骤】

1. 新建文件

单击"菜单"→"文件"→"新建"命令，打开"新建"对话框，在"模板"列表框中选择"模型"，在"文件名"文本框中输入"huodongqiankou"，单击"确定"按钮，进入 UG 主界面。

2. 绘制草图 1

单击"菜单"→"插入"→"草图"命令，或单击"主页"选项卡"直接草图"面组上的 🔲（草图）按钮，进入草图环境。选择 *XY* 面作为工作平面绘制草图，绘制的草图 1 如图 5-165 所示。

3. 创建拉伸特征 1

（1）单击"菜单"→"插入"→"设计特征"→"拉伸"命令，或单击"主页"选项卡"特征"

面组上的按钮，打开"拉伸"对话框，选择图 5-165 所示的草图 1 作为截面图形。

（2）在"限制"面板开始的"距离"文本框和结束的"距离"文本框中分别输入"0"和"18"，其他参数采用系统默认值。

（3）单击"确定"按钮，创建的拉伸特征 1 如图 5-166 所示。

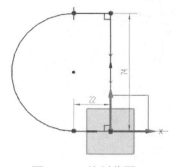
图 5-165　绘制草图 1

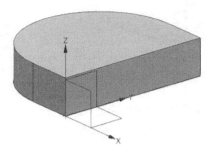
图 5-166　创建拉伸特征 1

4. 绘制草图 2

单击"菜单"→"插入"→"草图"命令，或单击"主页"选项卡"直接草图"面组上的按钮，进入草图环境。选择图 5-167 所示的平面为工作平面绘制草图 2，绘制的草图 2 如图 5-168 所示。

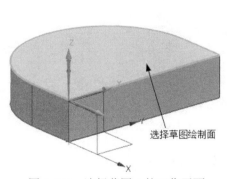
图 5-167　选择草图 2 的工作平面

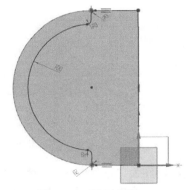
图 5-168　绘制草图 2

5. 创建拉伸特征 2

（1）单击"菜单"→"插入"→"设计特征"→"拉伸"命令，或单击"主页"选项卡"特征"面组上的按钮，打开"拉伸"对话框，选择图 5-168 所示的草图作为截面图形。

（2）在"布尔"下拉列表中选择"合并"选项。

（3）分别在"限制"面板开始的"距离"文本框和结束的"距离"文本框中输入"0"和"10"，其他参数采用系统默认值。

（4）单击"确定"按钮，创建的拉伸特征 2 如图 5-169 所示。

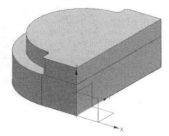
图 5-169　创建拉伸特征 2

6. 绘制草图 3

单击"菜单"→"插入"→"草图"命令，或单击"主页"选项卡"直接草图"面组上的 ⬚（草图）按钮，进入草图环境。选择图 5-170 所示的平面为工作平面绘制草图 3，绘制的草图 3 如图 5-171 所示。

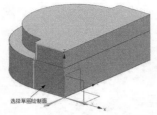

图 5-170　选择草图 3 的工作平面

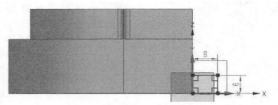

图 5-171　绘制草图 3

7.　创建沿引导线扫掠特征

（1）单击"菜单"→"插入"→"扫掠"→"沿引导线扫掠"命令，打开图 5-172 所示的"沿引导线扫掠"对话框。

图 5-172　"沿引导线扫掠"对话框

（2）在绘图窗口选择图 5-171 所示的草图 3 作为截面图形。

（3）在绘图窗口选择图 5-173 所示的引导线。

（4）按图 5-172 所示设置对话框中的其他参数。

（5）将扫掠后的特征与拉伸特征进行合并，即可得到活动钳口实体，如图 5-174 所示。

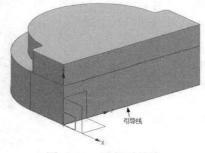

图 5-173　选择引导线

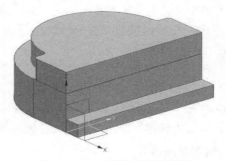

图 5-174　活动钳口绘制结果

第 6 章
特征建模

/ 导读

特征建模模块用工程特征来定义设计信息，在实体建模的基础上提高了用户设计意图的表达效果。该模块支持标准设计特征的生成和编辑，包括各种孔、凸台、腔、垫块等特征。这些特征均被参数化定义，可对其大小及位置进行尺寸驱动编辑。

/ 知识点

- ○ 凸台特征
- ○ 孔特征
- ○ 腔特征
- ○ 垫块特征
- ○ 键槽特征
- ○ 槽特征

6.1 凸台

凸台特征是指在已存在的实体表面上创建圆柱形或圆锥形凸台。

单击"菜单"→"插入"→"设计特征"→"凸台（原有）"命令，打开图 6-1 所示的"支管"对话框。通过该对话框可以创建拔模凸台和圆柱凸台。

图 6-1 "支管"对话框

6.1.1 拔模凸台

1. 新建文件

单击"菜单"→"文件"→"新建"命令，打开"新建"对话框，在"模板"列表框中选择"模型"，在"名称"文本框中输入"tutai1"，单击"确定"按钮，进入 UG 主界面。

2. 绘制草图

单击"菜单"→"插入"→"草图"命令，进入草图环境。选择 XY 面作为工作平面绘制草图，绘制的草图如图 6-2 所示。

3. 创建拉伸特征

（1）单击"菜单"→"插入"→"设计特征"→"拉伸"命令，或单击"主页"选项卡"特征"面组上的 （拉伸）按钮，打开"拉伸"对话框，选择图 6-2 所示的草图作为截面图形。

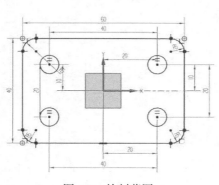

图 6-2 绘制草图

图 6-3 "拉伸"对话框

（2）按图 6-3 所示设置对话框中的参数。

（3）单击"确定"按钮，创建的拉伸特征如图 6-4 所示。

4. 创建凸台特征

（1）单击"菜单"→"插入"→"设计特征"→"凸台（原有）"命令，打开"支管"对话框。

图 6-4　创建的拉伸特征

（2）在图 6-5 所示的实体中选择放置面。

（3）分别在"直径""高度"和"锥角"文本框中输入"30""30"和"10"。

（4）单击"确定"按钮，打开图 6-6 所示的"定位"对话框。

（5）在"定位"对话框中，选择 （垂直）按钮，定位后的尺寸示意图如图 6-7 所示。

（6）在"定位"对话框中单击"确定"按钮，创建的凸台特征如图 6-8 所示。

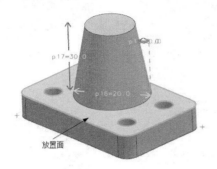

图 6-5　选择放置面

图 6-6　设置定位方式

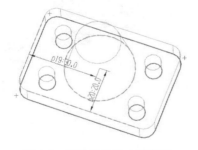

图 6-7　定位后的尺寸示意图

图 6-8　创建的凸台特征

6.1.2　圆柱凸台

在 6.1.1 节的基础上创建圆柱凸台。

1. 创建基准平面

（1）单击"菜单"→"插入"→"基准 / 点"→"基准平面"命令，或单击"主页"选项卡"特征"面组上的 （基准平面）按钮，打开图 6-9 所示的"基准平面"对话框。

（2）在"基准平面"对话框的"类型"下拉列表中选择"点和方向"选项，在"指定矢量"下拉列表中选择"YC 轴"选项。

（3）在"指定点"下拉列表中选择 （圆弧中心 / 椭圆中心 / 球心）选项，在图 6-10 所示实体中选择圆心。

（4）单击"确定"按钮，创建的基准平面如图 6-11 所示。

图 6-9　"基准平面"对话框

图 6-10　选择圆心

图 6-11　创建基准平面

2．创建凸台特征

（1）单击"菜单"→"插入"→"设计特征"→"凸台（原有）"命令，打开"支管"对话框。

（2）选择步骤 1 创建的基准平面作为放置面，如图 6-12 所示。

（3）分别在"支管"对话框的"直径""高度"和"锥角"文本框中输入"20""20"和"0"。

（4）单击"确定"按钮，打开"定位"对话框。

（5）在"定位"对话框中，选择 ⊹（水平）和 ⊥（竖直）方式定位，定位后的尺寸示意图如图 6-13 所示。

（6）单击"确定"按钮，创建的凸台特征如图 6-14 所示。

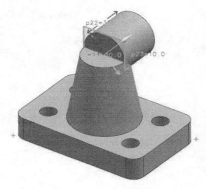

图 6-12　选择放置面

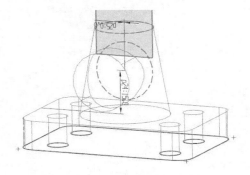

图 6-13　定位后的尺寸示意图

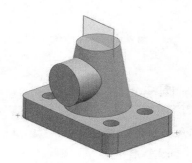

图 6-14　创建的凸台特征

3．保存文件

单击"菜单"→"文件"→"另存为"命令，打开"另存为"对话框，在"文件名"文本框中输入"tutai2"，单击"确定"按钮，进入 UG 主界面。

6.1.3 实例——支架

本例绘制支架，如图 6-15 所示。首先绘制支架主体草图，然后通过"拉伸"命令创建支架主体，再绘制草图并利用"拉伸"命令切除多余部分，最后利用"凸台"命令创建柱。

扫码看视频

图 6-15 支架

【绘制步骤】

1．创建新文件

单击"菜单"→"文件"→"新建"命令，或单击"快速访问"工具栏中的 （新建）按钮，打开"新建"对话框。在"模板"列表中选择"模型"，输入名称为"zhijia"，单击"确定"按钮，进入建模环境。

2．绘制草图

（1）单击"菜单"→"插入"→"草图"命令，或单击"主页"选项卡中"直接草图"面组上的 （草图）按钮，打开"创建草图"对话框。

（2）选择 XC-YC 平面为草图绘制平面，单击"确定"按钮，进入草图绘制界面。

（3）绘制图 6-16 所示的草图。

3．拉伸操作

（1）单击"菜单"→"插入"→"设计特征"→"拉伸"命令，或单击"主页"选项卡中"特征"面组上的 （拉伸）按钮，打开图 6-17 所示的"拉伸"对话框。

（2）选择步骤 2 绘制的草图为拉伸曲线。

（3）在"指定矢量"下拉列表中选择"ZC 轴"为拉伸方向。

（4）在开始"距离"和结束"距离"文本框中输入"0"和"25"，单击"确定"按钮，结果如图 6-18 所示。

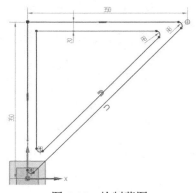

图 6-16 绘制草图

图 6-17 "拉伸"对话框

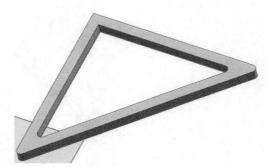

图 6-18 拉伸实体

4. 创建基准面

（1）单击"菜单"→"插入"→"基准/点"→"基准平面"命令，或单击"主页"选项卡中"特征"面组上的 □（基准平面）按钮，打开图 6-19 所示"基准平面"对话框。

（2）在"类型"下拉列表中选择"XC-YC 平面"选项，在"距离"中输入"5"，单击"确定"按钮，创建基准平面 1。

5. 绘制草图

（1）单击"菜单"→"插入"→"草图"命令，或单击"主页"选项卡"直接草图"面组上的 圈（草图）按钮，打开"创建草图"对话框。

（2）选择步骤 4 创建的基准平面 1 为草图绘制平面，单击"确定"按钮，进入草图绘制界面。

（3）绘制图 6-20 所示的草图。

图 6-19 "基准平面"对话框

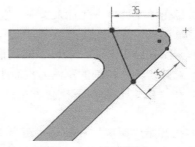

图 6-20 绘制草图

6. 拉伸操作

（1）单击"菜单"→"插入"→"设计特征"→"拉伸"命令，或单击"主页"选项卡中"特征"面组上的 （拉伸）按钮，打开图 6-21 所示的"拉伸"对话框。

（2）选择步骤 5 绘制的草图为拉伸曲线。

（3）在"指定矢量"下拉列表中选择"ZC 轴"为拉伸方向。

（4）在开始"距离"和结束"距离"文本框中输入"0"和"15"，在"布尔"下拉列表中选择"减去"选项，单击"确定"按钮，结果如图 6-22 所示。

图 6-21 "拉伸"对话框

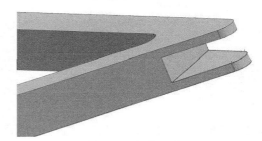

图 6-22 拉伸切除

7. 创建凸台

（1）单击"菜单"→"插入"→"设计特征"→"凸台（原有）"命令，打开图 6-23 所示的"支管"对话框。

（2）选择图 6-24 所示拉伸体的上表面为凸台放置面。

图 6-23 "支管"对话框

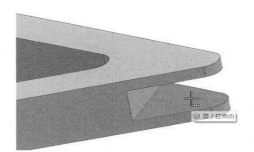

图 6-24 选择放置面

（3）在对话框中输入"直径"和"高度"为"10"和"15"，单击"应用"按钮。

（4）打开图 6-25 所示的"定位"对话框，选择"垂直"定位方式，选择图 6-26 所示的定位边，在对话框的表达式中输入距离为"12"，单击"应用"按钮。

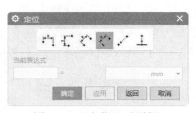

图 6-25 "定位"对话框

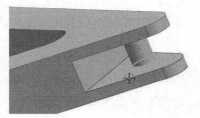

图 6-26 选择定位边 1

（5）选择图 6-27 所示的定位边，在对话框的表达式中输入距离为"12"，单击"应用"按钮，创建凸台，如图 6-28 所示。

图 6-27 选择定位边 2

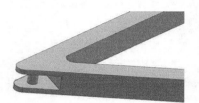

图 6-28 创建凸台

6.2 孔

单击"菜单"→"插入"→"设计特征"→"孔"命令，或单击"主页"选项卡"特征"面组上的 （孔）按钮，打开图 6-29 所示的"孔"对话框。通过孔命令可以创建常规孔、钻形孔、螺钉间隙孔、螺纹孔等。本节主要介绍常见的简单孔、沉头孔、埋头孔和锥孔 4 种类型孔特征的创建。

图 6-29 "孔"对话框

6.2.1　简单孔

下面介绍简单孔的创建步骤。

1. 新建文件

单击"菜单"→"文件"→"新建"命令，打开"新建"对话框，在"模板"列表框中选择"模型"，在"名称"文本框中输入"kong1"，单击"确定"按钮，进入 UG 主界面。

2. 绘制草图

单击"菜单"→"插入"→"草图"命令，或单击"主页"选项卡"直接草图"面组上的 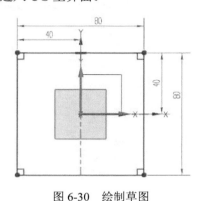（草图）按钮，进入草图环境。选择 *XY* 面为工作平面绘制草图，绘制的草图如图 6-30 所示。

3. 创建拉伸特征

（1）单击"菜单"→"插入"→"设计特征"→"拉伸"命令，或单击"主页"选项卡"特征"面组上的 （拉伸）按钮，打开图 6-31 所示的"拉伸"对话框，选择图 6-30 所示的草图作为截面图形。

图 6-30　绘制草图

（2）分别在"限制"面板开始的"距离"文本框和结束的"距离"文本框中输入"0"和"10"，其他参数接受系统默认值。

（3）单击"确定"按钮，创建的拉伸特征如图 6-32 所示。

图 6-31　"拉伸"对话框

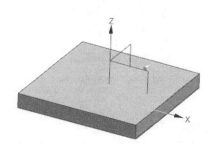

图 6-32　创建的拉伸特征

4. 创建简单孔特征

（1）单击"菜单"→"插入"→"设计特征"→"孔"命令，或单击"主页"选项卡"特征"面组上的 ■（孔）按钮，打开"孔"对话框。

（2）在"孔"对话框中选择"常规孔"类型，在"成形"下拉列表中选择"简单孔"选项，如图 6-33 所示。

（3）单击 ■（绘制截面）按钮，打开"创建草图"对话框，在绘图窗口中选择拉伸体上表面为孔的放置面，如图 6-34 所示。

图 6-33 "孔"对话框

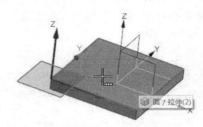

图 6-34 选择孔的放置面

（4）打开"草图点"对话框，在视图中创建点并标注尺寸，如图 6-35 所示。单击"主页"选项卡"草图"面组上的 ■（完成）按钮。

（5）在"孔"对话框的"直径"文本框中输入"6"。

（6）单击对话框中的"确定"按钮，创建的简单孔特征如图 6-36 所示。

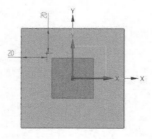

图 6-35 绘制点

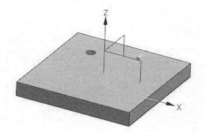

图 6-36 创建的简单孔特征

6.2.2 沉头孔

下面在 6.2.1 节的基础上介绍沉头孔的创建方法。

（1）单击"菜单"→"插入"→"设计特征"→"孔"命令，或单击"主页"选项卡"特征"面组上的 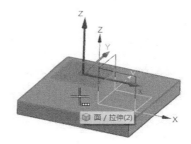（孔）按钮，打开"孔"对话框。

（2）在"孔"对话框中选择"常规孔"类型，在"成形"下拉列表中选择"沉头"选项，其他参数按图 6-37 所示设置。

（3）单击 （绘制截面）按钮，打开"创建草图"对话框，在图 6-38 所示的实体中选择孔的放置面。

图 6-37 "孔"对话框

图 6-38 选择放置面

（4）打开"草图点"对话框，在视图中创建点并标注尺寸，如图 6-39 所示。单击"主页"选项卡"草图"面组上的 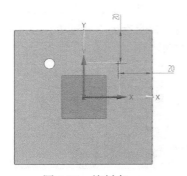（完成）按钮。

（5）返回到"孔"对话框，单击"确定"按钮，完成沉头孔的创建，如图 6-40 所示。

（6）单击"菜单"→"文件"→"另存为"命令，打开"另存为"对话框，在"文件名"文本框中输入"kong2"，单击"确定"按钮，保存创建的孔特征。

图 6-39 绘制点

图 6-40 创建的沉头孔特征

6.2.3 埋头孔

下面在 6.2.2 节的基础上介绍埋头孔的创建方法。

（1）单击"菜单"→"插入"→"设计特征"→"孔"命令，或单击"主页"选项卡"特征"面组上的 （孔）按钮，打开"孔"对话框。

（2）在"孔"对话框中选择"常规孔"类型，在"成形"下拉列表中选择"埋头"选项，如图 6-41 所示。

（3）单击 （绘制截面）按钮，打开"创建草图"对话框，选择实体的上表面为孔的放置面，如图 6-42 所示。

图 6-41 "孔"对话框

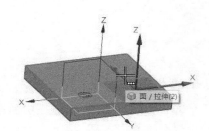

图 6-42 选择放置面

（4）打开"草图点"对话框，在视图中创建点并标注尺寸，如图 6-43 所示。单击"主页"选项卡"草图"面组上的 （完成）按钮。

（5）返回到"孔"对话框，单击"确定"按钮，完成埋头孔的创建，如图 6-44 所示。

（6）单击"菜单"→"文件"→"另存为"命令，打开"另存为"对话框，在"文件名"文本框中输入"kong3"，单击"确定"按钮，保存创建的孔特征。

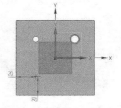

图 6-43 定位后的尺寸示意图

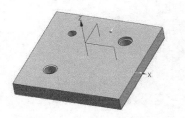

图 6-44 创建的埋头孔特征

6.2.4 锥形孔

下面在 6.2.3 节的基础上介绍锥形孔的创建方法。

（1）单击"菜单"→"插入"→"设计特征"→"孔"命令，或单击"主页"选项卡"特征"面组上的 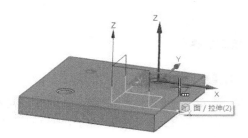（孔）按钮，打开"孔"对话框。

（2）在"孔"对话框中选择"常规孔"类型，在"成形"下拉列表中选择"锥孔"选项，如图 6-45 所示。

（3）单击 （绘制截面）按钮，打开"创建草图"对话框，选择实体的上表面为孔的放置面，如图 6-46 所示。

图 6-45 "孔"对话框

图 6-46 选择放置面

（4）打开"草图点"对话框，在视图中创建点并标注尺寸，如图 6-47 所示。单击"主页"选项卡"草图"面组上的 （完成）按钮。

（5）返回到"孔"对话框，单击"确定"按钮，完成锥形孔的创建，如图 6-48 所示。

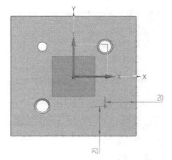

图 6-47 定位后的尺寸示意图

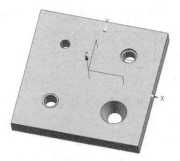

图 6-48 创建的锥形孔特征

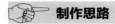

（6）单击"菜单"→"文件"→"另存为"命令，打开"另存为"对话框，在"文件名"文本框中输入"kong4"，单击"确定"按钮，保存创建的孔特征。

6.2.5 实例——轴承座

 制作思路

本例绘制轴承座，如图 6-49 所示。轴承座由 3 部分组成，轴套、轴承座支撑部分和底座部分，轴套由圆柱体上创建简单孔生成，支撑部分由草图曲线拉伸生成，底座部分由面拉伸生成。

扫码看视频

图 6-49　轴承座

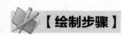 **【绘制步骤】**

1. 新建文件

单击"菜单"→"文件"→"新建"命令，或单击"标准"工具栏中的 （新建）按钮，打开"新建"对话框，在"模型"选项卡中选择适当的模板，文件名为"zhouchengzuo"，单击"确定"按钮，进入建模环境。

2. 创建圆柱体

（1）单击"菜单"→"插入"→"设计特征"→"圆柱"命令，打开图 6-50 所示的"圆柱"对话框。

（2）选择"轴、直径和高度"类型，在"指定矢量"下拉列表中选择"ZC 轴"按钮，单击 （点构造器）按钮，在打开的"点"对话框中输入坐标点为（0，0，0），单击"确定"按钮，返回"圆柱"对话框，在"直径"和"高度"文本框中分别输入"50"和"50"，单击"确定"按钮，以原点为中心生成圆柱体。如图 6-51 所示。

3. 创建基准平面

（1）单击"菜单"→"插入"→"基准/点"→"基准平面"命令，或单击"主页"选项卡"特征"面组上的 （基准平面）按钮，打开"基准平面"对话框，如图 6-52 所示。

（2）选择"XC-YC 平面"类型，单击"应用"按钮，完成基本基准面 1 的创建。

（3）同上，选择"XC-ZC 平面"，单击"应用"按钮，完成基准平面 2 创建；选择"YC-ZC 平面"，单击"确定"按钮，完成基准平面 3 创建，结果如图 6-53 所示。

图 6-50　"圆柱"对话框

图 6-51　创建圆柱体

图 6-52　"基准平面"对话框

图 6-53　创建基准平面

4. 创建凸台

（1）单击"菜单"→"插入"→"设计特征"→"凸台（原有）"命令，打开图 6-54 所示"支管"对话框。

（2）在"直径""高度"和"锥角"文本框里分别输入"26""30"和"0"，按系统提示选择"XC-ZC 基准平面"为放置面，单击"确定"按钮，生成凸台并打开图 6-55 所示的"定位"对话框，在对话框中单击 （垂直）按钮，打开垂直的定位对话框。

（3）按系统提示选择"XC-YC 基准平面"为定位对象，在参数值中输入 26，单击"应用"按钮，继续选择"YC-ZC 基准平面"，在参数值中输入"0"，单击"确定"按钮，完成凸台的创建，生成模型如图 6-56 所示。

5. 创建基准平面

（1）单击"菜单"→"插入"→"基准/点"→"基准平面"命令，或单击"主页"选项卡"特征"面组上的 （基准平面）按钮，打开"基准平面"对话框，如图 6-57 所示。

（2）选择"XC-YC 平面"类型，输入"距离"为"7"，单击"确定"按钮，完成基准平面 4 的创建，如图 6-58 所示。

图 6-54 "支管"对话框

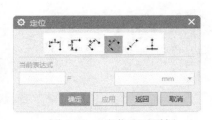

图 6-55 "定位"对话框

图 6-56 创建凸台

图 6-57 "基准平面"对话框

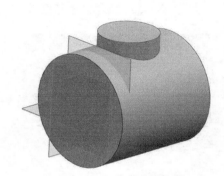

图 6-58 创建基准平面 4

6. 创建草图

（1）单击"菜单"→"插入"→"在任务环境中绘制草图"命令，打开图 6-59 所示"创建草图"对话框。

（2）选择基准平面 4 为草图绘制面，单击"确定"按钮，进入草图绘制阶段，绘制图 6-60 所示的草图，单击 （完成）按钮，返回建模模块。

图 6-59 "创建草图"对话框

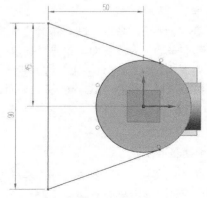

图 6-60 绘制草图

7. 创建拉伸

（1）单击"菜单"→"插入"→"设计特征"→"拉伸"命令，或单击"主页"选项卡"特征"面组上的 （拉伸）按钮，打开图 6-61 所示"拉伸"对话框。

（2）选择步骤 6 创建的草图为拉伸曲线，在"指定矢量"下拉列表中选择"ZC 轴"为拉伸方向，在开始"距离"和结束"距离"中输入"0"和"12"，在"布尔"下拉列表中选择"合并"，系统自动选择圆柱体，单击"确定"按钮，完成拉伸操作，如图 6-62 所示。

图 6-61　"拉伸"对话框

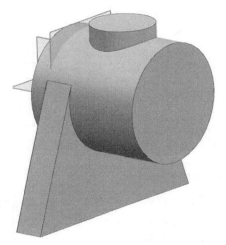

图 6-62　创建拉伸

8. 创建草图

（1）单击"菜单"→"插入"→"在任务环境中绘制草图"命令，打开"创建草图"对话框。

（2）选择图 6-62 所示基准平面 3 为草图绘制面，单击"确定"按钮，进入草图绘制阶段，绘制图 6-63 所示的草图，单击 （完成）按钮，返回建模模块。

9. 创建拉伸

（1）单击"菜单"→"插入"→"设计特征"→"拉伸"命令，或单击"主页"选项卡"特征"面组上的 （拉伸）按钮，打开图 6-64 所示"拉伸"对话框。

（2）选择步骤 8 创建的草图为拉伸曲线，在"指定矢量"下拉列表中选择"XC 轴"为拉伸方向，选择"对称值"方式，输入"距离"为"5"，在"布尔"下拉列表中选择"合并"，单击"确定"按钮，完成拉伸操作，如图 6-65 所示。

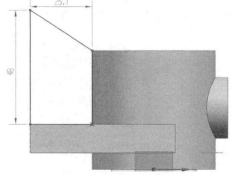

图 6-63　绘制草图

图 6-64 "拉伸"对话框

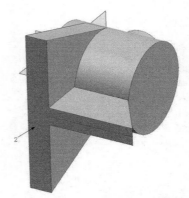

图 6-65 创建拉伸体

10. 创建草图

（1）单击"菜单"→"插入"→"在任务环境中绘制草图"命令，打开"创建草图"对话框。

（2）选择图 6-65 所示面 2 为草图绘制面，单击"确定"按钮，进入草图绘制阶段，绘制图 6-66 所示的草图，单击 （完成）按钮，返回建模模块。

11. 创建拉伸

（1）单击"菜单"→"插入"→"设计特征"→"拉伸"命令，或单击"主页"选项卡"特征"面组上的 （拉伸）按钮，打开"拉伸"对话框。

（2）选择步骤 10 创建的草图为拉伸曲线，在"指定矢量"下拉列表中选择"-YC 轴"为拉伸方向，在开始"距离"和结束"距离"中输入"0"和"12"，在"布尔"下拉列表中选择"合并"，系统自动选择圆柱体，单击"确定"按钮，完成拉伸操作，如图 6-67 所示。

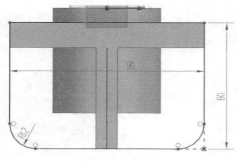

图 6-66 绘制草图

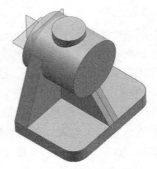

图 6-67 创建拉伸体

12. 创建圆孔

（1）单击"菜单"→"插入"→"设计特征"→"孔"命令，或单击"主页"选项卡"特征"面组上的 (孔)按钮，打开图 6-68 所示"孔"对话框。

（2）选择"简单孔"成形，在"直径""深度"和"顶锥角"中输入"14""30"和"0"。捕捉图 6-69 所示的凸台的上表面圆心为孔放置位置，单击"确定"按钮，生成模型如图 6-70 所示。

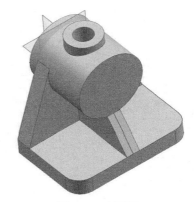

图 6-68　"孔"对话框　　　　图 6-69　捕捉圆心　　　　图 6-70　创建孔

13. 创建圆孔

（1）单击"菜单"→"插入"→"设计特征"→"孔"命令，或单击"主页"选项卡"特征"面组上的 (孔)按钮，打开"孔"对话框。

（2）选择"简单孔"成形，在"直径""深度"和"顶锥角"中输入"30""50"和"0"。捕捉图 6-71 所示的圆柱体的表面圆心为孔放置位置，单击"确定"按钮，生成模型如图 6-72 所示。

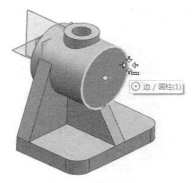

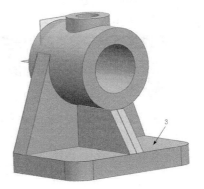

图 6-71　捕捉圆心　　　　　　　　图 6-72　创建孔

14. 创建圆孔

（1）单击"菜单"→"插入"→"设计特征"→"孔"命令，或单击"主页"选项卡"特征"面组上的 （孔）按钮，打开图 6-73 所示"孔"对话框。

（2）选择"沉头"成形，在"沉头直径""沉头深度""直径"和"深度"中分别输入"18""2""12"和"20"。单击 （绘制截面）按钮，绘制图 6-74 所示的草图，单击 （完成）按钮，单击"确定"按钮，完成孔的创建，如图 6-75 所示。

图 6-73 "孔"对话框

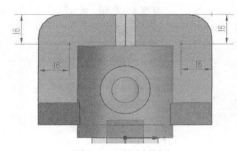

图 6-74 绘制草图

图 6-75 创建沉头孔

15. 隐藏草图和基准

（1）单击"菜单"→"编辑"→"显示和隐藏"→"隐藏"命令，打开"类选择"对话框。

（2）单击 （类型过滤器）按钮，系统打开图 6-76 所示的"按类型选择"对话框，选择"草图"和"基准"选项，单击"确定"按钮，返回到"类选择"对话框，单击"全选"按钮，选择视图中所有的草图和基准。单击"确定"按钮，草图和基准被隐藏，如图 6-77 所示。

图 6-76 "按类型选择"对话框

图 6-77 隐藏草图和基准

6.3 腔

单击"菜单"→"插入"→"设计特征"→"腔（原有）"命令，打开图 6-78 所示的"腔"对话框。通过该对话框可以创建常规腔、圆柱形腔和矩形腔。

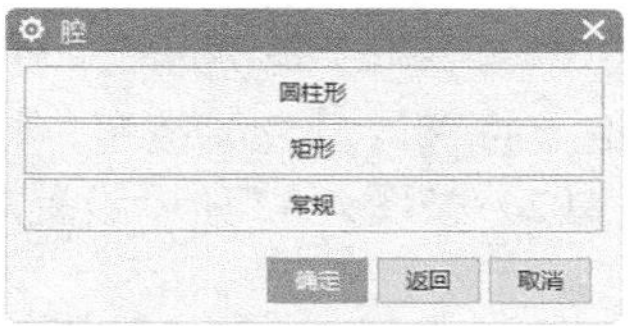

图 6-78 "腔"对话框

6.3.1 常规腔

1. 新建文件

单击"菜单"→"文件"→"新建"命令，打开"文件新建"对话框，在"模板"列表框中选择"模型"，在"名称"文本框中输入"qiangti1"，单击"确定"按钮，进入 UG 主界面。

2. 绘制草图 1

单击"菜单"→"插入"→"草图"命令，进入草图环境。选择 *XY* 面作为工作平面绘制草图 1，绘制的草图 1 如图 6-79 所示。

3. 创建拉伸特征

（1）单击"菜单"→"插入"→"设计特征"→"拉伸"命令，或单击"主页"选项卡"特征"面组上的 （拉伸）按钮，打开"拉伸"对话框。

（2）在绘图窗口选择图 6-78 所示的草图 1 作为截面图形。

（3）按图 6-80 所示设置对话框中的参数。

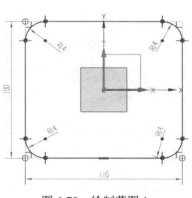

图 6-79 绘制草图 1

图 6-80 设置参数

（4）单击"确定"按钮，创建的拉伸特征如图 6-81 所示。

4. 创建圆柱特征

（1）单击"菜单"→"插入"→"设计特征"→"圆柱"命令，或单击"主页"选项卡"特征"面组上的 ![] （圆柱）按钮，打开"圆柱"对话框。

（2）按图 6-82 所示设置对话框中的参数。

图 6-81　创建的拉伸特征　　　　　　　　　　图 6-82　设置圆柱参数

（3）单击 ![] （点构造器）按钮，打开"点"对话框，按图 6-83 所示设置对话框中的参数。

（4）设置好参数后，单击"确定"按钮，即可创建图 6-84 所示的圆柱特征。

图 6-83　"点"对话框　　　　　　　　　　图 6-84　创建的圆柱特征

5. 绘制草图 2

单击"菜单"→"插入"→"草图"命令，进入草图环境。选择 *XY* 面作为工作平面绘制草图 2，绘制的草图 2 如图 6-85 所示。

6．创建常规腔特征

（1）单击"菜单"→"插入"→"设计特征"→"腔（原有）"命令，打开"腔"对话框。

（2）在"腔"对话框中，单击"常规"按钮，打开"常规腔"对话框，如图 6-86 所示。

（3）在绘图窗口选择放置面，如图 6-87 所示。

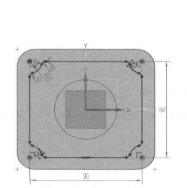

图 6-85　绘制草图 2

图 6-86　"常规腔"对话框

图 6-87　选择放置面

（4）在"常规腔"对话框中单击 （放置面轮廓）按钮，或单击鼠标中键。

（5）在绘图窗口选择图 6-85 所示的草图 2 作为放置面轮廓线。

（6）在"常规腔"对话框中单击 （底面）按钮，或单击鼠标中键。

（7）"常规腔"对话框中的"底面"选项组被激活，如图 6-88 所示。

（8）在"常规腔"对话框中单击 （底面轮廓曲线）按钮，或单击鼠标中键。

（9）"常规腔"对话框中的"从放置面轮廓线起"选项组被激活，如图 6-89 所示。

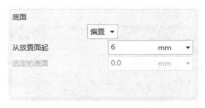

图 6-88　"底面"选项组

图 6-89　"从放置面轮廓线起"选项组

（10）在"常规腔"对话框中单击 （目标体）按钮，选择整个实体为目标体。

（11）在"常规腔"对话框中单击 （放置面轮廓线投影矢量）按钮，或单击鼠标中键。

（12）"常规腔"对话框中的"放置面轮廓线投影矢量"下拉列表框被激活，如图 6-90 所示，选择"垂直于曲线所在的平面"选项。

（13）在"常规腔"对话框的"底面半径"文本框中输入"2"，其他半径值默认为"0"。

（14）在"常规腔"对话框中，单击"确定"按钮，创建的常规腔体特征如图 6-91 所示。

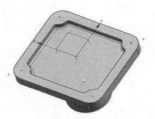

图 6-90　选择投影方向　　　　　图 6-91　创建的常规腔特征

6.3.2　圆柱腔

在 6.3.1 节创建的实体特征的基础上创建圆柱形腔体。

（1）单击"菜单"→"插入"→"设计特征"→"腔（原有）"命令，打开"腔"对话框。

（2）在"腔"对话框中单击"圆柱形"按钮，打开图 6-92 所示的"圆柱腔"对话框。

（3）在实体中选择图 6-93 所示的放置面，打开图 6-94 所示的"圆柱腔"参数对话框。

（4）分别在"腔直径""深度""底面半径"和"锥角"文本框中输入"10""12""0"和"0"。

（5）单击"确定"按钮，打开图 6-95 所示的"定位"对话框。

图 6-92　"圆柱腔"对话框　　　　图 6-93　选择放置面　　　　图 6-94　"圆柱腔"参数对话框

（6）在"定位"对话框中选取  （点落在点上）按钮，打开图 6-96 所示的"点落在点上"对话框，选取图 6-97 所示的圆弧边。

图 6-95　"定位"对话框　　　　　　　图 6-96　"点落在点上"对话框

（7）打开"设置圆弧的位置"对话框，单击"圆弧中心"按钮，然后选取圆弧腔体的圆弧边线，单击"圆弧中心"按钮。

（8）在对话框中单击"确定"按钮，创建的圆柱形腔体如图 6-98 所示。

（9）单击"菜单"→"文件"→"另存为"命令，打开"另存为"对话框，在"文件名"文本框中输入"qiangti2",单击"确定"按钮,保存创建的实体特征。

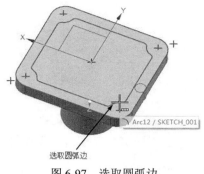

选取圆弧边

图 6-97 选取圆弧边

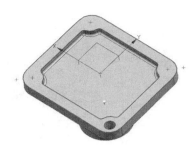

图 6-98 创建的圆柱腔

6.3.3 矩形腔

在 6.3.2 节创建的实体特征的基础上创建矩形腔。

(1)单击"菜单"→"插入"→"设计特征"→"腔(原有)"命令,打开"腔"对话框。

(2)在"腔"对话框中单击"矩形"按钮,打开图 6-99 所示的"矩形腔"对话框。

(3)在实体中选择图 6-100 所示的放置面,打开图 6-101 所示的"水平参考"对话框。

图 6-99 "矩形腔"对话框

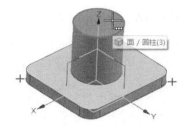

图 6-100 选择放置面

(4)选择图 6-102 所示的与 Y 轴平行的边作为水平参考,打开"矩形腔"对话框。

图 6-101 "水平参考"对话框

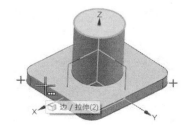

图 6-102 选择实体面

(5)按图 6-103 所示设置对话框中的参数。

(6)在"矩形腔"对话框中,单击"确定"按钮,打开"定位"对话框。

(7)在"定位"对话框中选取 ⌐⁺(水平)和 ⌐⁺(竖直)方式进行定位,定位后的尺寸示意图如图 6-104 所示。

图 6-103　设置参数

图 6-104　定位后的尺寸示意图

（8）在"定位"对话框中单击"确定"按钮，完成矩形腔体的创建。

（9）单击"菜单"→"文件"→"另存为"命令，打开"另存为"对话框，在"文件名"文本框中输入"qiangti3"，单击"确定"按钮，保存创建的实体特征。

6.3.4　实例——闪盘

1．新建文件

单击"菜单"→"文件"→"新建"命令，打开"文件新建"对话框，在"模型"选项卡中选择"模型"模板，文件名为"shanpan"，单击"确定"按钮，进入建模环境。

2．创建长方体

（1）单击"菜单"→"插入"→"设计特征"→"长方体"命令，或单击"主页"选项卡"特征"面组上的 ▣（长方体）按钮，打开图 6-105 所示的"长方体"对话框。

（2）在"长度""宽度"和"高度"文本框中分别输入"50""20"和"8"，依系统提示确定生成长方体原点，单击 ⊡（点构造器）按钮，打开"点"对话框，确定坐标原点为长方体原点，单击"应用"按钮，生成一长方体，如图 6-106 所示。

图 6-105　"长方体"对话框

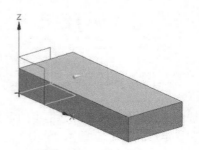

图 6-106　长方体

3. 创建垫块

（1）单击"菜单"→"插入"→"设计特征"→"垫块（原有）"命令，打开图 6-107 所示的"垫块"对话框。

（2）单击"矩形"按钮，打开图 6-108 所示的"矩形垫块"放置面对话框，选择长方体右端面为放置面。

（3）打开图 6-109 所示的"水平参考"对话框，按系统提示选择放置面与 *YC* 轴方向一致的直段边为水平参考。

（4）打开图 6-110 所示的"矩形垫块"参数对话框，在"长度""宽度"和"高度"中分别输入"18""6"和"3"，单击"确定"按钮。

（5）打开图 6-111 所示的"定位"对话框，单击（垂直）定位按钮，按系统提示分别选择长方体上端面宽、高两边为定位基准，选择垫块两边线为工具边，在"创建表达式"对话框中分别输入"1"，连续单击"确定"按钮，完成垫块的创建，如图 6-112 所示。

图 6-107 "垫块"对话框

图 6-108 "矩形垫块"放置面对话框

图 6-109 "水平参考"对话框

图 6-110 "矩形垫块"参数对话框

图 6-111 "定位"对话框

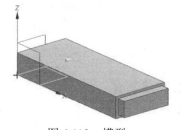

图 6-112 模型

4. 创建长方体

（1）单击"菜单"→"插入"→"设计特征"→"长方体"命令，或单击"主页"选项卡"特征"面组上的 （长方体）按钮，打开图 6-113 所示的"长方体"对话框。

（2）在"长度""宽度"和"高度"文本框中分别输入"13""17"和"5"，依系统提示确定生成长方体原点，单击 ⬚ （点构造器）按钮。

（3）打开图 6-114 所示的"点"对话框，确定的长方体原点坐标为（53，1.5，1.5），单击"确定"按钮，生成一长方体，如图 6-115 所示。

图 6-113 "长方体"对话框　　　　　　　图 6-114 "点"对话框

5. 创建长方体

（1）单击"菜单"→"插入"→"设计特征"→"长方体"命令，或单击"主页"选项卡"特征"面组上的 ⬚ （长方体）按钮，打开图 6-113 所示的"长方体"对话框。

（2）在"长度""宽度"和"高度"文本框中分别输入"12.5""16"和"4"，依系统提示确定生成长方体原点，单击 ⬚ （点构造器）按钮。

（3）打开图 6-114 所示的"点"对话框，确定的长方体原点坐标为（53.5，2，2），在"长方体"对话框中的"布尔"下拉列表中选择"减去"，单击"确定"按钮，生成一长方体，生成模型如图 6-116 所示。

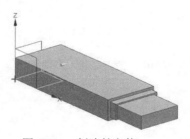

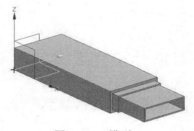

图 6-115 创建长方体　　　　　　　　　图 6-116 模型

6. 创建矩形腔体

（1）单击"菜单"→"插入"→"设计特征"→"腔（原有）"命令，打开图 6-117 所示的"腔"对话框。

（2）单击"矩形"按钮，打开"矩形腔"放置面对话框，选择长方体上端面为腔体放置面。

（3）打开"水平参考"对话框，按系统提示选择 YC 轴方向直段边为水平参考。

（4）打开图 6-118 所示的"矩形腔"参数对话框，在对话框中"长度""宽度"和"深度"文本框中分别输入"2""2"和"8"，其他都输入"0"，单击"确定"按钮。

（5）打开"定位"对话框，选择 （垂直）定位方式，按系统提示选择长方体的长边为目标边，选择垫块的中心线为工具边。

（6）打开"创建表达式"对话框，输入"4"，单击"确定"按钮，完成垂直定位。

（7）同上，选择长方体的短边为目标边，垫块另一中心线为工具边，在打开的"创建表达式"对话框中输入"6"，单击"确定"按钮，完成水平定位。单击"确定"按钮，打开"矩形腔"对话框，单击"取消"按钮，关闭对话框。

（8）同上，创建另一矩形腔体，创建模型如图 6-119 所示。

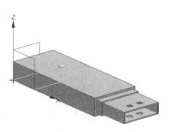

图 6-117　"腔"对话框　　　图 6-118　"矩形腔"参数对话框　　　图 6-119　创建腔体

7. 创建长方体

（1）单击"菜单"→"插入"→"设计特征"→"长方体"命令，或单击"主页"选项卡"特征"面组上的 ■（长方体）按钮，打开图 6-120 所示的"长方体"对话框。

（2）在"长度""宽度"和"高度"文本框中分别输入"12.5""16"和"2"，依系统提示确定生成长方体原点。

（3）单击 ■（点对话框）按钮，打开"点"对话框，确定的长方体原点坐标为（53.5，2，2），单击"确定"按钮，生成一个长方体，如图 6-121 所示。

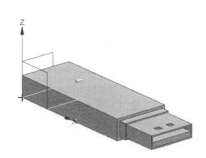

图 6-120　"长方体"对话框　　　　　图 6-121　模型

8. 创建椭圆曲线

（1）单击"菜单"→"插入"→"曲线"→"椭圆（原有）"命令，打开图 6-122 所示的"点"对话框。

（2）确定椭圆中心，输入坐标（25，10，8），单击"确定"按钮。

（3）打开图 6-123 所示的"椭圆"参数对话框，在"长半轴""短半轴""起始角""终止角"和"旋转角度"分别输入"12""6""0""360"和"0",单击"确定"按钮完成椭圆曲线的创建,如图 6-124 所示,单击"取消"按钮,关闭"椭圆"对话框。

图 6-122 "点"对话框

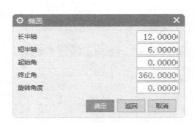

图 6-123 "椭圆"参数对话框

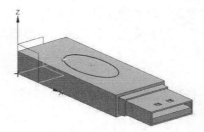

图 6-124 绘制椭圆

(4)单击"菜单"→"插入"→"设计特征"→"拉伸"命令,或单击"主页"选项卡"特征"面组上的 ▥(拉伸)按钮,打开图 6-125 所示的"拉伸"对话框。开始"距离"中输入"0",结束"距离"中输入"1",选择屏幕中的椭圆曲线,在"指定矢量"下拉列表中选择 ZC 轴,单击"确定"按钮,完成拉伸操作。生成模型如图 6-126 所示。

图 6-125 "拉伸"对话框

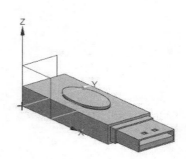

图 6-126 模型

6.4 垫块

单击"菜单"→"插入"→"设计特征"→"垫块(原有)"命令,打开图 6-127 所示的"垫块"对话框。通过该对话框可以创建矩形垫块和常规垫块。

图 6-127 "垫块"对话框

6.4.1　矩形垫块

1．新建文件

单击"菜单"→"文件"→"新建"命令，打开"文件新建"对话框，在"模板"列表框中选择"模型"，在"名称"文本框中输入"diankuai1"，单击"确定"按钮，进入 UG 主界面。

2．绘制草图

单击"菜单"→"插入"→"草图"命令，进入草图环境。选择 XC-YC 面作为工作平面绘制草图，绘制的草图如图 6-128 所示。

3．创建拉伸特征

（1）单击"菜单"→"插入"→"设计特征"→"拉伸"命令，或单击"主页"选项卡"特征"面组上的 🛄（拉伸）按钮，打开"拉伸"对话框。

（2）选择图 6-128 所示的草图作为拉伸曲线，按图 6-129 所示设置对话框中的参数。

（3）单击"确定"按钮，创建的拉伸特征如图 6-130 所示。

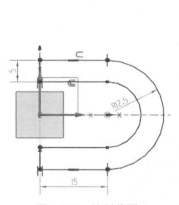

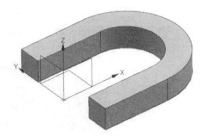

图 6-128　绘制草图　　　　图 6-129　"拉伸"对话框　　　　图 6-130　创建的拉伸特征

4．创建矩形垫块特征

（1）单击"菜单"→"插入"→"设计特征"→"垫块（原有）"命令，打开"垫块"对话框。

（2）在"垫块"对话框中，单击"矩形"按钮，打开图 6-131 所示的"矩形垫块"对话框。

（3）选择图 6-132 所示的放置面，打开图 6-133 所示的"水平参考"对话框。

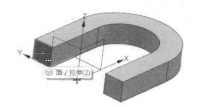

图 6-131　"矩形垫块"对话框　　　　图 6-132　选择放置面

（4）选择图 6-134 所示的实体面，打开图 6-135 所示的"矩形垫块"参数对话框。

图 6-133 "水平参考"对话框

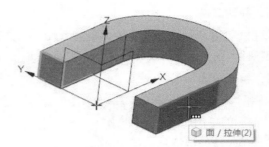

图 6-134 选择实体面

（5）按图 6-135 所示设置对话框中的参数。

（6）单击"确定"按钮，打开图 6-136 所示的"定位"对话框。

图 6-135 输入垫块参数

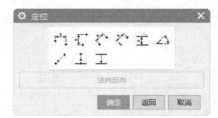

图 6-136 "定位"对话框

（7）在"定位"对话框中选取 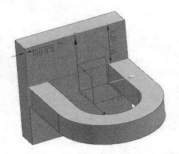（垂直）方式进行定位，定位后的尺寸示意图如图 6-137 所示。

（8）单击"确定"按钮，创建的矩形垫块特征如图 6-138 所示。

图 6-137 定位后的尺寸示意图

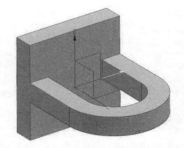

图 6-138 创建的矩形垫块特征

6.4.2 常规垫块

在 6.4.1 节的基础上创建常规垫块特征。

单击"菜单"→"插入"→"草图"命令，进入草图环境。选择图 6-139 所示的平面为工作平面绘制草图，绘制的垫块草图如图 6-140 所示。

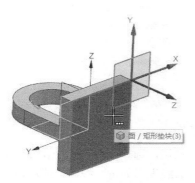

图 6-139　选择工作平面

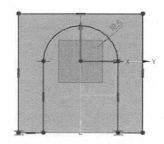

图 6-140　绘制垫块草图

1.　创建常规垫块特征

（1）单击"菜单"→"插入"→"设计特征"→"垫块（原有）"命令，打开"垫块"对话框。

（2）在"垫块"对话框中单击"常规"按钮，打开图 6-141 所示的"常规垫块"对话框。

（3）在绘图窗口选择放置面，如图 6-142 所示。

（4）在"常规垫块"对话框中单击 （放置面轮廓）按钮，或单击鼠标中键。

（5）在绘图窗口选择图 6-127 所示的草图轮廓作为放置面轮廓线。

图 6-141　"常规垫块"对话框

图 6-142　选择放置面

（6）在"常规垫块"对话框中单击 （顶面）按钮，或单击鼠标中键。

（7）"常规垫块"对话框中的"顶面"选项组被激活，如图 6-143 所示。

（8）在"常规垫块"对话框中单击 （顶部轮廓线）按钮，或单击鼠标中键。

（9）"常规垫块"对话框中的"从放置面轮廓线起"选项组被激活，设置"锥角"为"10"度，如图 6-144 所示。

图 6-143 "顶面"选项组

图 6-144 "从放置面轮廓曲线起"选项组

（10）在"常规垫块"对话框中单击 🗗 （目标体）按钮，选择图 6-142 所示的实体为目标体。

（11）在"常规垫块"对话框中单击 🖾 （放置面轮廓线投影矢量）按钮，或单击鼠标中键。

（12）"常规垫块"对话框中的"放置面轮廓线投影矢量"下拉列表框被激活，如图 6-145 所示，选择"垂直于曲线所在的平面"选项。

（13）"放置面半径""顶面半径"和"角半径"文本框中均输入"0"。

（14）单击"确定"按钮，创建的常规垫块特征如图 6-146 所示。

图 6-145 选择投影方向

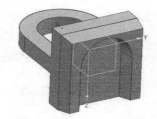

图 6-146 创建的常规垫块特征

2. 保存文件

单击"菜单"→"文件"→"另存为"命令，打开"另存为"对话框，在"文件名"文本框中输入"diankuai2"，单击"确定"按钮，保存创建的实体特征。

6.4.3 实例——箱体

👉 制作思路

本例绘制箱体，如图 6-147 所示。首先通过"长方体""垫块"和"腔"命令创建箱体主体部分，然后通过"草图""拉伸"和"孔"命令创建箱体细节部分。

扫码看视频

图 6-147 箱体

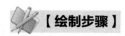

【绘制步骤】

1. 新建文件

单击"主页"选项卡"标准"面组上的□（新建）按钮，打开"新建"对话框。在"模板"列表中选择"模型"，输入名称为"xiangti"，单击"确定"按钮，进入建模环境。

2. 创建长方体

（1）单击"菜单"→"插入"→"设计特征"→"长方体"命令，或单击"主页"选项卡"特征"面组上的⬛（长方体）按钮，打开图 6-148 所示的"长方体"对话框。

（2）选择"原点和边长"类型。单击⬛（点构造器）按钮，打开"点"对话框，输入原点坐标为（0，0，0），单击"确定"按钮，返回到"长方体"对话框。

（3）在"长度""宽度"和"高度"文本框中分别输入"563""305"和"30"，单击"确定"按钮，生成模型如图 6-149 所示。

图 6-148 "长方体"对话框

图 6-149 创建长方体

3. 创建垫块

（1）单击"菜单"→"插入"→"设计特征"→"垫块（原有）"命令，打开图 6-150 所示的"垫块"对话框。

（2）单击"矩形"按钮，选择长方体上表面为垫块放置面，选择与 XC 轴平行的边为水平参考，打开图 6-151 所示的"矩形垫块"参数对话框，输入"长度""宽度""高度"和"角半径"为"523""265""140"和"20"，单击"确定"按钮，打开"定位"对话框。

（3）采用⬛（垂直）定位方式，分别选择垫块的两边和长方体的两边，距离为"20"，单击"确定"按钮，创建垫块如图 6-152 所示。

图 6-150 "垫块"对话框

图 6-151 "矩形垫块"参数对话框

图 6-152 创建垫块

4．创建腔体

（1）单击"菜单"→"插入"→"设计特征"→"腔（原有）"命令，打开图 6-153 所示的"腔"对话框。

（2）单击"矩形"按钮，选择长方体下表面为腔放置面，选择与 XC 轴平行的边为水平参考。

（3）打开图 6-154 所示的"矩形腔"参数对话框，输入"长度""宽度""深度"和"角半径"为"483""225""150"和"20"，单击"确定"按钮，打开"定位"对话框。

（4）采用 （垂直）定位方式，分别选择腔的两相邻边和长方体的两相邻边，距离为"40"，单击"确定"按钮，创建腔体如图 6-155 所示。

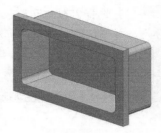

图 6-153　"腔"对话框　　　　图 6-154　"矩形腔"参数对话框　　　　图 6-155　创建腔

5．创建草图

（1）单击"菜单"→"插入"→"在任务环境中绘制草图"命令，打开"创建草图"对话框。选择步骤（4）创建的腔底面为草图绘制平面，单击"确定"按钮。

（2）单击"主页"选项卡"曲线"面组上的 （直线）按钮，第一条直线输入坐标（0，-97.5），"长度"和"角度"分别为"155"和"0"；第二条直线输入坐标（0，-207.5），"长度"和"角度"分别为"155"和"0"；第三条直线输入坐标（40，-97.5），"长度"和"角度"分别为"110"和"270"。

（3）单击"主页"选项卡"曲线"面组上的 （圆弧）按钮，在"圆弧"对话框中选择"三点定圆弧"，分别选择两条直线的右端点，输入半径为"55"。

（4）单击"主页"选项卡"曲线"面组上的 （快速修剪）按钮，修剪多余的线，结果如图 6-156 所示的草图。单击"主页"选项卡"草图"面组上的 （完成）按钮，草图绘制完毕。

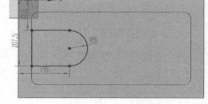

图 6-156　绘制草图

6．创建拉伸体

（1）单击"主页"选项卡"特征"面组上的 （拉伸）按钮，打开图 6-157 所示的"拉伸"对话框。

（2）选择步骤（5）绘制的草图为拉伸曲线。选择"-ZC 轴"为拉伸方向。在开始"距离"和结束"距离"文本框中输入"0"和"30"，在"布尔"下拉列表中选择"合并"，单击"确定"按钮，结果如图 6-158 所示。

7．设置孔的参数

（1）单击"主页"选项卡"特征"面组上的 （孔）按钮，打开图 6-159 所示的"孔"对话框。

（2）选择"沉头"成形方式，输入"沉头直径""沉头深度""直径""深度"和"顶锥角"为"85""20""59""60"和"118"。

图 6-157 "拉伸"对话框

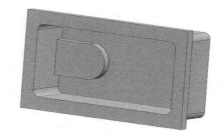

图 6-158 创建拉伸体

8. 创建孔

单击  （绘制截面）按钮，选择垫块的上表面为孔放置面，在平面上任意绘制一个草图点，然后双击点的尺寸，修改水平和竖直尺寸分别为"155"和"152.5"。绘制图 6-160 所示的点，完成草图绘制并返回到"孔"对话框，单击"确定"按钮，完成孔的创建，如图 6-161 所示。

图 6-159 "孔"对话框

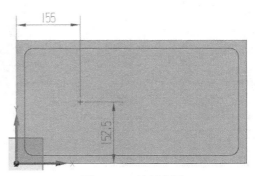

图 6-160 绘制草图

9. 创建草图

（1）单击"菜单"→"插入"→"在任务环境中绘制草图"命令，打开"创建草图"对话框。选择图 6-161 中的面 1 为草图绘制平面，单击"确定"按钮。绘制图 6-162 所示的草图。

图 6-161　创建孔

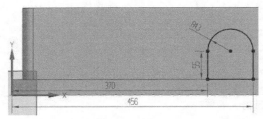

图 6-162　绘制草图

（2）单击"主页"选项卡"曲线"面组上的 ∕（直线）按钮，第一条直线输入坐标（370，30），"长度"和"角度"分别为"55"和"90"；第二条直线输入坐标（456，30），"长度"和"角度"分别为"55"和"90"；第三条直线直接选择第一条直线和第二条直线的下端点。

（3）单击"主页"选项卡"曲线"面组上的 ⌒（圆弧）按钮，在"圆弧"对话框中选择"三点定圆弧"，分别选择两条直线的上端点，输入半径为"43"。单击"主页"选项卡"草图"面组上的 ▶（完成）按钮，草图绘制完毕。

10. 创建拉伸体

（1）单击"主页"选项卡"特征"面组上的 ▥（拉伸）按钮，打开图 6-163 所示的"拉伸"对话框。

（2）选择步骤（9）绘制的草图为拉伸曲线。选择"-YC 轴"为拉伸方向。输入开始"距离"为"0"，在"结束"中选择"直至延伸部分"，选择图 6-164 所示的面为结束面，在"布尔"下拉列表中选择"合并"，单击"确定"按钮，结果如图 6-165 所示。

图 6-163　"拉伸"对话框

图 6-164　选择面

11. 创建孔

（1）单击"主页"选项卡"特征"面组上的⬛（孔）按钮，打开"孔"对话框。

（2）选择"简单孔"成形方式，输入"直径"和"深度"为"62"和"40"，捕捉图 6-166 所示的圆心为孔放置位置，单击"确定"按钮，完成孔的创建，如图 6-166 所示。

图 6-165　创建拉伸体

图 6-166　捕捉圆心

6.5　键槽

单击"菜单"→"插入"→"设计特征"→"键槽（原有）"命令，打开图 6-167 所示的"槽"对话框。通过该对话框可以创建矩形槽、球形端槽、U 形槽、T 形槽和燕尾槽。

图 6-167　"槽"对话框

6.5.1　矩形槽

1. 新建文件

单击"菜单"→"文件"→"新建"命令，打开"新建"对话框，在"模板"列表框中选择"模型"，在"名称"文本框中输入"jiancao1"，单击"确定"按钮，进入 UG 主界面。

2. 绘制草图

单击"菜单"→"插入"→"草图"命令，进入草图环境。选择 *XC-YC* 平面作为工作平面绘制草图，绘制的草图如图 6-168 所示。

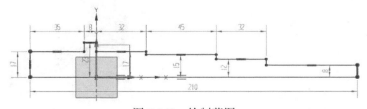
图 6-168　绘制草图

3. 创建旋转特征

（1）单击"菜单"→"插入"→"设计特征"→"旋转"命令，或单击"主页"选项卡"特征"面组上的⬛（旋转）按钮，打开"旋转"对话框。

（2）按图 6-169 所示设置对话框中的参数。

（3）选择步骤 2 中绘制的草图轮廓，在"旋转"对话框的"指定矢量"下拉列表中选择"XC 轴"选项，在绘图窗口选择基点，如图 6-170 所示。

（4）单击"确定"按钮，创建的旋转特征如图 6-171 所示。

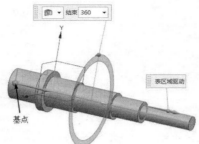

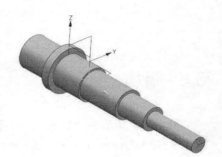

图 6-169　设置参数　　　　　　图 6-170　选择基点　　　　　　图 6-171　创建的旋转特征

4．创建基准平面

（1）单击"菜单"→"插入"→"基准 / 点"→"基准平面"命令，或单击"主页"选项卡"特征"面组上的（基准平面）按钮，打开图 6-172 所示的"基准平面"对话框。

（2）在"类型"下拉列表中选择"相切"选项，在实体中选择过第三个圆柱面。

（3）在"基准平面"对话框中单击"应用"按钮，创建基准平面 1。

（4）采用同样的方法创建与第六个圆柱面相切的基准平面 2，如图 6-173 所示。

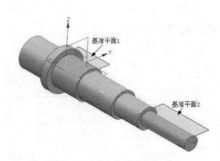

图 6-172　"基准平面"对话框　　　　　　图 6-173　创建基准平面

5．创建矩形槽特征

（1）单击"菜单"→"插入"→"设计特征"→"键槽（原有）"命令，打开"槽"对话框。

（2）在"槽"对话框中，点选"矩形槽"单选钮，取消对"通槽"复选框的勾选。

（3）单击"确定"按钮，打开图 6-174 所示的"矩形槽"对话框。

（4）选择实体中的基准平面 1 作为放置面，同时打开图 6-175 所示矩形键槽深度方向选择对话框。

图 6-174　"矩形槽"对话框

图 6-175　设置深度方向

（5）在图 6-175 所示对话框中单击"接受默认边"按钮，或直接单击"确定"按钮，打开图 6-176 所示的"水平参考"对话框。

（6）在实体中选择和基准平面 1 相切的圆柱面，系统给出矩形槽的放置方向箭头，如图 6-177 所示，同时打开图 6-178 所示的"矩形槽"参数对话框。

图 6-176　"水平参考"对话框

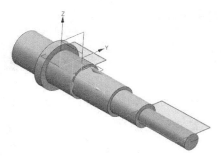

图 6-177　预览矩形槽的放置方向

（7）按图 6-178 所示设置对话框中的参数。

（8）单击"确定"按钮，打开图 6-179 所示的"定位"对话框。

图 6-178　设置参数

图 6-179　"定位"对话框

（9）在"定位"对话框中选取 ⟂⟂（水平）和 ⟂（竖直）方式进行定位，定位后的尺寸示意图如图 6-180 所示。

（10）单击"确定"按钮，创建的矩形键槽如图 6-181 所示。

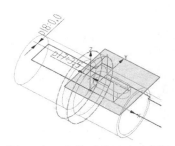

图 6-180　定位后的尺寸示意图

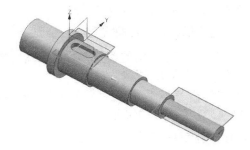

图 6-181　创建的矩形键槽特征

6.5.2 球形端槽

在 6.5.1 节的基础上创建球形端槽特征。

（1）单击"菜单"→"插入"→"设计特征"→"键槽（原有）"命令，打开"槽"对话框。

（2）在"槽"对话框中，点选"球形端槽"单选钮，取消对"通槽"复选框的勾选。

（3）打开图 6-182 所示的"球形槽"对话框。

（4）选择实体中的基准平面 2 作为放置面，同时打开球形键槽深度方向选择对话框。

（5）单击"接受默认边"按钮，或直接单击"确定"按钮，打开"水平参考"对话框。

（6）在实体中选择和基准平面 2 相切的圆柱面，系统给出球形键槽的长度方向，如图 6-183 所示，同时打开"球形槽"参数对话框。

（7）按图 6-184 所示设置对话框中的参数。

图 6-182　"球形槽"对话框　　　图 6-183　预览球形键槽的放置方向　　　图 6-184　设置参数

（8）单击"确定"按钮，打开"定位"对话框。

（9）在"定位"对话框中选取 （水平）和 （竖直）方式进行定位，定位后的尺寸示意图如图 6-185 所示。

（10）单击"确定"按钮，创建的球形端槽特征如图 6-186 所示。

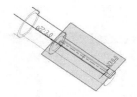

图 6-185　定位后的尺寸示意图　　　图 6-186　创建的球形端槽特征

（11）单击"菜单"→"文件"→"另存为"命令，打开"另存为"对话框，在"文件名"文本框中输入"jiancao2"，单击"确定"按钮，保存创建的键槽特征。

6.5.3 U 形槽

在 6.5.2 节的基础上创建 U 形槽特征。

1. 抑制矩形槽和球形端槽特征

（1）单击绘图窗口左侧的 （部件导航器）按钮，打开图 6-187 所示的"部件导航器"。

（2）在"部件导航器"中，取消对"球形端槽键槽（6）"和"矩形槽（5）"复选框的勾选。

2. 创建 U 形键槽特征

（1）单击"菜单"→"插入"→"设计特征"→"键槽（原

图 6-187　部件导航器

有)"命令，打开"槽"对话框。

（2）在"槽"对话框中点选"U 形槽"单选钮，取消对"通槽"复选框的勾选。

（3）打开图 6-188 所示的"U 形槽"对话框。

（4）选择实体中的基准平面 1 作为放置面，同时打开 U 形槽深度方向选择对话框。

（5）单击"接受默认边"按钮，或直接单击"确定"按钮，打开"水平参考"对话框。

（6）在实体中选择和基准平面 1 相切的圆柱面，系统给出 U 形键槽的长度方向，同时打开"U 形键槽"参数对话框。

（7）按图 6-189 所示设置对话框中的参数。

图 6-188　"U 形槽"话框　　　　　图 6-189　"U 形键槽"参数对话框

（8）单击"确定"按钮，打开"定位"对话框。

（9）在"定位"对话框中选取 ⌐×⌐（水平）和 ⌐⌐（竖直）方式进行定位，定位后的尺寸示意图如图 6-190 所示。

（10）单击"确定"按钮，创建的 U 形槽特征如图 6-191 所示。

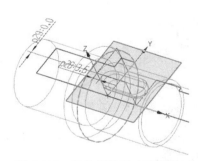

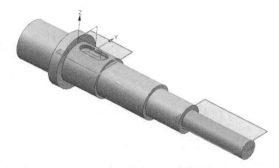

图 6-190　定位后的尺寸示意图　　　　　图 6-191　创建的 U 形槽特征

3. 保存文件

单击"菜单"→"文件"→"另存为"命令，打开"另存为"对话框，在"文件名"文本框中输入"jiancao3"，单击"确定"按钮，保存创建的实体特征。

6.5.4　T 形槽

在 6.5.3 节的基础上创建 T 形键槽特征。

（1）单击"菜单"→"插入"→"设计特征"→"键槽（原有）"命令，打开"槽"对话框。

（2）在"槽"对话框中，点选"T 形槽"单选钮，取消对"通槽"复选框的勾选。

（3）打开图 6-192 所示的"T 形槽"对话框。

（4）选择实体中的基准平面 2 作为放置面，同时打开 T 形槽深度方向选择对话框。

（5）单击"接受默认边"按钮，或直接单击"确定"按钮，打开"水平参考"对话框。

（6）在实体中选择和基准平面 2 相切的圆柱面，系统给出 T 形槽的长度方向，如图 6-193 所示，同时打开"T 形槽"参数对话框。

（7）按图 6-194 所示设置对话框中的参数。

图 6-192　"T 形槽"对话框　　　　　图 6-193　T 形槽的放置方向　　　　图 6-194　"T 形槽"参数对话框

（8）单击"确定"按钮，打开"定位"对话框。

（9）在"定位"对话框中选取（水平）和（竖直）方式进行定位，定位后的尺寸示意图如图 6-195 所示。

（10）单击"确定"按钮，完成 T 形槽特征的创建。

（11）在"部件导航器"中取消"T 形槽"的勾选，得到图 6-196 所示的实体。

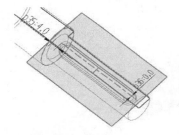

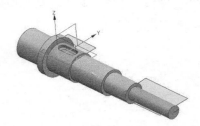

图 6-195　定位后的尺寸示意图　　　　　　图 6-196　整理后的实体

（12）单击"菜单"→"文件"→"另存为"命令，打开"另存为"对话框，在"文件名"文本框中输入"jiancao4"，单击"确定"按钮，保存创建的实体特征。

6.5.5　燕尾槽

在 6.5.3 节的基础上创建燕尾形槽特征。

1. 绘制草图

单击"菜单"→"插入"→"草图"命令，进入草图环境。选择图 6-197 所示的平面为工作平面绘制草图，绘制的草图如图 6-198 所示。

2. 创建拉伸特征

（1）单击"菜单"→"插入"→"设计特征"→"拉伸"命令，或单击"主页"选项卡"特征"面组上的（拉伸）按钮，打开"拉伸"对话框。

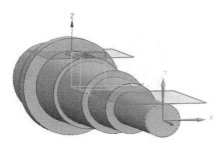

图 6-197　选择草图平面

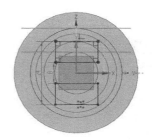

图 6-198　绘制草图

（2）按图 6-199 所示设置对话框中的参数。

（3）单击"确定"按钮，创建的拉伸特征如图 6-200 所示。

图 6-199　设置拉伸参数

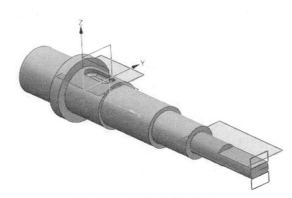

图 6-200　创建的拉伸特征

3. 创建燕尾形槽特征

（1）单击"菜单"→"插入"→"设计特征"→"键槽（原有）"命令，打开"槽"对话框。

（2）在"槽"对话框中，点选"燕尾槽"单选钮，取消对"通槽"复选框的勾选。

（3）打开图 6-201 所示的"燕尾槽"对话框。

（4）在实体中选择放置面，如图 6-202 所示，同时打开"水平参考"对话框。

（5）在实体中选择被拉伸的圆柱面，系统显示图 6-203 所示的长度方向，同时打开"燕尾槽"参数对话框。

（6）按图 6-204 所示设置对话框中的参数。

（7）单击"确定"按钮，打开"定位"对话框。

图 6-201 "燕尾槽"对话框

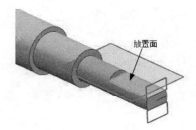

图 6-202 选择放置面

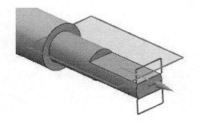

图 6-203 显示长度方向

图 6-204 "燕尾槽"参数对话框

（8）在"定位"对话框中选取 （水平）和 （竖直）方式进行定位，定位后的尺寸示意图如图 6-205 所示。

（9）单击"确定"按钮，创建的燕尾槽特征如图 6-206 所示。

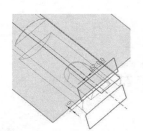

图 6-205 定位后的尺寸示意图

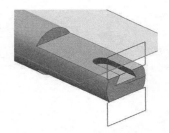

图 6-206 创建的燕尾槽特征

4．保存文件

单击"菜单"→"文件"→"另存为"命令，打开"另存为"对话框，在"文件名"文本框中输入"jiancao5"，单击"确定"按钮，保存创建的实体特征。

6.5.6 实例——低速轴

制作思路

本例绘制低速轴，如图 6-207 所示。根据轴类零件的特点，综合运用圆柱特征、凸台特征等来创建轴的基本轮廓；然后在实体上绘制键槽并倒角，完成低速轴的绘制。

扫码看视频

图 6-207　低速轴

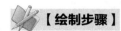【绘制步骤】

1．创建新文件

单击"文件"→"新建"命令，或单击"主页"选项卡中的 （新建）按钮，打开"新建"对话框。在"模板"选项组中选择"模型"，在"名称"文本框中输入"disuzhou"，单击"确定"按钮，进入建模环境。

2．创建圆柱体

（1）单击"菜单"→"插入"→"设计特征"→"圆柱"命令，打开"圆柱"对话框，在"类型"下拉列表中选择"轴、直径和高度"，在"指定矢量"下拉列表中选择"XC 轴"为圆柱创建方向，如图 6-208 所示。

（2）单击 （点构造器）按钮，打开"点"对话框，设置原点坐标为（0，0，0），单击"确定"按钮。

（3）返回"圆柱"对话框，在"直径"和"高度"文本框中分别输入"58"和"21"，单击"确定"按钮，创建的圆柱体如图 6-209 所示。

图 6-208　"圆柱"对话框

图 6-209　创建的圆柱体

3．创建凸台

（1）单击"菜单"→"插入"→"设计特征"→"凸台（原有）"命令，打开图 6-210 所示"支管"对话框。

（2）选择圆柱体顶面为凸台放置面，在"直径""高度"和"锥角"文本框中分别输入"65""12"和"0"，单击"确定"按钮。在打开的"定位"对话框（如图 6-211 所示）中单击 ✓（点落在点上）按钮，打开"点落在点上"对话框，如图 6-212 所示。

图 6-210　"支管"对话框　　　　　　　图 6-211　"定位"对话框

（3）选择圆柱体顶面圆弧边为目标对象，打开"设置圆弧的位置"对话框，如图 6-213 所示。单击"圆弧中心"按钮，将生成的凸台定位于圆柱体顶面圆弧中心，如图 6-214 所示。

图 6-212　"点落在点上"对话框　　　　图 6-213　"设置圆弧的位置"对话框

4. 创建剩余凸台

重复步骤 3，创建阶梯轴的剩余部分。剩余部分凸台特征的尺寸按 XC 轴正向顺序分别为（58，57）、（55，36）、（52，67）、（45，67）（括号内逗号前的数字表示凸台直径，逗号后的数字表示凸台高度），完成后轴的外形如图 6-215 所示。

图 6-214　创建的凸台　　　　　　　　图 6-215　轴

5. 创建基准平面 1 和基准平面 2

（1）单击"菜单"→"插入"→"基准／点"→"基准平面"命令，或单击"主页"选项卡"特征"面组上的 □（基准平面）按钮，打开"基准平面"对话框，如图 6-216 所示。

（2）在"类型"下拉列表中选择"XC-YC 平面"，单击"应用"按钮，创建基准平面 1。

（3）选择刚创建的基准平面 1，设置距离为"22.5"，单击"确定"按钮，创建基准平面 2，如图 6-217 所示。

图 6-216　"基准平面"对话框

图 6-217　基准平面

6.　创建键槽

（1）单击"菜单"→"插入"→"设计特征"→"键槽（原有）"命令，打开"槽"对话框，如图 6-218 所示。

（2）选中"矩形槽"单选按钮，取消选中"通槽"复选框。

（3）单击"确定"按钮，打开"矩形槽"放置面选择对话框。

（4）选择基准平面 2 为键槽放置面，打开"矩形槽"深度方向选择对话框。

（5）单击"接受默认边"按钮或直接单击"确定"按钮，打开"水平参考"对话框。

（6）在实体中选择轴上任意一段圆柱面为水平参考，打开图 6-219 所示的"矩形槽"参数对话框。

图 6-218　"槽"对话框

（7）在"长度""宽度"和"深度"文本框中分别输入"60""14"和"5.5"。

（8）单击"确定"按钮，打开图 6-220 所示的"定位"对话框。

图 6-219　"矩形槽"参数对话框

图 6-220　"定位"对话框

（9）单击 ⌐（水平）按钮，设置小圆柱边与键槽长中心线的水平距离为"64"。

（10）在"定位"对话框中单击$\bar{\Gamma}$（竖直）按钮，设置小圆柱边与键槽长中心线的竖直距离为"0"。单击"确定"按钮，创建矩形槽，如图 6-221 所示。

7. 创建基准平面 3

（1）单击"菜单"→"插入"→"基准 / 点"→"基准平面"命令，或单击"主页"选项卡"特征"面组上的 □（基准平面）按钮，打开"基准平面"对话框。

（2）在"类型"下拉列表中选择"XC-YC 平面"，设置距离为"29"，单击"确定"按钮，创建基准平面 3。

8. 创建键槽

（1）单击"菜单"→"插入"→"设计特征"→"键槽（原有）"命令，打开"槽"对话框，如图 6-222 所示。

图 6-221　矩形键槽

图 6-222　"槽"对话框

（2）选中"矩形槽"单选按钮，取消选中"通槽"复选框。

（3）单击"确定"按钮，打开"矩形槽"放置面选择对话框。

（4）选择基准平面 3 为键槽放置面，打开"矩形槽"深度方向选择对话框。

（5）单击"接受默认边"按钮或直接单击"确定"按钮，打开"水平参考"对话框。

（6）在实体中选择轴上任意一段圆柱面为水平参考，打开图 6-223 所示的"矩形槽"参数对话框。

（7）在"长度""宽度"和"深度"文本框中分别输入"50""16"和"6"。

（8）单击"确定"按钮，打开"定位"对话框。

（9）单击$\stackrel{\leftrightarrow}{\Box}$（水平）按钮，设置小圆柱边与键槽短中心线的水平距离为"199"。

（10）单击$\bar{\Gamma}$（竖直）按钮，设置小圆柱边与键槽长中心线的竖直距离为"0"。单击"确定"按钮，创建矩形槽，如图 6-224 所示。

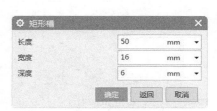

图 6-223　"矩形槽"参数对话框

图 6-224　创建矩形槽

6.6　槽

单击"菜单"→"插入"→"设计特征"→"槽"
命令，或单击"主页"选项卡"特征"面组上的 🗄（槽）
按钮，打开图 6-225 所示的"槽"对话框。通过该对话
框可以创建矩形槽、球形端槽和 U 形槽。

图 6-225　"槽"对话框

6.6.1　矩形槽

1. 打开文件

单击"菜单"→"文件"→"打开"命令，打开"打开"对话框，选择"jiancao5"文件，单击"确
定"按钮，进入 UG 主界面。

2. 另存文件

单击"菜单"→"文件"→"另存为"命令，打开"另存为"对话框，在"文件名"文本框中
输入"cao1"，单击"OK"按钮，保存实体特征。

3. 创建矩形槽特征

（1）单击"菜单"→"插入"→"设计特征"→"槽"命令，或单击"主页"选项卡"特征"
面组上的 🗄（槽）按钮，打开"槽"对话框。

（2）在"槽"对话框中，单击"矩形"按钮，打开图 6-226 所示的"矩形槽"对话框。

（3）在绘图窗口选择槽的放置面，如图 6-227 所示，同时打开"矩形槽"参数对话框。

图 6-226　"矩形槽"对话框

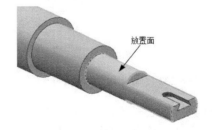

图 6-227　选择放置面

（4）按图 6-228 所示设置对话框中的参数。

（5）单击"确定"按钮，打开图 6-229 所示的"定位槽"对话框。

图 6-228　"矩形槽"对话框

图 6-229　"定位槽"对话框

（6）在绘图窗口依次选择圆弧 1 和圆弧 2 为定位边缘，如图 6-230 所示，打开图 6-231 所示的"创建表达式"对话框。

（7）在"创建表达式"对话框中输入"0"，单击"确定"按钮，创建的矩形槽特征如图 6-232 所示。

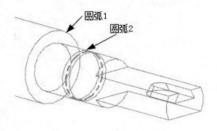

图 6-230　选择弧 1 和弧 2

图 6-231　"创建表达式"对话框

图 6-232　创建的矩形槽特征

6.6.2　球形槽

在 6.6.1 节的基础上创建球形槽。

（1）单击"菜单"→"插入"→"设计特征"→"槽"命令，或单击"主页"选项卡"特征"面组上的 🗄（槽）按钮，打开"槽"对话框。

（2）在"槽"对话框，单击"球形端槽"按钮，打开图 6-233 所示的"球形端槽"对话框。

（3）在绘图窗口选择槽的放置面，如图 6-234 所示。同时，打开图 6-235 所示的"球形端槽"参数对话框。

图 6-233　"球形端槽"对话框

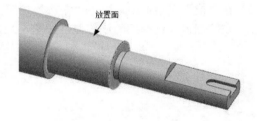

图 6-234　选择槽放置面

（4）按图 6-235 所示设置对话框中的参数。

（5）单击"确定"按钮，打开"定位"对话框。

（6）在绘图窗口依次选择图 6-236 所示的圆弧 1 和圆弧 2 定位边，打开图 6-231 所示的"创建表达式"对话框。

图 6-235　"球形端槽"对话框

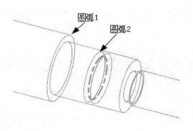

图 6-236　选择定位边

（7）在“创建表达式”对话框中输入“0”，单击“确定”按钮，创建的球形槽特征如图 6-237 所示。

（8）单击“菜单”→“文件”→“另存为”命令，打开“另存为”对话框，在“文件名”文本框中输入“cao2”，单击“确定”按钮，保存创建的实体特征。

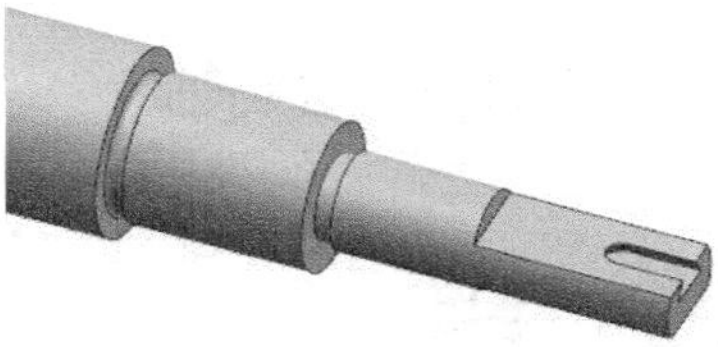

图 6-237　创建的球形槽特征

6.6.3　U 形槽

在 6.6.2 节的基础上创建 U 形槽特征。

（1）单击“菜单”→“插入”→“设计特征”→“槽”命令，或单击“主页”选项卡“特征”面组上的（槽）按钮，打开“槽”对话框。

（2）在“槽”对话框中，单击“U 形槽”按钮，打开图 6-238 所示的“U 形槽”对话框。

（3）在绘图窗口选择槽的放置面，如图 6-239 所示，打开“U 形槽”参数对话框。

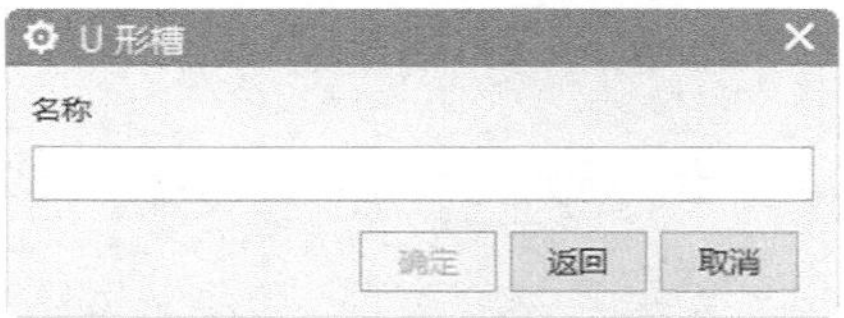

图 6-238　“U 形槽”对话框

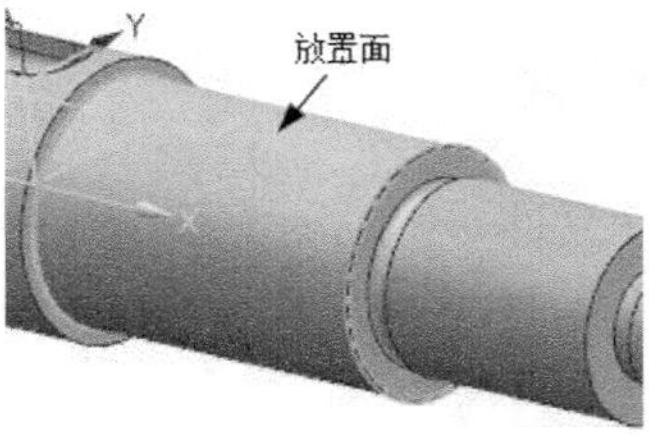

图 6-239　选择放置面

（4）按图 6-240 所示设置对话框中的参数。

（5）单击“确定”按钮，打开“定位槽”对话框。

（6）在绘图窗口依次选择图 6-241 所示的圆弧 1 和圆弧 2 为定位边，打开“创建表达式”对话框。

（7）在“创建表达式”对话框中输入“0”，单击“确定”按钮，创建的 U 形槽特征如图 6-242 所示。

（8）单击“菜单”→“文件”→“另存为”命令，打开“另存为”对话框，在“文件名”文本框中输入“cao3”，单击“确定”按钮，保存创建的实体特征。

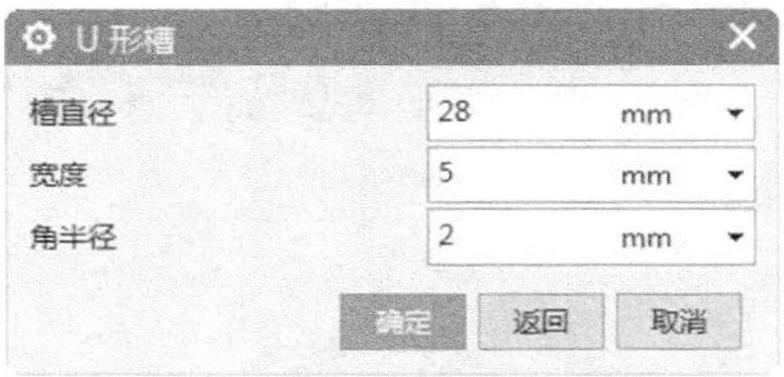

图 6-240　设置参数

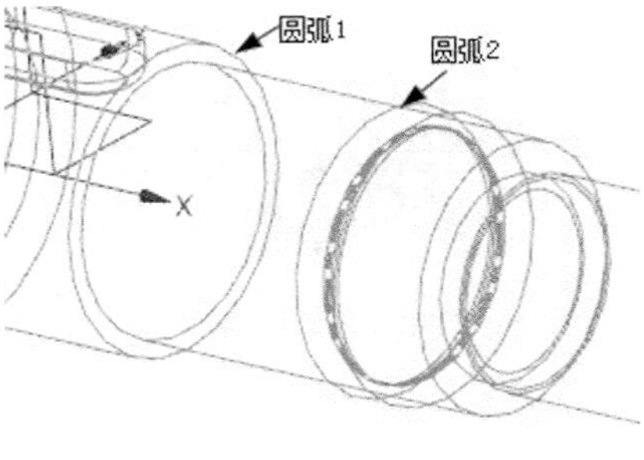

图 6-241　选择定位边

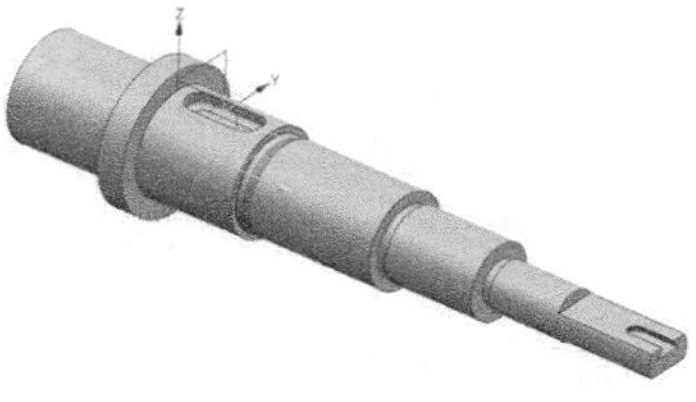

图 6-242　创建的 U 形槽特征

6.6.4 实例——绘制轴

本例绘制轴,如图 6-243 所示。首先通过"圆柱"命令创建圆柱体,然后通过"凸台"命令创建凸台,最后通过"键槽"和"槽"命令创建键槽和槽完成轴的创建。

扫码看视频

图 6-243　轴

【绘制步骤】

1. 新建文件

新建"zhou"文件,在"模板"里选择"模型",单击"确定"按钮,进入建模模块。

2. 创建圆柱体

(1)单击"菜单"→"插入"→"设计特征"→"圆柱"命令,打开图 6-244 所示"圆柱"对话框。

(2)选择"轴、直径和高度"类型,在"指定矢量"下拉列表中选择"*XC* 轴",将圆柱的圆心设置在原点,在"直径"和"高度"文本框中分别输入"33"和"34",单击"确定"按钮,生成圆柱体如图 6-245 所示。

图 6-244　"圆柱"对话框

图 6-245　圆柱体

3. 创建底面凸台 1

(1)单击"菜单"→"插入"→"设计特征"→"凸台(原有)"命令,打开图 6-246 所示"支管"对话框。

（2）选择圆柱底面为放置面，在"直径""高度"和"锥角"文本框里分别输入"48""8"和"0"，单击"确定"按钮，生成一凸台并打开"定位"对话框，如图 6-247 所示。在对话框中单击↙（点落在点上）按钮，打开"点落在点上"对话框。

（3）按系统提示选择圆柱底面圆弧边为目标对象，打开"设置圆弧的位置"对话框，如图 6-248 所示。单击"圆弧中心"按钮，生成的凸台 1 定位于圆柱体顶面圆弧中心，如图 6-249 所示。

图 6-246　"支管"对话框

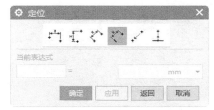

图 6-247　"定位"对话框

图 6-248　"设置圆弧的位置"对话框

图 6-249　凸台 1

4．创建底面凸台 2

（1）操作步骤与创建凸台 1 相同，将凸台 2 定位于凸台 1 顶面圆弧中心，"直径""高度"和"锥角"分别改为"35""32"和"0"。

（2）依次创建凸台 3、4、5。"直径""高度"和"锥角"依次改为"28""45"和"0"，"22""32"和"0"，"16""32"和"0"，如图 6-250 所示。

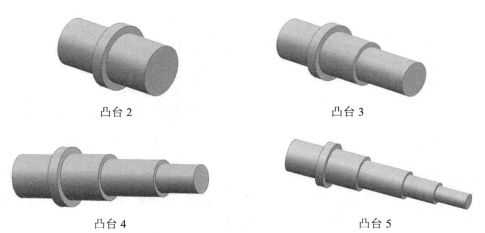

凸台 2　　　　　　　　　　　　　凸台 3

凸台 4　　　　　　　　　　　　　凸台 5

图 6-250　创建凸台 2、3、4、5

5．创建基本直线 1

（1）单击"菜单"→"插入"→"曲线"→"基本曲线（原有）"命令，打开图 6-251 所示的"基本曲线"对话框。

（2）选择 / （直线方式）。在"点方法"的下拉列表中选中 ◯ （打断线串）选项，在图 6-252 所示的实体中绘制基本直线 1。

图 6-251 "基本曲线"对话框 　　　　图 6-252 绘制直线

6．创建基准平面

（1）单击"菜单"→"插入"→"基准 / 点"→"基准平面"命令，或单击"主页"选项卡"特征"面组上的 □ （基准平面）按钮，打开图 6-253 所示的"基准平面"对话框。

（2）在"类型"下拉列表中选择"点和方向"类型，选择过基本直线的端点，"指定矢量"方向为"YC 轴"，生成的基准平面如图 6-254 所示。

图 6-253 "基准平面"对话框 　　　　图 6-254 创建基准平面

7．创建矩形槽

（1）单击"菜单"→"插入"→"设计特征"→"键槽（原有）"命令，打开图 6-255 所示"槽"对话框，选中"矩形槽"单选按钮，单击"确定"按钮。

（2）打开图 6-256 所示的"矩形槽"放置面对话框。选择步骤（6）创建的基准平面为键槽放置面，打开"矩形槽"深度方向选择对话框，如图 6-257 所示，单击"接受默认边"按钮。

（3）打开"水平参考"对话框，选择和基本直线 1 相切的圆柱面，按照图 6-258 所示设置"矩形槽"参数对话框。在"长度""宽度"和"深度"文本框中分别输入"25""10"和"5"，单击"确定"按钮，打开"定位"对话框。

（4）在对话框中选取 ⌦（水平）和 ⌦（竖直）进行定位，定位后的尺寸示意图如图 6-259 所示，创建的键槽如图 6-260 所示。

图 6-255 "槽"对话框

图 6-256 "矩形槽"放置面对话框

图 6-257 深度方向选择对话框

图 6-258 "矩形槽"参数对话框

图 6-259 定位尺寸

图 6-260 创建键槽

8. 创建槽

（1）单击"菜单"→"插入"→"设计特征"→"槽"命令，或单击"主页"选项卡"特征"面组中的 🔩（槽）按钮，打开"槽"对话框，如图 6-261 所示。

（2）单击"矩形"按钮，打开"矩形槽"放置面对话框，如图 6-262 所示。

（3）选择圆柱体的圆柱面为槽放置面，打开"矩形槽"参数对话框，如图 6-263 所示。在"槽直径"和"宽度"中分别输入"30"和"3"，单击"确定"按钮，打开"定位槽"对话框。

（4）选择凸台 1 的上端面边缘为基准，选择槽上端面边缘为刀具边，打开"创建表达式"对话框，在对话框中输入"0"，单击"确定"按钮，完成槽 1 的创建。生成轴模型。

图 6-261 "槽"对话框

图 6-262 "矩形槽"对话框

图 6-263 "矩形槽"参数对话框

6.7 综合实例——机械臂小臂

制作思路

本例绘制机械臂小臂，如图 6-264 所示。首先通过"长方体"和"凸台"命令绘制小臂的基体，再在基体上创建腔、凸台、孔和槽特征完成机械臂小臂的创建。

扫码看视频

图 6-264 机械臂小臂

【绘制步骤】

1. 新建文件

单击"菜单"→"文件"→"新建"命令，打开"新建"对话框，在"模板"列表框中选择"模型"，在"名称"文本框中输入"arm01"，单击"确定"按钮，进入 UG 主界面。

2. 创建长方体特征

（1）单击"菜单"→"插入"→"设计特征"→"长方体"命令，或单击"主页"选项卡"特征"面组上的 ▇（长方体）按钮，打开图 6-265 所示的"长方体"对话框。

（2）单击"原点"面板中的 ▇（点构造器）按钮，打开"点"对话框，按图 6-266 所示设置对话框中的参数。

（3）分别在"长方体"对话框的"长度""宽度"和"高度"文本框中输入"16""16"和"13"。

（4）在"长方体"对话框中单击"确定"按钮，创建的长方体特征如图 6-267 所示。

图 6-265 "长方体"对话框

图 6-266 "点"对话框

图 6-267 创建的长方体特征

3. 创建凸台特征 1

（1）单击"菜单"→"插入"→"设计特征"→"凸台（原有）"命令，打开图 6-268 所示的"支管"对话框。

（2）选择长方体的上表面为凸台 1 的放置面，如图 6-269 所示。

（3）分别在"支管"对话框的"直径""高度"和"锥角"文本框中输入"16""50"和"0"。

（4）单击"确定"按钮，打开图 6-270 所示的"定位"对话框。

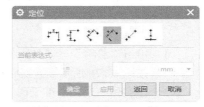

图 6-268　"支管"对话框　　　图 6-269　选择凸台 1 放置面　　　图 6-270　"定位"对话框

（5）在"定位"对话框中，选择 （垂直）方式定位，定位后的尺寸示意图如图 6-271 所示。

（6）单击"确定"按钮，创建的凸台特征 1 如图 6-272 所示。

图 6-271　定位后的尺寸示意图　　　图 6-272　创建的凸台特征 1

4. 创建基准平面

（1）单击"菜单"→"插入"→"基准 / 点"→"基准平面"命令，或单击"主页"选项卡"特征"面组上的 ▢（基准平面）按钮，打开图 6-273 所示的"基准平面"对话框。

（2）在"类型"下拉列表框中选择"按某一距离"选项。

（3）在绘图窗口中选择长方体的任一侧面，如图 6-274 所示。单击"应用"按钮，创建基准平面 1。

（4）采用同样的方法在距离长方体下表面 8mm 的地方创建基准平面 2，结果如图 6-275 所示。

图 6-273　"基准平面"对话框　　　图 6-274　创建基准平面 1　　　图 6-275　创建基准平面 2

5．创建凸台特征 2

（1）单击"菜单"→"插入"→"设计特征"→"凸台（原有）"命令，打开"支管"对话框。

（2）按图 6-276 所示设置对话框中的参数。

（3）在实体中选择基准平面 1 作为凸台 2 的放置面，如图 6-277 所示。在打开的对话框中单击"反侧"按钮，调整凸台的创建方向。

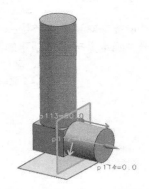

图 6-276　"支管"对话框　　　　　图 6-277　选择凸台 2 放置面

（4）在"支管"对话框中，单击"确定"按钮，打开图 6-278 所示的"定位"对话框。

（5）在"定位"对话框中，选择 （垂直）方式定位，定位后的尺寸示意图如图 6-279 所示。

（6）单击"确定"按钮，创建的凸台特征 2 如图 6-280 所示。

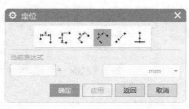

图 6-278　"定位"对话框　　　　图 6-279　定位后的尺寸示意图　　图 6-280　创建的凸台特征 2

6.　创建矩形腔体特征

（1）单击"菜单"→"插入"→"设计特征"→"腔（原有）"命令，打开图 6-281 所示的"腔"对话框。

（2）在"腔"对话框中单击"矩形"按钮，打开图 6-282 所示的"矩形腔"对话框。

（3）在实体中选择基准平面 2 作为腔放置面，如图 6-283 所示，打开图 6-284 所示的"水平参考"对话框。

图 6-281　"腔"对话框

图 6-282　"矩形腔"对话框

图 6-283　选择腔放置面

（4）选择长方体的上表面中平行于 Y 轴的边，打开"矩形腔"对话框。

（5）按图 6-285 所示设置对话框中的参数。

图 6-284　"水平参考"对话框

图 6-285　"矩形腔"参数对话框

（6）单击"确定"按钮，打开"定位"对话框。

（7）在"定位"对话框中选取 （垂直）方式进行定位，腔中心线与长方体两边的距离均为"8"，定位后的尺寸示意图如图 6-286 所示。

（8）单击"确定"按钮，创建的矩形腔体特征如图 6-287 所示。

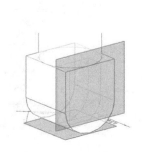

图 6-286　定位后的尺寸示意图

图 6-287　创建的矩形腔体特征

7. 创建孔特征

（1）单击"主页"选项卡"特征"面组上的 （孔）按钮，打开图 6-288 所示的"孔"对话框。

（2）在"类型"选项组中选择"常规孔"选项，在"成形"下拉列表中选择"简单孔"选项，分别在"直径""深度"和"顶锥角"文本框中输入"8""16"和"0"。

（3）捕捉圆弧圆心为孔位置，如图 6-289 所示。

（4）单击"确定"按钮，创建的孔特征如图 6-290 所示。

图 6-288 "孔"对话框

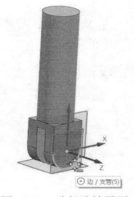

图 6-289 选择孔放置面

图 6-290 创建孔

8. 创建凸台特征 3

（1）单击"菜单"→"插入"→"设计特征"→"凸台（原有）"命令，打开"支管"对话框。

（2）按图 6-291 所示设置对话框中的参数。

（3）在实体中选择凸台上表面作为凸台 3 放置面，如图 6-292 所示。

图 6-291 "支管"对话框

图 6-292 选择凸台 3 放置面

（4）单击"确定"按钮，打开"定位"对话框。

（5）在"定位"对话框中，选择 （点落在点上）方式定位，选择圆柱边定位凸台，如图 6-293 所示。

（6）打开"设置圆弧的位置"对话框，单击"圆弧中心"按钮，创建的凸台特征 3 如图 6-294 所示。

图 6-293　选择圆柱边线　　　　　　　　图 6-294　创建的凸台特征 3

9. 创建矩形槽特征

（1）单击"菜单"→"插入"→"设计特征"→"槽"命令，或单击"主页"选项卡"特征"面组上的 （槽）按钮，打开图 6-295 所示的"槽"对话框。

（2）在"槽"对话框中，单击"矩形"按钮，打开图 6-296 所示的"矩形槽"对话框。

图 6-295　"槽"对话框　　　　　　　　　图 6-296　"矩形槽"对话框

（3）在绘图窗口选择槽的放置面，如图 6-297 所示。同时，打开"矩形槽"参数对话框。

（4）按图 6-298 所示设置对话框中的参数。

（5）在"矩形槽"参数对话框中，单击"确定"按钮，打开图 6-299 所示的"定位槽"对话框。

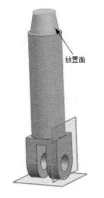  

图 6-297　选择槽放置面　　　　图 6-298　设置参数　　　　图 6-299　"定位槽"对话框

（6）在绘图窗口依次选择圆柱体的上表面圆弧和槽的下表面圆弧为定位边缘，打开图 6-300 所示的"创建表达式"对话框。

（7）在"p14"文本框中输入"0"，单击"确定"按钮，创建的矩形槽特征如图 6-301 所示。

图 6-300 "创建表达式"对话框 　　　　　　图 6-301 创建的矩形槽特征

10．创建矩形垫块特征

（1）单击"菜单"→"插入"→"设计特征"→"垫块（原有）"命令，打开图 6-302 所示的"垫块"对话框。

（2）在"垫块"对话框中单击"矩形"按钮，打开图 6-303 所示的"矩形垫块"对话框。

（3）选择实体中图 6-304 所示的面作为垫块放置面，打开图 6-305 所示的"水平参考"对话框。

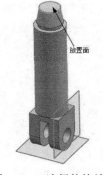

图 6-302 "垫块"对话框 　　　图 6-303 "矩形垫块"对话框 　　　图 6-304 选择垫块放置面

（4）在绘图窗口中选择长方体内与 Y 轴平行的边，打开"矩形垫块"参数对话框。

（5）按图 6-306 所示设置对话框中的参数。

图 6-305 "水平参考"对话框 　　　　　　图 6-306 设置参数

（6）单击“确定”按钮，打开图 6-307 所示的“定位”对话框。

（7）在“定位”对话框中选取（垂直）方式进行定位，定位后的尺寸示意图如图 6-308 所示。

（8）单击“确定”按钮，创建的矩形垫块特征如图 6-309 所示。

（9）采用同样的方法在凸台上表面的对称位置创建另一个垫块，即可完成机械臂小臂实体的绘制。

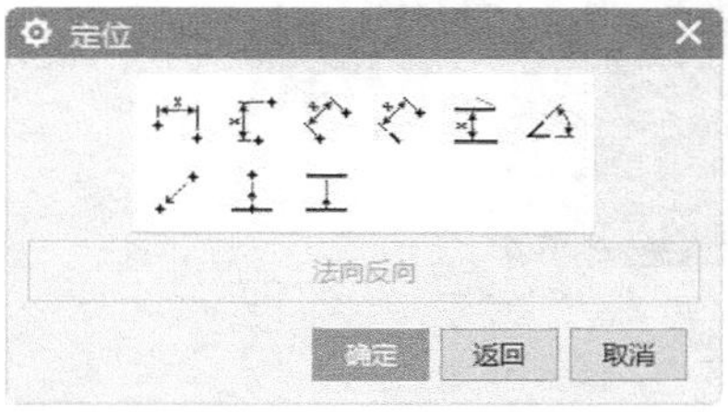

图 6-307 “定位”对话框

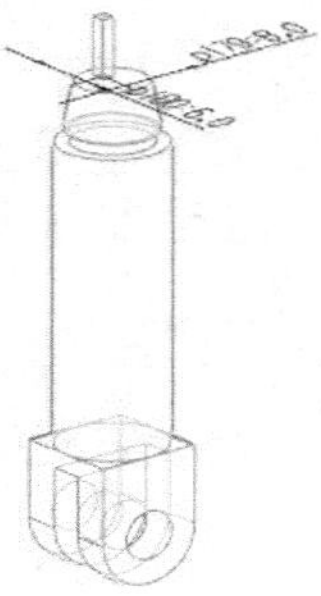

图 6-308 定位后的尺寸示意图

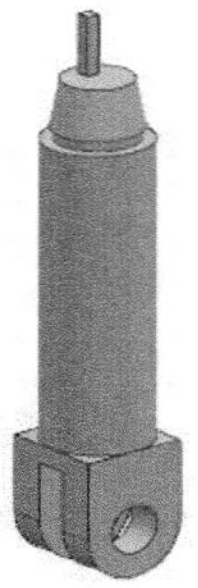

图 6-309 创建矩形垫块

第7章
特征操作

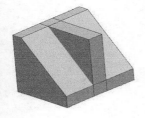

/ 导读

特征操作是在特征建模的基础上增加一些细节的表现，也就是在毛坯的基础上进行详细的设计方面的操作。

/ 知识点

- ➲ 布尔运算
- ➲ 拔模角
- ➲ 边倒圆
- ➲ 倒斜角
- ➲ 螺纹及抽壳
- ➲ 阵列特征
- ➲ 镜像特征

7.1　布尔运算

零件模型通常由单个实体组成，但在 UG NX12 建模过程中，实体通常由多个实体或特征组合而成，于是要求把多个实体或特征组合成一个实体，这个操作称为布尔运算（或布尔操作）。

布尔运算在实际建模过程中用得比较多，一般情况下是系统自动完成或提示用户选择合适的布尔运算。布尔运算也可独立操作。

7.1.1　合并

单击"菜单"→"插入"→"组合"→"合并"命令，或单击"主页"选项卡"特征"面组上的 （合并）按钮，打开图 7-1 所示的"合并"对话框。该对话框用于将两个或多个实体组合在一起构成单个实体，其公共部分完全合并到一起。

技巧荟萃　　可以将实体和实体进行合并运算，也可以将片体和片体进行合并运算（具有近似公共边缘线），但不能将片体和实体进行合并运算。

合并运算的操作步骤如下。

（1）单击"菜单"→"文件"→"打开"命令，打开"打开"对话框，选择"bueryunsuan"文件，单击"OK"按钮，打开图 7-2 所示的实体模型。

图 7-1　"合并"对话框

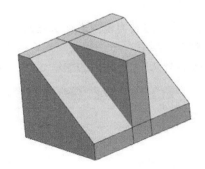

图 7-2　打开实体模型

（2）单击"菜单"→"文件"→"另存为"命令，打开"另存为"对话框，在"文件名"文本框中输入"qiuhe"，单击"OK"按钮，保存模型文件。

（3）单击"菜单"→"插入"→"组合"→"合并"命令，或单击"主页"选项卡"特征"面组上的 （合并）按钮，打开"合并"对话框。

（4）在绘图窗口中选择图 7-3 所示的目标体。

（5）在绘图窗口中选择图 7-4 所示的工具体。

（6）单击"确定"按钮，完成合并操作，合并结果如图 7-5 所示。

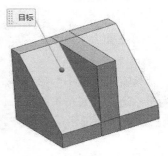

图 7-3 选择目标体

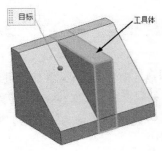

图 7-4 选择工具体

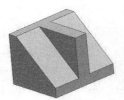

图 7-5 合并结果

7.1.2 减去

单击"菜单"→"插入"→"组合"→"减去"命令，或单击"主页"选项卡"特征"面组上的 (减去)按钮，打开图 7-6 所示的"求差"对话框。该对话框用于从目标体中减去一个或多个工具体的体积，即将目标体中与工具体公共的部分去掉。

技巧荟萃

- 若目标体和工具体不相交或相接，运算结果保持为目标体不变。
- 实体与实体、片体与实体、实体与片体之间都可进行求差运算，但片体与片体之间不能进行求差运算。实体与片体的差，结果为非参数化实体。
- 在进行求差运算时，若目标体进行求差运算后的结果为两个或多个实体，则目标体将丢失数据。也不能将一个片体变成两个或多个片体。
- 差运算的结果不允许产生零厚度，即不允许目标体和工具体的表面刚好相切。

对 7.1.1 节中的实例模型进行求差操作，具体操作步骤如下。

（1）单击"菜单"→"插入"→"组合"→"减去"命令，打开"求差"对话框。

（2）按照与 7.1.1 节相同的顺序选择目标体和工具体，完成求差操作，求差结果如图 7-7 所示。

图 7-6 "求差"对话框

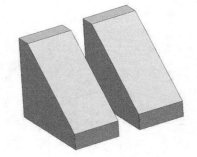

图 7-7 求差结果

7.1.3 相交

单击"菜单"→"插入"→"组合"→"相交"命令，或单击"主页"选项卡"特征"面组上的 (相交)按钮，打开图 7-8 所示的"相交"对话框。该对话框用于将两个或多个实体合并成单个实体，运算结果取其公共部分体积构成单个实体。

技巧荟萃

- 可以将实体和实体、片体和片体（在同一曲面上）、片体和实体进行求交运算，但不能将实体和片体进行求交运算。
- 若两个片体求交产生一条曲线或构成两个独立的片体，则运算不能进行。

对 7.1.1 节中的实例模型进行求交操作，具体操作步骤如下。

（1）单击"菜单"→"插入"→"组合"→"相交"命令，打开"相交"对话框。

（2）按照与 7.1.1 节相同的顺序选择目标体和工具体，完成相交操作，相交结果如图 7-9 所示。

图 7-8 "相交"对话框

图 7-9 相交结果

7.2 拔模角

单击"菜单"→"插入"→"细节特征"→"拔模"命令，或单击"主页"选项卡"特征"面组上的 （拔模）按钮，打开图 7-10 所示的"拔模"对话框。该对话框用于指定矢量方向，从指定的参考点开始施加一个斜度到指定的表面或实体边缘线上。

图 7-10 "拔模"对话框

7.2.1　面

1. 新建文件

单击"菜单"→"文件"→"新建"命令，或单击"快速访问"工具栏中的 📄（新建）按钮，打开"新建"对话框，在"模板"列表框中选择"模型"，在"名称"文本框中输入"bamo1"，单击"确定"按钮，进入 UG 主界面。

2. 创建长方体

（1）单击"菜单"→"插入"→"设计特征"→"长方体"命令，或单击"主页"选项卡"特征"面组上的 🔲（长方体）按钮，打开"长方体"对话框。

（2）在"长度""宽度"和"高度"文本框中均输入"60"。

（3）在"长方体"对话框中，单击"确定"按钮，在原点处创建长方体，结果如图 7-11 所示。

3. 创建拔模特征

（1）单击"菜单"→"插入"→"细节特征"→"拔模"命令，或单击"主页"选项卡"特征"面组上的 🔷（拔模）按钮，打开"拔模"对话框。

（2）在"拔模"对话框的"类型"下拉列表中选择"面"选项。

（3）在"指定矢量"下拉列表中选择"ZC 轴"为拔模方向。

（4）在绘图窗口中选择长方体的上表面为固定平面，如图 7-12 所示。

图 7-11　创建的长方体

图 7-12　选择固定平面

（5）在绘图窗口中选择长方体的 4 个侧面为要拔模的面，并在"角度 1"文本框中输入"20"，如图 7-13 所示。

（6）在"拔模"对话框中单击"确定"按钮，拔模结果如图 7-14 所示。

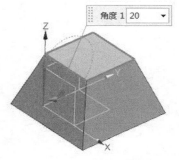

图 7-13　选择要拔模的面

图 7-14　"面"方式创建的拔模特征

7.2.2　边

在 7.2.1 节的基础上利用"边"方式创建拔模特征。

（1）单击"菜单"→"插入"→"细节特征"→"拔模"命令，打开"拔模"对话框。

（2）在"拔模"对话框的"类型"下拉列表中选择"边"选项，如图 7-15 所示。

（3）在"指定矢量"下拉列表中选择"–ZC 轴"为拔模方向。

（4）在绘图窗口中选择长方体上表面的边为固定边。

（5）在绘图窗口中选择长方体的前面为要拔模的面，并在"角度 1"文本框中输入"10"，如图 7-16 所示。

（6）在"拔模"对话框中单击"确定"按钮，拔模结果如图 7-17 所示。

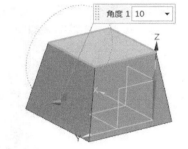

图 7-15　"边"方式　　　图 7-16　选择拔模边和要拔模的面　　图 7-17　"边"方式创建的拔模特征

（7）单击"菜单"→"文件"→"另存为"命令，打开"另存为"对话框，在"文件名"文本框中输入"bamo2"，单击"确定"按钮，保存创建的拔模特征。

7.2.3　与面相切

1．打开文件

单击"菜单"→"文件"→"打开"命令，打开"打开"对话框，打开"bamo3-1"文件，单击"OK"按钮，打开图 7-18 所示的实体模型。

2．另存文件

单击"菜单"→"文件"→"另存为"命令，打开"另存为"对话框，在"文件名"文本框中输入"bamo3"，单击"OK"按钮，保存模型文件。

3．创建拔模特征

（1）单击"菜单"→"插入"→"细节特征"→"拔模"命令，或单击"主页"选项卡"特征"

面组上的 ⟨⟩（拔模）按钮，打开"拔模"对话框。

（2）在"拔模"对话框的"类型"下拉列表中选择"与面相切"选项，如图 7-19 所示。

图 7-18　打开实体模型　　　　　　　　图 7-19　"与面相切"方式

（3）在"指定矢量"下拉列表中选择"*ZC* 轴"为拔模方向。

（4）在绘图窗口中选择圆柱面为相切面，并在"角度 1"文本框中输入"20"，如图 7-20 所示。

（5）在"拔模"对话框中单击"确定"按钮，拔模结果如图 7-21 所示。

图 7-20　选择相切面　　　　　　　　图 7-21　"与面相切"方式创建的拔模特征

7.2.4　分型边

1. 打开文件

单击"菜单"→"文件"→"打开"命令，打开"打开"对话框，选择"bamo4-1"文件，单击"OK"按钮，打开图 7-22 所示的实体模型。

2. 另存文件

单击"菜单"→"文件"→"另存为"命令，打开"另存为"对话框，在"文件名"文本框中输入"bamo4"，单击"OK"按钮，保存模型文件。

3．创建拔模特征

（1）单击"菜单"→"插入"→"细节特征"→"拔模"命令，或单击"主页"选项卡"特征"面组上的 （拔模）按钮，打开"拔模"对话框。

（2）在"拔模"对话框的"类型"下拉列表中选择"分型边"选项，如图 7-23 所示。

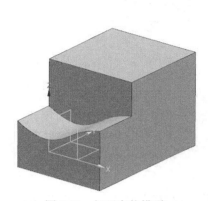

图 7-22　打开实体模型

图 7-23　"分型边"方式

（3）在"指定矢量"下拉列表中选择"ZC 轴"为拔模方向。

（4）在绘图窗口中选择长方体的上表面为固定面，如图 7-24 所示。

（5）在绘图窗口中选择分型边，并在"角度 1"文本框中输入"20"，如图 7-25 所示。

（6）在"拔模"对话框中单击"确定"按钮，创建的拔模特征如图 7-26 所示。

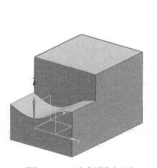

图 7-24　选择固定面

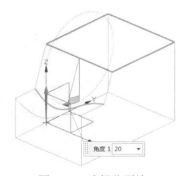

图 7-25　选择分型边

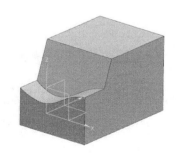

图 7-26　"分型边"方式创建的拔模特征

7.2.5　实例——耳机插头

👉 **制作思路**

本例绘制耳机插头，如图 7-27 所示。耳机插头形状较为复杂，各部分都是由不规则的形体组成的，本例综合应用各曲线并进行拉伸，然后对拉伸实体进行拔模和创建凸台等操作。

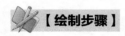

扫码看视频

图 7-27　耳机插头

【绘制步骤】

1. 新建文件

单击"菜单"→"文件"→"新建"命令，或者单击"标准"工具栏中的 □（新建）按钮，打开"新建"对话框，在"模型"选项卡中选择适当的模板，文件名为"chatou"，单击"确定"按钮，进入建模环境。

2. 创建六边形曲线

（1）单击"菜单"→"插入"→"曲线"→"多边形（原有）"命令，打开图 7-28 所示"多边形"对话框。

（2）在"边数"文本框中输入"6"，单击"确定"按钮，打开"多边形"创建方式对话框，如图 7-29 所示，单击"内切圆半径"按钮，打开"多边形"参数对话框，如图 7-30 所示。

（3）在对话框中"内切圆半径"和"方位角"文本框中分别输入"4.25"和"0"，单击"确定"按钮，打开"点"对话框确定六边形的中心，以坐标原点为六边形中心，单击"确定"按钮，完成六边形的创建，如图 7-31 所示。

图 7-28　"多边形"对话框

图 7-29　"多边形"创建方式对话框

图 7-30　"多边形"参数对话框

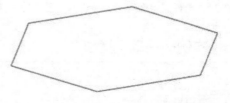

图 7-31　六边形

3．创建拉伸

（1）单击"菜单"→"插入"→"设计特征"→"拉伸"命令，或单击"主页"选项卡"特征"面组上的 （拉伸）按钮，打开图 7-32 所示的"拉伸"对话框。

（2）在"指定矢量"下拉列表中选择"*ZC* 轴"为拉伸方向，在开始"距离"中输入"0"，结束"距离"中输入"13.5"，选择屏幕中的六边形曲线，注意拉伸方向，目标方向为"*ZC* 轴"方向，单击"确定"按钮，完成拉伸操作。生成模型如图 7-33 所示。

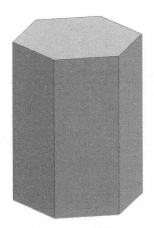

图 7-32　"拉伸"对话框　　　　　　　　　　　图 7-33　拉伸模型

4．创建基准平面

（1）单击"菜单"→"插入"→"基准 / 点"→"基准平面"命令，或单击"主页"选项卡"特征"面组上的 （基准平面）按钮，打开图 7-34 所示"基准平面"对话框。

（2）选择"曲线和点"类型，在"子类型"下拉列表中选择"三点"，分别选择图 7-35 所示 3 个点，单击"确定"按钮，完成基准平面的创建，如图 7-36 所示。

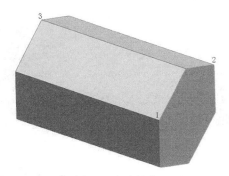

图 7-34　"基准平面"对话框　　　　　图 7-35　选择点　　　　　图 7-36　创建基准平面

5. 创建垫块

（1）单击"菜单"→"插入"→"设计特征"→"垫块（原有）"命令，打开图7-37所示"垫块"对话框。

（2）单击"矩形"按钮，打开图7-38所示"矩形垫块"放置面对话框，选择步骤4创建的基准面，打开图7-39所示选择特征边对话框，单击"接受默认边"按钮。

（3）完成特征边选择后进入图7-40所示"水平参考"对话框，选择任意一条与基准面成30°夹角的边，打开"矩形垫块"参数对话框，如图7-41所示。

（4）在"长度""宽度"和"高度"文本框中分别输入"7.36""8.5"和"6"，单击"确定"按钮，打开"定位"对话框。

（5）选择 （垂直）按钮，采用垂直定位方式定位，垫块两侧面分别与六边形实体两侧面距离为0，单击"确定"按钮，完成垫块的创建。生成图7-42所示垫块。

图7-37 "垫块"对话框

图7-38 "矩形垫块"放置面对话框

图7-39 选择特征边对话框

图7-40 "水平参考"对话框

图7-41 "矩形垫块"参数对话框

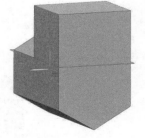

图7-42 垫块

6. 创建拔模

（1）单击"菜单"→"插入"→"细节特征"→"拔模"命令，或单击"主页"选项卡"特征"

面组上的 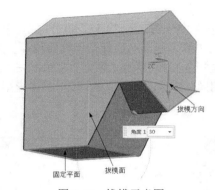（拔模）按钮，打开"拔模"对话框，如图 7-43 所示。

（2）依次选择图 7-44 所示的拔模面、拔模方向和固定平面，在"角度 1"文本框中输入"30"，单击"确定"按钮，完成拔模操作，如图 7-45 所示。

图 7-43　"拔模"对话框

图 7-44　拔模示意图

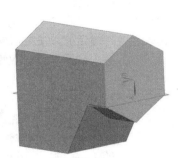

图 7-45　拔模操作

7. 创建凸台 1

（1）单击"菜单"→"插入"→"设计特征"→"凸台（原有）"命令，打开图 7-46 所示"支管"对话框。

（2）在"直径""高度"和"锥角"文本框中分别输入"7.3""1"和"10"，选择六边形实体底面为放置面，单击"确定"按钮，生成凸台并打开图 7-47 所示的"定位"对话框，在对话框中单击 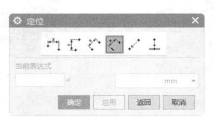（垂直）按钮，打开垂直定位对话框。

（3）按系统提示选择六边形实体底面任意一边，在对话框中输入"4.25"，单击"应用"按钮，选择六边形实体底面与上一边相邻的边，在对话框中输入"4.25"，单击"确定"按钮，完成凸台 1 的创建，如图 7-48 所示。

图 7-46　"支管"对话框

图 7-47　"定位"对话框

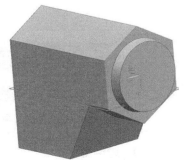

图 7-48　创建凸台 1

8. 创建凸台

（1）同步骤 7，在凸台 1 的上端面创建"直径""高度"和"锥角"分别为"6.8""1"和"0"，且中心位于凸台 1 的上端面中心凸台 2。

（2）在凸台 2 的上端面创建"直径""高度"和"锥角"分别为"4.5""10"和"0"的凸台 3。

（3）在凸台 3 的上端面创建"直径""高度"和"锥角"分别为"3""4"和"−3"的凸台 4。生成模型如图 7-49 所示。注意，该步骤创建的圆柱体与凸台 1 不做布尔合并操作。

9. 创建槽

（1）单击菜单→"插入"→"设计特征"→"槽"命令，或单击"主页"选项卡"特征"面组上的 ▤（槽）按钮，打开"槽"对话框，如图 7-50 所示。

（2）单击"矩形"按钮，打开"矩形槽"放置面对话框，如图 7-51 所示，选择凸台 3 的侧面，打开"矩形槽"参数对话框，如图 7-52 所示。

（3）在"槽直径"和"宽度"中分别输入"4.35"和"0.8"，单击"确定"按钮，打开"定位槽"对话框，选择凸台 3 的上端面边缘为基准，选择槽上端面边缘为刀具边，打开图 7-53 所示的"创建表达式"对话框，在对话框中输入 1，单击"确定"按钮，完成槽 1 的创建。

（4）同上步骤创建参数相同，定位距离为 3 的槽 2。生成模型如图 7-54 所示。

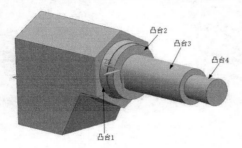

图 7-49　凸台 2

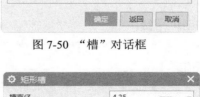

图 7-50　"槽"对话框

图 7-51　"矩形槽"放置面对话框

图 7-52　"矩形槽"参数对话框

图 7-53　"创建表达式"对话框

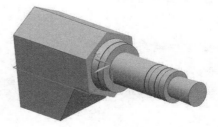

图 7-54　模型

10. 边倒角

（1）单击"菜单"→"插入"→"细节特征"→"倒斜角"命令，或单击"主页"选项卡"特征"面组上的 （倒斜角）按钮，打开"倒斜角"对话框，如图 7-55 所示。

（2）选择凸台 3 的边，设置倒角距离为"0.75"，如图 7-56 所示。

（3）同理，选择凸台 4 的边，设置倒角距离为"1"，如图 7-57 所示，结果如图 7-58 所示。

图 7-55　"倒斜角"对话框

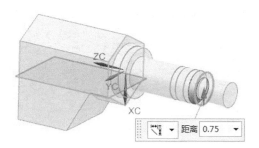

图 7-56　选择倒角边

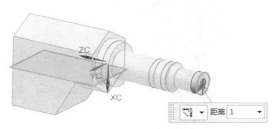

图 7-57　选择倒角边

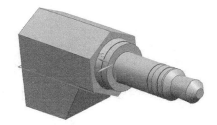

图 7-58　倒角处理

11. 创建草图曲线

（1）单击"菜单"→"插入"→"在任务环境中绘制草图"命令，或单击"曲线"选项卡 （在任务环境中绘制草图）按钮，打开"创建草图"对话框。

（2）选择图 7-59 所示的面 2 作为基准面，进入草图绘制过程。绘制图 7-60 所示的椭圆，长半轴、短半轴和角度为 3.5、2.5 和 0，单击 （完成草图）按钮，完成草图绘制。

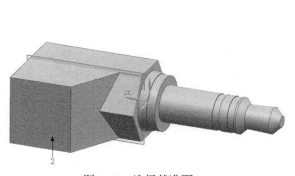

图 7-59　选择基准面

图 7-60　选择平面

12. 创建拉伸

（1）单击"菜单"→"插入"→"设计特征"→"拉伸"命令，或单击"主页"选项卡"特征"面组上的（拉伸）按钮，打开图7-61所示的"拉伸"对话框。

（2）在开始"距离"中输入"0"，结束"距离"中输入"12"，选择屏幕中的椭圆曲线，在"指定矢量"下拉列表中选择"*XC*轴"为拉伸方向，在"拔模"下拉列表中选择"从起始限制"，输入"角度"为5，单击"确定"按钮，完成拉伸操作。生成模型如图7-62所示。

图7-61 "拉伸"对话框

图7-62 拉伸操作

7.3 边倒圆

单击"菜单"→"插入"→"细节特征"→"边倒圆"命令，或单击"主页"选项"特征"面组上的（边倒圆）按钮，打开图7-63所示的"边倒圆"对话框。该对话框用于在实体上沿边缘去除材料或添加材料，使实体上的尖锐边缘变成圆滑表面（圆角面）。可以沿一条边或多条边同时进行倒圆操作，倒圆半径沿边的长度方向可以是不变的，也可以是变化的。

图7-63 "边倒圆"对话框

7.3.1　简单倒圆

1．新建文件

单击"菜单"→"文件"→"新建"命令，打开"新建"对话框，在"模板"列表框中选择"模型"，在"名称"文本框中输入"biandaoyuan1"，单击"确定"按钮，进入 UG 主界面。

2．创建长方体特征

（1）单击"菜单"→"插入"→"设计特征"→"长方体"命令，打开"长方体"对话框。

（2）在"长方体"对话框中的"长度""宽度"和"高度"文本框中均输入"50"。

（3）在"长方体"对话框中，单击"确定"按钮，在原点创建长方体特征，如图 7-64 所示。

3．创建边倒圆特征

（1）单击"菜单"→"插入"→"细节特征"→"边倒圆"命令，或单击"主页"选项"特征"面组上的 （边倒圆）按钮，打开图 7-65 所示的"边倒圆"对话框。

图 7-64　创建的长方体

图 7-65　"边倒圆"对话框

（2）在绘图窗口中选择图 7-66 所示的边，并在"半径 1"文本框中输入"10"。

（3）在"边倒圆"对话框中单击"确定"按钮，简单倒圆结果如图 7-67 所示。

图 7-66　选择要倒圆的边

图 7-67　简单倒圆结果

7.3.2 变半径

在 7.3.1 节的基础上创建可变半径倒圆特征。

（1）单击"菜单"→"插入"→"细节特征"→"边倒圆"命令，或单击"主页"选项卡"特征"面组上的 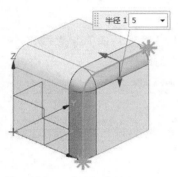（边倒圆）按钮，打开"边倒圆"对话框。

（2）在绘图窗口中选择图 7-68 所示的要倒圆的边，并在"半径 1"文本框中输入"5"。

（3）在对话框中单击"变半径"选项组中的 （指定半径点）按钮，在绘图窗口中要倒圆的边上选取新半径点的位置，在"V 半径 1"文本框中输入"10"，在"弧长百分比"文本框中输入"50"，如图 7-69 所示。

图 7-68　选择要倒圆的边

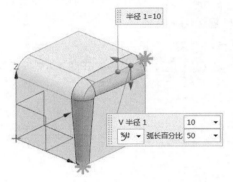

图 7-69　添加点

（4）在绘图窗口中要倒圆的边上选取新半径点的位置，在"V 半径 2"文本框中输入"8"，在"弧长百分比"文本框中输入"20"，如图 7-70 所示。

（5）"边倒圆"对话框中的变半径选项组如图 7-71 所示，单击"确定"按钮，变半径倒圆结果如图 7-72 所示。

（6）单击"菜单"→"文件"→"另存为"命令，打开"另存为"对话框，在"文件名"文本框中输入"biandaoyuan2"，单击"确定"按钮，保存创建的倒圆特征。

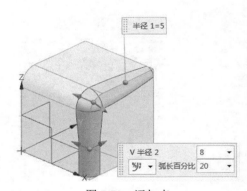

图 7-70　添加点

图 7-71　"变半径"选项组

图 7-72　变半径倒圆结果

7.3.3　拐角倒角

在 7.3.2 节的基础上创建拐角倒角特征。

（1）单击"菜单"→"插入"→"细节特征"→"边倒圆"命令，打开"边倒圆"对话框。

（2）在绘图窗口中选择图 7-73 所示的 3 条要倒圆的边，并在"半径 1"文本框中输入"5"。

（3）单击"拐角倒角"面板中的"选择端点"按钮，在绘图窗口中选择 3 条棱边的顶点，并在打开的文本框中分别输入"5""10"和"15"，如图 7-74 所示。

（4）在"边倒圆"对话框中单击"确定"按钮，拐角倒角结果如图 7-75 所示。

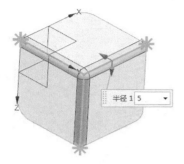
图 7-73　选择要到圆的边

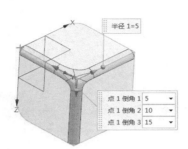
图 7-74　输入倒角半径

图 7-75　拐角倒角结果

（5）单击"菜单"→"文件"→"另存为"命令，打开"另存为"对话框，在"文件名"文本框中输入"biandaoyuan3"，单击"确定"按钮，保存创建的实体特征。

7.3.4　实例——填料压盖

制作思路

本例绘制填料压盖，如图 7-76 所示。填料压盖的作用，一为将挡油环压紧；一为对柱塞定位支撑。填料压盖的外形与泵体中的安装板和膛孔很类似，因此它的绘制方法是，先绘制填料压盖的安装板，然后在安装板上绘制同轴凸台和同轴线的通孔，最后绘制用于安装螺栓的凸台和安装通孔，最终完成填料压盖的绘制。

图 7-76　填料压盖

扫码看视频

【绘制步骤】

1. 新建文件

单击"菜单"→"文件"→"新建"命令，或单击"标准"工具栏中的 □ （新建）按钮，打开

"新部件文件"对话框,在"模型"选项卡中选择适当的模板,文件名为"tianliaoyagai",单击"确定"按钮,进入建模环境。

2. 绘制圆柱

(1)单击"菜单"→"插入"→"设计特征"→"圆柱"命令,打开图7-77所示的"圆柱"对话框。

(2)选择"轴、直径和高度"类型,"指定失量"方向为"*ZC*轴",单击 (点构造器)按钮,打开"点"对话框,输入圆柱的坐标点为(0,-34,0),单击"确定"按钮。在"圆柱"对话框输入"直径"为"120","高度"为"6",如图7-77所示。结果如图7-78所示。

图7-77 "圆柱"对话框

图7-78 创建圆柱

3. 绘制另一个圆柱

(1)单击"菜单"→"插入"→"设计特征"→"圆柱"命令,打开图7-79所示的"圆柱"对话框。

(2)选择"轴、直径和高度"类型,"指定失量"方向为"*ZC*轴",输入"直径"为"120","高度"为"12",在"布尔"下拉列表中选择"相交",输入圆柱底面的圆心点坐标为(0,34,0),使新建的圆柱体与前一个圆柱体相交,绘制结果如图7-80所示。

图7-79 "圆柱"对话框

图7-80 绘制相交圆柱体

4．实体边倒圆

（1）单击"菜单"→"插入"→"细节特征"→"边倒圆"命令，或单击"主页"选项卡"特征"面组上的 （边倒圆）按钮，打开"边倒圆"对话框，如图 7-81 所示。

（2）选择相交圆柱的尖角棱边，设置圆角半径为"12"，如图 7-82 所示，倒圆角结果如图 7-83 所示。

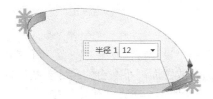

图 7-81　"边倒圆"对话框　　　　图 7-82　选择圆角边　　　　图 7-83　实体边圆角

5．建立基准平面

（1）单击"菜单"→"插入"→"基准 / 点"→"基准平面"命令，或单击"主页"选项卡"特征"面组上的 ▢（基准平面）按钮，打开"基准平面"对话框，如图 7-84 所示。

（2）选择"XC-YC 平面"选项，设置偏置为"0"、WCS 方式，单击"应用"按钮，绘制 *XOY* 基准平面。

（3）同理，绘制 *YOZ*、*XOZ* 基准平面，结果如图 7-85 所示。

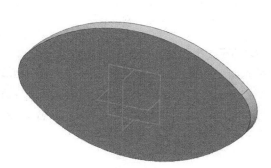

图 7-84　"基准平面"对话框　　　　图 7-85　建立基准平面

6．绘制凸台

（1）单击"菜单"→"插入"→"设计特征"→"凸台（原有）"命令，打开"支管"对话框，如图 7-86 所示。

（2）选择填料压盖上表面为凸台放置面，设定凸台尺寸参数："直径"为"46"，"高度"为"3"，"锥角"为"0"，单击"确定"按钮。

（3）打开"定位"对话框，如图 7-87 所示，选择 （垂直）定位模式，使凸台底面的圆心与 *ZOY* 基准平面和 *XOZ* 基准平面的距离为"0"。凸台绘制如图 7-88 所示。

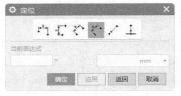

图 7-86　"支管"对话框　　　图 7-87　"定位"对话框　　　图 7-88　绘制凸台

7. 绘制小凸台

（1）单击"菜单"→"插入"→"设计特征"→"凸台（原有）"命令，打开"支管"对话框。

（2）选择大凸台的上表面为凸台放置面，小凸台的尺寸参数设置为："直径"为"44"，"高度"为"20"，"锥角"为"0"，如图 7-89 所示，单击"确定"按钮。

（3）打开"定位"对话框，选择 （点落在点上）模式，选择步骤 6 创建的凸台的边线，打开图 7-90 所示的"设置圆弧的位置"对话框，单击"圆弧中心"按钮，使小凸台与大凸台同心，绘制结果如图 7-91 所示。

图 7-89　"支管"对话框　　　　图 7-90　"设置圆弧的位置"对话框

8. 绘制左右小凸台

（1）单击"菜单"→"插入"→"设计特征"→"凸台（原有）"命令，打开"支管"对话框。

（2）在填料压盖的另一侧表面上左右各绘制一小凸台，小凸台的尺寸参数设置为："直径"为"18"，"高度"为"2"，"锥角"为"0"；凸台与 *ZOY* 基准平面的距离为"34"，与 *XOZ* 基准平面的距离为"0"。绘制结果如图 7-92 所示。

图 7-91　绘制凸台　　　　　图 7-92　绘制左右小凸台

9. 绘制柱塞通孔

（1）单击"菜单"→"插入"→"设计特征"→"孔"命令，或单击"主页"选项卡"特征"面组上的 （孔）按钮，打开"孔"对话框，如图 7-93 所示。

（2）采用"简单孔"成形，尺寸设置为："直径"为"36"，"深度"为"30"，"顶锥角"为"0"。捕捉大凸台的圆心为孔放置位置，如图 7-94 所示。绘制结果如图 7-95 所示。

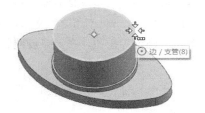

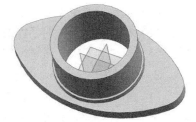

图 7-93　"孔"对话框　　　　　图 7-94　绘制简单孔　　　　　图 7-95　创建孔

10. 绘制螺栓安装孔

（1）单击"菜单"→"插入"→"设计特征"→"孔"命令，或单击"主页"选项卡"特征"面组上的 （孔）按钮，打开"孔"对话框。

（2）采用"简单孔"成形，尺寸设置为："直径"为"9"，"深度"为"20"，"顶锥角"为"0"。分别捕捉填料压板背面的左右凸台圆弧圆心为孔位置，如图 7-96 所示。绘制结果如图 7-97 所示。

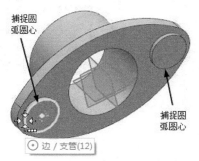

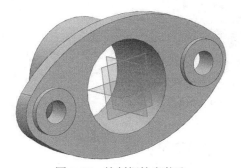

图 7-96　捕捉圆心　　　　　　　　图 7-97　绘制螺栓安装孔

7.4 倒斜角

单击"菜单"→"插入"→"细节特征"→"倒斜角"命令，或单击"主页"选项卡"特征"面组上的 （倒斜角）按钮，打开图 7-98 所示的"倒斜角"对话框。该对话框用于在已存在的实体上沿指定的边缘进行倒角操作。

图 7-98 "倒斜角"对话框

7.4.1 对称倒斜角

与倒角边邻接的两个面采用相同的偏置量来创建简单的倒角特征。

1. 新建文件

单击"菜单"→"文件"→"新建"命令，打开"新建"对话框，在"模板"列表框中选择"模型"，在"名称"文本框中输入"daoxiejiao1"，单击"确定"按钮，进入 UG 主界面。

2. 创建长方体

（1）单击"菜单"→"插入"→"设计特征"→"长方体"命令，打开"长方体"对话框。

（2）在"长方体"对话框的"长度""宽度"和"高度"文本框中均输入"50"。

（3）在"长方体"对话框中，单击"确定"按钮，在原点创建长方体特征，如图 7-99 所示。

3. 倒斜角

（1）单击"菜单"→"插入"→"细节特征"→"倒斜角"命令，或单击"主页"选项卡"特征"面组上的 （倒斜角）按钮，打开"倒斜角"对话框。

（2）在绘图窗口中选择长方体的边，如图 7-100 所示。

（3）在"横截面"下拉列表中选择"对称"选项，并在"距离"文本框中输入"10"。

（4）在"倒斜角"对话框中单击"确定"按钮，倒斜角结果如图 7-101 所示。

图 7-99 创建的长方体

图 7-100 选择倒斜角边

图 7-101 "对称"方式倒斜角结果

7.4.2 非对称倒斜角

与倒角边邻接的两个面采用不同偏置量来创建倒角特征。

在 7.4.1 节的基础上创建非对称倒斜角特征。

（1）单击"菜单"→"插入"→"细节特征"→"倒斜角"命令，或单击"主页"选项卡"特征"面组上的 （倒斜角）按钮，打开图 7-102 所示的"倒斜角"对话框。

（2）在绘图窗口中选择长方体的边，如图 7-103 所示。

（3）在"横截面"下拉列表中选择"非对称"选项，分别在"距离 1"和"距离 2"文本框中输入"5"和"10"。

（4）在"倒斜角"对话框中单击"确定"按钮，倒斜角结果如图 7-104 所示。

图 7-102　"非对称"方式

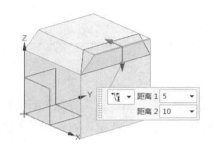

图 7-103　选择倒斜角边

图 7-104　"非对称"方式倒斜角结果

（5）单击"菜单"→"文件"→"另存为"命令，打开"另存为"对话框，在"文件名"文本框中输入"daoxiejiao2"，单击"确定"按钮，保存创建的实体特征。

7.4.3　偏置和角度

由一个偏置值和一个角度来创建倒角特征。

在 7.4.2 节的基础上选择"偏置和角度"方式创建倒斜角特征。

（1）单击"菜单"→"插入"→"细节特征"→"倒斜角"命令，打开图 7-105 所示的"倒斜角"对话框。

（2）在绘图窗口中选择长方体的边，如图 7-106 所示。

（3）在"横截面"下拉列表中选择"偏置和角度"选项，分别在"距离"和"角度"文本框中输入"10"和"30"。

（4）在"倒斜角"对话框中单击"确定"按钮，倒斜角结果如图 7-107 所示。

（5）单击"菜单"→"文件"→"另存为"命令，打开"另存为"对话框，在"文件名"文本框中输入"daoxiejiao3"，单击"确定"按钮，保存创建的实体特征。

图 7-105　"偏置和角度"方式

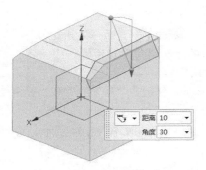

图 7-106　选择倒斜角边

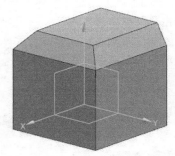

图 7-107　"偏置和角度"方式倒斜角结果

7.4.4　实例——螺栓 1

👉 **制作思路**

本例绘制螺栓 1，如图 7-108 所示。首先通过"拉伸""圆柱"和"倒斜角"命令创建螺栓的头部，然后通过"凸台"和"倒斜角"命令创建螺栓的螺杆，最终完成螺栓的创建。

扫码看视频

图 7-108　螺栓 1

✏️ **【绘制步骤】**

1. 新建文件

单击"主页"选项卡 ▢（新建）按钮，打开"新建"对话框，在"模板"列表框中选择"模型"，输入"luoshuan1"，单击"确定"按钮，进入 UG 建模环境。

2. 创建多边形

（1）单击"菜单"→"插入"→"曲线"→"多边形（原有）"命令，打开"多边形"对话框，如图 7-109 所示。

（2）在"多边形"对话框中的"边数"文本框中输入"6"，单击"确定"按钮。

图 7-109　"多边形"对话框

（3）打开图 7-110 所示"多边形"创建方式对话框，单击"多边形边"按钮。

（4）打开图 7-111 所示的"多边形"参数对话框，在该对话框中"侧"和"方位角"文本框中输入"9"和"0"，单击"确定"按钮。

（5）打开图 7-112 所示的"点"对话框，在该对话框中定义坐标原点为多边形的中心点，建立正六边形，如图 7-113 所示 。

3．创建拉伸

（1）单击"菜单"→"插入"→"设计特征"→"拉伸"命令，或单击"主页"选项卡"特征"面组上的（拉伸）按钮，打开图 7-114 所示的"拉伸"对话框。

图 7-110　"多边形"创建方式对话框

图 7-111　"多边形"参数对话框

图 7-112　"点"对话框

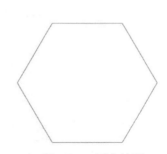

图 7-113　正六边形

图 7-114　"拉伸"对话框

（2）选择图 7-113 所示的正六边形为拉伸曲线。

（3）在"指定矢量"下拉列表中选择"ZC 轴"作为拉伸方向。

（4）在"限制"栏中的开始"距离"和结束"距离"文本框中输入"0"和"6.4"，单击"确定"按钮完成拉伸。生成的正六棱柱如图 7-115 所示。

4．创建圆柱

（1）单击"菜单"→"插入"→"设计特征"→"圆柱"命令，或单击"主页"选项卡"特征"面组上的（圆柱）按钮，打开图 7-116 所示的"圆柱"对话框。

（2）在对话框中的"类型"下拉列表中选择"轴、直径和高度"类型。

（3）在"指定矢量"列表中选择"ZC 轴"作为圆柱体的轴向，选择坐标原点为基点。

（4）在"直径"和"高度"文本框中输入"18"和"6.4"，单击"确定"按钮。生成的圆柱体如图 7-117 所示。

图 7-115　生成的六棱柱　　　　图 7-116　"圆柱"对话框　　　　图 7-117　圆柱体

5. 创建倒斜角

（1）单击"菜单"→"插入"→"细节特征"→"倒斜角"命令，或单击"主页"选项卡"特征"面组上的 🐟（倒斜角）按钮，打开"倒斜角"对话框，如图 7-118 所示。

（2）在对话框中"横截面"下拉列表中选择"对称"，在"距离"文本框中输入"1.5"。

（3）选择图 7-119 所示的圆柱体的底边，单击"确定"按钮，最后结果如图 7-120 所示。

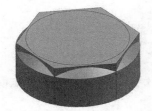

图 7-118　"倒斜角"对话框　　　　图 7-119　选择倒角边　　　　图 7-120　倒斜角

6. 相交

（1）单击"菜单"→"插入"→"组合"→"相交"命令，或单击"主页"选项卡"特征"面组上的 🔂（相交）按钮，打开"相交"对话框，如图 7-121 所示。

（2）选择圆柱体为目标体。

（3）选择拉伸体为刀具体，单击"确定"按钮，完成相交运算。最后结果如图 7-122 所示。

7. 创建凸台

（1）单击"菜单"→"插入"→"设计特征"→"凸台（原有）"命令，打开"支管"对话框，如图 7-123 所示。

（2）在"支管"对话框中的"直径""高度"和"锥角"文本框分别输入"10""35"和"0"。

（3）选择六棱柱的上表面作为凸台的放置面，如图 7-124 所示。

图 7-121　"相交"对话框

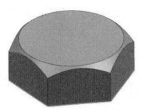

图 7-122　螺栓头

图 7-123　"支管"对话框

图 7-124　选择放置面

（4）单击"确定"按钮，打开图 7-125 所示的"定位"对话框，在对话框中单击 ✓（点落在点上）按钮，打开"点落在点上"对话框。按系统提示选择圆柱的上边缘为目标对象，如图 7-126 所示。

图 7-125　"定位"对话框

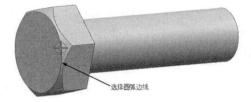

图 7-126　选择圆弧

（5）打开图 7-127 所示"设置圆弧的位置"对话框。单击"圆弧中心"按钮，生成模型如图 7-128 所示。

图 7-127　"设置圆弧的位置"对话框

图 7-128　生成模型

8. 创建倒斜角

（1）单击"菜单"→"插入"→"细节特征"→"倒斜角"命令，或单击"主页"选项卡"特征"面组上的 （倒斜角）按钮，打开"倒斜角"对话框。

（2）在对话框中"横截面"下拉列表中选择"对称"，在"距离"文本框中输入"1"。

（3）选择凸台的底边为倒角边，如图 7-129 所示，单击"确定"按钮，最后结果如图 7-130 所示。

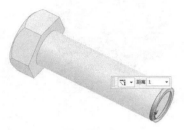

图 7-129　选择倒角边

图 7-130　生成模型

7.5　螺纹

单击"菜单"→"插入"→"设计特征"→"螺纹"命令，或单击"主页"选项卡"特征"面组上的 （螺纹刀）按钮，打开"螺纹切削"对话框。

7.5.1　符号螺纹

（1）单击"菜单"→"文件"→"打开"命令，或单击"快速访问"工具栏中的 （打开）按钮，打开"打开"对话框，选择"luowen"文件，单击"OK"按钮，打开图 7-131 所示的实体模型。

（2）单击"菜单"→"文件"→"另存为"命令，打开"另存为"对话框，在"文件名"文本框中输入"fuhaoluowen"，单击"OK"按钮，保存模型文件。

（3）单击"菜单"→"插入"→"设计特征"→"螺纹"命令，或单击"主页"选项卡"特征"面组上的 （螺纹刀）按钮，打开图 7-132 所示的"螺纹切削"对话框。

（4）在"螺纹类型"选项组中点选"符号"单选钮。

（5）选择图 7-133 所示的圆柱面作为螺纹放置面。

（6）系统打开图 7-134 所示的对话框，选择经过倒角的圆柱体的上表面作为螺纹的开始面。

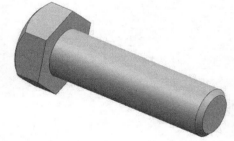

图 7-131　模型文件

（7）系统打开图 7-135 所示的对话框，单击"螺纹轴反向"按钮。

（8）返回到"螺纹切削"对话框，在"长度"文本框中输入"26"，其他参数不变，单击"确定"按钮，生成图 7-136 所示的符号螺纹。

图 7-132 "符号"方式

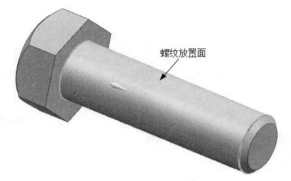

图 7-133 选择螺纹放置面

图 7-134 选择螺纹开始面

图 7-135 螺纹轴反向

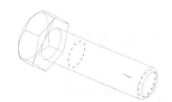

图 7-136 符号螺纹

7.5.2 详细螺纹

（1）单击"菜单"→"文件"→"打开"命令，或单击"快速访问"工具栏中的 （打开）按钮，打开"打开"对话框，选择"luowen"文件，单击"OK"按钮，打开图 7-131 所示的实体模型。

（2）单击"菜单"→"文件"→"另存为"命令，打开"另存为"对话框，在"文件名"文本框中输入"xiangxiluowen"，单击"OK"按钮，保存模型文件。

（3）单击"菜单"→"插入"→"设计特征"→"螺纹"命令，打开"螺纹切削"对话框。

（4）在"螺纹类型"选项组中点选"详细"单选钮，对话框如图 7-137 所示。

（5）选择图 7-138 所示的圆柱面作为螺纹的放置面。

（6）系统打开图 7-139 所示的对话框，选择经过倒角的圆柱体的上表面作为螺纹的开始面。

（7）系统打开图 7-140 所示的对话框，单击"螺纹轴反向"按钮。

（8）返回到"螺纹切削"对话框，在"长度"文本框中输入"26"，其他参数不变，单击"确定"按钮生成详细螺纹，结果如图 7-141 所示。

图 7-137 "详细"方式

图 7-138 选择螺纹放置面

图 7-139 选择螺纹开始面

图 7-140 螺纹轴反向

图 7-141 详细螺纹

7.5.3 实例——螺栓 2

👉 **制作思路**

本例绘制螺栓 2，如图 7-142 所示。通过"螺纹"命令创建螺栓的螺纹部分。

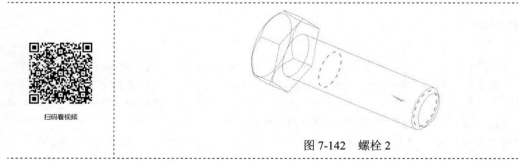

扫码看视频

图 7-142 螺栓 2

✏ **【绘制步骤】**

1. 打开文件

单击"主页"选项卡 📂（打开）按钮，打开"打开"对话框，输入"luoshuan1"，单击"OK"按钮，进入 UG 建模环境。

2．另存部件文件

单击"文件"→"保存"→"另存为"命令，打开"另存为"对话框，输入"luoshan2"，单击"OK"按钮，进入 UG 主界面。

3．创建螺纹

（1）单击"菜单"→"插入"→"设计特征"→"螺纹"命令，或单击"主页"选项卡"特征"面组上的 (螺纹刀)按钮，打开图 7-143 所示的"螺纹切削"对话框。

（2）在"螺纹切削"对话框中选择螺纹类型为"符号"类型，

（3）选择图 7-144 所示的圆柱面作为螺纹的生成面。

图 7-143 "螺纹切削"对话框

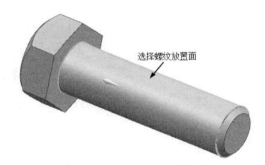

图 7-144 螺纹的生成面

（4）系统打开图 7-145 所示的对话框，选择刚刚经过倒角的圆柱体的上表面作为螺纹的开始面。

（5）系统打开图 7-146 所示的对话框，选择"螺纹轴反向"按钮。

图 7-145 选择螺纹开始面

图 7-146 螺纹轴反向

（6）返回到"螺纹切削"对话框，将螺纹"长度"改为"26"，其他参数不变，单击"确定"按钮生成符号螺纹。

符号螺纹并不生成真正的螺纹，只是在所选圆柱面上建立虚线圆，如图 7-147 所示。

如果选择"详细"的螺纹类型，其操作方法与"符号"螺纹类型操作方法相同，生成的详细螺纹如图 7-148 所示，但是生成详细螺纹会影响系统的显示性能和操作性能，所以一般不生成详细螺纹。

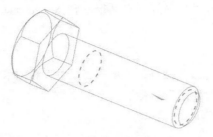

图 7-147　符号螺纹

图 7-148　详细螺纹

7.6　抽壳

单击"菜单"→"插入"→"偏置 / 缩放"→"抽壳"命令，或单击"主页"选项卡"特征"面组上的 🗐（抽壳）按钮，打开图 7-149 所示的"抽壳"对话框。其中有两种抽壳方式，一种是移除面，然后抽壳；另一种是对所有面抽壳。

图 7-149　"抽壳"对话框

7.6.1　移除面，然后抽壳

1. 新建文件

单击"菜单"→"文件"→"新建"命令，打开"新建"对话框，在"模板"列表框中选择"模型"，在"名称"文本框中输入"chouke1"，单击"确定"按钮，进入 UG 主界面。

2．创建长方体

（1）单击"菜单"→"插入"→"设计特征"→"长方体"命令，打开"长方体"对话框。

（2）在"长方体"对话框的"长度""宽度"和"高度"文本框中均输入"50"。

（3）在"长方体"对话框中，单击"确定"按钮，在原点创建长方体特征，如图 7-150 所示。

3．抽壳处理

（1）单击"菜单"→"插入"→"偏置 / 缩放"→"抽壳"命令，或单击"主页"选项卡"特征"面组上的 （抽壳）按钮，打开"抽壳"对话框。

（2）在"抽壳"对话框的"类型"下拉列表中选择"移除面，然后抽壳"选项。

（3）在实体中选择要穿透的面，如图 7-150 所示，并在对话框中输入抽壳"厚度"为"5"。

（4）单击"确定"按钮，创建的抽壳特征如图 7-151 所示。

图 7-150　选择面

图 7-151　抽壳

7.6.2　对所有面抽壳

1．新建文件

单击"菜单"→"文件"→"新建"命令，打开"新建"对话框，在"模板"列表框中选择"模型"，在"名称"文本框中输入"chouke2"，单击"确定"按钮，进入 UG 主界面。

2．创建长方体

（1）单击"菜单"→"插入"→"设计特征"→"长方体"命令，打开"长方体"对话框。

（2）在"长方体"对话框的"长度""宽度"和"高度"文本框中均输入"50"。

（3）在"长方体"对话框中，单击"确定"按钮，在原点创建长方体特征，如图 7-150 所示。

3．创建抽壳特征

（1）单击"菜单"→"插入"→"偏置 / 缩放"→"抽壳"命令，或单击"主页"选项卡"特征"面组上的 （抽壳）按钮，打开"抽壳"对话框。

（2）在"抽壳"对话框的"类型"下拉列表中选择"对所有面抽壳"选项，如图 7-152 所示。

（3）选择要抽壳的体，并输入"厚度"为"5"，单击"确定"按钮，创建的抽壳特征如图 7-153 所示。

图 7-152 "对所有面抽壳"方式

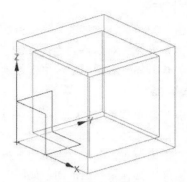

图 7-153 创建的抽壳特征

7.6.3 实例——锅盖

制作思路

本例绘制锅盖,如图 7-154 所示。首先创建圆柱和圆锥等特征,再通过"抽壳"等操作完成锅盖的创建。

扫码看视频

图 7-154 锅盖

【绘制步骤】

1. 创建新文件

单击"菜单"→"文件"→"新建"命令,或单击"主页"选项卡中的▯(新建)按钮,打开"新建"对话框。在"模板"列表框中选择"模型",在"名称"文本框中输入"guogai",单击"确定"按钮,进入建模环境。

2. 创建圆柱体

(1)单击"菜单"→"插入"→"设计特征"→"圆柱"命令,打开"圆柱"对话框,如图 7-155 所示。

(2)在"类型"下拉列表中选择"轴、直径和高度",在"指定矢量"下拉列表中选择"ZC 轴"。

(3)单击▣(点构造器)按钮,在打开的"点"对话框中设置原点坐标为(0,0,0),单击"确定"按钮。

(4)返回"圆柱"对话框,在"直径"和"高度"文本框中分别输入"121"和"5.5",单击"确定"按钮，生成模型如图 7-156 所示。

图 7-155　"圆柱"对话框

图 7-156　圆柱体

3. 创建圆锥

（1）单击"菜单"→"插入"→"设计特征"→"圆锥"命令，打开"圆锥"对话框，如图 7-157 所示。

（2）在"类型"下拉列表中选择"底部直径，高度和半角"选项，在"指定矢量"下拉列表中选择"ZC 轴"。

（3）单击 （点构造器）按钮，在打开的"点"对话框中设置坐标为（0，0，5.5），单击"确定"按钮。

（4）返回"圆锥"对话框，在"底部直径""高度"和"半角"文本框中分别输入"98""15"和"60"。

（5）在"布尔"下拉列表中选择"合并"，系统将自动选择步骤 2 创建的圆柱体，单击"确定"按钮，即可创建圆锥特征，如图 7-158 所示。

图 7-157　"圆锥"对话框

图 7-158　创建圆锥

4. 抽壳操作

（1）单击"菜单"→"插入"→"偏置/缩放"→"抽壳"命令，或单击"主页"选项卡"特征"面组上的 🥫（抽壳）按钮，打开图 7-159 所示的"抽壳"对话框。

（2）在"类型"下拉列表中选择"移除面，然后抽壳"选项，在"厚度"文本框中输入"1"，选择锅盖底面为要穿透的面，如图 7-160 所示。

（3）单击"确定"按钮，完成抽壳操作，如图 7-161 所示。

图 7-159　"抽壳"对话框

图 7-160　选择要穿透的面

图 7-161　抽壳操作

5. 创建圆环

（1）单击"菜单"→"插入"→"设计特征"→"圆柱"命令，打开"圆柱"对话框，如图 7-162 所示。

（2）在"类型"下拉列表选择"轴、直径和高度"。在"指定矢量"下拉列表中选择"ZC 轴"。

（3）单击 🔟（点构造器）按钮，在打开的"点"对话框中设置原点坐标为（0，0，5.5），单击"确定"按钮。

（4）返回"圆柱"对话框，在"直径"和"高度"文本框中分别输入"123"和"1.5"，单击"应用"按钮。

（5）以同样的方法，创建"直径"为"101"、"高度"为"1.5"，位于（0，0，5.5）位置的圆柱体 2，并与圆柱体 1 进行布尔减去操作，生成图 7-163 所示模型。

图 7-162　"圆柱"对话框

图 7-163　创建圆环

6．创建圆柱体

（1）单击"菜单"→"插入"→"设计特征"→"圆柱"命令，打开"圆柱"对话框，如图7-164所示。

（2）在"类型"下拉列表中选择"轴、直径和高度"。在"指定矢量"下拉列表中选择"*ZC*轴"。

（3）单击按钮，在打开的"点"对话框中设置原点坐标为（0，0，20.5），单击"确定"按钮。

（4）返回"圆柱"对话框，在"直径"和"高度"文本框中分别输入"40"和"2"，在"布尔"下拉列表中选择"合并"，选择圆锥体，单击"确定"按钮。

（5）以同样方法创建一"直径"和"高度"分别为"15"和"5"，位于（0，0，22.5）处的圆柱体2，并完成布尔合并操作，如图7-165所示。

图7-164　"圆柱"对话框

图7-165　创建圆柱

7．创建圆锥

（1）单击"菜单"→"插入"→"设计特征"→"圆锥"命令，打开"圆锥"对话框。

（2）在"类型"下拉列表中选择"底部直径，高度和半角"，在"指定矢量"下拉列表中选中"*ZC*轴"。

（3）单击按钮，在打开的"点"对话框中设置坐标为（0，0，27.4），单击"确定"按钮。

（4）返回"圆锥"对话框，在"底部直径""高度"和"半角"文本框中分别输入"25""8"和"15"。

（5）在"布尔"下拉列表中选择"合并"，选择步骤6创建的圆柱体，单击"确定"按钮，完成圆锥特征的创建，如图7-166所示。

图7-166　创建圆锥后的效果

7.7　阵列特征

单击"菜单"→"插入"→"关联复制"→"阵列特征"命令，或单击"主页"选项卡"特征"面组上的 ⬢ （阵列特征）按钮，打开图 7-167 所示的"阵列特征"对话框。包括线性阵列、圆形阵列、多边形阵列、螺旋阵列、沿阵列、常规阵列和参考阵列 7 种阵列方式，本节中主要介绍线性阵列、圆形阵列、多边形阵列和沿阵列 4 种阵列的创建。

图 7-167　"阵列特征"对话框

7.7.1　线形阵列

1．新建文件

单击"菜单"→"文件"→"新建"命令，打开"新建"对话框，在"模板"列表框中选择"模型"，在"名称"文本框中输入"xianxingzhenlie"，单击"确定"按钮，进入 UG 主界面。

2．创建长方体特征

（1）单击"菜单"→"插入"→"设计特征"→"长方体"命令，打开"长方体"对话框。

（2）在"长方体"对话框中的"长度""宽度"和"高度"文本框中均输入"60""40"和"10"。

（3）在"长方体"对话框中，单击"确定"按钮，在原点创建长方体特征，如图 7-168 所示。

图 7-168　长方形特征

3．创建凸台特征

（1）单击"菜单"→"插入"→"设计特征"→"凸台（原有）"命令，打开"支管"对话框。

（2）选择步骤 2 创建的长方体上表面为凸台放置面。

（3）分别在"支管"对话框的"直径""高度"和"锥角"文本框中输入"10""10"和"0"。

（4）单击"确定"按钮，打开"定位"对话框。

（5）在"定位"对话框中，选择 ⚓（垂直）方式定位，定位后的尺寸示意图如图 7-169 所示。

（6）单击"确定"按钮，创建的凸台特征如图 7-170 所示。

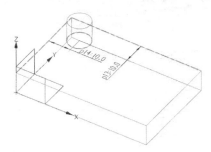

图 7-169　定位后的尺寸示意图

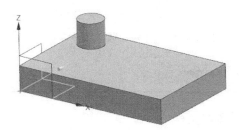

图 7-170　创建的凸台特征

4．阵列凸台特征

（1）单击"菜单"→"插入"→"关联复制"→"阵列特征"命令，或单击"主页"选项卡"特征"面组上的 ✦（阵列特征）按钮，打开"阵列特征"对话框。

（2）选择凸台特征为要阵列的特征，在对话框中的"布局"下拉列表中选择"线性"选项。

（3）在"指定矢量"下拉列表中选择"XC 轴"为方向 1，分别在对话框的"数量"和"节距"文本框中输入"3"和"20"。

（4）勾选"使用方向 2"复选框，在"指定矢量"下拉列表中选择"-YC 轴"为方向 2，分别在对话框的"数量"和"节距"文本框中输入"2"和"20"，如图 7-171 所示。

（5）在"阵列特征"对话框中单击"确定"按钮，创建的阵列特征如图 7-172 所示。

图 7-171 "阵列特征"对话框

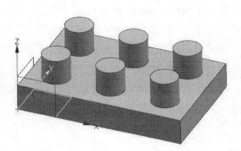

图 7-172 阵列埋头孔特征

7.7.2 圆形阵列

1. 新建文件

单击"菜单"→"文件"→"新建"命令,打开"新建"对话框,在"模板"列表框中选择"模型",在"名称"文本框中输入"yuanxingzhenlie",单击"确定"按钮,进入 UG 主界面。

2. 创建圆柱特征 1

(1)单击"菜单"→"插入"→"设计特征"→"圆柱"命令,或单击"主页"选项卡"特征"面组上的 (圆柱)按钮,打开"圆柱"对话框。

(2)在"类型"下拉列表中选择"轴、直径和高度"类型。

(3)在"指定矢量"下拉列表中选择"ZC 轴"方向为圆柱轴向。

(4)在"圆柱"对话框中的"直径"和"高度"文本框中分别输入"50"和"5"。

(5)在"圆柱"对话框中,单击"确定"按钮,创建圆柱特征 1,如图 7-173 所示。

3. 创建简单孔特征

(1)单击"菜单"→"插入"→"设计特征"→"孔"命令,或单击"主页"选项卡"特征"

面组上的（孔）按钮，打开"孔"对话框。

（2）在"孔"对话框中选择"常规孔"类型，在成形下拉列表中选择"简单孔"，参数设置如图 7-174 所示。

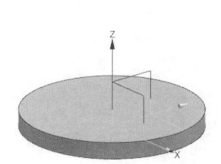

图 7-173　圆柱体　　　　　　　　　　　　图 7-174　"孔"对话框

（3）单击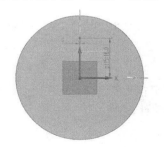（绘制截面）按钮，打开"绘制草图"对话框，在绘图窗口中选择圆柱体上表面为孔的放置面。

（4）打开"草图点"对话框，在视图中创建点并标注尺寸，如图 7-175 所示。单击"主页"选项卡"草图"面组上的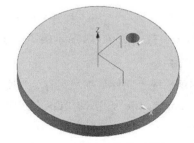（完成）按钮。

（5）单击对话框中的"确定"按钮，创建的简单孔特征如图 7-176 所示。

图 7-175　绘制点　　　　　　　　　　　图 7-176　创建的简单孔特征

4. 阵列孔特征

（1）单击"菜单"→"插入"→"关联复制"→"阵列特征"命令，或单击"主页"选项卡"特征"面组上的（阵列特征）按钮，打开"阵列特征"对话框。

（2）选择孔特征为要阵列的特征，在对话框中的"布局"下拉列表中选择"圆形"选项。

（3）在"指定矢量"下拉列表中选择"ZC 轴"为旋转轴，指定坐标原点为基点。

（4）分别在"数量"和"节距角"文本框中入输入"12"和"30"，如图 7-177 所示。

（5）在对话框中单击"确定"按钮，创建的圆形阵列特征如图 7-178 所示。

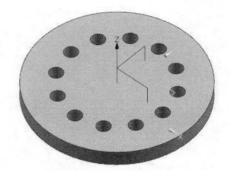

图 7-177 "阵列特征"对话框　　　　图 7-178 圆形阵列特征

7.7.3 多边形阵列

1. 打开文件

单击"菜单"→"文件"→"打开"命令,打开"打开"对话框,选择"yuanxingzhenlie"文件,单击"OK"按钮,打开图 7-178 所示的实体模型。

2. 另存文件

单击"菜单"→"文件"→"另存为"命令,打开"另存为"对话框,在"文件名"文本框中输入"duobianxingzhenlie",单击"OK"按钮,保存模型文件。

3. 删除特征

(1)单击绘图窗口左侧的 (部件导航器)按钮,打开图 7-179 所示的"部件导航器"。

(2)在"部件导航器"选择"阵列特征 [圆形]",单击鼠标右键,在打开的快捷菜单中选择"删除"选项,如图 7-180 所示。删除圆形阵列特征。

4. 阵列孔特征

(1)单击"菜单"→"插入"→"关联复制"→"阵列特征"命令,或单击"主页"选项卡"特征"面组上的 (阵列特征)按钮,打开"阵列特征"对话框。

(2)选择孔特征为要阵列的特征,在对话框中的"布局"下拉列表中选择"多边形"选项。

(3)在"指定矢量"下拉列表中选择"ZC 轴"为旋转轴,指定坐标原点为基点。

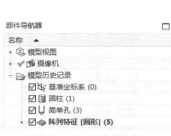

图 7-179 部件导航器   图 7-180 快捷菜单

（4）分别在"边数""数量"和"跨距"文本框中输入"6""6"和"360"，如图 7-181 所示。

（5）在对话框中单击"确定"按钮，创建的多边形阵列特征如图 7-182 所示。

图 7-181 "阵列特征"对话框

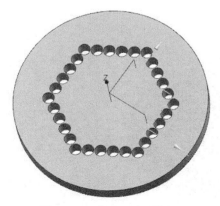

图 7-182 多边形阵列特征

7.7.4 沿曲线阵列

1. 打开文件

单击"菜单"→"文件"→"打开"命令，打开"打开"对话框，在随书光盘中选择"yuanxingzhenlie"文件，单击"OK"按钮，打开图 7-178 所示的实体模型。

2. 另存文件

单击"菜单"→"文件"→"另存为"命令，打开"另存为"对话框，在"文件名"文本框中输入"yanquxianzhenlie"，单击"OK"按钮，保存模型文件。

3. 删除特征

（1）单击绘图窗口左侧的 （部件导航器）按钮，打开"部件导航器"。

（2）在"部件导航器"选择"阵列特征 [圆形]"，单击鼠标右键，在打开的快捷菜单中选择"删除"选项，删除圆形阵列特征。

4. 绘制草图

单击"菜单"→"插入"→"草图"命令，进入草图环境，选择圆柱体的上表面为工作平面，绘制图 7-183 所示的草图。单击"主页"选项卡"草图"面组上的 （完成草图）按钮。

5. 阵列孔特征

（1）单击"菜单"→"插入"→"关联复制"→"阵列特征"命令，或单击"主页"选项卡"特征"面组上的 （阵列特征）按钮，打开"阵列特征"对话框。

（2）选择孔特征为要阵列的特征，在对话框中的"布局"下拉列表中选择"沿"选项。

（3）在"指定矢量"下拉列表中选择步骤 4 绘制的草图为路径，指定坐标原点为基点。

（4）分别在"数量"和"步距百分比"文本框中入输入"3"和"30"，如图 7-184 所示。

（5）在对话框中单击"确定"按钮，创建的多边形阵列特征如图 7-185 所示。

图 7-183　绘制草图

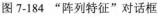

图 7-184　"阵列特征"对话框

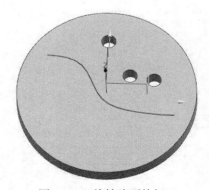

图 7-185　线性阵列特征

7.7.5　实例——显示屏

 **制作思路**

本例绘制显示屏，如图 7-186 所示。显示屏是电脑的 I/O 设备，即输入 / 输出设备，用于将一定格式的电子文件通过特定的传输设备显示到屏幕上。显示屏有多种类型，目前常用的有 CRT、LCD 等。本例首先创建长方体，再进行垫块、腔和凸台等操作，然后在实体模型的基础上进行边倒圆和倒斜角操作，生成显示屏模型。

扫码看视频

图 7-186　显示屏

【绘制步骤】

1. 创建新文件

单击"菜单"→"文件"→"新建"命令，或单击"快速访问"工具栏中的 □（新建）按钮，打开"新建"对话框。在"模板"列表框中选择"模型"，在"名称"文本框中输入"xianshiping"，单击"确定"按钮，进入建模环境。

2. 创建长方体

（1）单击"菜单"→"插入"→"设计特征"→"长方体"命令，或单击"主页"选项卡"特征"面组上的 ▣ （长方体）按钮，打开图 7-187 所示的"长方体"对话框。

（2）在"类型"下拉列表中选择"原点和边长"。

（3）单击 ㄓ（点构造器）按钮，在打开的"点"对话框中设置坐标为（0，0，0），单击"确定"按钮。

（4）返回"长方体"对话框，在"长度""宽度"和"高度"文本框中分别输入"300""205"和"10"。

（5）单击"确定"按钮，即可创建长方体，如图 7-188 所示。

3. 创建腔（显示屏）

（1）单击"菜单"→"插入"→"设计特征"→"腔（原有）"命令，打开"腔"对话框，如图 7-189 所示。

（2）单击"矩形"按钮，打开"矩形腔"放置面选择对话框。选择长方体的上表面为放置面，打开"水平参考"对话框。

（3）选择放置面与 *XC* 轴方向一致的直段边为水平参考，打开图 7-190 所示的"矩形腔"参数对话框。

图 7-187 "长方体"对话框

图 7-188 创建长方体

图 7-189 "腔"对话框

图 7-190 "矩形腔"参数对话框

（4）在"长度""宽度""深度""角半径""底面半径"和"锥角"文本框中分别输入"265""165""2""0""0"和"0"。

（5）单击"确定"按钮，打开"定位"对话框。

（6）单击 ⛌（垂直）按钮，设置矩形腔的短中心线和长方体短边的距离为"150"，设置矩形腔的长中心线和长方体下端长边的距离为"107.5"，结果如图 7-191 所示。

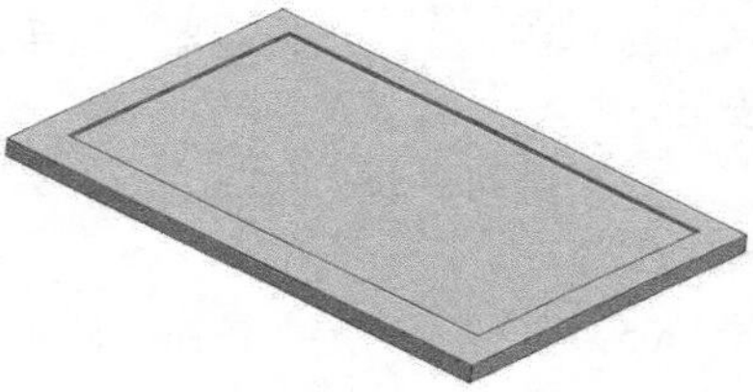

4．边倒圆

（1）单击"菜单"→"插入"→"细节特征"→"边倒圆"

图 7-191 创建腔

命令，或单击"主页"选项卡"特征"面组上的 🔲（边倒圆）按钮，打开"边倒圆"对话框。

（2）在视图中选择要倒圆的边，并在"半径 1"文本框中输入"6"，如图 7-192 所示。

（3）在"边倒圆"对话框中单击"确定"按钮，结果如图 7-193 所示。

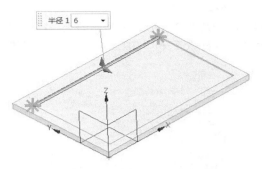

图 7-192　选择要倒圆的边并输入倒圆半径

图 7-193　边倒圆

5．创建凸台（接触垫块）

（1）单击"菜单"→"插入"→"设计特征"→"凸台（原有）"命令，打开"支管"对话框，如图 7-194 所示。

（2）选择长方体上表面为凸台放置面。

（3）在"支管"对话框的"直径""高度"和"锥角"文本框中分别输入"6""3"和"0"，单击"确定"按钮。

（4）在打开的"定位"对话框中选择　　（垂直）定位方式，按照提示分别选择长方体的长和宽两边为定位基准，并分别将距离参数设置为"5"和"5"。

（5）重复上述步骤，在长方体上端面的另一角上创建参数和定位方式相同的凸台 2，以及参数相同、定位距离参数为（5，75）的凸台 3。生成模型如图 7-195 所示。

图 7-194　"支管"对话框

图 7-195　模型

6．创建垫块

（1）单击"菜单"→"插入"→"设计特征"→"垫块（原有）"命令，打开图 7-196 所示的"垫块"对话框。

（2）单击"矩形"按钮，打开"矩形垫块"放置面选择对话框。

（3）选择长方体的上表面为垫块放置面，打开"水平参考"对话框。选择与 YC 轴方向一致的直段边为水平参考，打开"矩形垫块"参数对话框，如图 7-197 所示。

（4）在"长度""宽度""高度""角半径"和"锥角"

图 7-196　"垫块"对话框

文本框中分别输入"20""3""3""0"和"0",单击"确定"按钮。

（5）打开"定位"对话框，单击 ✧（垂直）按钮，分别选择长方体上端面的长、宽两边为定位基准，选择垫块两中心线为工具边，设置距离参数分别为"5"和"102.5"，创建矩形垫块，如图 7-198 所示。

图 7-197　"矩形垫块"参数对话框

图 7-198　创建矩形垫块

7．边倒圆

（1）单击"菜单"→"插入"→"细节特征"→"边倒圆"命令，或单击"主页"选项卡"特征"面组上的 ▱（边倒圆）按钮，打开"边倒圆"对话框。

（2）选择凸台1、2、3的顶边，设置圆角半径为"3"；选择垫块的上端面边，设置圆角半径为"1.5"，如图 7-199 所示；单击"确定"按钮，生成模型如图 7-200 所示。

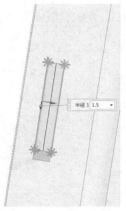

图 7-199　选择边

图 7-200　边倒圆

8．创建腔

（1）单击"菜单"→"插入"→"设计特征"→"腔（原有）"命令，打开"腔"对话框。

（2）单击"矩形"按钮，打开"矩形腔"放置面选择对话框。

（3）选择长方体上表面为放置面，打开"水平参考"对话框，选择与 XC 轴方向一致的直段边为水平参考。

（4）打开图 7-201 所示的"矩形腔"参数对话框，在"长度""宽度""深度""角半径""底面半径"和"锥角"文本框中分别输入"10""2.5""2.5""0""0"和"0"，单击"确定"按钮。

（5）在打开的"定位"对话框中单击 ✧（垂直）按钮，选择长方体的长、宽两边为定位基准，选择腔两中心线为工具边，设置距离参数分别为"5"和"95"，单击"确定"按钮，生成的腔模型如图 7-202 所示。

图 7-201　"矩形腔"（输入参数）对话框

图 7-202　生成腔模型

9. 创建垫块

（1）单击"菜单"→"插入"→"设计特征"→"垫块（原有）"命令，打开图 7-203 所示的"垫块"对话框。

（2）单击"矩形"按钮，打开"矩形垫块"放置面选择对话框。

（3）选择步骤 8 创建的腔体底面为垫块放置面，打开"水平参考"对话框。选择与 *XC* 轴方向一致的直段边为水平参考，打开"矩形垫块"参数对话框。

（4）在"长度""宽度""高度""角半径"和"锥角"文本框中栏分别输入"4""2""10""0"和"0"，单击"确定"按钮。

（5）打开"定位"对话框，单击 ✗（垂直）按钮，分别选择腔体的长、宽两边为定位基准，选择垫块两中心线为工具边，设置距离参数分别为"1.25"和"4"，创建矩形垫块 1，如图 7-204 所示。

（6）重复上述步骤，以垫块一侧面为放置面，选择与 *ZC* 轴方向一致的直段边为水平参考方向，设置"长度"、"宽度"和"高度"分别为"3""2"和"3"。定位基准选择放置面的长、宽两边，选择垫块中心线为工具边，设置距离参数分别为"1"和"1.5"，连续单击"确定"按钮，完成垫块 2 的创建，如图 7-205 所示。

图 7-203　"垫块"对话框

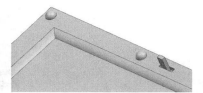

图 7-204　创建矩形垫块 1

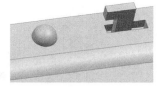

图 7-205　创建矩形垫块 2

10. 边倒角

（1）单击"菜单"→"插入"→"细节特征"→"倒斜角"命令，或单击"主页"选项卡"特征"面组上的 ◈（倒斜角）按钮，打开图 7-206 所示的"倒斜角"对话框。

（2）在视图中选择垫块边，如图 7-207 所示。

（3）在"横截面"下拉列表中选择"对称"，在"距离"文本框中输入"3"。

（4）单击"确定"按钮，结果如图 7-208 所示。

图 7-206　"倒斜角"对话框

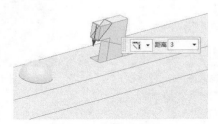

图 7-207　选择垫块边

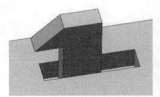

图 7-208　边倒角

11．创建腔

（1）单击"菜单"→"插入"→"设计特征"→"腔（原有）"命令，打开"腔"对话框。

（2）单击"矩形"按钮，打开"矩形腔"放置面选择对话框。

（3）选择长方体上表面为放置面，打开"水平参考"对话框，选择与 XC 轴方向一致的直段边为水平参考。

（4）打开图 7-209 所示的"矩形腔"参数对话框，在"长度""宽度""深度""角半径""底面半径"和"锥角"文本框中分别输入"20""10""12""0""0"和"0"，单击"确定"按钮。

（5）在打开的"定位"对话框中单击 ✧（垂直）按钮，定位基准选择放置面的长、宽两边，选择腔中心线为工具边，设置距离参数分别为"5"和"36"，单击"确定"按钮，生成的腔模型如图 7-210 所示。

图 7-209　设置矩形腔参数

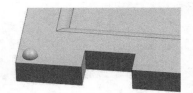

图 7-210　腔模型

12．创建基准平面

（1）单击"菜单"→"插入"→"基准/点"→"基准平面"命令，或单击"主页"选项卡"特征"面组上的 ▱（基准平面）按钮，打开图 7-211 所示的"基准平面"对话框。

（2）在"类型"下拉列表中选择"二等分"，在视图中选择长方体的左、右两个侧面为参考平面，单击"确定"按钮，生成基准平面，如图 7-212 所示。

图 7-211　"基准平面"对话框

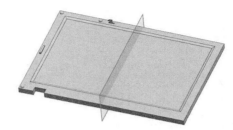

图 7-212　创建基准平面

13. 创建镜像特征

（1）单击"菜单"→"插入"→"关联复制"→"镜像特征"命令，或单击"主页"选项卡"特征"面组上"更多"库下的 （镜像特征）按钮，打开图 7-213 所示的"镜像特征"对话框。

（2）在视图中选择步骤 5、10 创建的特征，选择步骤 12 创建的基准平面为镜像平面，单击"确定"按钮，创建镜像特征，如图 7-214 所示。

图 7-213　"镜像特征"对话框

图 7-214　创建镜像特征

14. 创建简单孔

（1）单击"菜单"→"插入"→"设计特征"→"孔"命令，或单击"主页"选项卡"特征"面组上的 （孔）按钮，打开图 7-215 所示的"孔"对话框。

（2）在"类型"下拉列表中选择"常规孔"，在"形状和尺寸"选项组的"成形"下拉列表中选择"简单孔"。

（3）单击 （绘制截面）按钮，选择长方体的上表面为草图放置面。

（4）进入草图绘制界面，打开"草图点"对话框，在长方体上单击一点，标注尺寸确定点位置，如图 7-216 所示。单击 （完成）按钮，草图绘制完毕。

（5）在"孔"对话框中，将孔的"直径""深度"和"顶锥角"分别设置为"1""4"和"0"，单击"确定"按钮，完成简单孔的创建，如图 7-217 所示。

图 7-215　"孔"对话框

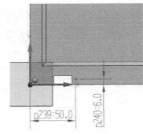

图 7-216　标注尺寸

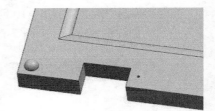

图 7-217　创建简单孔

15. 孔阵列

（1）单击"菜单"→"插入"→"关联复制"→"阵列特征"命令，或单击"主页"功能区"特征"面组上的 ＠（阵列特征）按钮，打开图 7-218 所示的"阵列特征"对话框。

（2）选择步骤 14 创建的孔特征为要形成阵列的特征。

（3）在"阵列定义"选项组下的"布局"下拉列表中选择"线性"；在"方向 1"子选项组下的"指定矢量"下拉列表中选择"XC 轴"为阵列方向，在"间距"下拉列表中选择"数量和间隔"，设置"数量"和"节距"为"13"和"3"。

（4）在"方向 2"子选项组下，选中"使用方向 2"复选框，在"指定矢量"下拉列表中选择"YC 轴"为阵列方向，在"间距"下拉列表中选择"数量和间隔"，设置"数量"和"节距"为"6"和"2"。

（5）其他采用默认设置，单击"确定"按钮，完成孔阵列，如图 7-219 所示。

16. 创建散热孔

重复步骤 14、15，在另一侧创建散热孔，如图 7-220 所示。

17. 创建腔体

（1）单击"菜单"→"插入"→"设计特征"→"腔（原有）"命令，打开"腔"对话框。

（2）单击"矩形"按钮，打开"矩形腔"放置面选择对话框。

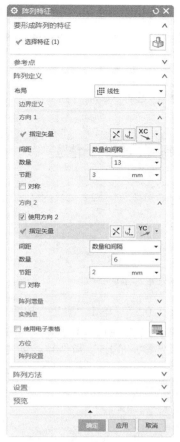

图 7-218　"阵列特征"对话框

图 7-219　孔阵列

图 7-220　创建散热孔

（3）选择长方体下表面为放置面，打开"水平参考"对话框，选择与 *XC* 轴方向一致的直段边为水平参考。

（4）打开图 7-221 所示的"矩形腔"参数对话框，在"长度""宽度""深度""角半径""底面半径"和"锥角"文本框中分别输入"260""195""0.5""0""0"和"0"，单击"确定"按钮。

（5）在打开的"定位"对话框中单击 （垂直）按钮，定位基准选择放置面的下端长、宽两边，选择腔中心线为工具边，设置距离参数分别为"97.5"和"150"，单击"确定"按钮，生成的腔模型如图 7-222 所示。

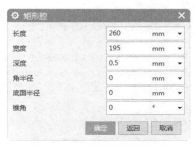

图 7-221　设置矩形腔参数

图 7-222　创建的腔

18. 创建垫块

（1）单击"菜单"→"插入"→"设计特征"→"垫块（原有）"命令，打开图 7-223 所示的"垫块"对话框。

（2）单击"矩形"按钮，打开"矩形垫块"放置面选择对话框。

（3）选择长方体的上表面为垫块放置面，打开"水平参考"对话框。选择 *XC* 轴方向一致的直段边为水平参考，打开图 7-224 所示的"矩形垫块"参数对话框。

图 7-223 "垫块"对话框

图 7-224 设置矩形垫块参数

（4）在"长度""宽度"和"高度"文本框中分别输入"208""25"和"0.5"，单击"确定"按钮。

（5）打开"定位"对话框，单击 （垂直）按钮，分别选择长方形的下端长边和基准平面 1 为定位基准，选择垫块长边和短中心线为定位工具边，设置距离参数分别为"12.5"和"0"，创建矩形垫块，如图 7-225 所示。

19. 创建凸台

（1）单击"菜单"→"插入"→"设计特征"→"凸台（原有）"命令，打开"支管"对话框，如图 7-226 所示。

（2）选择腔体底面为凸台放置面。

（3）在"支管"对话框中的"直径""高度"和"锥角"文本框中分别输入"36""0.5"和"0"，单击"确定"按钮。

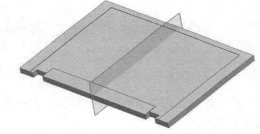

图 7-225 创建矩形垫块

（4）在打开的"定位"对话框中单击 （垂直）按钮，选择基准平面和长方形的长边为定位基准，距离分别为"0"和"102.5"，生成实体模型如图 7-227 所示。

图 7-226 "支管"对话框

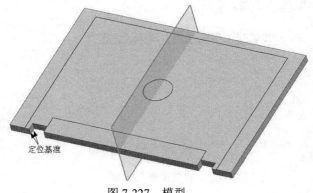

图 7-227 模型

20．创建凸台

（1）单击"菜单"→"插入"→"设计特征"→"凸台（原有）"命令，打开"支管"对话框，如图 7-228 所示。

（2）选择腔体底面为凸台放置面。

（3）在"支管"对话框中的"直径""高度"和"锥角"文本框中分别输入"4""20"和"0"，单击"确定"按钮。

（4）在打开的"定位"对话框中单击 $\swarrow$（垂直）按钮，选择图 7-229 所示的定位基准，距离分别为"5"和"5"，生成实体模型如图 7-229 所示。

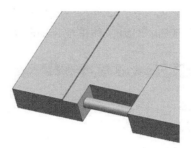

图 7-228 "支管"对话框   图 7-229 创建凸台后的模型

（5）重复上述步骤，在另一对称位置创建同样参数的凸台，生成图 7-230 所示的模型。

21．边倒圆

（1）单击"菜单"→"插入"→"细节特征"→"边倒圆"命令，或单击"主页"选项卡"特征"面组上的 ◈（边倒圆）按钮，打开"边倒圆"对话框。

（2）在视图中选择要倒圆的边，并在"半径 1"文本框中输入"2"，如图 7-231 所示。

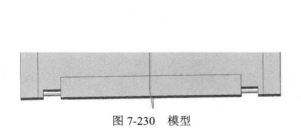

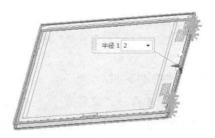

图 7-230 模型   图 7-231 选择要倒圆的边

（3）在"边倒圆"对话框中单击"应用"按钮，生成圆角。

（4）选择图 7-232 所示的边进行倒圆角，单击"应用"按钮。

（5）选择图 7-233 所示的边进行倒圆角，单击"确定"按钮，结果如图 7-186 所示。

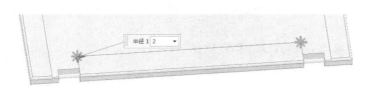

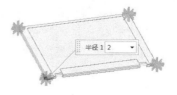

图 7-232 倒圆示意图 1   图 7-233 倒圆示意图 2

7.8 镜像特征

单击"菜单"→"插入"→"关联复制"→"镜像特征"命令，或单击"主页"选项卡"特征"面组上"更多"库下的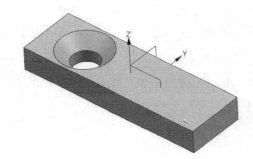（镜像特征）按钮，打开图 7-234 所示的"镜像特征"对话框，利用基准平面来镜像所选实体中的某些特征。

1. 打开文件

单击"菜单"→"文件"→"打开"命令，打开"打开"对话框，选择"jingxiang1"文件，单击"OK"按钮，打开实体模型，如图 7-235 所示。

图 7-234 "镜像特征"对话框

图 7-235 实体模型

2. 另存部件文件

单击"菜单"→"文件"→"另存为"命令，打开"另存为"对话框，在"文件名"文本框中输入"jingxiang"，单击"OK"按钮保存实体特征。

3. 镜像埋头孔特征

（1）单击"菜单"→"插入"→"关联复制"→"镜像特征"命令，或单击"主页"选项卡"特征"面组上"更多"库下的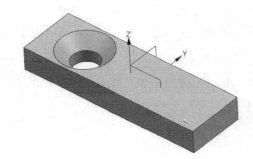（镜像特征）按钮，打开"镜像特征"对话框。

（2）在视图中选择埋头孔特征或在"部件导航器"中选择埋头孔特征。

（3）在"镜像特征"对话框的"平面"下拉列表中选择"新平面"选项。

（4）在"镜像特征"对话框的"指定平面"下拉列表中选择"YC-ZC 面"作为镜像平面，如图 7-236 所示。

（5）单击"确定"按钮，创建的镜像埋头孔特征如图 7-237 所示。

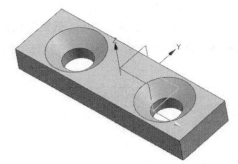

图 7-236　"镜像特征"对话框　　　　图 7-237　创建的镜像埋头孔特征

7.9　综合实例——机械臂基座

制作思路

本例绘制机械臂基座，如图 7-238 所示。首先利用"长方体"命令绘制底座，再利用"圆锥"命令绘制臂的主体，在主体上绘制垫块和凸台，并添加腔和孔特征，完成基座的绘制。

扫码看视频

图 7-238　机械臂基座

【绘制步骤】

1. 新建文件

单击"菜单"→"文件"→"新建"命令，或单击"快速访问"工具栏中的 （新建）按钮，打开"新建"对话框，在"模板"列表框中选择"模型"，在"名称"文本框中输入"arm01"，单击"确定"按钮，进入 UG 主界面。

2. 创建长方体特征

（1）单击"菜单"→"插入"→"设计特征"→"长方体"命令，或单击"主页"选项卡"特征"面组上的 （长方体）按钮，打开图 7-239 所示的"长方体"对话框。

（2）单击"原点"面板中的 （点构造器）按钮，打开"点"对话框，对话框中的参数设置如图 7-240 所示，单击"确定"按钮。

（3）分别在"长方体"对话框的"长度""宽度"和"高度"文本框中输入"100""100"和"10"。

（4）在"长方体"对话框中单击"确定"按钮，创建的长方体特征如图 7-241 所示。

图 7-239 "长方体"对话框　　　　图 7-240 "点"对话框　　　　图 7-241 创建的长方体特征

3. 创建圆锥体特征

（1）单击"菜单"→"插入"→"设计特征"→"圆锥"命令，或单击"主页"选项卡"特征"面组上的 （圆锥）按钮，打开图 7-242 所示的"圆锥"对话框。

（2）在"类型"下拉列表中选择"直径和高度"选项。

（3）在"指定矢量"下拉列表中选择"ZC 轴"选项。

（4）分别在"圆锥"对话框的"底部直径""顶部直径"和"高度"文本框中输入"50""30"和"100"。

（5）在"布尔"下拉列表中选择"合并"选项，单击"确定"按钮，创建的圆锥特征如图 7-243所示。

图 7-242 "圆锥"对话框　　　　图 7-243 创建的圆锥特征

4. 创建基准平面

（1）单击"菜单"→"插入"→"基准／点"→"基准平面"命令，或单击"主页"选项卡"特征"面组上的 ▢（基准平面）按钮，打开图 7-244 所示的"基准平面"对话框。

（2）在"类型"下拉列表中选择"YC-ZC 平面"选项，单击"应用"按钮，完成基准平面 1 的创建。

（3）采用同样的方法，选择"XC-ZC 平面"选项，创建基准平面 2。

（4）采用同样的方法，选择"XC-YC 平面"选项，创建基准平面 3，结果如图 7-245 所示。

图 7-244　"基准平面"对话框

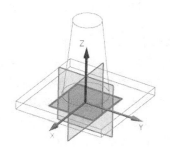

图 7-245　创建基准平面

5. 创建矩形垫块特征

（1）单击"菜单"→"插入"→"设计特征"→"垫块（原有）"命令，打开"垫块"对话框。

（2）在"垫块"对话框中，单击"矩形"按钮，打开"矩形垫块"对话框。

（3）在实体中，选择图 7-246 所示的放置面，打开"水平参考"对话框。

（4）在绘图窗口中选择基准平面 1，打开"矩形垫块"参数对话框。

（5）按图 7-247 所示设置对话框中的参数。

（6）在图 7-247 所示对话框中，单击"确定"按钮，打开图 7-248 所示的"定位"对话框。

图 7-246　选择放置面

图 7-247　输入参数

图 7-248　"定位"对话框

（7）在"定位"对话框中选取 ⚡（垂直）方式进行定位，垫块中心线与基准平面定位后的尺寸示意图如图 7-249 所示。

（8）在"定位"对话框中单击"确定"按钮，创建的矩形垫块如图 7-250 所示。

图 7-249　定位后的尺寸示意图　　　　　　　　图 7-250　创建的矩形垫块

6. 创建基准平面

（1）单击"菜单"→"插入"→"基准 / 点"→"基准平面"命令，或单击"主页"选项卡"特征"面组上的　（基准平面）按钮，打开图 7-251 所示的"基准平面"对话框。

（2）在"类型"下拉列表中选择"按某一距离"选项。

（3）在绘图窗口中选择长方体任意侧面，在"距离"文本框中输入"0"，如图 7-252 所示。单击"应用"按钮，创建基准平面 4。

图 7-251　"基准平面"对话框　　　　　　　　图 7-252　创建基准平面 4

（4）采用同样的方法，在距离长方体上表面 8mm 处创建基准平面 5，如图 7-253 所示。

7. 创建凸台特征

（1）单击"菜单"→"插入"→"设计特征"→"凸台（原有）"命令，打开图 7-254 所示的"支管"对话框。

（2）在零件体中选择放置面，如图 7-255 所示，单击"反侧"按钮，调整凸台的创建方向。

（3）分别在"支管"对话框的"直径""高度"和"锥角"文本框中输入"20""20"和"0"。

（4）在"支管"对话框中单击"确定"按钮，打开图 7-256 所示的"定位"对话框。

图 7-253　创建基准平面 5

图 7-254　"支管"对话框

图 7-255　选择放置面

图 7-256　"定位"对话框

（5）在"定位"对话框中，选择 （垂直）方式定位，凸台与基准平面 5 的距离为"10"，与基准平面 2 的距离为"0"，定位后的尺寸示意图如图 7-257 所示。

（6）在"定位"对话框中单击"确定"按钮，创建的凸台特征如图 7-258 所示。

图 7-257　定位后的尺寸示意图

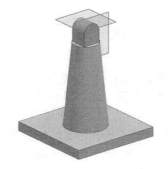

图 7-258　创建的凸台特征

8. 创建矩形腔特征

（1）单击"菜单"→"插入"→"设计特征"→"腔（原有）"命令，打开"腔"对话框。

（2）在"腔"对话框中单击"矩形"按钮，打开"矩形腔"对话框。

（3）在绘图窗口选择图 7-259 所示的放置面，打开"水平参考"对话框。

（4）在长方体上选择与 X 轴平行的边，打开"矩形腔"参数对话框。

（5）按图 7-260 所示设置对话框中的参数。

图 7-259　选择放置面

图 7-260　设置参数

（6）在"矩形腔"参数对话框中单击"确定"按钮，打开"定位"对话框。

（7）在"定位"对话框中选择 （垂直）方式进行定位，定位后的尺寸示意图如图 7-261 所示。

（8）在"定位"对话框中单击"确定"按钮，创建的矩形腔体特征如图 7-262 所示。

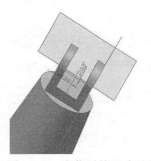

图 7-261　定位后的尺寸示意图

图 7-262　创建的矩形腔特征

9. 创建简单孔特征

（1）单击"菜单"→"插入"→"设计特征"→"孔"命令，或单击"主页"选项卡"特征"面组上的 （孔）按钮，打开图 7-263 所示的"孔"对话框。

（2）在"类型"选项组中选择"常规孔"选项，在"成形"下拉列表中选择"简单孔"选项，分别在"直径""深度"和"顶锥角"文本框输入"12""20"和"0"。

（3）捕捉圆弧圆心为孔位置，如图 7-264 所示。

（4）在"孔"对话框中单击"确定"按钮，创建简单孔特征，如图 7-265 所示。

10. 创建孔特征

（1）单击"菜单"→"插入"→"设计特征"→"孔"命令，或单击"主页"选项卡"特征"面组上的 （孔）按钮，打开"孔"对话框。

（2）按图 7-266 所示设置对话框中的参数。

（3）在图 7-267 所示的实体中选择长方体的上表面为孔的放置面。

图 7-263 "孔"对话框

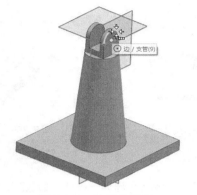

图 7-264 选择放置面

图 7-265 孔特征

图 7-266 "孔"对话框

图 7-267 选择放置面

（4）进入草图环境，绘制图 7-268 所示的草图点。

（5）单击 🏁（完成）按钮，返回"孔"对话框后单击"确定"按钮，完成沉头孔特征的创建，如图 7-269 所示。

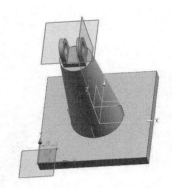

图 7-268　绘制草图　　　　　　　　　　　　图 7-269　创建的沉头孔特征

11. 阵列沉头孔特征

（1）单击"菜单"→"插入"→"关联复制"→"阵列特征"命令，或单击"主页"选项卡"特征"面组上的 🔘（阵列特征）按钮，打开图 7-270 所示的"阵列特征"对话框。

（2）选择所要阵列的沉头孔特征。

（3）在"布局"下拉列表中选择"线性"选项，选择"YC 轴"为方向 1，在"数量"和"节距"文本框中输入"2"和"68"。

（4）勾选"使用方向 2"复选框，选择"XC 轴"为方向 1，在"数量"和"节距"文本框中输入"2"和"68"。

（5）在"阵列特征"对话框中单击"确定"按钮，得到图 7-271 所示的阵列沉头孔特征。

图 7-270　"阵列特征"对话框　　　　　　　　　图 7-271　阵列沉头孔特征

12. 创建边倒圆特征

（1）单击"菜单"→"插入"→"细节特征"→"边倒圆"命令，或单击"主页"选项卡"特征"面组上的 （边倒圆）按钮，打开图 7-272 所示的"边倒圆"对话框。

（2）在绘图窗口中选择长方体的四条棱边作为要倒圆的边，如图 7-273 所示，并在"半径 1"文本框中输入"5"。

（3）在"边倒圆"对话框中单击"确定"按钮，完成机械臂基座的创建。

图 7-272　"边倒圆"对话框

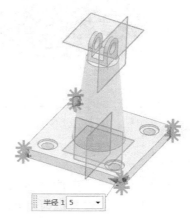

图 7-273　选择倒圆边

第 **8** 章
编辑特征、信息 和分析

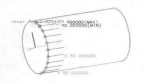

/ 导读

实体建模后，如果发现有的特征建模不符合要求，可以对其进行编辑，也可以通过分析查看不符合要求的特征。用户可以重新调整特征的尺寸、位置及先后顺序，以满足新的设计要求。

/ 知识点

- ❯ 编辑特征
- ❯ 信息
- ❯ 分析

8.1　编辑特征

单击"菜单"→"编辑"→"特征"命令，打开"特征"子菜单，单击该子菜单中的命令或"编辑特征"工具栏中的相关按钮，对特征进行编辑。

8.1.1　编辑特征参数

单击"菜单"→"编辑"→"特征"→"编辑参数"命令，或单击"主页"选项卡"编辑特征"面组上的（编辑特征参数）按钮，打开图 8-1 所示的"编辑参数"特征选择列表框，选择要编辑的特征。

> **技巧荟萃**　用户可以通过 3 种方式编辑特征参数：可以在绘图窗口双击要编辑参数的特征，也可以在"编辑参数"对话框的特征列表框中选择要编辑参数的特征名称，或在"部件导航器"上右击相应的特征后选择"编辑参数"选项。随选择特征的不同，打开的"编辑参数"对话框的形式也有所不同。

当在"编辑参数"对话框中选择拉伸、旋转、圆柱体等基础特征和拔模、抽壳、倒角、边倒圆等操作特征时，其"编辑参数"对话框就是创建对应特征时的对话框，只是有些选项和按钮处于非激活状态。其编辑方法与创建时的方法相同。

当在"编辑参数"对话框中选择放置特征时，它们的"编辑参数"对话框类似，如图 8-2 所示。

图 8-1　"编辑参数"对话框

图 8-2　编辑定位特征参数

（1）特征对话框：用于编辑特征的存在参数。单击该按钮，打开创建所选特征时对应的参数对话框，修改需要改变的参数值即可。

（2）重新附着：用于重新指定所选特征的附着平面。可以把建立在一个平面上的特征重新附着到新的特征上去。已经具有定位尺寸的特征，需要重新指定新平面上的参考方向和参考边。

8.1.2　编辑位置

单击"菜单"→"编辑"→"特征"→"编辑定位"命令，或单击"主页"选项卡"编辑特征"面组上的（编辑位置）按钮，打开"编辑位置"特征选择列表框，选择要编辑定位的特征，单击"确定"按钮,打开图8-3所示的"编辑位置"对话框或图8-4所示的"定位"对话框。

图8-3 "编辑位置"对话框   图8-4 "定位"对话框

8.1.3 移动特征

单击"菜单"→"编辑"→"特征"→"移动"命令,或单击"主页"选项卡"编辑特征"面组上的按钮,打开"移动特征"列表框,选择要移动的特征后,单击"确定"按钮,打开图8-5所示的"移动特征"对话框。

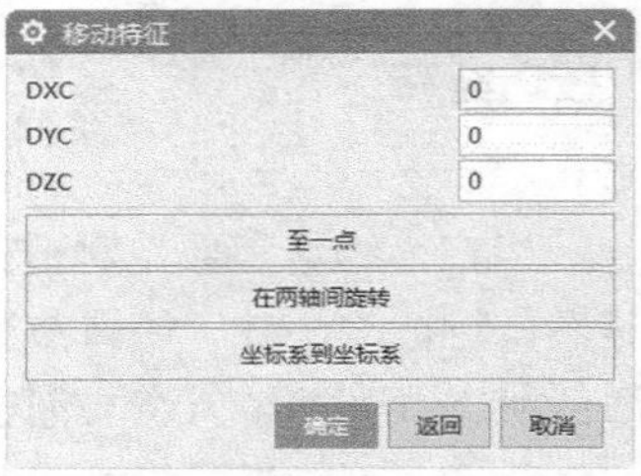

（1）"DXC""DYC"和"DZC"文本框:用于输入X、Y和Z轴方向上的增量值。

（2）至一点:用户可以把对象移动到一点。单击该按钮,打开"点"对话框,系统提示用户指定两点,用两点确定一个矢量,把对象沿着这个矢量移动一个距离,这个距离就是指定的两点间的距离。

图8-5 "移动特征"对话框

（3）在两轴间旋转:单击该按钮,打开"点"对话框,系统提示用户选择一个参考点,接着打开"矢量构成"对话框,系统提示用户指定两个参考轴。

（4）坐标系到坐标系:用户可以把对象从一个坐标系移动到另一个坐标系。

8.1.4 特征重排序

单击"菜单"→"编辑"→"特征"→"重排序"命令,或单击"主页"选项卡"编辑特征"面组上的按钮,打开图8-6所示的"特征重排序"对话框。

在列表框中选择要重新排序的特征,或在绘图窗口直接选取特征,选取后的相关特征出现在"重定位特征"列表框中,点选"在前面"或"在后面"单选钮,然后在"重定位特征"列表框中选择定位特征,单击"确定"或"应用"按钮,完成重排序。

在"部件导航器"中,右击要重排序的特征,在打开的快捷菜单中单击"重排在前"或"重排在后"命令,然后在打开的对话框中选择定位特征进行重排序。

图8-6 "特征重排序"对话框

8.1.5　替换特征

单击"菜单"→"编辑"→"特征"→"替换"命令，或单击"主页"选项卡"编辑特征"面组上的 （替换特征）按钮，打开图 8-7 所示的"替换特征"对话框，该对话框用于替换实体与基准特征，并提供使用用户快速找到要编辑特征的工具，来提高创建模型的效率。

（1）要替换的特征：用于选择要替换的原始特征。原始特征可以是相同实体上的一组特征、基准轴或基准平面特征。

（2）替换特征：用于选择替换特征。替换特征可以是同一零件中不同实体上的一组特征。如果原始特征为基准轴，则替换特征也需为基准轴；原始特征为基准平面，则替换特征也需为基准平面。

（3）映射：选择替换后新的父子关系。

图 8-7　"替换特征"对话框

8.1.6　抑制 / 取消抑制特征

单击"菜单"→"编辑"→"特征"→"抑制"命令，或单击"主页"选项卡"编辑特征"面组上的 （抑制特征）按钮，打开图 8-8 所示的"抑制特征"对话框。该对话框用于将一个或多个特征从绘图窗口和实体中临时删除，被抑制的特征并没有从特征数据库中删除，可以通过"取消抑制"命令重新显示。

单击"菜单"→"编辑"→"特征"→"取消抑制"命令，或单击"主页"选项卡"编辑特征"面组上的 （取消抑制特征）按钮，打开图 8-9 所示的"取消抑制特征"对话框。该对话框用于使已抑制的特征重新显示。

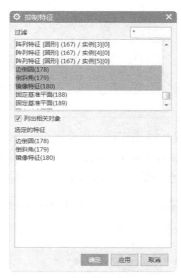

图 8-8　"抑制特征"对话框

图 8-9　"取消抑制特征"对话框

8.1.7 移除参数

单击"菜单"→"编辑"→"特征"→"移除参数"命令，或单击"主页"选项卡"编辑特征"面组上的  （移除参数）按钮，打开图 8-10 所示的"移除参数"对话框。该对话框用于选择要移除参数的对象，单击"确定"按钮，将参数化几何对象的所有参数全部删除，一般只用于不再修改也不希望修改的模型。

图 8-10 "移除参数"对话框

8.2 信息

UG NX12 提供了查找几何、物理和数学信息的功能，信息查询功能可以通过单击"菜单"→"信息"命令来实现。该菜单主要用于列出指定的项目或零件信息，并以信息对话框的形式显示给用户。此菜单中的所有命令仅具有显示信息的功能，不具备编辑功能，下面介绍主要命令的用法。

8.2.1 样条信息

单击"菜单"→"信息"→"样条"命令，打开图 8-11 所示的"样条分析"对话框，该对话框用于设置用户所需样条曲线的输出信息和输出方式。单击"确定"按钮，打开图 8-12 所示的"样条分析"选择样条曲线对话框，在绘图窗口选择需要输出信息的样条曲线，则输出样条信息。

图 8-11 "样条分析"对话框

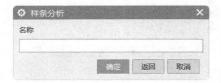

图 8-12 选择样条曲线

8.2.2 B 曲面信息

单击"菜单"→"信息"→"B 曲面"命令，打开图 8-13 所示的"B 曲面分析"对话框，该对话框用于设置用户所需 B 曲面的输出信息和输出方式。单击"确定"按钮，打开图 8-14 所示的"B 曲面分析"选择 B 曲面对话框，在绘图窗口选择需要输出信息的 B 曲面，则输出 B 曲面信息。

图 8-13 "B 曲面分析"对话框

图 8-14 选择 B 曲面

8.3　分析

UG NX12 提供了大量的分析工具，通过在菜单栏的"分析"菜单中选择分析工具，可以对角度、弧长、曲线、面等特征进行精确的数学分析，还可以输出为各种数据格式。

分析菜单中所有命令给出的分析结果可以使用不同的长度单位和力单位，并且可以查询当前分析的单位设置。单击"菜单"→"分析"→"单位：千克 - 毫米"命令，可以设置或查询当前分析单位。

8.3.1　几何分析

1．距离分析

单击"菜单"→"分析"→"测量距离"命令，或单击"分析"选项卡"测量"面组上的 ▭（测量距离）按钮，打开图 8-15 所示的"测量距离"对话框。该对话框的"类型"下拉列表中包含"距离""对象集之间""投影距离""对象集之间的投影距离""屏幕距离""长度""半径""直径"和"点在曲线上"9 个选项。

对象的选择可以通过直接选择几何对象来实现，其中点的选择还可通过"选择杆"工具栏进行选择。

2．角度分析

单击"菜单"→"分析"→"测量角度"命令，或单击"分析"选项卡"测量"面组上的 ▨（测量角度）按钮，打开图 8-16 所示的"测量角度"对话框。该对话框的"类型"下拉列表中包含"按对象""按 3 点"和"按屏幕点"3 个选项。

图 8-15　"测量距离"对话框

图 8-16　"测量角度"对话框

3. 偏差分析

偏差分析分析包括"偏差检查""相邻边"和"偏差度量"3 种功能。

（1）偏差检查：该功能根据过某点斜率连续的原则，即通过对第一条曲线、边缘或表面上的检查点与其他曲线、边缘或表面上的对应点进行比较，检查选择的对象是否相接、相切或边界是否对齐。

单击"菜单"→"分析"→"偏差"→"检查"命令，打开图 8-16 所示的"偏差检查"对话框。该对话框用于检查曲线与曲线、曲线与面、面与面以及边与边的连续性，并得到所选对象的距离偏差和角度偏差数值。在绘图窗口中检查点时以"+"号表示，距离偏差以"*"表示，角度偏差以箭头表示。

在图 8-17 所示的对话框中选择一种检查对象的类型，然后选取要检查的两个对象，在该对话框中设置用户所需的数值，单击"检查"按钮，打开图 8-18 所示的"信息"窗口，信息窗口中列出了检查的偏差信息。

图 8-17 "偏差检查"对话框

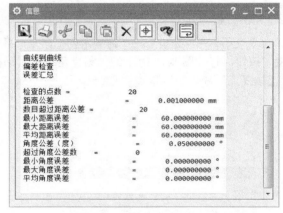

图 8-18 "信息"窗口

（2）相邻边：该功能用于检查多个面公共边的偏差。

单击"菜单"→"分析"→"偏差"→"相邻边"命令，打开图 8-19 所示的"相邻边"对话框，"检查点"下拉列表中包含"等参数"和"弦差"两种检查方式。在绘图窗口选择具有公共边的多个面后，单击"确定"按钮，打开图 8-20 所示的"报告"对话框，在该对话框中可选择在信息窗口中要指定列出的信息。

（3）偏差度量：该功能用于在第一组几何对象（曲线或曲面）和第二组几何对象（曲线、曲面、点、平面、定义点等）之间度量偏差。

单击"菜单"→"分析"→"偏差"→"度量"命令，打开图 8-21 所示的"偏差度量"对话框。对话框中主要选项的含义如下。

（1）测量定义：可以在该下拉列表中选择用户所需的测量方法。

（2）最大检查距离：用于设置最大的检查距离。

（3）标记：用于设置输出针叶的数目，可直接输入数值。

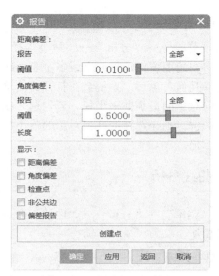

图 8-19　"相邻边"对话框　　　　　　　图 8-20　"报告"对话框

（4）偏差矢量：用于设置偏差矢量的输出方式。

（5）"标签"选项组：用于设置输出标签的类型；是否插入中间物，若插入中间物，要在"偏差矢量间隔"文本框中设置间隔几个针叶插入中间物。

（6）彩色图：用于设置偏差矢量起始处的图形样式。

"偏差度量"实例示意图如图 8-22 所示。其中目标对象是边缘线，参考对象是圆柱底面。

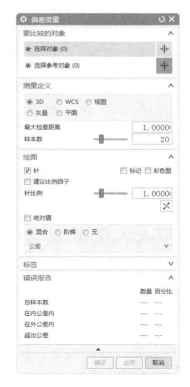

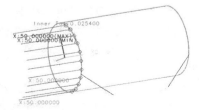

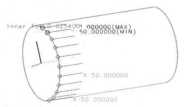

（a）默认针叶方向　　　　　　（b）针叶反向

图 8-21　"偏差度量"对话框　　　　　图 8-22　"偏差度量"实例示意图

4. 最小半径分析

单击"菜单"→"分析"→"最小半径"命令，打开图 8-23 所示的"最小半径"对话框，系
统提示用户在绘图窗口选择一个或多个表面或曲面作为几何
对象，选择几何对象后，系统会在打开的信息对话框窗口列
出选择几何对象的最小曲率半径。若勾选"在最小半径处创
建点"复选框，则在选择的几何对象的最小曲率半径处将产
生一个点标记。

图 8-23 "最小半径"对话框

8.3.2 曲线分析

单击"菜单"→"分析"→"曲线"命令，打开"曲线"子菜单，单击子菜单中的命令，实现
曲线分析功能。

1. 曲线分析

单击"菜单"→"分析"→"曲线"→"曲线分析"命令，
打开图 8-24 所示的"曲线分析"对话框，对话框中各选项的
含义如下。

（1）选择曲线或边：选择要进行曲线分析的曲线或边。

（2）"投影"选项组：指定用于定义投影平面以在其上投
影分析曲线的方法。

① 无：不使用投影平面。

② 曲线平面：指定沿曲线平面的投影平面。曲线平面基
于选定曲线的形状。

③ 矢量：指定投影与矢量正交。

④ 视图：指定投影与视图矢量正交。勾选"动态投影"
复选框，在视图旋转过程中更新投影。

⑤ WCS：指定投影与 WCS 上的轴正交。

（3）分析显示

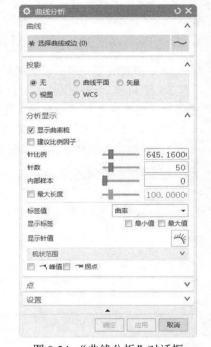

① 显示曲率梳：显示选定曲线、样条或边的曲率梳。显
示选定曲线或样条的曲率梳后，更容易检测曲率的不连续性、
突变和拐点。

图 8-24 "曲线分析"对话框

② 建议比例因子：自动将比例因子设置为最佳大小。

③ 针比例：控制曲率梳的长度和比例。可以拖动针比例滑块或者在文本框中输入值。

④ 针数：控制曲率梳中出现的总针数。

⑤ 内部样本：指定两条连续针形线之间要计算的其他曲率值。

⑥ 最大长度：勾选此复选框，通过滑块或在文本框中输入数值来指定曲率梳元素的最大许用
长度。如果曲率梳线长度大于指定的最大值，则将此线截顶至最大许用长度。

⑦ 标签值：包括曲率和曲率半径。

曲率：显示的标签在曲线的最大曲率和最小曲率点处显示曲率值。

曲率半径：显示的标签在曲线的最大曲率半径和最小曲率半径点处显示曲率半径值。

⑧ 显示标签：在曲率梳分析的最小和最大值处显示标签。

⑨ 梳状范围。

开始 / 结束：指定显示曲率梳的曲线的开始 / 结束百分比。

⑩ 峰值：显示选定曲线、样条或边的峰值点。

⑪ 拐点：显示选定曲线、样条或边上的拐点，即曲率矢量从曲线一侧更改方向到另一侧的位置，明确表示曲率符号发生变化的任何点。

2．显示曲率梳

单击"菜单"→"分析"→"曲线"→"显示曲率梳"命令，可以反映曲线的曲率变化规律并由此发现曲线的形状问题，曲率梳的示意图如图 8-25 所示。

3．显示峰值点

单击"菜单"→"分析"→"曲线"→"显示峰值点"命令，该命令用于开关峰值点的显示，显示的峰值点示意图如图 8-26 所示。

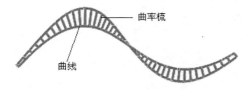

图 8-25　显示曲率梳示意图

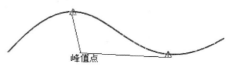

图 8-26　显示峰值点示意图

4．显示拐点

单击"菜单"→"分析"→"曲线"→"显示拐点"命令，该命令用于开关拐点的显示，显示的拐点示意图如图 8-27 所示。

5．图

用坐标图显示曲线的曲率变化规律，其示意图如图 8-28 所示，横坐标代表曲线的长度，纵坐标代表曲线的曲率。

单击"菜单"→"分析"→"曲线"→"图表选项"命令，打开图 8-29 所示的"曲线分析 - 图"对话框。对话框中各选项的含义如下。

（1）高度：用于设置曲率图的高度。

图 8-27　显示拐点示意图

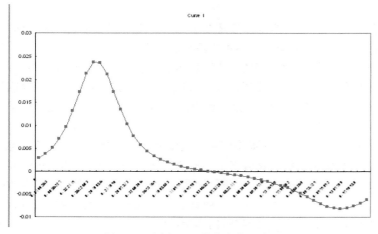

图 8-28　图表显示曲率变化示意图

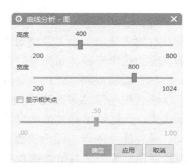

图 8-29　"曲线分析 - 图"对话框

（2）宽度：用于设置曲率图的宽度。

（3）显示相关点：勾选该复选框，用于显示曲率图和曲线上对应点的标记，其下方的滑块用于设置对应点在曲线上的位置。

6. 输出列表

单击"菜单"→"分析"→"曲线"→"分析信息选项"命令，打开图 8-30 所示的"曲线分析 - 输出列表"对话框，提示用户选择曲线。单击"确定"按钮，打开图 8-31 所示的"信息"对话框，输出所选曲线的相关信息，包括为分析所指定的投影平面、用百分比表示的拐点在曲线上的位置、拐点的坐标值等。

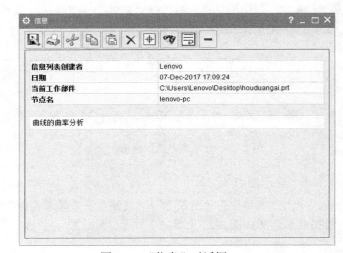

图 8-30 "曲线分析 - 输出列表"对话框   图 8-31 "信息"对话框

8.3.3 曲面分析

单击"菜单"→"分析"→"形状"命令，打开"形状"子菜单，单击子菜单中的命令，实现曲面分析。

1. 半径

单击"菜单"→"分析"→"形状"→"半径"命令，打开图 8-32 所示的"半径分析"对话框，该对话框用于分析曲面的曲率半径变化情况，并且可以用各种方法显示和生成。

（1）类型：用于指定欲分析的曲率半径类型。"半径类型"下拉列表中包含括 8 种半径类型。

（2）分析显示：用于指定分析结果的显示类型。"模态"下拉列表中包含 3 种显示类型。绘图窗口右侧将显示一个"色谱表"，分析结果与"色谱表"比较就可以由"色谱表"上的半径数值了解表面的曲率半径，如图 8-33 所示。

（3）编辑限制：勾选该复选框，可以输入最大值或最小值来扩大或缩小"色谱表"的量程，也可以通过拖动滑块来改变中间值使量程上移或下移；取消该复选框的勾选，"色谱表"的量程恢复默认值，此时只能通过拖动滑块来改变中间值使量程上移或下移，最大值和最小值不能通过输入改变。需要注意的是，因为"色谱表"的量程可以改变，所以一种颜色并不固定地表达一种半径值，但是"色谱表"的数值始终反映的是表面上对应颜色区的实际曲率半径值。

图 8-32 "半径分析"对话框

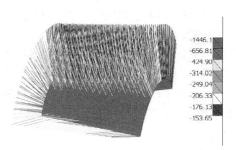

图 8-33 刺猬梳显示分析结果及色谱表

（4）比例因子：拖动滑块通过改变比例因子扩大或缩小所选"色谱表"的量程。

（5）重置数据范围：恢复"色谱表"的默认量程。

（6）参考矢量：分析法向（正常）半径时，由此按钮通过矢量构造器指定参考矢量。

（7）参考平面：分析截面的半径时，由此按钮通过平面构造器指定参考平面。

（8）刺猬梳的锐刺长度：用于设置刺猬式针的长度。

（9）显示分辨率：用于指定分析公差。其公差越小，分析精度越高，分析速度也越慢。其下拉列表中包含 7 种公差类型。

（10）显示小平面的边：单击此按钮，显示由曲率分辨率决定的小平面的边，关闭此按钮小平面的边消失。显示曲率分辨率越高则小平面越小。

（11）面的法向：通过两种方法之一来改变被分析表面的法线方向。单击（指定内部位置）按钮，通过在表面的一侧指定一个点来指示表面的内侧，从而决定法线方向；单击（使面法向反向）按钮，通过选取表面，使被选取的表面的法线方向反转。

（12）颜色图例："圆角"表示表面的色谱逐渐过渡；"尖锐"表示表面的色谱无过渡色。

2. 反射

单击"菜单"→"分析"→"形状"→"反射"命令，或单击"逆向工程"选项卡"更多"库中的 （反射）按钮，打开图 8-34 所示的"反射分析"对话框。该对话框用于通过条纹或图像在表面上的反射映像可视化地检查表面的光顺性，对话框中各选项的含义如下。

图 8-34 "反射分析"对话框

（1）类型：用于选择使用哪种方式的图像来表现曲面质量。可以选择软件推荐的图片，也可以使用自己的图片。

UG 将使用这些图片贴合在目标表面上，对曲面进行分析。

（2）图像：对应每一种类型，可以选择不同的图像。

（3）线的数量：通过下拉列表指定黑色条纹或彩色条纹的数量。

（4）线的方向：通过下拉列表指定条纹的方向。

（5）线的宽度：通过下拉列表指定条纹的粗细。

（6）面反射率：通过滑块改变被分析表面的反射率。如果反射率很小将看不到反射图像，反射率越高，图像越清晰。

（7）移动图像：通过滑块，可以移动图片在曲面上的反光位置。

（8）图像大小：用于指定用来反射图像的大小。

（9）显示分辨率：和"半径分析"对话框中对应部分的含义相同。

（10）面的法向：和"半径分析"对话框中对应部分的含义相同。

3. 斜率

单击"菜单"→"分析"→"形状"→"斜率"命令，打开图 8-35 所示的"斜率分析"对话框，该对话框用于分析表面各点的切线相对参考矢量垂直平面的夹角。对话框中参数的含义与前文一致。

4. 距离

单击"菜单"→"分析"→"形状"→"距离"命令，打开图 8-36 所示的"距离分析"对话框，该对话框用于分析表面上的点到参考平面的垂直距离。对话框各参数的含义与前文一致。

图 8-35 "斜率分析"对话框

图 8-36 "距离分析"对话框

8.4 综合实例——机械臂转动关节

本例绘制机械臂转动关节，如图 8-37 所示。本例利用"垫块""凸台"和"孔"命令，在大臂的基体上创建转动关节，用于连接基座及大臂。

扫码看视频

图 8-37 机械臂转动关节

【绘制步骤】

1．新建文件

单击"菜单"→"文件"→"新建"命令，或单击"快速访问"工具栏中的 🗋（新建）按钮，打开"新建"对话框，在"模板"列表框中选择"模型"，在"名称"文本框中输入"arm02"，单击"确定"按钮，进入 UG 主界面。

2．创建长方体特征

（1）单击"菜单"→"插入"→"设计特征"→"长方体"命令，或单击"主页"选项卡"特征"面组上的 🔲（长方体）按钮，打开图 8-38 所示的"长方体"对话框。

（2）单击"原点"面板中的 🔳（点构造器）按钮，打开"点"对话框。分别在"XC""YC"和"ZC"文本框中输入"–10""–10"和"0"，单击"确定"按钮。

（3）分别在"长方体"对话框的"长度""宽度"和"高度"文本框中输入"16""16"和"13"。

（4）在"长方体"对话框中，单击"确定"按钮，创建的长方体特征如图 8-39 所示。

3．创建矩形垫块特征 1

（1）单击"菜单"→"插入"→"设计特征"→"垫块（原

图 8-38 "长方体"对话框

有）"命令，打开图 8-40 所示的"垫块"对话框。

（2）在"垫块"对话框中单击"矩形"按钮，打开图 8-41 所示的"矩形垫块"对话框。

图 8-39　创建的长方体特征　　　图 8-40　"垫块"对话框　　　图 8-41　"矩形垫块"对话框

（3）选择图 8-42 所示的放置面，打开图 8-43 所示的"水平参考"对话框。

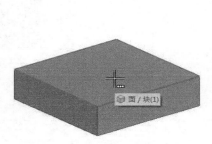

图 8-42　选择放置面　　　　　　　图 8-43　"水平参考"对话框

（4）在绘图窗口中选择长方体上与 Y 轴平行的边，打开"矩形垫块"参数对话框。

（5）按图 8-44 所示设置对话框中的参数。

（6）在"矩形垫块"参数对话框中，单击"确定"按钮，打开图 8-45 所示的"定位"对话框。

图 8-44　输入参数　　　　　　　　图 8-45　"定位"对话框

（7）在"定位"对话框中选取 ⬦（垂直）方式进行定位，垫块的中心线与长方体两边的距离为"10"，定位后的尺寸示意图如图 8-46 所示。

（8）在"定位"对话框中，单击"确定"按钮，创建的矩形垫块特征 1 如图 8-47 所示。

4．创建矩形腔特征

（1）单击"菜单"→"插入"→"设计特征"→"腔（原有）"命令，打开图 8-48 所示的"腔"对话框。

（2）在"腔"对话框中单击"矩形"按钮，打开图 8-49 所示的"矩形腔"对话框。

（3）在实体中选择图 8-50 所示的放置面，打开图 8-51 所示的"水平参考"对话框。

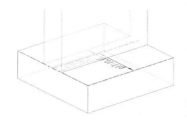

图 8-46　定位后的尺寸示意图

图 8-47　创建的矩形垫块特征 1

图 8-48　"腔"对话

图 8-49　"矩形腔"对话框

图 8-50　选择放置面

（4）在绘图窗口选择垫块侧面平行于 Z 轴的边，打开"矩形腔"参数对话框。

（5）按图 8-52 所示设置对话框中的参数。

图 8-51　"水平参考"对话框

图 8-52　输入参数

（6）单击"确定"按钮，打开"定位"对话框。

（7）在"定位"对话框中选取 ⟋（垂直）方式进行定位，定位后的尺寸示意图如图 8-53 所示。

（8）在"定位"对话框中，单击"确定"按钮，创建的矩形腔体特征如图 8-54 所示。

5. 编辑腔参数

（1）选中所要编辑的腔并右击，在打开的快捷菜单中单击"编辑参数"命令，打开图 8-55 所示的"编辑参数"对话框。

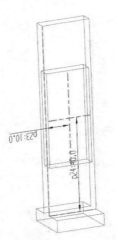

图 8-53　定位后的尺寸示意图　　　　图 8-54　创建的腔特征　　　　图 8-55　"编辑参数"对话框

（2）在"编辑参数"对话框中，单击"特征对话框"按钮，打开"编辑参数"参数对话框。

（3）分别在"长度"和"宽度"文本框中输入"45"和"15"，如图 8-56 所示，连续单击"确定"按钮，完成对腔体特征参数的编辑，结果如图 8-57 所示。

图 8-56　输入参数　　　　　　　　图 8-57　编辑腔参数

6. 编辑腔位置

（1）选中所要编辑的腔体并右击，在打开的快捷菜单中单击"编辑位置"命令，打开图 8-58 所示的"编辑位置"对话框。

（2）在"编辑位置"对话框中，单击"编辑尺寸值"按钮，打开图 8-59 所示的"编辑位置"对象选择对话框。

（3）在实体中选择要编辑的尺寸，如图 8-60 所示，打开图 8-61 所示的"编辑表达式"对话框。

图 8-58　"编辑位置"对话框　　　　图 8-59　"编辑位置"对象选择对话框

（4）在"编辑表达式"对话框的文本框中输入"27.5"，连续单击"确定"按钮，完成尺寸的编辑，结果如图 8-62 所示。

图 8-60　选择要编辑的尺寸　　　　图 8-61　"编辑表达式"对话框　　　　图 8-62　编辑腔位置

7. 创建边倒圆特征

（1）单击"菜单"→"插入"→"细节特征"→"边倒圆"命令，或单击"主页"选项卡"特征"面组上的 （边倒圆）按钮，打开图 8-63 所示的"边倒圆"对话框。

（2）在绘图窗口中选择垫块的两条棱边为要倒圆的边，如图 8-64 所示，并在"半径 1"文本框中输入"10"。

（3）在"边倒圆"对话框中单击"确定"按钮，边倒角结果如图 8-65 所示。

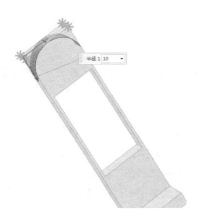

图 8-63　"边倒圆"对话框　　　　图 8-64　选择倒圆边　　　　图 8-65　边倒圆结果

8. 创建矩形垫块特征 2

（1）单击"菜单"→"插入"→"设计特征"→"垫块（原有）"，打开"垫块"对话框。

（2）在"垫块"对话框中，单击"矩形"按钮，打开"矩形垫块"对话框。

（3）在实体中，选择图 8-66 所示的放置面，打开"水平参考"对话框。

（4）在绘图窗口中选择长方体上与 Y 轴平行的边，打开"矩形垫块"参数对话框。

（5）按图 8-67 所示设置对话框中的参数。

（6）单击"确定"按钮，打开"定位"对话框。

图 8-66　选择放置面　　　　　　　　　　　　图 8-67　输入参数

（7）在"定位"对话框中选取 ⫩（垂直）方式进行定位，垫块的中心线与长方体两边的距离为"10"，定位后的尺寸示意图如图 8-68 所示。

（8）在"定位"对话框中，单击"确定"按钮，创建的矩形垫块特征 2 如图 8-69 所示。

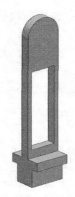

图 8-68　定位后的尺寸示意图　　　　图 8-69　创建的矩形垫块特征 2

9. 创建基准平面

（1）单击"菜单"→"插入"→"基准 / 点"→"基准平面"命令，或单击"主页"选项卡"特征"面组上的 ▱（基准平面）按钮，打开"基准平面"对话框。

（2）在"类型"下拉列表中选择"按某一距离"选项。

（3）在绘图窗口中选择长方体的任意侧面，在"距离"文本框中输入"0"，如图 8-70 所示，单击"应用"按钮，创建基准平面。

10. 创建凸台特征

（1）单击"菜单"→"插入"→"设计特征"→"凸台（原有）"命令，打开图 8-71 所示的"支管"对话框。

（2）在实体中选择放置面，如图 8-72 所示，单击"反侧"按钮，调整凸台的创建方向。

（3）分别在"支管"对话框的"直径""高度"和"锥角"文本框中输入"20""12"和"0"。

图 8-70　创建基准平面

图 8-71　"支管"对话框

（4）在"支管"对话框中，单击"确定"按钮，打开图 8-73 所示的"定位"对话框。

图 8-72　选择放置面

图 8-73　"定位"对话框

（5）在"定位"对话框中选择（垂直）方式定位，凸台与步骤 8 所建矩形的垫块底部的距离为"10"，与矩形的垫块侧面的距离为"0"。定位后的尺寸示意图如图 8-74 所示。

（6）在"定位"对话框中，单击"确定"按钮，创建的凸台特征如图 8-75 所示。

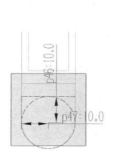

图 8-74　定位后的尺寸示意图

图 8-75　创建的凸台特征

11. 创建孔特征

（1）单击"主页"选项卡"特征"面组上的 （孔）按钮，打开图 8-76 所示的"孔"对话框。

（2）在"类型"选项组中选择"常规孔"选项，在"成形"下拉列表中选择"简单孔"选项，分别在"直径""深度"和"顶锥角"文本框输入"8""5"和"0"。

（3）捕捉圆弧圆心为孔位置，如图 8-77 所示。

（4）在"孔"对话框中，单击"确定"按钮，创建的孔特征如图 8-78 所示。

图 8-76　"孔"对话框

图 8-77　选择放置面

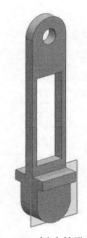

图 8-78　创建的孔特征

（5）采用同样的方法，在圆台中心创建"直径""深度"和"顶锥角"分别为"12""12"和"0"的简单孔，完成机械臂转动关节的创建。

第 9 章
曲面功能

/ 导读

曲面是一种泛称，片体和实体的自由表面都可以称为曲面。平面表面是曲面的一种特例。其中片体是由一个或多个表面组成的厚度为 0 的几何体。

/ 知识点

- 自由曲面创建
- 曲面操作
- 自由曲面编辑

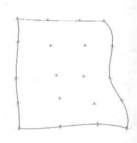

UG 中不仅提供了基本的特征建模模块，还提供了强大的自由曲面特征建模及相应的编辑和操作功能。用户可以通过 20 多种自由曲面造型的创建方式完成各种复杂曲面及非规则实体的创建，以及相关的编辑工作。强大的自由曲面功能是 UG 众多模块功能中的亮点之一。

9.1 自由曲面创建

本节中主要介绍最基本的曲面命令，即通过点和曲线构建曲面。再进一步介绍由曲面创建曲面的命令功能，掌握最基本的曲面造型方法。

9.1.1 通过点生成曲面

由点生成的曲面是非参数化的，即生成的曲面与原始构造点不关联，当构造点编辑后，曲面不会发生更新变化，但绝大多数命令所构造的曲面都具有参数化的特征。通过点构建的曲面通过全部用来构建曲面的点。

单击"菜单"→"插入"→"曲面"→"通过点"命令，或单击"曲面"选项卡"曲面"面组上的◈（通过点）按钮，系统打开图 9-1 所示的"通过点"对话框。

1. 通过点

（1）补片类型：样条曲线可以由单段或者多段曲线构成，片体也可以由单个补片或者多个补片构成。

① 单侧：所建立的片体只包含单一的补片。单个片体的片体是由一个曲面参数方程来表达的。

② 多个：所建立的片体是一系列单补片的阵列。多个补片的片体是由两个以上的曲面参数方程来表达的。一般构建较精密片体采用多个补片的方法。

图 9-1 "通过点"对话框

（2）沿以下方向封闭：设置一个或多个补片片体是否封闭及它的封闭方式。4 个选项如下。

① 两者皆否：片体以指定的点开始和结束，列方向与行方向都不封闭。

② 行：点的第一列变成最后一列。

③ 列：点的第一行变成最后一行。

④ 两者皆是：指的是在行方向和列方向上都封闭。如果选择在两个方向上都封闭，生成的将是实体。

（3）行次数和列次数。

① 行次数：定义了片体 U 方向阶数。

② 列次数：大致垂直于片体行的纵向曲线方向 V 方向的阶数。

（4）文件中的点：可以通过选择包含点的文件来定义这些点。

2. 过点

完成"通过点"对话设置后，系统会打开选取点信息的对话框，如图 9-2 所示的"过点"对话框，用户可利用该对话框选取定义点。

（1）全部成链：全部成链用于链接窗口中存在的定义点，单击后会打开图 9-3 所示的对话框，它用来定义起点和终点，自动快速获取起点与终点之间链接的点。

图 9-2 "过点"对话框

图 9-3 "指定点"对话框

（2）在矩形内的对象成链：通过拖动鼠标形成矩形方框来选取所要定义的点，矩形方框内所包含的所有点将被链接。

（3）在多边形内的对象成链：通过鼠标定义多边形框来选取定义点，多边形框内的所有点将被链接。

（4）点构造器：通过点构造器来选取定义点的位置会打开图 9-4 所示的对话框，需要一点一点地选取，所要选取的点都要点击到。每指定一个点后，系统都会打开图 9-5 所示的对话框，提示是否确定当前所定义的点。

图 9-4 "点"对话框

图 9-5 "指定点"确定对话框

如想创建包括图 9-6 中的定义点，通过"通过点"对话框设置为默认值，选取"全部成链"的选点方式。选点只需选取起点和终点，选好的第一行如图 9-7 所示。

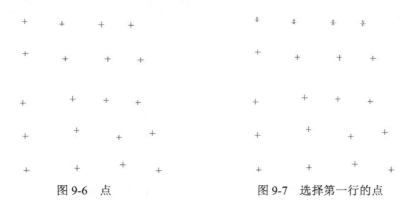

图 9-6 点　　　　　　　　　　图 9-7 选择第一行的点

当第四行选好时（如图 9-8 所示），系统会打开"过点"对话框，点选"指定另一行"，然后定第五行的起点和终点后（如图 9-9 所示），再次打开"过点"对话框，这时选取"所有指定的点"，多补片片体如图 9-10 所示。

图 9-8　选择第四行点　　　　图 9-9　选取第五行点　　　　图 9-10　多补片片体

9.1.2　拟合曲面

单击"菜单"→"插入"→"曲面"→"拟合曲面"命令，或单击"曲面"选项卡"曲面"面组上的 （拟合曲面）按钮，系统会打开图 9-11 所示"拟合曲面"对话框。

首先需要创建一些数据点，接着先选取点再按鼠标右键将这些数据点组成一个组才能进行对象的选取（注意组的名称只支持英文），如图 9-12 所示，然后调节各个参数，最后生成所需要的曲面或平面。

图 9-11　"拟合曲面"对话框

图 9-12　"新建组"示意图

1. 类型

用户可根据需求进行拟合自由曲面、拟合平面、拟合球、拟合圆柱和拟合圆锥共 5 种操作。

2. 目标

用于为目标选择对象或颜色编码区域。

3. 拟合方向

拟合方向指定投影方向与方位。有 4 种用于指定拟合方向的方法。

（1）最适合：如果目标基本上为矩形，具有可识别的长度和宽度方向以及或多或少的平面性，可选择此项。拟合方向和 U/V 方位会自动确定。

（2）矢量：如果目标基本上为矩形，具有可识别的长度和宽度方向，但曲率很大，可选择此项。

（3）方位：如果目标具有复杂的形状或为旋转对称，可选择此选项。使用方位操控器和矢量对话框指定拟合方向和大致的 U/V 方位。

（4）坐标系：如果目标具有复杂的形状或为旋转对称，并且需要使方位与现有几何体关联，可选择此选项。使用坐标系选项和坐标系对话框指定拟合方向和大致的 U/V 方位。

4. 边界

通过指定 4 个新边界点来延长或限制拟合曲面的边界。

5. 参数化

改变 U/V 向的次数和补片数从而调节曲面。

（1）次数：指定拟合曲面在 U 向和 V 向的次数。

（2）补片数：指定 U 及 V 向的曲面补片数。

6. 光顺因子

拖动滑块可直接影响曲面的平滑度。曲面越平滑，与目标的偏差越大。

7. 结果

UG 根据用户所生成的曲面计算的最大误差和平均误差。

9.1.3 直纹

单击"菜单"→"插入"→"网格曲面"→"直纹"命令，或单击"曲面"选项卡"曲面"面组上的 （直纹）按钮，系统打开图 9-13 所示"直纹"对话框。

截面线串可以由单个或多个对象组成。每个对象可以是曲线、实边或实面。也可以选择曲线的点或端点作为两个截面线串中的第一个。

1. 截面线串 1

单击选择第一组截面曲线。

2. 截面线串 2

单击选择第二组截面曲线。

要注意的是，在选取截面线串 1 和截面线串 2 时，两组的方向要一致，如图 9-14 所示。如果两组截面线串的方向相反，生成的曲面是扭曲的。

图 9-13 "直纹" 对话框

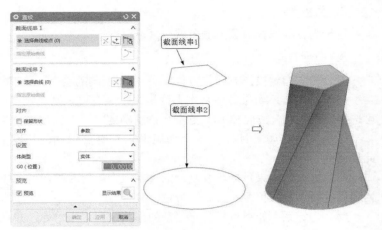

图 9-14 "直纹" 示意图

3. 对齐

通过直纹面来构建片体需要在两组截面线上确定对应点后用直线将对应点连接起来，这样一个曲面就形成了。调整方式选取的不同改变了截面线串上对应点分布的情况，从而调整了构建的片体。在选取线串后可以进行调整方式的设置。调整方式包括参数和根据点两种。

（1）参数：在构建曲面特征时，两条截面曲线上所对应的点是根据截面曲线的参数方程进行计算的。所以两组截面曲线对应的直线部分，是根据等距离来划分连接点的；两组截面曲线对应的曲线部分，是根据等角度来划分连接点的。

选用"参数"方式并选取图 9-15 中所显示的截面曲线来构建曲面，首先设置栅格线，栅格线主要用于曲面的显示，栅格线也称为等参数曲线，单击"菜单"→"首选项"→"建模"命令，系统打开"建模首选项"对话框，把栅格线中的"U 向计数"和"V 向计数"设置为"6"，这样构建的曲面将会显示出网格线。选取线串后，调整方式设置为"参数"，单击"确定"或"应用"按钮，生成的片体如图 9-16 所示，直线部分是根据等弧长来划分连接点的，而曲线部分是根据等角度来划分连接点的。

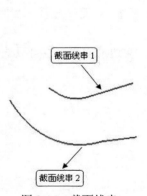

图 9-15 截面线串

图 9-16 "参数"调整方式构建曲面

如果选取的截面对象都为封闭曲线，生成的结果是实体，如图 9-17 所示。

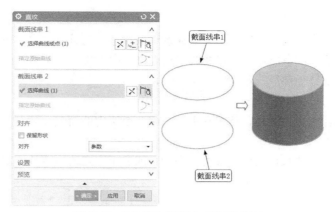

图 9-17　"参数"调整方式构建曲面

（2）根据点：在两组截面线串上选取对应的点（同一点允许重复选取）作为强制的对应点，选取的顺序决定着片体的路径走向。一般在截面线串中含有角点时选择"根据点"方式。

4. 公差

"公差"选项指距离公差，可用来设置选取的截面曲线与生成的片体之间的误差值。设置值为零时，将会完全沿着所选取的截面曲线构建片体。

9.1.4　通过曲线组

单击"菜单"→"插入"→"网格曲面"→"通过曲线组"命令，或单击"曲面"选项卡"曲面"面组上的 <!-- icon --> （通过曲线组）按钮，系统打开图 9-18 所示"通过曲线组"对话框。

该选项让用户通过同一方向上的一组曲线轮廓线生成一个体，如图 9-19 所示。这些曲线轮廓称为截面线串，用户选择的截面线串定义体的行。截面线串可以由单个对象或多个对象组成，每个对象可以是曲线、实边或实面。

图 9-18　"通过曲线组"对话框

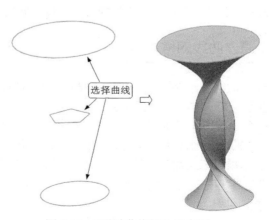

图 9-19　"通过曲线组"示意图

1．截面

选取曲线或点：选取截面线串时，一定要注意选取次序，而且每选取一条截面线，都要单击鼠标中键一次，直到所选取线串出现在"截面线串列表框"中为止，也可对该列表框中的所选截面线串进行删除、上移、下移等操作，以改变选取次序。

2．连续性

（1）第一个截面：约束该实体，使得它和一个或多个选定的面或片体在第一个截面线串处相切或曲率连续。

（2）最后一个截面：约束该实体，使得它和一个或多个选定的面或片体在最后一个截面线串处相切或曲率连续。

3．对齐

让用户控制选定的截面线串之间的对准。

（1）参数：沿定义曲线将等参数曲线要通过的点以相等的参数间隔隔开。使用每条曲线的整个长度。

（2）弧长：沿定义曲线将等参数曲线将要通过的点以相等的弧长间隔隔开。使用每条曲线的整个长度。

（3）根据点：将不同外形的截面线串间的点对齐。

（4）距离：在指定方向上将点沿每条曲线以相等的距离隔开。

（5）角度：在指定轴线周围将点沿每条曲线以相等的角度隔开。

（6）脊线：将点放置在选定曲线与垂直于输入曲线的平面的相交处。得到的体的宽度取决于这条脊线曲线的限制。

4．补片类型

让用户生成一个包含单个面片或多个面片的体。面片是片体的一部分。使用越多的面片来生成片体则用户可以对片体的曲率进行越多的局部控制。当生成片体时，最好是将用于定义片体的面片的数目降到最小。限制面片的数目可改善后续程序的性能并产生一个更光滑的片体。

5．V 向封闭

对于多个片体来说，封闭沿行（U 方向）的体状态取决于选定截面线串的封闭状态。如果所选的线串全部封闭，则产生的体将在 U 方向上封闭。勾选此复选框，片体沿列（V 方向）封闭。

6．公差

输入几何体和得到的片体之间的最大距离。默认值为距离公差建模设置。

9.1.5　通过曲线网格

单击"菜单"→"插入"→"网格曲面"→"通过曲线网格"命令，或单击"曲面"选项卡"曲面"面组上的 （通过曲线网格）按钮，系统会打开图 9-20 所示"通过曲线网格"对话框。

该命令让用户在沿着两个不同方向的一组现有的曲线轮廓（称为线串）上生成体，如图 9-21 所示。生成的曲线网格体是双三次多项式的。这意味着它在 U 向和 V 向的次数都是三次的（次数为 3）。该选项只在主线串对和交叉线串对不相交时才有意义。如果线串不相交，生成的体会通过主线串或交叉线串，或两者均分。

1．第一主线串

让用户约束该实体，使得它和一个或多个选定的面或片体在第一主线串处相切或曲率连续。

2．最后主线串

让用户约束该实体，使得它和一个或多个选定的面或片体在最后一条主线串处相切或曲率连续。

3．第一交叉线串

让用户约束该实体，使得它和一个或多个选定的面或片体在第一交叉线串处相切或曲率连续。

图 9-20　"通过曲线网格"对话框

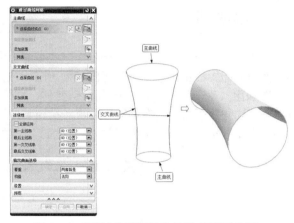

图 9-21　"通过曲线网格"构造曲面示意图

4．最后交叉线串

让用户约束该实体，使得它和一个或多个选定的面或片体在最后一条交叉线串处相切或曲率连续。

5．着重

让用户决定哪一组控制线串对曲线网格体的形状最有影响。

（1）两者皆是：主线串和交叉线串（即横向线串）有同样效果。

（2）主线串：主线串更有影响。

（3）交叉线串：交叉线串更有影响。

6．构造

（1）法向：使用标准过程建立曲线网格曲面。

（2）样条点：使用输入曲线的点及这些点的相切值来创建曲面。对于此选项，选择的曲线必须是有相同数目定义点的单根 B 曲线。

这些曲线通过它们的定义点临时地重新参数化（保留所有用户定义的斜率值），然后用这些临时的曲线生成体。这有助于用更少的补片生成更简单的体。

（3）简单：建立尽可能简单的曲线网格曲面。

7. 重新构建

该选项可以通过重新定义主曲线或交叉曲线的次数和节点数来帮助用户构建光滑曲面。仅当"构造选项"为"法向"时，该选项可用。

（1）无：不需要重构主曲线或交叉曲线。

（2）次数和公差：该选项通过手动选取主曲线或交叉曲线来替换原来曲线，并为生成的曲面指定 U/V 向次数。节点数会依据 G0、G1、G2 的公差值按需求插入。

（3）自动拟合：该选项通过指定最小次数和分段数来重构曲面，系统会自动尝试利用最小次数来重构曲面，如果还达不到要求，则会再利用分段数来重构曲面。

8. G0/G1/G2

该数值用来限制生成的曲面与初始曲线间的公差。G0 默认值为位置公差；G1 默认值为相切公差；G2 默认值为曲率公差。

9.1.6　截面曲面

单击"菜单"→"插入"→"扫掠"→"截面"命令，或单击"曲面"选项卡"曲面"面组上的（截面曲面）按钮，系统会打开图 9-22 所示"截面曲面"对话框。

该选项用二次曲线构造定义的截面创建体。截面曲面是二次曲面，可以看作是一系列二次曲线的集合，这些截面线位于指定的平面内，在控制曲线范围内编织形成一张二次曲面。

为符合工业标准并且便于数据传递，"截面"选项产生带有 B 曲面的体作为输出。

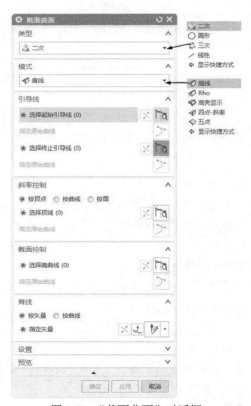

图 9-22　"截面曲面"对话框

1. 类型

可选择"二次""圆形""三次"和"线性"选项。

2. 模式

根据选择的类型所列出的各个模态。若类型为"二次",其模式包括肩线、Rho、高亮显示、四点 - 斜率和五点;若类型为"圆形",其模式包括三点、两点 - 半径、两点 - 斜率、半径 - 角度 - 圆弧、中心半径和相切 - 半径等;若类型为"三次",其模式包括两个斜率和圆角 - 桥接,若类型为"线性",其模式包括点 - 角度和相切 - 相切。

3. 引导线

指定起始和结束位置,在某些情况下,指定截面曲面的内部形状。

4. 斜率控制

控制来自起始边或终止边的任一者或两者、单一顶线、起始面或终止面的截面曲面的形状。

5. 截面控制

控制在截面曲面中定义截面的方式。根据选择的类型不同,这些选项可以在选择曲线、边或面到选择规律类型之间变化。

6. 脊线

控制已计算剖切平面的方位。

7. 设置

用于控制 U 方向上的截面形状,设置重建和公差选项,以及创建顶线。

各选项部分组合功能如下。

(1) 二次 - 肩线 - 按顶线:可以使用这个选项生成起始于第一条选定曲线,通过一条称为肩曲线的内部曲线,并且终止于第三条选定曲线的截面自由形式特征。每个端点的斜率由选定顶线定义,如图 9-23 所示。

(2) 二次 - 肩线 - 按曲线:该选项可以生成起始于第一条选定曲线,通过一条内部曲线(称为肩曲线),并且终止于第三条曲线的截面自由形式特征。切矢在起始点和终止点由两个不相关的切矢控制曲线定义,如图 9-24 所示。

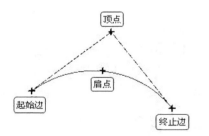
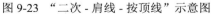

图 9-23 "二次 - 肩线 - 按顶线"示意图

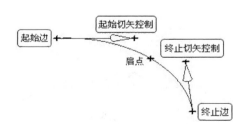

图 9-24 "二次 - 肩线 - 按曲线"示意图

(3) 二次 - 肩线 - 按面:可以使用这个选项生成截面自由形式特征,该特征在分别位于两个体上的两条曲线间形成光顺的圆角。体起始于第一条选定曲线,与第一个选定体相切,终止于第二条曲线,与第二个体相切,并且通过肩曲线,如图 9-25 所示。

(4) 圆形 - 三点:该选项可以通过选择起始边曲线、内部曲线、终止边曲线和脊线曲线来生成截面自由形式特征。片体的截面是圆弧,如图 9-26 所示。

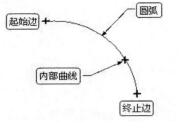

图 9-25 "二次 - 肩线 - 按面"示意图

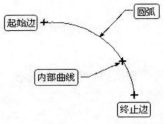

图 9-26 "圆形 - 三点"示意图

（5）二次 -Rho- 按顶线：可以使用这个选项来生成起始于第一条选定曲线并且终止于第二条曲线的截面自由形式特征。每个端点的切矢由选定的顶线定义。每个二次截面的完整性由相应的 Rho 值控制，如图 9-27 所示。

（6）二次 -Rho- 按曲线：该选项可以生成起始于第一条选定边曲线并且终止于第二条边曲线的截面自由形式特征。切矢在起始点和终止点由两个不相关的切矢控制曲线定义。每个二次截面的完整性由相应的 Rho 值控制，如图 9-28 所示。

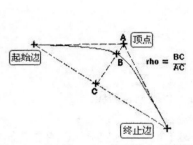

图 9-27 "二次 -Rho- 按顶线"示意图

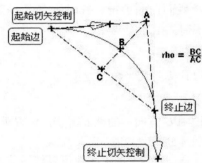

图 9-28 "二次 -Rho- 按曲线"示意图

（7）二次 -Rho- 按面：可以使用这个选项生成截面自由形式特征，该特征在分别位于两个体上的两条曲线间形成光顺的圆角。每个二次截面的完整性由相应的 Rho 值控制，如图 9-29 所示。

（8）圆形 - 两点 - 半径：该选项生成带有指定半径圆弧截面的体。对于脊线方向，从第一条选定曲线到第二条选定曲线以逆时针方向生成体。半径必须至少是每个截面的起始边与终止边之间距离的一半，如图 9-30 所示。

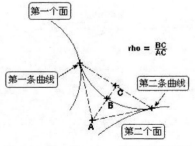

图 9-29 "二次 -Rho- 按面"示意图

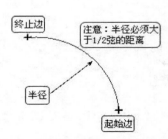

图 9-30 "圆形 - 两点 - 半径"示意图

（9）二次 - 高亮显示 - 按顶线：该选项可以生成带有起始于第一条选定曲线并终止于第二条曲线，而且与指定直线相切的二次截面的体。每个端点的切矢由选定顶线定义，如图 9-31 所示。

（10）二次 - 高亮显示 - 按曲线：该选项可以生成带有起始于第一条选定边曲线并终止于第二条边曲线，而且与指定直线相切的二次截面的体。切矢在起始点和终止点由两个不相关的切矢控制曲线定义，如图 9-32 所示。

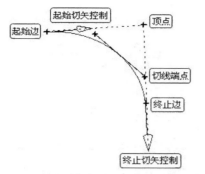

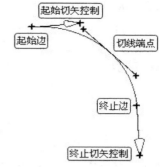

图 9-31　"二次 - 高亮显示 - 按顶线"示意图　　　　图 9-32　"二次 - 高亮显示 - 按曲线"示意图

（11）二次 - 高亮显示 - 按面：可以使用这个选项生成带有在分别位于两个体上的两条曲线之间构成光顺圆角，并与指定直线相切的二次截面的体，如图 9-33 所示。

（12）圆形 - 两点 - 斜率：该选项可以生成起始于第一条选定边曲线并且终止于第二条边曲线的截面自由形式特征。切矢在起始处由选定的控制曲线决定。片体的截面是圆弧，如图 9-34 所示。

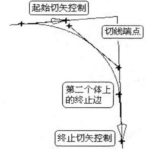

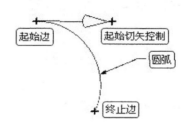

图 9-33　"二次 - 高亮显示 - 按面"示意图　　　　图 9-34　"圆形 - 两点 - 斜率"示意图

（13）二次 - 四点 - 斜率：该选项可以生成起始于第一条选定曲线，通过两条内部曲线，并且终止于第四条曲线的截面自由形式特征。一条斜率曲线将定义起始处的斜率，如图 9-35 所示。

（14）三次 - 两个斜率：该选项生成带有截面的 S 形的体，该截面在两条选定边曲线之间构成光顺的三次圆角。切矢在起始点和终止点由两个不相关的切矢控制曲线定义，如图 9-36 所示。

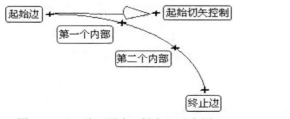

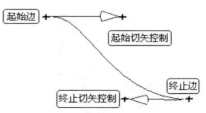

图 9-35　"二次 - 四点 - 斜率"示意图　　　　图 9-36　"三次 - 两个斜率"示意图

（15）三次 - 圆角 - 桥接：该选项生成一个体，该体带有在位于两组面上的两条曲线之间构成桥接的截面，如图 9-37 所示。

（16）圆形 - 半径 - 角度 - 圆弧：该选项可以通过在选定边、相切面、体的曲率半径和体的张角上定义起始点来生成带有圆弧截面的体。角度可以从 -170° ～ 0°，或从 0° ～ 170° 变化，但是禁止通过零。半径必须大于零。曲面的默认位置在面法向的方向上，或者可以将曲面反向到相切面的反方向，如图 9-38 所示。

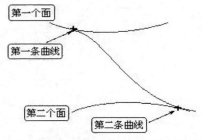

图 9-37 "三次 - 圆角 - 桥接"示意图

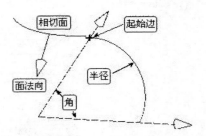

图 9-38 "圆形 - 半径 - 角度 - 圆弧"示意图

（17）二次 - 五点：该选项可以使用 5 条已有曲线作为控制曲线来生成截面自由形式特征。体起始于第一条选定曲线，通过 3 条选定的内部控制曲线，并且终止于第 5 条选定的曲线。而且提示选择脊线曲线。5 条控制曲线必须完全不同，但是脊线曲线可以为先前选定的控制曲线，如图 9-39 所示。

（18）线性：该选项可以生成与一个或多个面相切的线性截面曲面。选择其相切面、起始曲面和脊线来生成这个曲面，如图 9-40 所示。

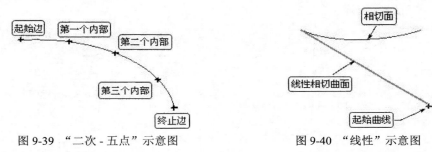

图 9-39 "二次 - 五点"示意图　　　　　　　　图 9-40 "线性"示意图

（19）圆形 - 相切半径：该选项可以生成与面相切的圆弧截面曲面。通过选择其相切面、起始曲线和脊线并定义曲面的半径来生成这个曲面，如图 9-41 所示。

（20）圆形 - 中心 - 半径：可以使用这个选项生成整圆截面曲面。选择引导线串、可选方向线串和脊线来生成圆截面曲面；然后定义曲面的半径，如图 9-42 所示。

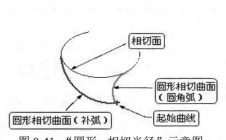

图 9-41 "圆形 - 相切半径"示意图

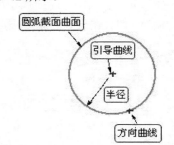

图 9-42 "圆形 - 中心 - 半径"示意图

9.1.7　艺术曲面

单击"菜单"→"插入"→"网格曲面"→"艺术曲面"命令，或单击"曲面"选项卡"曲面"面组上的 ◈（艺术曲面）按钮，系统打开图 9-43 所示的"艺术曲面"对话框。

1．截面（主要）曲线

每选择一组曲线后可以通过单击鼠标中键完成选择，如果方向相反可以单击该面板中的"反向"按钮。

2．引导（交叉）曲线

在选择交叉线串的过程中，如果选择的交叉曲线方向与已经选择的交叉线串的曲线方向相反，可以通过单击"反向"按钮将交叉曲线的方向反向。如果选择多组引导曲线，那么该面板的"列表"中能够将其通过列表方式显示出来。

3．连续性

可以设定的连续性过渡方式如下。

（1）GO（位置）方式，通过点连接方式和其他部分相连接。

（2）G1（相切）方式，通过该曲线的艺术曲面与其相连接的曲面通过相切方式进行连接。

（3）G2（曲率）方式，通过相应曲线的艺术曲面与其相连接的曲面通过曲率方式逆行连接，在公共边上具有相同的曲率半径，且通过相切连接，从而实现曲面的光滑过渡。

图 9-43　"艺术曲面"对话框

4．对齐

该列表中包括以下 3 个选项。

（1）参数：截面曲线在生成艺术曲面时（尤其是在通过截面曲线生成艺术曲面时），系统将根据所设置的参数来完成各截面曲线之间的连结过渡。

（2）弧长：截面曲线将根据各曲线的圆弧长度来计算曲面的连接过渡方式。

（3）根据点：可以在连接的几组截面曲线上指定若干点，两组截面曲线之间的曲面连接关系将会根据这些点来进行计算。

5．过渡控制

该列表中主要包括以下选项。

（1）垂直于终止截面：连接的平移曲线在终止截面处，将垂直于此处截面。

（2）垂直于所有截面：连接的平移曲线在每个截面处都将垂直于此处截面。

（3）三次：系统构造的这些平移曲线是三次曲线，所构造的艺术曲面即通过截面曲线组合这些平移曲线来连接和过渡。

（4）线形和圆角：系统将通过线形方式对连接生成的曲面进行倒角。

9.1.8　N 边曲面

单击"菜单"→"插入"→"网格曲面"→"N 边曲面"命令，或单击"曲面"选项卡"曲面"面组上的 (N 边曲面)按钮，系统打开图 9-44 所示的"N 边曲面"对话框。

1．类型

（1）已修剪：在封闭的边界上生成一张曲面，它覆盖被选定曲面封闭环内的整个区域。

（2）三角形：在已经选择的封闭曲线串中，构建一张由多个三角补片组成的曲面，其中的三角补片相交于一点。

2. 外环

选择一个轮廓以组成曲线或边的封闭环。

3. 约束面

选择外部表面来定义相切约束。

图 9-44 "N 边曲面"对话框

9.1.9 扫掠

单击"菜单"→"插入"→"扫掠"→"扫掠"命令，或单击"曲面"选项卡"曲面"面组上的 （扫掠）按钮，打开图 9-45 所示的"扫掠"对话框。

该命令可以用来构造扫掠体，如图 9-46 所示。通过沿一条或多条引导线扫掠截面来创建体，使用各种方法控制沿着引导线的形状。移动曲线轮廓线称为截面线串。该路径称为引导线串，因为它引导运动。

引导线串在扫掠方向上控制着扫掠体的方向和比例。引导线串可以由单个或多个分段组成。每个分段可以是曲线、实体边或实体面。每条引导线串的所有对象必须光顺而且连续。必须提供一条、两条或 3 条引导线串。截面线串不必光顺，而且每条截面线串内的对象的数量可以不同。可以输入从 1 到最大数量为 150 的任何数量的截面线串。

如果所有选定的引导线串形成封闭循环，则第一条截面线串可以作为最后一条截面线串重新选定。

1. 定向方法

（1）固定：在截面线串沿着引导线串移动时，它保持固定的方向，并且结果是简单的平行的或平移的扫掠。

（2）面的法向：局部坐标系的第二个轴和沿引导线串的各个点

图 9-45 "扫掠"对话框

处的某基面的法向矢量一致。这样来约束截面线串和基面的联系。

（3）矢量方向：局部坐标系的第二个轴和用户在整个引导线串上指定的矢量一致。

（4）另一曲线：通过连接引导线串上的相应的点和另一条曲线来获得局部坐标系的第二个轴（就好像在它们之间建立了一个直纹的片体）。

（5）一个点：和"另一曲线"相似，不同之处在于获得第二个轴的方法是通过引导线串和点之间的三面直纹片体来获得。

（6）强制方向：在沿着引导线串扫掠截面线串时，让用户把截面的方向固定在一个矢量上。

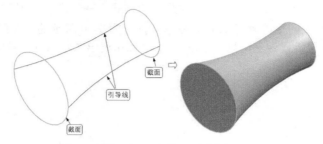

图 9-46　"扫掠"示意图

2．缩放方法

（1）恒定：让用户输入一个比例因子，它沿着整个引导线串保持不变。

（2）倒圆功能：在指定的起始比例因子和终止比例因子之间允许线性的或三次的比例，那些起始比例因子和终止比例因子对应于引导线串的起点和终点。

（3）另一曲线：类似于定向方法中的"另一曲线"，但是此处在任意给定点的比例是以引导线串和其他的曲线或实边之间的划线长度为基础的。

（4）一个点：和"另一曲线"相同，但是，是使用点而不是曲线。选择此种形式的比例控制的同时还可以使用同一个点作方向控制（在构造三面扫掠时）。

（5）面积规律：让用户使用规律子功能控制扫掠体的交叉截面面积。

（6）周长规律：类似于"面积规律"，不同的是，用户控制扫掠体的交叉截面的周长，而不是它的面积。

9.1.10　实例——头盔

👉 **制作思路**

本例绘制头盔，如图 9-47 所示。首先通过"分割曲线"和"扫掠"命令创建头盔上部，然后通过"通过曲线组""沿引导线扫掠"和"修剪片体"命令创建头盔下部，最终完成头盔的创建。

图 9-47　头盔

扫码看视频

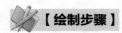

【绘制步骤】

1. 打开文件

单击"菜单"→"文件"→"打开"命令，或单击"主页"选项卡 （打开）按钮，打开"打开"对话框。打开 yuanwenjian\11\TouKui.prt 零件，如图 9-48 所示。

2. 头盔上部制作

（1）打断图 9-49 所示的曲线。单击"菜单"→"格式"→"图层设置"命令，或单击"视图"选项卡"可见性"面组上的 （图层设置）按钮，打开图 9-50 所示的"图层设置"对话框，取消10 层的勾选，将第 10 层设置为不可见。单击"关闭"按钮退出该对话框。视图显示如图 9-51 所示。

图 9-48　TouKui.prt 示意图

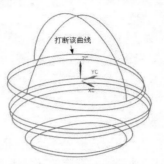

图 9-49　需要被打断的曲线

图 9-50　"图层设置"对话框

图 9-51　完成步骤（1）后示意图

（2）单击"菜单"→"编辑"→"曲线"→"分割"命令，或单击"曲线"选项卡"更多"库下的 $\int$ （分割曲线）按钮，打开图 9-52 所示的"分割曲线"对话框，"类型"选择"按边界对象"，选择图 9-53 所示的对象。

图 9-52　"分割曲线"对话框

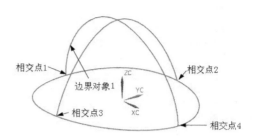

图 9-53　选取边界对象

（3）选取图 9-53 所示的边界对象 1，指定相交点 1，再选择所示的边界对象 1，指定相交点 4。单击"确定"按钮，曲线在交点处断开。

（4）同理，将断开的曲线再分别在相交点 2 和相交点 3 断开。

（5）单击"菜单"→"插入"→"扫掠"→"扫掠"命令，或单击"曲面"选项卡"曲面"面组上的 （扫掠）按钮，打开"扫掠"对话框，选取图 9-54 所示的截面曲线和引导线，注意在"扫掠"对话框中选取引导线时，先选取引导线 1 后再添加新集选取引导线 2，单击"确定"按钮，完成扫掠操作，如图 9-55 所示。同理，完成另外半部分头盔的扫掠操作，如图 9-56 所示。

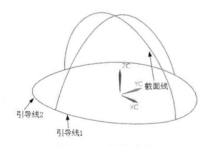

图 9-54　曲线选取

图 9-55　完成扫掠

图 9-56　完成头盔上部的绘制

3. 头盔下部制作

（1）单击"菜单"→"首选项"→"建模"命令，系统打开图 9-57 所示"建模首选项"对话框，设置其"体类型"为"片体"选项，单击"确定"按钮完成。

（2）单击"菜单"→"格式"→"图层设置"命令，或单击"视图"选项卡"可见性"面组上的 （图层设置）按钮，打开图 9-58 所示的"图层设置"对话框，选中第 10 层，单击鼠标右键，在打开的快捷菜单中选择"工作"选项，将第 10 层设置为工作层，将第 1 层前面的勾选取消，将第 1 层设置为不可见。单击"关闭"按钮退出该对话框，视图显示如图 9-59 所示。

（3）单击"菜单"→"插入"→"网格曲面"→"通过曲线组"命令，或单击"曲面"选项卡"曲面"面组上的 （通过曲线组）按钮，打开图 9-60 所示的"通过曲线组"对话框，依次选取图 9-61 所示

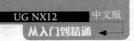

中的 7 条曲线，每次选取一对象之后，都需要单击鼠标中键以完成本次对象的选取，需要注意的是，每个线串的起始方向一定要一致，如果有方向不一致的话必须重新选择，完成选取后如图 9-61 所示。

图 9-57 "建模首选项"对话框

图 9-58 "图层设置"对话框

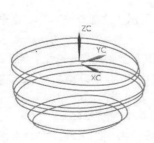

图 9-59 完成步骤（2）后示意图

图 9-60 "通过曲线组"对话框

图 9-61 选取对象完成后示意图

（4）保持图 9-59 中的默认设置，单击"确定"按钮，完成头盔下部制作，如图 9-62 所示。

4．两侧辅助面生成

（1）单击"菜单"→"格式"→"图层设置"命令，或单击"视图"选项卡"可见性"面组上的 🔲（图层设置）按钮，打开图 9-58 所示的"图层设置"对话框，选中第 5 层，单击鼠标右键，在打开的快捷菜单中选择"工作"选项，将第 5 层设置为工作层，将第 10 层前面的勾选取消，将第 10 层设置为不可见，单击"关闭"按钮退出该对话框。视图显示如图 9-63 所示。

图 9-62　完成的头盔下部示意图

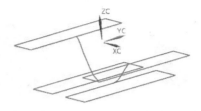

图 9-63　显示辅助面图层

（2）单击"菜单"→"插入"→"扫掠"→"沿引导线扫掠"命令，打开图 9-64 所示的"沿引导线扫掠"对话框，选取图 9-65 所示截面线，然后选择图 9-65 所示引导线，保留默认设置，单击"应用"按钮，完成扫掠后如图 9-66 所示。

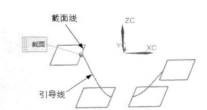

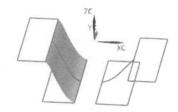

图 9-64　"沿引导线扫掠"对话框　　图 9-65　选取截面线串和导引线　　图 9-66　完成步骤（2）后示意图

（3）同理，仿照步骤（2）完成另一侧对象的扫掠操作，完成后如图 9-67 所示。

（4）单击"菜单"→"插入"→"曲面"→"有界平面"命令，系统打开图 9-68 所示的"有界平面"对话框，选取图 9-69 所示的 4 条边，单击"确定"按钮，完成平面创建操作。

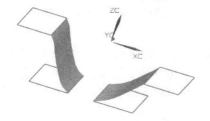

图 9-67　完成步骤（3）后示意图

图 9-68　"有界平面"对话框

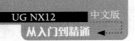
（5）同理，仿照步骤（4）完成其余平面的创建，完成后如图 9-70 所示。

5. 修剪两侧

（1）单击"菜单"→"格式"→"图层设置"命令，或单击"视图"选项卡"可见性"面组上的 🖼（图层设置）按钮，打开图 9-58 所示的"图层设置"对话框，选中第 10 层，勾选"仅可见"栏中的复选框，将第 10 层设置为可见的。单击"关闭"退出该对话框。视图显示如图 9-71 所示。

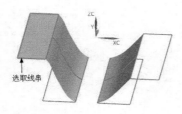

图 9-69 选取边界对象

图 9-70 完成步骤（5）后示意图

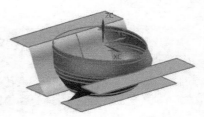

图 9-71 完成步骤（1）后示意图

（2）单击"菜单"→"插入"→"修剪"→"修剪片体"命令，系统打开图 9-72 所示"修剪片体"对话框，选取头盔下部为目标片体，然后依次选择图 9-73 中的各个平面作为修剪对象。

图 9-72 "修剪片体"对话框

图 9-73 获取修剪对象

（3）完成修剪面的选取后，单击图 9-72 中的"确定"按钮，完成修剪后的模型如图 9-74 所示。

（4）单击"菜单"→"格式"→"图层设置"命令，或单击"视图"选项卡"可见性"面组上的 🖼（图层设置）按钮，打开图 9-58 所示的"图层设置"对话框，选中第 1 层设置为工作层；将第 10 层设置为可见的，将第 5 层设置为不可见的。单击"关闭"按钮退出该对话框。视图显示如图 9-75 所示。

（5）按下 <Ctrl+B> 组合键，选择曲线类型，将所有显示出来的曲线消隐掉。然后单击"菜单"→"插入"→"组合"→"缝合"命令，系统打开图 9-76 所示"缝合"对话框，选择片体类型，选取头盔上部为目标片体，选取头盔下部为工具片体，然后单击图 9-76 中的"确定"按钮，完成片体的缝合。最终模型如图 9-77 所示。

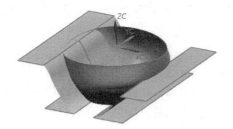

图 9-74　完成步骤（3）后示意图

图 9-75　完成步骤（4）后示意图

图 9-76　"缝合"对话框

图 9-77　模型最终示意图

9.2　曲面操作

9.2.1　延伸

单击"菜单"→"插入"→"弯边曲面"→"延伸"命令，或单击"曲面"选项卡"曲面"面组上的 （延伸曲面）按钮，系统打开图 9-78 所示"延伸曲面"对话框。

图 9-78　"延伸曲面"对话框

该命令让用户从现有的基片体上生成切向延伸片体、曲面法向延伸片体、角度控制的延伸片体或圆弧控制的延伸片体。

1. 边

选择要延伸的边后，选择延伸方法并输入延伸的长度或百分比延伸曲面。

（1）相切：该选项让用户生成相切于面、边或拐角的体。切向延伸通常是相邻于现有基面的边或拐角而生成，这是一种扩展基面的方法。这两个体在相应的点处拥有公共的切面，因而，它们之间的过渡是平滑的，示意图如图 9-79 所示。

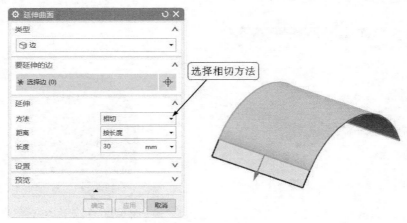

图 9-79　相切示意图

（2）圆弧：该选项让用户从光顺曲面的边上生成一个圆弧的延伸。该延伸遵循沿着选定边的曲率半径，示意图如图 9-80 所示。

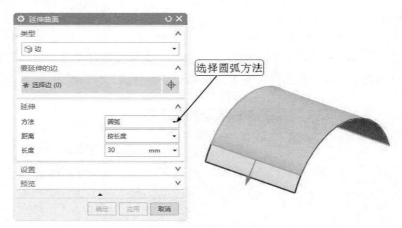

图 9-80　圆形示意图

要生成圆弧的边界延伸，选定的基曲线必须是面的未裁剪的边。延伸的曲面边的长度不能大于任何由原始曲面边的曲率确定半径的区域的整圆的长度。

2. 拐角

选择要延伸的曲面，在"%U 长度"和"%V 长度"文本框中输入拐角长度，示意图如图 9-81所示。

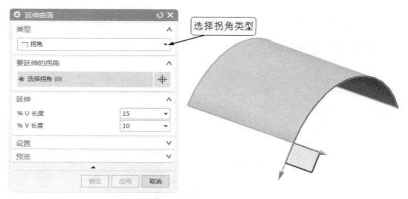

图 9-81　拐角示意图

9.2.2　规律延伸

单击"菜单"→"插入"→"弯边曲面"→"规律延伸"命令，或单击"曲面"选项卡"曲面"面组上的 （规律延伸）按钮，打开图 9-82 所示"规律延伸"对话框。

图 9-82　"规律延伸"对话框

1. 类型

（1）面：指定使用一个或多个面来为延伸曲面组成一个参考坐标系。参考坐标系建立在"基本曲线串"的中点上，示意图如图 9-83 和图 9-84 所示。

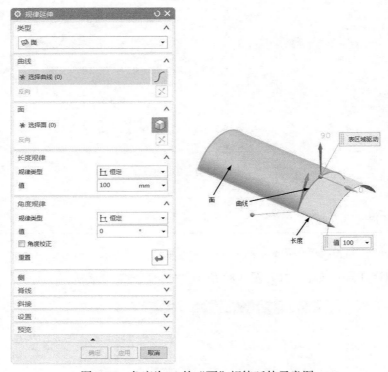

图 9-83　角度为 0º 的"面"规律延伸示意图

（2）矢量：指定在沿着基本曲线线串的每个点处计算和使用一个坐标系来定义延伸曲面。此坐标系的方向是使 0º 角平行于矢量方向，使 90º 轴垂直于由 0º 轴和基本轮廓切线矢量定义的平面。此参考平面的计算是在"基本轮廓"的中点上进行的，示意图如图 9-85 所示。

2. 曲线

让用户选择一条基本曲线或边界线串，系统用它在它的基边上定义曲面轮廓。

3. 面

让用户选择一个或多个面来定义用于构造延伸曲面的参考方向。

4. 参考矢量

让用户通过使用标准的"矢量方式"或"矢量构造器"指定一个矢量，用它来定义构造延伸曲面时所用的参考方向。

5. 脊线

（可选的）指定可选的脊线线串会改变系统确定局部坐标系方向的方法，这样，垂直于脊线线串的平面决定了测量"角度"所在的平面。

6. 长度规律

让用户指定用于延伸长度的规律方式以及使用此方式的适当的值。

（1）恒定：使用恒定的规则（规律），当系统计算延伸曲面时，它沿着基本曲线线串移动，截面曲线的长度保持恒定的值。

（2）线性：使用线性的规则（规律），当系统计算延伸曲面时，它沿着基本曲线线串移动，截面曲线的长度从基本曲线线串起始点的起始值到基本曲线线串终点的终止值呈线性变化。

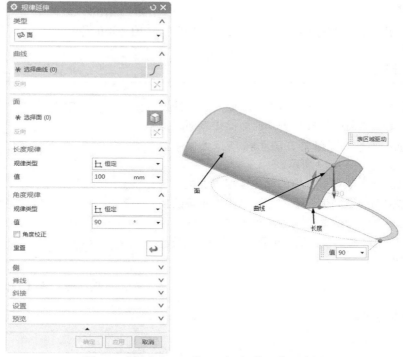

图 9-84　角度为 90º 的"面"规律延伸示意图

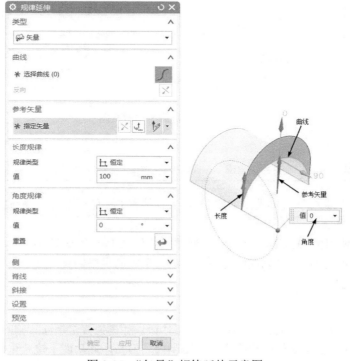

图 9-85　"矢量"规律延伸示意图

（3）三次：使用三次的规则（规律），当系统计算延伸曲面时，它沿着基本曲线线串移动，截面曲线的长度从基本曲线线串起始点的起始值到基本曲线线串终点的终止值呈非线性变化。

7. 角度规律

让用户指定用于延伸角度的规律方式，以及使用此方式的适当的值。

9.2.3 偏置曲面

单击"菜单"→"插入"→"偏置 / 缩放"→"偏置曲面"命令，或单击"曲面"选项卡"曲面操作"面组上的 （偏置曲面）按钮，系统打开图 9-86 所示"偏置曲面"对话框，示意图如图 9-87 所示。

该命令可以从一个或更多已有的面生成偏置曲面。

系统用沿选定面的法向偏置点的方法来生成正确的偏置曲面。指定的距离称为偏置距离，已有面称为基面。可以选择任何类型的面作为基面。如果选择多个面进行偏置，则产生多个偏置体。

图 9-86　"偏置曲面"对话框

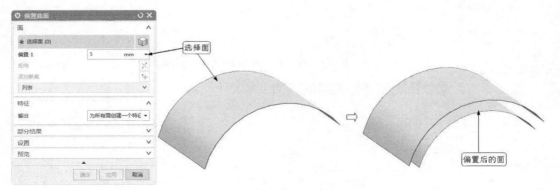

图 9-87　"偏置曲面"示意图

9.2.4 大致偏置

单击"菜单"→"插入"→"偏置 / 缩放"→"大致偏置（原有）"命令，系统打开图 9-88 所示"大致偏置"对话框。

该命令让用户使用大的偏置距离从一组列面或片体生成一个没有自相交、尖锐边界或拐角的偏置片体。该选项让用户从一系列面或片体上生成一个大的粗略偏置，用于当"偏置面"和"偏置曲面"功能不能实现时。

1. 选择步骤

（1）（偏置面 / 片体）：选择要偏置的面或片体。如果选择多个面，则不会使它们相互重叠。相邻面之间的缝隙应该在指定的建模距离公差范围内。但是，此功能不检查重叠或缝隙，如果碰到了，则会忽略缝隙；如果存在重叠，则会偏置顶面。

（2）（偏置坐标系）：让用户为偏置选择或建立一个坐标系，其中 Z 方向指明偏置方向，X 方向指明步进或截取方向，Y 方向指明步距方向。默认的坐标系为当前的工作坐标系。

2．偏置距离

让用户指定偏置的距离。此字段值和"偏置偏差"中指定的值一同起作用。如果希望偏置背离指定的偏置方向，则可以为偏置距离输入一个负值。

3．偏置偏差

让用户指定偏置的偏差。用户输入的值表示允许的偏置距离范围。该值和"偏置距离"值一同起作用。例如，如果偏置距离是 10 且偏差是 1，则允许的偏置距离在 9 和 11 之间。通常偏差值应该远大于建模距离公差。

4．步距

让用户指定步进距离。

5．曲面生成方法

让用户指定系统建立粗略偏置曲面时使用的方法。

（1）云点：系统使用和"曲面控制"选项中的方法相同的方法建立曲面。选择此方法则启用"曲面控制"选项，它让用户指定曲面的片数。

（2）通过曲线组：系统使用和"通过曲线"选项中的方法相同的方法建立曲面。

（3）粗略拟合：当其他方法生成曲面无效时（例如有自相交面或者低质量），系统利用该选项创建一低精度曲面。

6．曲面控制

让用户决定使用多少补片来建立片体。此选项只用于"云点"曲面生成方法。

（1）系统定义：在建立新的片体时系统自动添加计算数目的 U 向补片来给出最佳结果。

（2）用户定义：启用"U 向补片数"字段，该字段让用户指定在建立片体时，允许使用多少 U 向补片。该值必须至少为 1。

7．修剪边界

（1）不修剪：片体以近似矩形图案生成，并且不修剪。

（2）修剪：片体根据偏置中使用的曲面边界修剪。

（3）边界曲线：片体不被修剪，但是片体上会生成一条曲线，它对应于在使用"修剪"选项时发生修剪的边界。

图 9-88 "大致偏置"对话框

9.2.5 修剪片体

单击"菜单"→"插入"→"修剪"→"修剪片体"命令，或单击"曲面"选项卡"曲面"面组上的 （修剪片体）按钮，系统会打开图 9-89 所示"修剪片体"对话框，该命令用于生成相关的修剪片体，示意图如图 9-90 所示。

（1）目标：选择目标曲面体。

（2）边界：选择修剪的工具对象，该对象可以是面、边、曲线和基准平面。

（3）允许目标体边作为工具对象：帮助将目标片体的边作为修剪对象过滤掉。

（4）投影方向：可以定义要做标记的曲面/边的投影方向。可以在"垂直于面""垂直于曲线平面"和"沿矢量"间选择。

图 9-89 "修剪片体"对话框

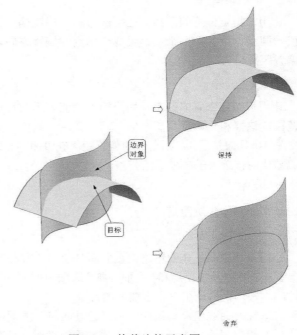

图 9-90 修剪片体示意图

（5）区域：可以定义在修剪曲面时选定的区域是保留还是舍弃。在选定目标曲面体、投影方式和修剪对象后，可以选择目前选择的区域是否"保持"或"放弃"。

（6）选择区域：用于选择在修剪曲面时将保留或舍弃的区域。

9.2.6 加厚

单击"菜单"→"插入"→"偏置/缩放"→"加厚"命令，或单击"曲面"选项卡"曲面操作"面组上的（加厚）按钮，系统打开图 9-91 所示"加厚"对话框。

该选项可以偏置或加厚片体来生成实体，在片体的面的法向应用偏置，如图 9-92 所示。

（1）面：该选项用于选择要加厚的片体。一旦选择了片体，就会出现法向于片体的箭头矢量来指明法向方向。

（2）偏置 1/ 偏置 2：指定一个或两个偏置（偏置对实体的影响如图 9-92 所示）。

（3）Check-Mate：如果出现加厚片体错误，则此按钮可用。单击此按钮会识别导致加厚片体操作失败的可能的面。

图 9-91 "加厚"对话框

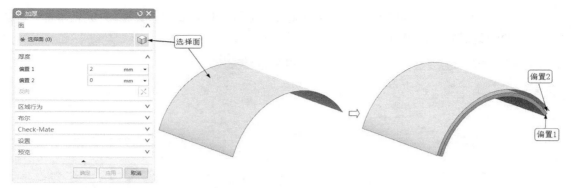

图 9-92　"加厚"示意图

9.2.7　实例——风扇

制作思路

本例绘制风扇，如图 9-93 所示。首先创建"圆柱"和"孔"特征，然后利用"投影曲线"命令创建曲线，再利用"直纹"命令创建曲面，并利用"加厚"命令加厚曲面得到扇叶，最后通过"变换"命令完成风扇的创建。

图 9-93　风扇

扫码看视频

【绘制步骤】

1．新建文件

单击"菜单"→"文件"→"新建"命令，或单击"快速访问"工具栏中的 （新建）按钮，打开"新建"对话框，在"模板"列表框中选择"模型"，在"名称"文本框中输入"fengshan"，单击"确定"按钮，进入 UG 主界面。

2．创建圆柱体

（1）单击"菜单"→"插入"→"设计特征"→"圆柱"命令，或单击"主页"选项卡"特征"面组上的 （圆柱）按钮，打开图 9-94 所示的"圆柱"对话框。

（2）在"类型"下拉列表中选择"轴、直径和高度"选项。

（3）在"轴"面板中的"指定矢量"下拉列表中选择"ZC 轴"。

（4）单击"轴"面板中的 （点构造器）按钮，打开"点"对话框，如图 9-95 所示，保持默认的点（0，0，0）作为圆柱体的圆心坐标，单击"确定"按钮。

（5）分别在"圆柱"对话框的"直径"和"高度"文本框中输入"400"和"120"，单击"确定"按钮，生成的圆柱体如图 9-96 所示。

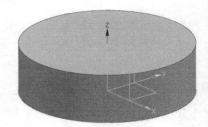

图 9-94 "圆柱"对话框　　　图 9-95 "点"对话框　　　图 9-96 生成的圆柱体

3. 创建孔特征

（1）单击"菜单"→"插入"→"设计特征"→"孔"命令，或单击"主页"选项卡"特征"面组上的 （孔）按钮，打开"孔"对话框。

（2）在"孔"对话框中选择"常规孔"类型，在"成形"下拉列表中选择"简单孔"，如图 9-97 所示。

（3）捕捉圆柱的上表面圆心为孔放置位置，如图 9-98 所示。

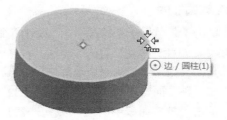

图 9-97 "孔"对话框　　　图 9-98 捕捉孔位置

（4）在"孔"对话框的"直径"文本框中输入"120"，如图 9-97 所示，单击"确定"按钮。完成孔特征的创建，生成的模型如图 9-99 所示。

4．绘制直线

（1）单击"菜单"→"插入"→"曲线"→"基本曲线（原有）"命令，打开图 9-100 所示的"基本曲线"对话框。

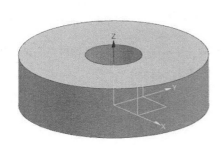

图 9-99　创建孔特征

图 9-100　"基本曲线"对话框

（2）单击对话框中的 ╱（直线）按钮，在"点方法"下拉列表中选择 ⊕（象限点）选项。

（3）在绘图窗口中选取圆柱体的上表面边缘曲线确定直线第一点，如图 9-101 所示。选取圆柱体的下表面边缘曲线确定直线第二点，单击鼠标中键生成的直线如图 9-102 所示。

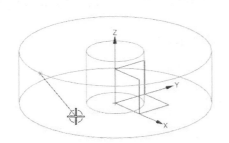

图 9-101　选取直线的第一点

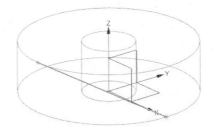

图 9-102　生成直线

5．投影

（1）单击"菜单"→"插入"→"派生曲线"→"投影曲线"命令，或单击"曲线"选项卡"曲线"面组上的 ⬚（投影曲线）按钮，打开图 9-103 所示的"投影曲线"对话框。

（2）在绘图窗口中选择要投影的曲线，如图 9-104 所示，连续两次单击鼠标中键。

（3）选择圆柱体的圆弧面作为第一个要投影的对象，如图 9-105 所示。

（4）选择圆柱孔的表面作为第二个要投影的对象，如图 9-106 所示

（5）在"投影曲线"对话框中单击"确定"按钮，生成的两条投影曲线如图 9-107 所示。

图 9-103　"投影曲线"对话框

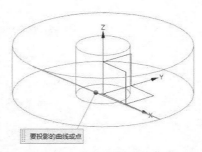

图 9-104　选择要投影的曲线

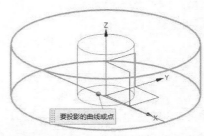

图 9-105　选择第一个要投影的对象

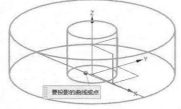

图 9-106　选择第二个要投影的对象

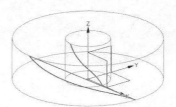

图 9-107　生成投影曲线

6. 隐藏对象

（1）单击"菜单"→"编辑"→"显示和隐藏"→"隐藏"命令，或按 <Ctrl+B> 组合键，打开图 9-108 所示的"类选择"对话框。

（2）选择实体和直线作为要隐藏的对象，如图 9-109 所示。单击"确定"按钮，绘图窗口显示的图形如图 9-110 所示。

图 9-108　"类选择"对话框

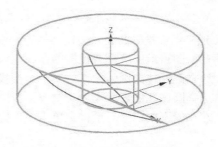

图 9-109　选择要隐藏的对象

7. 创建直纹

（1）单击"菜单"→"插入"→"网格曲面"→"直纹"命令，或单击"曲面"选项卡"曲面"面组上的（直纹）按钮，打开图 9-111 所示的"直纹"对话框。

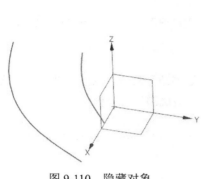

图 9-110　隐藏对象

图 9-111　"直纹"对话框

（2）选择截面线串 1 和截面线串 2，每条线串选取结束后单击鼠标中键，如图 9-112 所示。

（3）在"对齐"下拉列表中选择"参数"选项，单击"确定"按钮，生成图 9-113 所示的曲面。

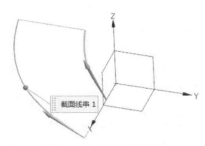

图 9-112　选取截面线串

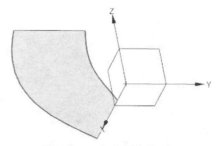

图 9-113　生成的直纹面

8. 加厚曲面

（1）单击"菜单"→"插入"→"偏置 / 缩放"→"加厚"命令，或单击"曲面"选项卡"曲面操作"面组上"更多"库下的（加厚）按钮，打开图 9-114 所示的"加厚"对话框。

（2）在绘图窗口中选择加厚面为直纹面，如图 9-115 所示。

（3）分别在"加厚"对话框的"偏置 1"和"偏置 2"文本框中输入"2"和"-2"，单击"确定"按钮，生成的加厚体如图 9-116 所示。

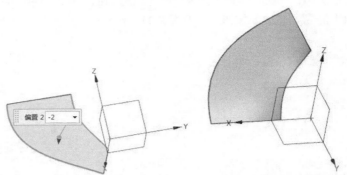

图 9-114 "加厚"对话框　　　图 9-115　选择要加厚的曲面　　　图 9-116　生成的加厚体

9. 边倒圆

（1）单击"菜单"→"插入"→"细节特征"→"边倒圆"命令，或单击"主页"选项卡"特征"面组上的 （边倒圆）按钮，打开图 9-117 所示的"边倒圆"对话框。

（2）选择倒圆角边 1 和倒圆角边 2，如图 9-118 所示。

（3）在"边倒圆"对话框的"半径 1"文本框中输入"60"，单击"确定"按钮，生成的模型如图 9-119 所示。

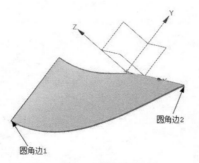

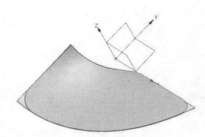

图 9-117 "边倒圆"对话框　　　图 9-118　选择倒圆角边　　　图 9-119　倒圆角后的模型

10. 创建圆柱体

（1）单击"菜单"→"插入"→"设计特征"→"圆柱"命令，或单击"主页"选项卡"特征"面组上的 （圆柱）按钮，打开"圆柱"对话框，如图 9-120 所示。

（2）在"类型"下拉列表中选择"轴、直径和高度"选项，单击"轴"面板中的 （矢量对话框）按钮。

（3）打开"矢量"对话框，选取"ZC 轴"选项，单击"确定"按钮。

（4）单击"轴"面板中的 （点构造器）按钮，打开"点"对话框，设置点（0，0，-3）作为圆柱体的圆心，单击"确定"按钮。

（5）在"圆柱"对话框的"直径"和"高度"文本框中均输入"132"，单击"确定"按钮，生成的圆柱体如图 9-121 所示。

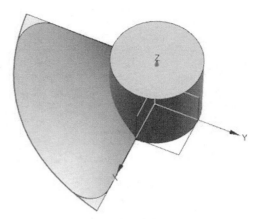

图 9-120　"圆柱"对话框　　　　　　　　　图 9-121　创建圆柱体

11. 创建其余叶片

（1）单击"菜单"→"编辑"→"移动对象"命令，打开"移动对象"对话框，如图 9-122 所示。

（2）在绘图窗口中选择扇叶为移动对象，如图 9-123 所示。

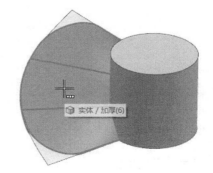

图 9-122　"移动对象"对话框　　　　　　　图 9-123　选择移动对象

（3）在"运动"下拉列表中选择"角度"选项，在"指定矢量"下拉列表中选择"ZC 轴"选项。

（4）单击 ⊥（点构造器）按钮，打开"点"对话框，如图 9-124 所示，接受系统默认设置，单击"确定"按钮。

（5）返回到"移动对象"对话框，在"角度"文本框中输入"120"，选择"复制原先的"单选钮，在"非关联副本数"文本框中输入"2"。

（6）单击"确定"按钮，生成的变换特征如图 9-125 所示。

图 9-124 "点"对话框

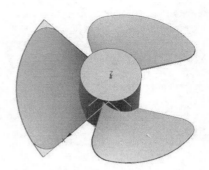

图 9-125 生成的变换特征

12. 创建组合体

（1）单击"菜单"→"插入"→"组合"→"合并"命令，或单击"主页"选项卡"特征"面组上的 （合并）按钮，打开"合并"对话框，如图 9-126 所示。

（2）在绘图窗口中选择圆柱体作为目标体，如图 9-127 所示。

（3）在绘图窗口选择 3 个叶片作为工具体，如图 9-128 所示。

（4）在"合并"对话框中单击"确定"按钮，生成组合体。

图 9-126 "合并"对话框

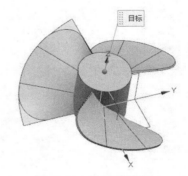

图 9-127 选择目标体

13. 隐藏曲面和曲线

（1）单击"菜单"→"编辑"→"显示和隐藏"→"隐藏"命令，打开"类选择"对话框。

（2）在"类选择"对话框中单击 （类型过滤器）按钮。

（3）打开"按类型选择"对话框，如图 9-129 所示，选择"曲线"和"片体"选项，单击"确定"按钮。在"类选择"对话框中单击 （全选）按钮，选择所有要隐藏的对象，单击"确定"按钮，完成风扇的创建。

图 9-128 选择工具体

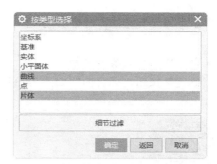

图 9-129 "按类型选择"对话框

9.2.8 缝合

单击"菜单"→"插入"→"组合"→"缝合"命令，或单击"曲面"选项卡"曲面操作"面组中的 📖 （缝合）按钮，系统打开图 9-130 所示的"缝合"对话框。

打开文件 piantifenghe.prt 文件，如图 9-131 所示，结合此模型介绍"缝合"对话框各选项功能。

1. 类型

（1）片体：选择曲面作为缝合对象。

（2）实体：选择实体作为缝合对象。

图 9-130 "缝合"对话框

图 9-131 缝合曲面模型

2. 目标

（1）选择片体：当类型为片体时目标为选择片体，用来选择目标片体，但只能选择一个片体作为目标片体，如图 9-132 所示。

（2）选择面：当类型为实体时目标为选择面，用来选择目标实体面。

3. 工具

（1）选择片体：当类型为片体时，工具为选择片体，但可以选择多个片体作为工具片体，如图 9-133 所示。

（2）选择面：当类型为实体时，工具为选择面，用来选择工具实体面。

4. 设置

（1）输出多个片体：当类型为片体时设置"输出多个片体"复选框。缝合的片体为封闭时，选取"输出多个片体"复选框，缝合后生成的是片体；不选取"输出多个片体"复选框，缝合后生成的是实体。

（2）公差：用来设置缝合公差。

单击"确定"按钮，缝合曲面如图 9-134 所示，目标片体和工具片体缝合在一起。

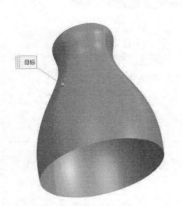

图 9-132　选择目标片体

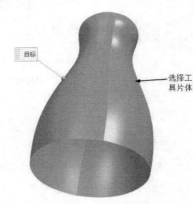

图 9-133　选择工具片体

图 9-134　缝合结果

9.2.9　片体到实体助理

单击"菜单"→"插入"→"偏置/缩放"→"片体到实体助理（原有）"命令，打开图 9-135 所示的"片体到实体助理"对话框。

该命令可以从几组未缝合的片体生成实体，方法是将缝合一组片体的过程自动化（缝合），然后加厚结果（加厚）。如果指定的片体造成这个过程失败，那么将自动完成对它们的分析，以找出问题的根源。有时此过程将得出简单推导出的补救措施，但是有时必须重建曲面。

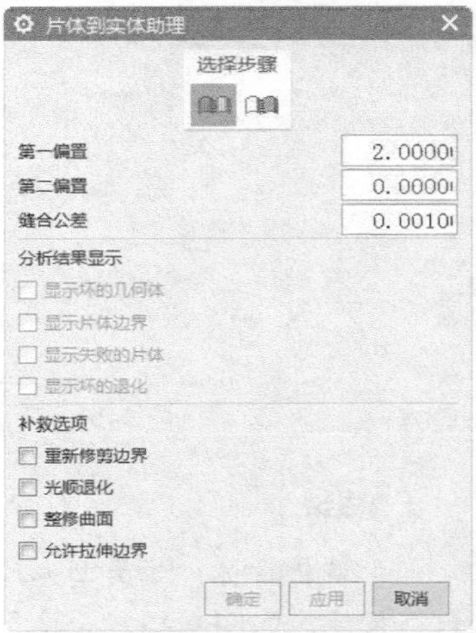

1．选择步骤

（1）▓▌（目标片体）：选择需要被操作的目标片体。

（2）📖（工具片体）：选择一个或多个要缝合到目标中的工具片体。该选项是可选的。如果用户未选择任何工具片体，那么就不会在菜单中选择缝合操作，而只在菜单中选择加厚操作。

2．第一偏置/第二偏置

该操作与"片体加厚"中的选项相同。

图 9-135　"片体到实体助理"对话框

3．缝合公差

为了使缝合操作成功，设置被缝合到一起的边之间的最大距离。

4．分析结果显示

该选项最初是关闭的。当尝试生成一个实体，却出现故障时，该选项被激活，其中每一个分析结果项只有在显示相应的数据时才可用。打开其中的可用选项，在图形窗口中将高亮显示相应的拓扑。

（1）显示坏的几何体：如果系统在目标片体或任何工具片体上发现无效的几何体，则该选项处于可用状态。打开此选项将高亮显示坏的几何体。

（2）显示片体边界：如果得到"无法在菜单栏中选择加厚操作"信息，且该选项处于可用状态，打开此选项，可以查看当前在图形窗口中定义的边界。造成加厚操作失败的原因之一是输入的几何体不满足指定的精度，从而造成片体的边界不符合系统的需要。

（3）显示失败的片体：阻止曲面偏置的常见问题是，它面向偏置方向具有一个小面积的意外封闭曲率区域。系统将尝试一次加厚一个片体，并将高亮显示任何偏置失败的片体。另外，如果可以加厚缝合的片体，但是结果却是一个无效实体，那么将高亮显示引起无效几何体的片体。

（4）显示坏的退化：用退化构建的曲面经常会发生偏置失败（在任何方向上）的情况。这是曲率问题造成的，即聚集在一起的参数行太接近曲面的极点。该选项可以检测这些点的位置并高亮显示它们。

5．补救选项

（1）重新修剪边界：由于 CAD/CAM 系统之间的拓扑表示存在差异，因此通常采用以 Parasolid 不便于查找模型的形式修剪数据来转换数据。用户可以使用这种补救方法来更正其中的一些问题，而不用更改底层几何体的位置。

（2）光顺退化：对于通过"显示坏的退化"选项找到的退化，在菜单中选择这种补救操作，可使它们变得光顺。

（3）整修曲面：这种补救将减少用于代表曲面的数据量，而不会影响位置上的数据，从而生成更小、更快及更可靠的模型。

（4）允许拉伸边界：这种补救尝试从拉伸的实体复制工作方法，并使用"抽壳"而不是"片体加厚"作为生成薄壁实体的方法。从而避免了一些由缝合片体的边界造成的问题。只有能够确定合适的拉伸方向时，才能使用此选项。

9.2.10　实例——衣服模特

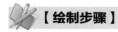 **制作思路**

本例绘制衣服模特，如图 9-136 所示。本实例（上衣模型）综合运用了本章中有关曲线的操作及其编辑功能。

图 9-136　衣服模特

扫码看视频

【绘制步骤】

1．打开文件

单击"菜单"→"文件"→"打开"命令，或单击"主页"选项卡 （打开）按钮，打开"打开"对话框。打开零件：yuanwenjian\11\mote.prt，如图 9-137 所示。

2. 上衣成型

（1）单击"菜单"→"插入"→"网格曲面"→"通过曲线网格"命令，或单击"曲面"选项卡"曲面"面组上的 （通过曲线网格）按钮，系统会打开图 9-138 所示"通过曲线网格"对话框，此时提示栏要求选取主曲线。从工作绘图区拾取图 9-139 所示的两条主曲线（注意：只是一侧曲线，并不是整个曲线环，可按住 <shift> 键取消一侧的曲线，或者在曲线规则处选择单条曲线）。

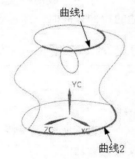

图 9-137　mote.prt 零件示意图　　　图 9-138　"通过曲线网格"对话框　　　图 9-139　选择主曲线串

（2）每选择完一条曲线后单击鼠标中键确定。完成主曲线的选择，如图 9-140 所示。然后依次选取图 9-141 所示交叉曲线，单击"确定"按钮完成交叉曲线串的选择。

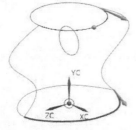

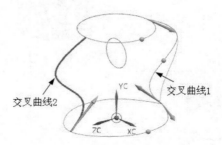

图 9-140　完成主曲线选取　　　　　　图 9-141　需要获取的交叉曲线

（3）保持上述对话框默认设置，单击"确定"按钮完成一侧上衣制作，如图 9-142 所示。

（4）单击"视图"选项卡"样式"面组上的 🔘（静态线框）按钮，使模型以线框模式显示。将图 9-143 所示曲线消隐，同时将先前的另一侧曲线显现出来。

（5）单击"菜单"→"编辑"→"显示和隐藏"→"隐藏"命令，打开"类选择"对话框，单击 ⬛（类型过滤器）按钮，选择"片体"，单击"确定"按钮，返回到"类选择"对话框，单击"全选"按钮，选中所有曲面，单击"确定"按钮将创建的曲面隐藏，结果如图 9-144 所示。

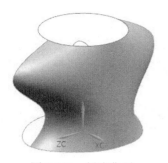

图 9-142 创建曲面

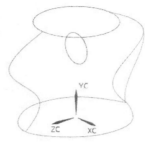

图 9-143 显示线框模式

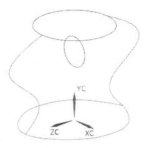

图 9-144 隐藏曲面

（6）采用相同的方法创建另一侧的片体，两侧片体目前不需要拼合，单击"菜单"→"编辑"→"显示和隐藏"→"全部显示"命令，对图形进行着色，完成后如图 9-145 所示。

（7）单击"菜单"→"插入"→"组合"→"缝合"命令，或单击"曲面"选项卡"曲面操作"面组上的 📖（缝合）按钮，系统会打开图 9-146 所示"缝合"对话框，选择创建的上衣的一侧为目标片体，然后选取上衣的另一侧为工具片体，单击"确定"按钮完成上衣的缝合。

图 9-145 完成上衣创建

图 9-146 "缝合"对话框

3. 袖口成型

（1）单击"视图"选项卡"样式"面组上的 🔘（静态线框）按钮，将图形以线框模式显示。

（2）单击"菜单"→"插入"→"设计特征"→"拉伸"命令，或单击"主页"选项卡"特征"面组上的 📖（拉伸）按钮，系统会打开"拉伸"对话框，选择图 9-147 中的圆弧，参数设置如图 9-147 所示。单击"确定"按钮完成实体拉伸。

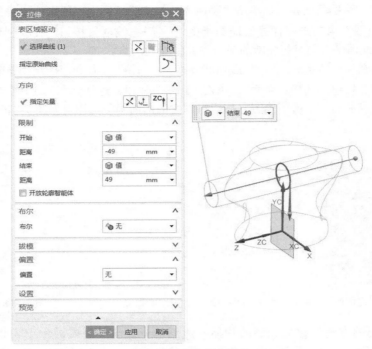

图 9-147　拉伸实体

（3）单击"菜单"→"插入"→"修剪"→"修剪体"命令，或单击"主页"选项卡"特征"面组上的 ⬚（修剪体）按钮，打开图 9-148 所示对话框，依次选取目标体和工具面，如图 9-149 所示。完成修剪对象选取后，单击"反向"选项。完成修剪操作。利用 <Ctrl+B> 组合键将圆柱体消隐掉。完成后模型如图 9-150 所示。

图 9-148　"修剪体"对话框

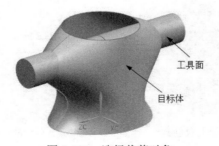

图 9-149　选择裁剪对象

图 9-150　完成袖口制作

4. 领口编辑

（1）单击"视图"选项卡"操作"面组上的 ⬚（右视图）按钮，将图形以右视图显示。

（2）单击"菜单"→"编辑"→"曲线"→"参数"命令，系统会打开"编辑曲线参数"对话框，如图 9-151 所示。选取图 9-152 所示待编辑曲线。系统打开"艺术样条"对话框，如图 9-153 所示。

（3）在"艺术样条"对话框中，将"制图平面"设置为"YC-ZC 面"，"移动"设置为"视图"，在绘图区添加点，如图 9-154 所示。

图 9-151 "编辑曲线参数"对话框

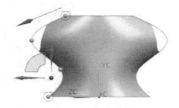

图 9-152 选取待编辑曲线

图 9-153 "艺术样条"对话框

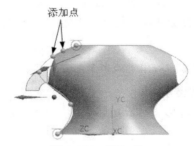

图 9-154 添加点

（4）在绘图区中调整曲线，使得领口突出显示，如图 9-155 所示。然后连续单击"确定"按钮，完成样条曲线的编辑。结果如图 9-156 所示。

图 9-155 调整点位置

图 9-156 左侧编辑完成

（5）同步骤（2）～（4），完成另一侧领口曲线编辑。模型编辑完成后如图 9-157 所示。

（6）利用 <Ctrl+B> 组合键将所有的曲线类型消隐掉，单击"视图"选项卡"操作"面组上的 （正等测图）按钮，最后模型如图 9-158 所示。

图 9-157　完成领口编辑后示意图

图 9-158　模型最终示意图

9.3　自由曲面编辑

通常，在创建了一个自由曲面特征之后，还需要对其进行相关的编辑，下面主要讲述部分常用的自由曲面的编辑方法。

9.3.1　X 型

单击"菜单"→"编辑"→"曲面"→"X 型"命令，或单击"曲面"选项卡"编辑曲面"面组上的 （X 型）按钮，打开图 9-159 所示"X 型"对话框。

"X 型"相关命令可以移动片体的极点。这在曲面外观的交互设计中非常有用，如消费品或汽车车身。当要修改曲面形状以改善其外观或使其符合一些标准时，就要移动极点。可以沿法向矢量拖动极点至曲面或与其相切的平面上。拖动行，保留在边处的曲率或切向。

1. 单选

选择要编辑的单个或多个曲面或曲线。

2. 极点选择

选择要操控的极点和多义线。有"任意""极点"和"行"3 种可供选择。

3. 参数化

改变 U/V 向的次数和补片数，从而调节曲面。

4. 方法

用户可根据需要应用移动、旋转、比例和平面化命令编辑曲面。

（1）移动：在指定方向移动极点和多义线。

（2）旋转：将极点和多义线旋转到指定矢量。

（3）比例：使用主轴和平面缩放选定极点。

（4）平面化：显示位于投影平面的操控器，可用于定义平面位置和方向。标准旋转和拖动手柄可用。

5. 边界约束

图 9-159　"X 型"对话框

用户可以调节 U 最小值（或最大值）和 V 最小值（或最大值）来约束曲面的边界。

6. 设置

用户可以设置提取方法和提取公差值，恢复父面选项，可以恢复曲面到编辑之前的状态。

7．微定位

指定使用微调选项时动作的速率。

（1）比率：通过使用微小移动来移动极点，从而允许对曲线进行精细调整。

（2）步长值：设置一个值，以按该值移动、旋转或缩放选定的极点。

9.3.2　扩大

单击"菜单"→"编辑"→"曲面"→"扩大"命令，或单击"曲面"选项卡"编辑曲面"面组上的 （扩大）按钮，打开图 9-160 所示的"扩大"对话框。该命令可改变未修剪片体的大小，方法是生成一个新的特征，该特征和原始的、覆盖的未修剪面相关。

用户可以根据给定的百分率改变 ENLARGE（扩大）特征的每个未修剪边。

当使用片体创建模型时，建造较大的片体是一个良好的习惯，这可以消除下游实体建模的问题。在使用扩大 命令执行此操作时还可以保持片体的当前参数。您还可以使用这一命令来减小片体的大小从而实现其他目的，例如移除退化边。"扩大"选项让用户生成一个新片体，它既和原始的未修剪面相关，又允许用户改变各个未修剪边的尺寸。

图 9-160　"扩大"对话框

1．全部

让用户把所有的"U/V 最小 / 最大"滑尺作为一个组来控制。当此开关为开时，移动任一单个的滑尺，所有的滑尺会同时移动并保持它们之间已有的百分率。若关闭"全部"开关，则可以对滑尺和各个未修剪的边进行单独控制。

2．U 向起点百分比、U 向终点百分比、V 向起点百分比、V 向终点百分比

使用滑尺或它们各自的文本框来改变扩大片体的未修剪边的大小。在文本框中输入的值或拖动滑尺达到的值是原始尺寸的百分比。可以在文本框中输入数值或表达式。

3．重置调整大小参数

把所有的滑尺重设回它们的初始位置。

4．模式

（1）线性：在一个方向上线性地延伸扩大片体的边。使用"线性的类型"可以增大扩大特征的大小，但不能减小它。

（2）自然：沿着边的自然曲线延伸扩大片体的边。如果用"自然的类型"来设置扩大特征的大小，则既可以增大也可以减小它的大小。

9.3.3　更改次数

单击"菜单"→"编辑"→"曲面"→"次数"命令，打开"更改次数"对话框，如图 9-161 所示。

该命令可以改变体的次数。但只能增加带有底层多面片曲面的体的次数。也只能增加所生成的"封闭"体的次数。

图 9-161 "更改次数"对话框

增加体的次数不会改变它的形状，却能增加其自由度。这可增加对编辑体可用的极点数。

降低体的次数会降低试图保持体的全形和特征的次数。降低次数的公式（算法）是这样设计的，如果增加次数随后又降低，那么所生成的体将与开始时的一样。这样做的结果是，降低次数有时会导致体的形状发生剧烈改变。如果对这种改变不满意，可以放弃并恢复到以前的体。何时发生这种改变是可以预知的，因此完全可以避免。

通常，除非原先体的控制多边形与更低次数体的控制多边形类似，因为低次数体的拐点（曲率的反向）少，否则都要发生剧烈改变。

9.3.4 更改刚度

改变刚度命令是改变曲面 U 和 V 方向参数线的次数，曲面的形状有所变化。

单击"菜单"→"编辑"→"曲面"→"刚度"命令，打开图 9-162 所示的"更改刚度"对话框。该对话框中选项的含义和前面的一样，不再介绍。

图 9-162 "更改刚度"对话框

在视图区选择要进行操作的曲面后，打开"确认"对话框，提示用户该操作将会移除特征参数，单击"确定"按钮，打开"改变刚度"参数对话框。

使用改变刚度功能可增加曲面次数，曲面的极点不变，补片减少，曲面更接近它的控制多边形，反之则相反。封闭曲面不能改变刚度。

9.3.5 法向反向

法向反向命令用于创建曲面的反法向特征。

单击"菜单"→"编辑"→"曲面"→"法向反向"命令，或单击"曲面"选项卡"编辑曲面"面组上的 （法向反向）按钮，打开图 9-163 所示的"法向反向"对话框。

图 9-163 "法向反向"对话框

使用法向反向功能可创建曲面的反法向特征，改变曲面的法线方向。改变法线方向，可以解决因表面法线方向不一致造成的表面着色问题和使用曲面修剪操作时因表面法线方向不一致而引起的更新故障。

9.4 综合实例——饮料瓶

制作思路

本例绘制饮料瓶，如图 9-164 所示。前几节介绍了曲面的各种编辑命令，本节将通过设计饮料瓶的外形来综合应用这些编辑命令。在本例中，将绘制回转曲面、延伸曲面，然后进行边倒圆操作，最后绘制 N 边曲面，完成饮料瓶的制作。

扫码看视频

图 9-164　饮料瓶

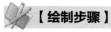【绘制步骤】

1.　创建一个新文件

单击"菜单"→"文件"→"新建"命令，或单击"标准"组中的 （新建）按钮，打开"新建"对话框。单位设置为毫米，在"模板"中选择"模型"选项，在"名称"中输入文件名"yinliaoping"，然后在"文件夹"中选择文件存储的位置，选择完成后如图 9-165 所示。单击"确定"按钮进入建模模式。

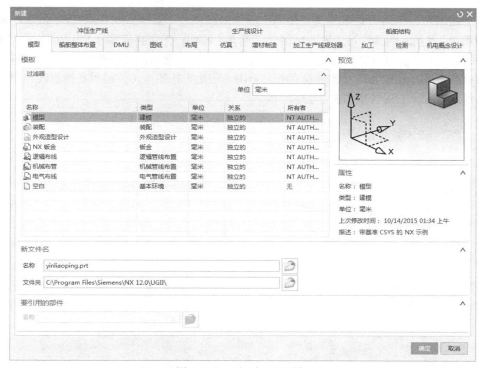

图 9-165　"新建"对话框

2. 创建旋转曲面

（1）创建直线。单击"菜单"→"插入"→"曲线"→"直线"命令，或单击"曲线"选项卡"曲线"面组上的 ⁄（直线）按钮，系统打开图 9-166 所示的"直线"对话框。单击"开始"的 🔛（点构造器）按钮打开"点"对话框，输入起点坐标为（22，0，0）如图 9-167 所示，单击"确定"按钮。单击"结束"的 🔛（点构造器）按钮打开"点"对话框，输入终点坐标为（30，0，0），单击"确定"按钮，在"直线"对话框中单击"应用"按钮，生成直线 1。用同样的方法创建直线 2，起点输入（30，0，0），输入终点坐标为（30，0，8），生成的直线如图 9-168 所示。

图 9-166 "直线"对话框

图 9-167 输入直线起点坐标

图 9-168 生成直线

（2）创建圆角。单击"菜单"→"插入"→"曲线"→"基本曲线（原有）"命令，系统打开图 9-169 所示的"基本曲线"对话框。单击 ⌐（圆角）按钮，系统打开图 9-170 所示的"曲线倒圆"对话框。单击 ⌐（2 曲线倒圆）按钮，"半径"值设为"6"，修剪选项设置如图 9-171 所示。

单击两条直线，系统会打开警告信息框，单击"确定"按钮即可。然后在两直线包围区域靠近要倒圆的地方单击，生成圆角如图 9-172 所示。

图 9-169 "基本曲线"对话框

图 9-170 "曲线倒圆"对话框

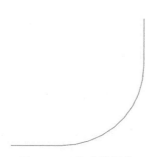

图 9-171　修剪选项设置　　　　　　　图 9-172　生成的圆角

（3）旋转。单击"菜单"→"插入"→"设计特征"→"旋转"命令，或单击"主页"选项卡"特征"面组上的 （旋转）按钮，系统打开图 9-173 所示的"旋转"对话框。截面选取如图 9-174 所示，单击"指定矢量"中的 （矢量对话框）按钮，系统打开"矢量"对话框，单击"ZC 轴"按钮，单击"矢量"对话框中的"确定"按钮。单击"指定点"中的 （点构造器）按钮，系统打开"点"对话框，设置指定点为（0，0，0），开始"角度"设置为"−30"，结束"角度"设置为"30"，单击"旋转"对话框中的"确定"按钮，生成的旋转体如图 9-175 所示。

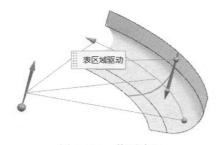

图 9-173　"旋转"对话框　　　　　图 9-174　截面选取　　　　　图 9-175　旋转曲线

（4）隐藏曲线。单击"菜单"→"编辑"→"显示和隐藏"→"隐藏"命令，或按住 <Ctrl+B> 组合键，系统打开图 9-176 所示的"类选择"对话框。单击 （类型过滤器）按钮，系统打开图 9-177 所示的"按类型选择"对话框，选择曲线选项，单击"确定"按钮，在"类选择"对话框中单击 （全选）按钮，隐藏的对象为曲线，单击"确定"按钮后曲线被隐藏，如图 9-178 所示。

图 9-176 "类选择"对话框　　　图 9-177 "按类型选择"对话框　　　图 9-178 隐藏曲线

3. 规律延伸曲面

（1）单击"菜单"→"插入"→"弯边曲面"→"规律延伸"命令，或单击"曲面"选项卡"曲面"面组上的 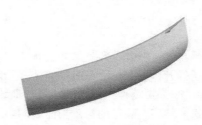 （规律延伸）按钮，系统打开图 9-179 所示的"规律延伸"对话框。

（2）选择"面"类型，选择图 9-180 所示的曲线为基本轮廓，单击鼠标中键，选择旋转曲面为参考面，如图 9-181 所示，在长度规律值文本框中输入"100"，单击 <Enter> 键，再单击"规律延伸"对话框中的"确定"按钮，生成的规律延伸曲面如图 9-182 所示。

图 9-179 "规律延伸"对话框　　　　　　图 9-180 基本曲线

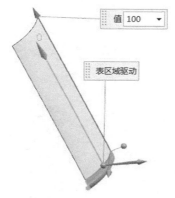

图 9-181　选择旋转曲面　　　　图 9-182　规律延伸曲面

4. 更改曲面次数

（1）单击"菜单"→"编辑"→"曲面"→"次数"命令，或单击"曲面"选项卡"编辑曲面"面组上的 X^{Z^3}（更改阶次）按钮，系统打开图 9-183 所示的"更改阶次"对话框。

（2）选择"编辑原片体"单选钮，选择要编辑的曲面为规律延伸曲面，如图 9-184 所示，系统打开图 9-185 所示的"更改次数"对话框，将"U 向次数"更改为"20"，"V 向次数"更改为"5"，单击"确定"按钮。

图 9-183　"更改阶次"对话框

图 9-184　选择要编辑的曲面　　　　图 9-185　"更改次数"对话框

5. X 型

（1）单击"菜单"→"菜单"→"编辑"→"曲面"→"X 型"命令，或单击"曲线"选项卡"编辑曲面"面组上的 （X 型）按钮，系统打开图 9-186 所示的"X 型"对话框。

（2）选择规律延伸曲面为要编辑的曲面，如图 9-187 所示。

（3）在对话框中的"操控"下拉列表中选择"行"选项，选择要编辑的行，系统自动进行判别，如图 9-188 所示。

（4）在选择完被移动的点后，在"移动"中选择"矢量"单选按钮，指定矢量为"XC 轴"。

（5）在对话框中更改"步长值"为"10"并单击 − （负增量）按钮，单击"确定"按钮，该行的所有点被移动编辑后的曲面如图 9-189 所示。

图 9-186 "X 型"对话框

图 9-187 显示点

图 9-188 要编辑的点

图 9-189 编辑后的曲面

6. 曲面缝合

（1）单击"菜单"→"插入"→"组合"→"缝合"命令，或单击"曲面"选项卡"曲面操作"面组上的 （缝合）按钮，系统打开图 9-190 所示的"缝合"对话框。

（2）"类型"选择"片体"，"目标"选择旋转曲面，如图 9-191 所示，"工具"选择规律延伸曲面，如图 9-192 所示，单击"确定"按钮，两曲面被缝合。

图 9-190　"缝合"对话框

图 9-191　目标选择

图 9-192　工具选择

7. 曲面边倒圆

（1）单击"菜单"→"插入"→"细节特征"→"边倒圆"命令，或单击"主页"选项卡"特征"面组上的 （边倒圆）按钮，系统打开图 9-193 所示的"边倒圆"对话框。

（2）选择倒圆角边，如图 9-194 所示，倒圆角半径设置为"1"，单击"确定"按钮，生成图 9-195 所示的模型。

图 9-193　"边倒圆"对话框

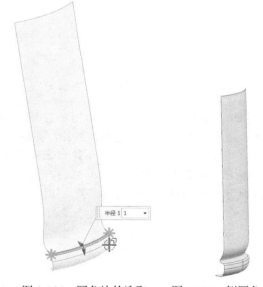

图 9-194　圆角边的选取

图 9-195　倒圆角后的模型

8. 创建直线

（1）单击"菜单"→"插入"→"曲线"→"直线"命令，或单击"曲线"选项卡"曲线"面组上的 （直线）按钮，系统打开"直线"对话框。

（2）单击"开始"的 （点构造器）按钮，系统打开"点"对话框，输入起点坐标为（26，10，35），单击"确定"按钮。单击"结束"的 （点构造器）按钮，系统打开"点"对话框，输入终点坐标为（26，10，75），单击"确定"按钮，在"直线"对话框中单击"应用"按钮，生成直线 1，如图 9-196 所示。

（3）用同样的方法创建直线 2，起点输入（26，-10，35），输入终点坐标为（26，-10，75），生成的直线如图 9-197 所示。

9. 创建圆弧

（1）单击"菜单"→"插入"→"曲线"→"圆弧 / 圆"命令，或单击"曲线"选项卡"曲线"面组上的 ⌐（圆弧 / 圆）按钮，系统打开"圆弧 / 圆"对话框。"类型"选择"三点画圆弧"，如图 9-198 所示。

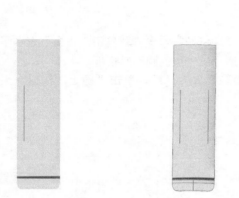

图 9-196　生成的直线 1　　　　图 9-197　直线 2　　　　图 9-198　"圆弧 / 圆"对话框

（2）单击"起点"的 ⊡（点构造器）按钮，系统打开"点"对话框，输入起点（26，10，75）。单击"端点"的 ⊡（点构造器）按钮，系统打开"点"对话框，输入端点（26，-10，75），单击"确定"按钮。在"中点选项"下拉列表中选择"相切"选项，相切选择步骤 8 创建的直线，如图 9-199 所示，双击箭头改变生成圆弧的方向，如图 9-200 所示，单击"确定"按钮生成圆弧，如图 9-201 所示。用同样的方法构建圆弧，如图 9-202 所示。

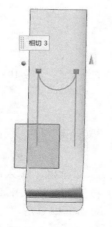

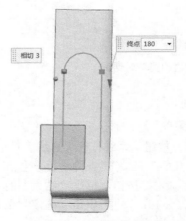

图 9-199　中点选择　　　　　　　图 9-200　圆弧生成方向

图 9-201　生成的圆弧 1　　　　图 9-202　生成的圆弧 2

10．修剪片体

（1）单击"菜单"→"插入"→"修剪"→"修剪片体"命令，或单击"曲面"选项卡"曲面操作"面组上的 （修剪片体）按钮，系统打开图 9-203 所示的"修剪片体"对话框。

（2）目标选择如图 9-204 所示，单击鼠标中键选择边界对象，如图 9-205 所示，其余选项保持默认值，单击"确定"按钮，修剪片体，如图 9-206 所示。

图 9-203　"修剪片体"对话框　　　　图 9-204　选择目标

图 9-205　边界对象　　　　图 9-206　修剪片体

11. 创建通过曲线网格曲面

（1）单击"菜单"→"插入"→"网格曲面"→"通过曲线网格"命令，或单击"曲面"选项卡"曲面"面组上的 （通过曲线网格）按钮，系统打开图 9-207 所示的"通过曲线网格"对话框。

（2）选取主线串和交叉线串，如图 9-208 所示，其余选项保持默认状态，单击"确定"按钮生成曲面，如图 9-209 所示。

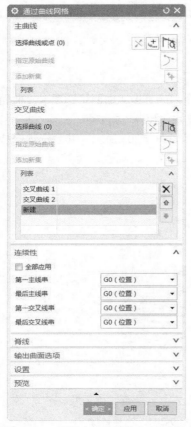

图 9-207 "通过曲线网格"对话框

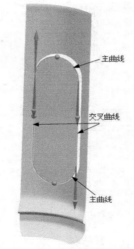

图 9-208 选取主线串和交叉线串

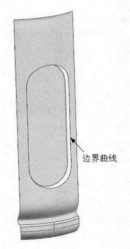

图 9-209 生成的曲面

12. 创建 N 边曲面

（1）单击"菜单"→"插入"→"网格曲面"→"N 边曲面"命令，或单击"曲面"选项卡"曲面"面组上的（N 边曲面）按钮，系统打开图 9-210 所示的"N 边曲面"对话框。

（2）选择"三角形"类型，鼠标左键单击图 9-209 所示的曲线为外部环，选择"尽可能合并面"复选框，在"形状控制"栏中，在"控制"下拉列表中选择"位置"，调整"Z"滑动条至"42"左右，其余选项保持默认值，单击"确定"按钮，生成图 9-211 所示的多个三角补片类型的 N 边曲面。

13. 修剪片体

（1）单击"菜单"→"插入"→"修剪"→"修剪片体"命令，或单击"曲面"选项卡"曲面操作"面组上的（修剪片体）按钮，系统打开"修剪片体"对话框。

（2）目标选择如图 9-212 所示，单击鼠标中键选择边界对象，如图 9-213 所示，选择"放弃"单选钮，其余选项保持默认值，单击"应用"按钮，修剪片体，如图 9-214 所示。

图 9-210　"N 边曲面"对话框　　　图 9-211　多个三角补片类型的 N 边曲面

（3）继续修剪片体，目标选择如图 9-215 所示，单击鼠标中键选择边界对象，如图 9-216 所示，选择"放弃"单选钮，其余选项保持默认值，单击"确定"按钮，修剪片体，如图 9-217 所示。

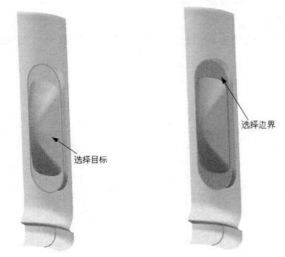

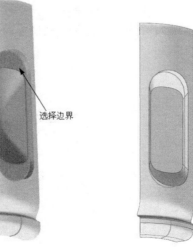

图 9-212　选择目标　　　　图 9-213　边界对象　　　　图 9-214　修剪片体　　　图 9-215　选择目标

14. 隐藏曲线

（1）单击"菜单"→"编辑"→"显示和隐藏"→"隐藏"命令，或按住 <Ctrl+B> 组合键，系统打开"类选择"对话框。

（2）单击 （类型过滤器）按钮，系统打开"按类型选择"对话框，选择曲线，单击"确定"

按钮，在"类选择"对话框中单击⊞（全选）按钮，隐藏的对象为曲线，单击"确定"按钮后曲线被隐藏，如图9-218所示。

15. 曲面缝合

（1）单击"菜单"→"插入"→"组合"→"缝合"命令，或单击"曲面"选项卡"曲面操作"面组上的📖（缝合）按钮，系统打开"缝合"对话框。

（2）"类型"选择"片体"，"目标"选择如图9-219所示，"工具"选择其余曲面，如图9-220所示，单击"确定"按钮，曲面被缝合。

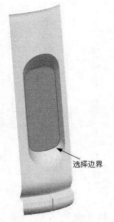   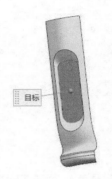

图9-216　边界对象　　　图9-217　修剪片体　　　图9-218　隐藏曲线　　　图9-219　目标选择

16. 曲面边倒圆

（1）单击"菜单"→"插入"→"细节特征"→"边倒圆"命令，或单击"主页"选项卡"特征"面组上的📦（边倒圆）按钮，系统打开"边倒圆"对话框。

（2）选择倒圆角边，如图9-221所示，倒圆角半径设置为"1.5"，单击"确定"按钮，生成图9-222所示的模型。

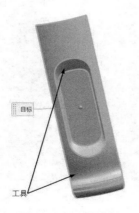 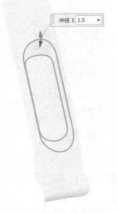 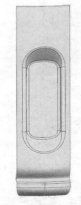

图9-220　工具选择　　　　　图9-221　圆角边的选取　　　图9-222　倒圆角后的模型

17. 创建回转曲面

（1）创建直线。单击"菜单"→"插入"→"曲线"→"直线"命令，或单击"曲线"选项卡"曲线"面组上的 ╱（直线）按钮，系统打开"直线"对话框。单击"起点"选项的⊥（点构造器）按钮，系统打开"点"对话框，输入起点坐标为（30，0，108），单击"确定"按钮，单击"终点"选项的⊥（点构造器）按钮，系统打开"点"对话框，输入终点坐标为（28，0，108），单击"确定"按钮，在"直线"对话框中单击"应用"按钮，生成直线 1。用同样的方法创建直线 2，起点输入（28，0，108），输入终点坐标为（28，0，110）；直线 3，起点输入（28，0，110），输入终点坐标为（30，0，110）；直线 4，起点输入（30，0，110），输入终点坐标为（30，0，120）；直线 5，起点输入（30，0，120），输入终点坐标为（25，0，125）；直线 6，起点输入（25，0，125），输入终点坐标为（25，0，128）；直线 7，起点输入（25，0，128），输入终点坐标为（30，0，133）。生成的直线如图 9-223 所示。

　　（2）创建圆弧。单击"菜单"→"插入"→"曲线"→"圆弧/圆"命令，或单击"曲线"选项卡"曲线"面组上的 ╲（圆弧/圆）按钮，系统打开"圆弧/圆"对话框。"类型"选择"三点画圆弧"。单击"起点"的⊥（点构造器）按钮，系统打开"点"对话框，输入起点（30，0，133）。单击"中点"的⊥（点构造器）按钮，系统打开"点"对话框，输入端点（12，0，163），单击"确定"按钮。中点选择"相切"选项，相切选择步骤（1）创建的直线 4，双击箭头改变生成圆弧的方向，如图 9-224 所示，单击"确定"按钮生成圆弧，如图 9-225 所示。

　　（3）创建直线。单击"菜单"→"插入"→"曲线"→"直线"命令，或单击"曲线"选项卡"曲线"面组上的 ╱（直线）按钮，系统打开"直线"对话框。单击"起点"选项的⊥（点构造器）按钮，系统打开"点"对话框，输入起点坐标为（12，0，163），单击"确定"按钮，单击"终点"选项的⊥（点构造器）按钮，系统打开"点"对话框，输入终点坐标为（12，0，168），单击"确定"按钮，在"直线"对话框中单击"应用"按钮，生成直线 1。用同样的方法创建直线 2，起点输入（12，0，168），输入终点坐标为（15，0，168）；直线 3，起点输入（15，0，168），输入终点坐标为（15，0，170）；直线 4，起点输入（15，0，170），输入终点坐标为（12，0，170）；直线 5，起点输入（12，0，170），输入终点坐标为（12，0，171.5）；直线 6，起点输入（12，0，171.5），输入终点坐标为（13，0，171.5）；直线 7，起点输入（13，0，171.5），输入终点坐标为（13，0，173）；直线 8，起点输入（13，0，173），输入终点坐标为（14，0，173）；直线 9，起点输入（14，0，173），输入终点坐标为（14，0，174）；直线 10，起点输入（14，0，174），输入终点坐标为（12，0，175）；直线 11，起点输入（12，0，175），输入终点坐标为（12，0，188）。生成的直线如图 9-226 所示。

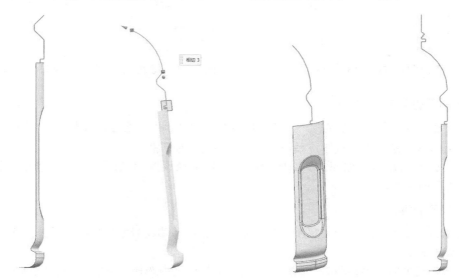

图 9-223　生成的直线　　　图 9-224　圆弧方向　　　图 9-225　生成的圆弧　　图 9-226　生成的直线

（4）旋转。单击"菜单"→"插入"→"设计特征"→"旋转"命令，或单击"主页"选项卡"特征"面组上的 🐾（旋转）按钮，系统打开"旋转"对话框。截面选取如图9-227所示，单击"指定矢量"中的 ⬆️（矢量对话框）按钮，系统打开"矢量"对话框，单击"ZC轴"按钮，单击"矢量"对话框中的"确定"按钮。单击"指定点"中的 ⬆️（点构造器）按钮，系统打开"点"对话框，设置指定点为（0，0，0），开始"角度"设置为"-30"，结束"角度"设置为"30"，单击"旋转"对话框中的"确定"按钮，生成的旋转体如图9-228所示。

（5）隐藏曲线。单击"菜单"→"编辑"→"显示和隐藏"→"隐藏"命令，或按住 <Ctrl+B> 组合键，系统打开"类选择"对话框。单击 🐾（类型过滤器）按钮，系统打开"按类型选择"对话框，选择曲线，单击"确定"按钮，在"类选择"对话框中单击 ⊞（全选）按钮，隐藏的对象为曲线，单击"确定"按钮后曲线被隐藏，如图9-229所示。

18. 曲面缝合

（1）单击"菜单"→"插入"→"组合"→"缝合"命令，或单击"曲面"选项卡"曲面操作"面组上的 📖（缝合）按钮，系统打开"缝合"对话框。

（2）"类型"选择"片体"，"目标"选择旋转曲面，如图9-230所示，"工具"选择其余曲面，如图9-231所示，单击"确定"按钮后曲面被缝合。

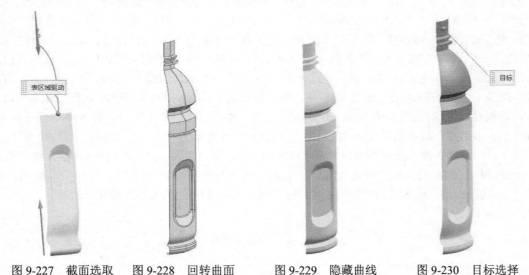

图9-227　截面选取　　图9-228　回转曲面　　图9-229　隐藏曲线　　图9-230　目标选择

19. 曲面边倒圆

（1）单击"菜单"→"插入"→"细节特征"→"边倒圆"命令，或单击"主页"选项卡"特征"面组上的 🔲（边倒圆）按钮，系统打开"边倒圆"对话框。

（2）选择倒圆角边，如图9-232所示，倒圆角半径设置为"1"，单击"确定"按钮，生成图9-233所示的模型。

20. 旋转复制曲面

（1）单击"工具"选项卡"实用工具"面组上的 🔲（移动对象）按钮，系统打开"移动对象"对话框，如图9-234所示。

（2）选择整个曲面为移动对象，在"运动"下拉列表中选择"角度"，在"指定矢量"下拉列表中选择"ZC轴"，在"指定轴点"中单击 ⬆️（点构造器）按钮，系统打开"点"对话框，保持默认的点坐标（0，0，0）。单击"确定"按钮，在"角度"中输入"60"，选择"复制原先的"单选钮，在"非关联副本数"中输入"5"。单击"确定"按钮后生成模型，如图 9-235 所示。

21. 曲面缝合

（1）单击"菜单"→"插入"→"组合"→"缝合"命令，或单击"曲面"选项卡"曲面操作"面组上的 📖（缝合）按钮，系统打开"缝合"对话框。

（2）"类型"选择"片体"，"目标"选择曲面，如图 9-236 所示，"工具"选择其余曲面，单击"确定"按钮后曲面被缝合。

图 9-231　工具选择

图 9-232　圆角边的选取

图 9-233　倒圆角后的模型

图 9-234　"移动对象"对话框

图 9-235　模型

图 9-236　目标选择

22. 创建 N 边曲面

（1）单击"菜单"→"插入"→"网格曲面"→"N 边曲面"命令，或单击"曲面"选项卡"曲面"面组是的 🔲（N 边曲面）按钮，系统打开"N 边曲面"对话框。

（2）选择"三角形"类型，选择图 9-237 所示的曲线为外部环，选择图 9-238 所示的曲面为约束面，选择"尽可能合并面"复选框，在"形状控制"栏中，在"控制"下拉列表中选择"位置"，调整"Z"滑动条至"58"左右,其余选项保持默认值,单击"确定"按钮,生成图 9-239 所示的多个三角补片类型的 N 边曲面。

图 9-237 选择边界曲线

图 9-238 选择边界面

图 9-239 多个三角补片类型的 N 边曲面

23. 创建截面曲面

(1)创建螺旋线。单击"菜单"→"插入"→"曲线"→"螺旋"命令,系统打开"螺旋"对话框,如图 9-240 所示。"类型"选择"沿矢量",单击"方位"选项卡下的 (坐标系对话框)按钮,系统打开"坐标系"对话框,如图 9-241 所示。"类型"选择"动态",输入指定方位坐标(0,0,177),单击"确定"按钮,返回到"螺旋"对话框,"圈数"设置为 2,螺距设置为"3",半径设置为"12",单击"确定"按钮,生成螺旋线如图 9-242 所示。

图 9-240 "螺旋"对话框

图 9-241 "坐标系"对话框

图 9-242 生成螺旋线

(2)创建直线。单击"菜单"→"插入"→"曲线"→"直线"命令,或单击"曲线"选项卡"曲线"面组上的 (直线)按钮,系统打开"直线"对话框。单击"开始"的 (点构造器)按钮,系统打开"点"对话框,输入起点坐标为(12,0,183),单击"确定"按钮,单击"结束"的 (点构造器）按钮，系统打开"点"对话框，输入终点坐标为（0，0，188），单击"确定"按钮，在"直线"对话框中单击"应用"按钮，生成直线1。用同样的方法创建直线2，起点输入（12，0，177），输入终点坐标为（0，0，182）。选择瓶身，按住<Ctrl+B>组合键，瓶身被隐藏，生成的直线如图9-243所示。

（3）创建圆角。单击"菜单"→"插入"→"曲线"→"基本曲线（原有）"命令，系统打开"基本曲线"对话框。单击⌐（圆角）按钮，系统打开"曲线倒圆"对话框。单击⌐（2曲线圆角）按钮，"半径"设为"3"，"修剪选项"如图9-244所示。单击螺旋线和直线1，系统会打开警告信息框，单击"确定"按钮即可。然后在包围区域靠近要倒圆的地方单击一下，生成圆角1。

继续用鼠标左键单击直线2和螺旋线，系统会打开警告信息框，单击"确定"按钮即可。然后在包围区域靠近要倒圆的地方单击一下，生成的圆角如图9-245所示。

图9-243　生成的直线

图9-244　修剪选项设置

图9-245　生成的圆角

（4）连接曲线。首先，删除直线1和直线2，留下螺旋线和圆角，然后单击"菜单"→"插入"→"派生曲线"→"连结（即将失效）"命令，系统打开图9-246所示的"连结曲线"对话框。选择曲线，如图9-247所示，"距离公差"设置为0.3，单击"确定"按钮，生成连结曲线。

（5）截面。单击"菜单"→"插入"→"扫掠"→"截面"命令，或单击"曲面"选项卡"曲面"面组上的 （截面曲面）按钮，系统打开图9-248所示的"截面曲面"对话框。选择"圆形"类型，选择"中心半径"模式，选择连结曲线作为起始引导线，选择连结曲线为脊线，半径值输入"0.8"，单击"确定"按钮，生成的截面如图9-249所示。

图9-246　"连结曲线"对话框

图9-247　选择要连结的曲线

图9-248　"截面曲面"对话框

367

（6）隐藏曲线。单击"菜单"→"编辑"→"显示和隐藏"→"隐藏"命令，或按住<Ctrl+B>组合键，系统打开"类选择"对话框。单击 （类型过滤器）按钮，系统打开"按类型选择"对话框，选择曲线，单击"确定"按钮，在"类选择"对话框中单击 （全选）按钮，隐藏的对象为曲线，单击"确定"按钮后曲线被隐藏，如图 9-250 所示。

24．抽取曲面

（1）单击"菜单"→"插入"→"关联复制"→"抽取几何特征"命令，或单击"曲面"选项卡"曲面操作"面组上的 （抽取几何特征）按钮，系统打开图 9-251 所示的"抽取几何特征"对话框。

（2）"类型"选择"面"，"面选项"选择"单个面"，选择截面体后单击"确定"按钮。

图 9-249　生成截面体

图 9-250　隐藏曲线

图 9-251　"抽取几何特征"对话框

（3）选择截面体后，按住<Ctrl+B>组合键，实体被隐藏，抽取的曲面如图 9-252 所示。在左边的"部件导航器"中单击瓶身的缝合曲面，单击"菜单"→"编辑"→"显示和隐藏"→"显示"命令，模型如图 9-253 所示。

25．修剪片体

（1）单击"菜单"→"插入"→"修剪"→"修剪片体"命令，或单击"曲面"选项卡"曲面操作"面组上的 （修剪片体）按钮，系统打开"修剪片体"对话框。

（2）目标选择如图 9-254 所示，单击鼠标中键选择边界对象，如图 9-255 所示，选择"保留"复选框，其余选项保持默认值，单击"应用"按钮，修剪片体，如图 9-256 所示。

图 9-252　抽取曲面

图 9-253　模型

图 9-254　选择目标

图 9-255　边界对象

（3）继续修剪片体，目标选择瓶身，如图 9-257 所示，单击鼠标中键选择边界对象，如图 9-258 所示，选择"保留"复选框，其余选项保持默认值，单击"确定"按钮，修剪片体，如图 9-259 所示。

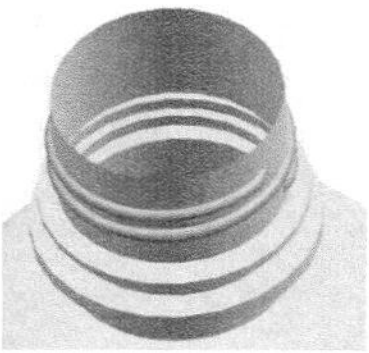

图 9-256　修剪片体

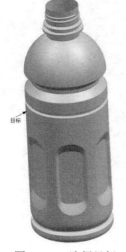

图 9-257　选择目标

图 9-258　边界对象

图 9-259　修剪片体

26. 曲面缝合

（1）单击"菜单"→"插入"→"组合"→"缝合"命令，或单击"曲面"选项卡"曲面操作"面组上的 📖（缝合）按钮，系统打开"缝合"对话框。

（2）"类型"选择"片体"，"目标"选择曲面，如图 9-260 所示，"工具"选择其余曲面，如图 9-261 所示，单击"确定"按钮后曲面被缝合。生成的饮料瓶曲面模型如图 9-262 所示。

图 9-260　目标选择

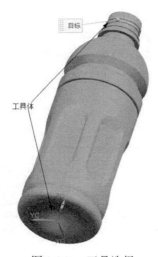

图 9-261　工具选择

图 9-262　饮料瓶曲面模型

第 **10** 章
装配特征

/ 导读

　　本章将详细介绍 UG NX12 的装配建模功能。在前面介绍的三维建模的基础上，讲述如何利用 UG NX12 的强大功能将多个零件装配成一个完整的组件。

/ 知识点

- 装配方法
- 装配爆炸图
- 装配排列

10.1　装配概述

　　UG NX12 的装配建模过程其实就是创建组件装配关系的过程，如图 10-1 所示。装配功能可以快速将零件组合成产品，还可以在装配的过程中创建新的零件模型，并产生明细列表。在装配过程中，可以参照其他组件进行组件配对设计，并可对装配模型进行间隙分析，以及重量和质量管理等操作。装配模型生成后，可创建爆炸视图，并可将其导入装配工程图中。

　　一般情况下，对组件装配有两种方式。一种是首先设计好全部装配中的组件，然后将组件添加到装配中，在工程应用中将这种装配形式称为自底向上装配；另一种是根据实际情况才能判断装配件的大小和形状，因此要先创建一个新组件，然后在该组件中创建几何对象或将原有的几何对象添加到新建的组件中，这种装配方式称为自顶向下装配。

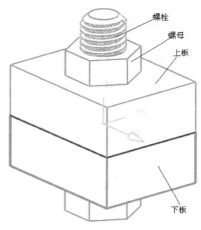

图 10-1　装配实例示意图

10.2　自底向上装配

　　自底向上装配的方法是常用的装配方法，既先设计装配中的部件，再将部件添加到装配中，自底向上逐级进行装配。

10.2.1　添加已存在组件

　　单击"菜单"→"装配"→"组件"→"添加组件"命令，或单击"主页"选项卡"装配"面组上的 （添加）按钮，打开图 10-2 所示的"添加组件"对话框，对话框中各选项的含义如下。

　　（1）选择部件：选择要装配的部件文件。

　　（2）已加载的部件：在该列表框中显示已添加的部件文件。若要添加的部件文件已存在于该列表框中，可以直接选择该部件文件。

　　（3）打开：单击该按钮，打开图 10-3 所示的"部件名"对话框，在该对话框中选择要添加的部件文件。

　　"部件文件"选择完成后，单击"确定"按钮，返回到图 10-2 所示的"添加组件"对话框。同时，系统将出现一个零件预览窗口，用于预览所添加的组件，如图 10-3 所示。

　　（4）位置。

　　① 装配位置：装配中组件的目标坐标系。该下拉列表中提供了"对齐""绝对坐标系 - 工作部件""绝对坐标系 - 显示部件"和"工作坐标系"4 种装配位置。

　　a．对齐：通过选择位置来定义坐标系。

　　b．绝对坐标系 - 工作部件：将组件放置于当前工作部件的绝对原点。

　　c．绝对坐标系 - 显示部件：将组件放置于显示装配的绝对原点。

d. 工作坐标系：将组件放置于工作坐标系。

② 组件锚点：坐标系来自用于定位装配中组件的组件，可以通过在组件内创建产品接口来定义其他组件系统。

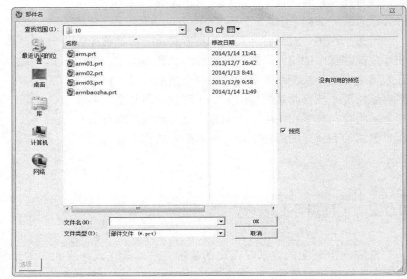

图 10-2 "添加组件"对话框   图 10-3 "部件名"对话框

（5）保持选定：勾选此复选框，维护部件的选择，这样就可以在下一个添加操作中快速添加相同的部分。

（6）引用集：用于改变引用集。默认引用集是模型，表示只包含整个实体的引用集。用户可以通过其下拉列表选择所需的引用集。

（7）图层选项：用于设置将添加组件加到装配组件中的哪一层，其下拉列表中包含"工作的"、"原始的"和"按指定的"3 个选项。

① 工作的：表示将添加组件放置在装配组件的工作层中。

② 原始的：表示将添加组件放置在该部件创建时所在的图层中。

③ 按指定的：表示将添加组件放置在另行指定的图层中。

10.2.2 引用集

由于在零件设计中包含了大量的草图、基准平面及其他辅助图形数据，如果要显示装配中各组件和子装配的所有数据，一方面容易混淆图形，另一方面由于要加载组件所有的数据，需要占用大量内存，因此不利于装配工作的进行。于是，在 UG NX12 的装配中，为了优化大模型的装配，引入了引用集的概念。通过对引用集的操作，用户可以在需要的几何信息之间自由切换，同时避免了加载不需要的几何信息，极大地优化了装配的过程。

1．引用集的概念

引用集是用户在零组件中定义的部分几何对象，它代表相应的零组件进行装配。引用集可以包含下列数据：实体、组件、片体、曲线、草图、原点、方向、坐标系、基准轴及基准平面等。引用集一旦产生，就可以单独装配到组件中，一个零组件可以有多个引用集。

UG NX12 包含的默认的引用集有以下几种。

（1）模型：只包含整个实体的引用集。

（2）整个部件：表示引用集是整个组件，即引用组件的全部几何数据。

（3）空：表示引用集是空的，不含任何几何对象。当组件以空的引用集形式添加到装配中时，在装配中看不到该组件。

2．打开"引用集"对话框

单击"菜单"→"格式"→"引用集"命令，打开图 10-4 所示的"引用集"对话框，该对话框用于对引用集进行创建、删除、更名、编辑属性、查看信息等操作。

（1）　（添加新的引用集）：用于创建引用集。组件和子装配都可以创建引用集，组件的引用集既可在组件中创建，也可在装配中创建，但组件要在装配中创建引用集，必须使其成为工作部件。单击该按钮，创建新的引用集。

图 10-4　"引用集"对话框

（2）　（删除）：用于删除组件或子装配中已创建的引用集。在"引用集"对话框中选中需要删除的引用集后，单击该按钮，删除所选引用集。

（3）　（属性）：用于编辑所选引用集的属性。单击该按钮，打开图 10-5 所示的"引用集属性"对话框，该对话框用于输入属性的名称和属性值。

（4）　（信息）：单击该按钮，打开图 10-6 所示的"信息"对话框，该对话框用于输出当前零组件中已存在的引用集的相关信息。

图 10-5　"引用集属性"对话框

图 10-6　"信息"对话框

（5）　（设为当前的）：用于将所选引用集设置为当前引用集。

在正确地创建引用集后，保存文件，以后在该零件加入装配的时候，"引用集"选项中就会包含用户自己设定的引用集。在加入零件以后，还可以通过"装配导航器"在定义的不同引用集之间切换。

10.2.3 组件的装配

1. 移动组件

选择"菜单"→"装配"→"组件位置"→"移动组件"命令，或单击"装配"功能区"组件位置"面组上的 （移动组件）按钮，打开图 10-7 所示的"移动组件"对话框。

（1）点到点：用于采用点到点的方式移动组件。在"运动"下拉列表中选择"点到点"，然后选择两个点，系统便会根据这两点构成的矢量和两点间的距离，沿着其矢量方向移动组件。

（2）增量 XYZ：用于平移所选组件。在"运动"下拉列表中选择"增量 XYZ"，"移动组件"对话框将变为图 10-8 所示。该对话框用于沿 X、Y 和 Z 坐标轴方向移动一个距离。如果输入的值为正，则沿坐标轴正向移动；反之，则沿负向移动。

（3）角度：用于绕轴和点旋转组件。在"运动"下拉列表中选择"角度"时，"移动组件"对话框将变为图 10-9 所示。选择旋转轴，然后选择旋转点，在"角度"文本框中输入要旋转的角度值，单击"确定"按钮即可。

图 10-7 "移动组件"对话框

图 10-8 选择"增量 XYZ"时的"移动组件"对话框

图 10-9 选择"角度"时的"移动组件"对话框

（4）坐标系到坐标系：用于采用移动坐标方式重新定位所选组件。在"运动"下拉列表中选择"坐标系到坐标系"时，"移动组件"对话框将变为图 10-10 所示。首先选择要定位的组件，然后指定参考坐标系和目标坐标系。选择一种坐标定义方式定义参考坐标系和目标坐标系后，单击"确定"按钮，则组件从参考坐标系的相对位置移动到目标坐标系中的对应位置。

（5）将轴与矢量对齐：用于在选择的两轴之间旋转所选的组件。在"运动"下拉列表中选择"将轴与矢量对齐"时，"移动组件"对话框将变为图 10-11 所示。选择要定位的组件，然后指定参考点、参考轴和目标轴的方向，单击"确定"按钮即可。

图 10-10　选择"坐标系到坐标系"时的 　　　　　图 10-11　选择"将轴与矢量对齐"时的
　　　　　　"移动组件"对话框　　　　　　　　　　　　　　"移动组件"对话框

2. 装配约束

选择"菜单"→"装配"→"组件"→"装配约束"命令，或单击"装配"功能区"组件位置"
面组上的 ⬛ （装配约束）按钮，打开图 10-12 所示的"装配约束"对话框。该对话框用于通过配对
约束确定组件在装配中的相对位置。

（1）⬚ （接触对齐）：用于约束两个对象，使其彼此接触或对齐，如图 10-13 所示。

① 接触：定义两个同类对象相一致。

② 对齐：对齐匹配对象。

③ 自动判断中心 / 轴：使圆锥、圆柱和圆环面的轴线重合。

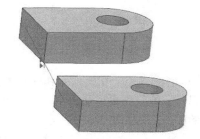

图 10-12　"装配约束"对话框　　　　　　　　图 10-13　"接触对齐"示意图

（2）⬛ （角度）：用于在两个对象之间定义角度尺寸，约束相配组件到正确的方位上，如图
10-14 所示。角度约束可以在两个具有方向矢量的对象间产生，角度是两个方向矢量间的夹角。这
种约束允许配对不同类型的对象。

（3）⬛ （平行）：用于约束两个对象的方向矢量彼此平行，如图 10-15 所示。

（4）⬛ （垂直）：用于约束两个对象的方向矢量彼此垂直，如图 10-16 所示。

（5）◎ （同心）：用于将相配组件中的一个对象定位到基础组件中的一个对象的中心上，其中
一个对象必须是圆柱或轴对称实体，如图 10-17 所示。

（6）▐▌▌（中心）：用于约束两个对象的中心对齐。

① 1 对 2：用于将相配组件中的一个对象定位到基础组件中的两个对象的对称中心上。

② 2 对 1：用于将相配组件中的两个对象定位到基础组件中的一个对象上，并与其对称。

③ 2 对 2：用于将相配组件中的两个对象与基础组件中的两个对象呈对称布置。

图 10-14 "角度"示意图

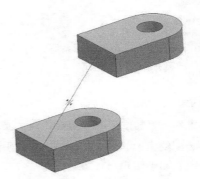

图 10-15 "平行"示意图

提示　　相配组件是指需要添加约束进行定位的组件，基础组件是指位置固定的组件。

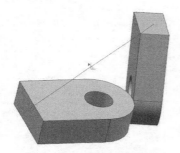

图 10-16 "垂直"示意图

图 10-17 "同心"示意图

（7）▐▌▌（距离）：用于指定两个相配对象间的最小三维距离。距离可以是正值，也可以是负值，正负号确定相配对象是在目标对象的哪一边，如图 10-18 所示。

（8）✍（对齐 / 锁定）：用于对齐不同对象中的两个轴，同时防止绕公共轴旋转。通常，当需要将螺栓完全约束在孔中时，这将作为约束条件之一。

（9）▭▭（胶合）：用于将对象约束到一起，以使它们作为刚体移动。

（10）＝（适合窗口）：用于约束半径相同的两个对象，例如圆边或椭圆边，圆柱面或球面。如果半径变为不相等，则该约束无效。

（11）⊥（固定）：用于将对象固定在其当前位置。

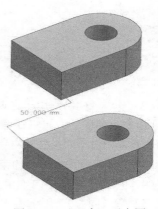

图 10-18 "距离"示意图

10.3 自顶向下装配

自顶向下的装配方法是一种全新的装配方法。主要是基于有些模型事先不能确定其位置和大小，只能等其他组件装配完毕以后，通过其他组件来确定其形状和位置。UG NX12 支持多种自顶向下的装配方式。

10.3.1 方法 1

首先在装配中创建几何模型，然后产生新组件，并把几何模型加入到新建组件中。

以第一种方法添加组件时，可以在列表中选择当前工作环境中现存的组件，但处于该环境中现存的三维实体不会在列表框中显示，不能被当作组件添加。它只是一个几何体，不含有其他的组件信息，若要使其也加入到当前的装配中，就必须用自顶向下的装配方法进行创建。该方法是在装配组件中创建一个新组件，并将装配中的几何实体添加到新组件中。

该方法具体的操作步骤如下。

（1）打开一个包含几何体的文件，或先在该文件中创建几何体。

（2）创建新组件。单击"菜单"→"装配"→"组件"→"新建组件"命令，或单击"主页"选项卡"装配"面组上的 $\blacksquare$（新建）按钮，打开"新组件文件"对话框，在"名称"文本框中输入新的文件名称，单击"确定"按钮，打开图 10-19 所示的"新建组件"对话框。

下面介绍图 10-20 所示对话框中主要选项的用法。

（1）组件名：用于指定组件名称，默认为组件的存盘文件名，该名称可以修改。

（2）引用集：用于指定引用集的类型。

（3）删除原对象：勾选该复选框，则从装配组件中删除定义所选几何实体的对象。

10.3.2 方法 2

首先在装配中产生一个新组件，它不含任何几何对象，然后使其成为工作组件，再在其中创建几何模型。

创建不含几何对象的新组件的操作步骤如下。

（1）打开一个文件。该文件可以是一个不含任何几何体和组件的新文件，也可以是一个含有几何体或装配组件的文件。

（2）创建新组件。单击"菜单"→"装配"→"组件"→"新建组件"命令，或单击"主页"选项卡"装配"面组上的 $\blacksquare$（新建）按钮，打开"新建文件"对话框。在该对话框中输入文件名称，单击"确定"按钮，打开"新建组件"对话框，要求设置新组件的有关信息，选择默认值，则在装配中添加了一个不含对象的新组件。新组件产生后，由于其不含任何几何对象，因此装配图没有什么变化。

（3）创建和编辑新组件几何对象。新组件产生后，可在其中创建几何对象，首先必须改变工作组件到新组件中。单击"菜单"→"装配"→"关联控制"→"设置工作部件"命令，打开图 10-20 所示的"设置工作部件"对话框。在该对话框中选择开始创建的新组件，单击"确定"按钮，该组件将自动成为工作组件，而该装配中的其他组件将变色。

图 10-19 "新建组件"对话框

图 10-20 "设置工作部件"对话框

下面即可进行建模操作,有两种创建几何对象的方法:第一种是直接创建几何对象,如果不要求组件间的尺寸相互配对,则改变工作组件到新组件,直接在新组件中用 UG 建模的方法创建和编辑几何对象;第二种是创建配对几何对象,如果要求新组件与装配中其他组件有几何配对性,则应在组件间创建链接关系。

技巧荟萃

自顶向下装配方法主要用在上下文设计方面,即在装配中参照其他组件对当前工作组件进行设计的方法。其显示组件为装配组件,而工作组件是装配中的组件,所做的任何工作都发生在工作组件上,而不是在装配组件上。当工作在装配过程中,可以利用链接关系创建从其他组件到工作组件的几何配对。利用这种配对方式,可引用其他组件中的几何对象到当前工作组件中,再用这些几何对象生成几何体。这样,不仅提高了设计效率,而且保证了组件之间的配对性,便于参数化设计。

10.4 装配爆炸图

爆炸图是在装配环境下把组成装配的组件拆分开来,更好地表示整个装配的组成状况,便于观察每个组件的一种方法,如图 10-21 所示。

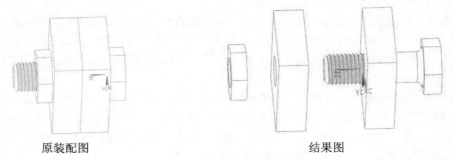

原装配图   结果图

图 10-21 爆炸图

10.4.1　创建爆炸图

单击"菜单"→"装配"→"爆炸图"→"新建爆炸"命令，打开图 10-22 所示的"新建爆炸"对话框。在该对话框中输入爆炸图名称，或接受默认名称，单击"确定"按钮创建爆炸图。

图 10-22　"新建爆炸"对话框

10.4.2　自动爆炸组件

新创建了一个爆炸图后，视图并没有发生什么变化，接下来就必须使组件炸开。可以使用自动爆炸方式完成爆炸图，即基于组件配对条件沿表面的正交方向自动爆炸组件。

单击"菜单"→"装配"→"爆炸图"→"自动爆炸组件"命令，打开"类选择"对话框，单击 ⊞（全选）按钮，选中所有的组件，就可对整个装配进行爆炸图的创建，若利用鼠标选择，则可以连续选中任意多个组件，即可实现对这些组件的炸开。完成组件的选择后，单击"确定"按钮，打开图 10-23 所示的"自动爆炸组件"对话框，该对话框用于指定自动爆炸参数。

图 10-23　"自动爆炸组件"对话框

距离：用于设置自动爆炸组件之间的距离。距离值可正可负。

技巧荟萃

　　　自动爆炸只能爆炸具有配对条件的组件，对于没有配对条件的组件需要使用手动编辑的方式。

10.4.3　编辑爆炸图

如果没有得到理想的爆炸效果，通常还需要对爆炸图进行编辑。

单击"菜单"→"装配"→"爆炸图"→"编辑爆炸"命令，打开图 10-24 所示的"编辑爆炸"对话框。在绘图窗口选择需要进行调整的组件，然后在图 10-24 所示对话框中点选"移动对象"单选钮，在绘图窗口选择一个坐标方向，"距离""对齐增量"和"方向"选项被激活，在该对话框中输入所选组件的偏移距离和方向后，单击"确定"或"应用"按钮，即可完成该组件位置的调整。

（1）组件不爆炸：单击"菜单"→"装配"→"爆炸图"→"取消爆炸组件"命令，打开"类选择"对话框，在绘图窗口选择不进行爆炸的组件，单击"确定"按钮，使已爆炸的组件恢复到原来的位置。

（2）删除爆炸图：单击"菜单"→"装配"→"爆炸图"→"删除爆炸"命令，打开图 10-25 所示的"爆炸图"对话框，在该对话框中选择要删除的爆炸图，单击"确定"按钮，删除所选爆炸图。

（3）隐藏爆炸：单击"菜单"→"装配"→"爆炸图"→"隐藏爆炸"命令，则将当前爆炸图隐藏起来，使绘图窗口中的组件恢复到爆炸前的状态。

（4）显示爆炸：单击"菜单"→"装配"→"爆炸图"→"显示爆炸"命令，则将已创建的爆炸图显示在绘图窗口。

图 10-24 "编辑爆炸"对话框

图 10-25 "爆炸图"对话框

10.5 装配排列

装配排列功能使同一个零件可以在装配中处于不同的位置，这样，装配结构没有变，但是可以更好地展现装配的真实性。同时对于相同的多个零件，可以彼此处于不同的位置。

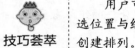

　　　用户可以定义装配排列来为组件中一个或多个组件指定可选位置，并将这些可选位置与组件存储在一起。该功能不能为单个组件创建排列，只能为装配或子装配创建排列。

单击"菜单"→"装配"→"布置"命令，还可以通过在图 10-26 所示的"装配导航器"窗口右击选择"布置"→"编辑"命令，打开图 10-27 所示的"装配布置"对话框。该对话框用于实现创建、复制、删除、更名、设置默认排列等功能。

图 10-26 从"装配导航器"选择命令

图 10-27 "装配布置"对话框

用户打开"装配布置"对话框后，应该首先复制一个排列，然后使用"重定位"功能把需要的组件定位到新的位置上，退出对话框，保存文件即可。完成设置后，就可以在不同的排列之间切换了。

10.6 综合实例——机械臂的装配与爆炸

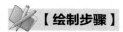
制作思路

本例绘制机械臂装配与爆炸图，如图 10-28 所示。将机械臂的 3 个零部件：基座、转动关节和小臂装配成完整的机械臂，然后创建爆炸图。

图 10-28 创建的机械臂装配与爆炸特征

10.6.1 装配机械臂

【绘制步骤】

1. 新建文件

单击"菜单"→"文件"→"新建"命令，或单击"快速访问"工具栏中的 □（新建）按钮，打开"新建"对话框，选择"装配"模板，在"名称"文本框中输入"arm.prt"。

扫码看视频

2. 按绝对坐标定位方法添加基座零件

（1）单击"菜单"→"装配"→"组件"→"添加组件"命令，或单击"主页"选项卡"装配"面组上的 ♣（添加）按钮，单击"OK"按钮，打开"添加组件"对话框，如图 10-29 所示。

（2）单击 ➢（打开）按钮，打开"部件名"对话框。

（3）在"部件名"对话框中，选择已存的零部件文件，勾选"预览"复选框，可以预览已存在的零部件。选择"arm01. prt"文件，右侧预览窗口中显示出该文件中保存的基座实体。打开"组件预览"窗口，如图 10-30 所示。

（4）在"添加组件"对话框的"引用集"下拉列表中选择"模型"选项，在"装配位置"下拉列表中选择"绝对坐标系 - 工作部件"选项，在"图层选项"下拉列表中选择"原始的"选项，单击"确定"按钮，完成按绝对坐标定位方法添加基座零件的操作，添加的基座如图 10-31 所示。

图 10-29 "添加组件"对话框

图 10-30 "组件预览"窗口

图 10-31 添加基座

3. 按配对定位方法添加转动关节

（1）单击"菜单"→"装配"→"组件"→"添加组件"命令，或单击"主页"选项卡"装配"面组上的 🔊⁺（添加）按钮，打开"添加组件"对话框。单击 📂（打开）按钮，打开"部件名"对话框，选择"arm02.prt"文件，右侧预览窗口中显示出转动关节实体的预览图。单击"OK"按钮，打开"组件预览"对话框，如图 10-32 所示。

（2）在"添加组件"对话框的"引用集"下拉列表中选择"模型"选项，在"图层选项"下拉列表中选择"原始的"选项，在"放置"选项卡选择"约束"选项。

（3）在"约束类型"选项卡选择"接触对齐"选项，在"方位"下拉列表中选择"接触"选项，用光标首先在"组件预览"窗口中选择基座的右侧端面，接下来在绘图窗口中选择转动关节端面，如图 10-33 所示。单击"应用"按钮。

图 10-32 "组件预览"窗口

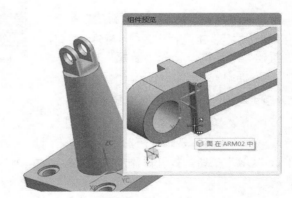

图 10-33 配对约束

（4）在"方位"下拉列表中选择"自动判断中心 / 轴"，用光标首先在"组件预览"窗口中选择基座上端孔，接下来在绘图窗口中选择转动关节上的孔，如图 10-34 所示。

（5）单击"确定"按钮，完成基座与转动关节的配对装配，结果如图 10-35 所示。

4. 按配对定位方法添加小臂

（1）单击"菜单"→"装配"→"组件"→"添加组件"命令，或单击"主页"选项卡"装配"面组上的 🔊⁺（添加）按钮，打开"部件名"对话框，选择"arm03.prt"文件，右侧预览窗口中显示出小臂的预览图。单击"OK"按钮，打开"组件预览"窗口，如图 10-36 所示。

（2）在"添加组件"对话框中使用默认设置值。

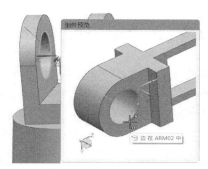
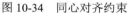

图 10-34　同心对齐约束

图 10-35　基座与转动关节配对装配

图 10-36　"组件预览"窗口

（3）在"添加组件"对话框中选择"同心"约束类型，用光标首先在组件预览窗口选择转动关节上的孔，接下来在绘图窗口中选择小臂上的孔，如图 10-37 所示。

（4）单击"添加组件"对话框中的"应用"或"确定"按钮，完成转动关节和小臂的配对装配，结果如图 10-38 所示。

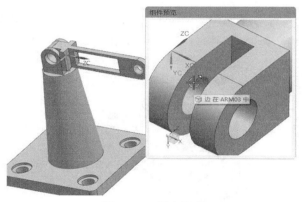

图 10-37　同心约束

图 10-38　转动关节和小臂的配对装配

10.6.2　创建机械臂的爆炸图

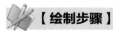【绘制步骤】

1．打开装配文件

单击"菜单"→"文件"→"打开"命令，或单击"快速访问"工具栏中的
（打开）按钮，打开"打开"对话框，打开机械臂的装配文件 arm.prt，单击"确定"按钮进入装配环境。

扫码看视频

2．创建爆炸视图

（1）单击"菜单"→"装配"→"爆炸图"→"新建爆炸"命令，打开"新建爆炸"对话框，如图 10-39 所示。

（2）在"名称"文本框中输入爆炸图的名称，或是接受默认名称，单击"确定"按钮，创建"Explosion 1"爆炸视图。

3. 编辑爆炸视图

（1）单击"菜单"→"装配"→"爆炸图"→"编辑爆炸"命令，打开"编辑爆炸"对话框，如图 10-40 所示。

（2）在绘图窗口中单击小臂组件，然后在"编辑爆炸"对话框中点选"移动对象"单选钮，如图 10-41 所示。

（3）在绘图窗口中单击选择 Z 轴，激活"编辑爆炸"对话框中的"距离"文本框，设定移动距离为"50"，即沿 Z 轴正方向移动 50，如图 10-42 所示。

（4）单击"确定"按钮后，完成对机械臂爆炸组件的重定位，结果如图 10-43 所示。

图 10-39 "新建爆炸"对话框

图 10-40 "编辑爆炸"对话框

图 10-41 选择"移动对象"单选钮

图 10-42 设定移动距离

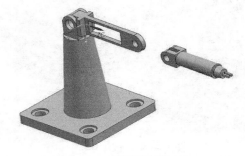

图 10-43 编辑机械臂组件

4. 编辑阀体组件

利用同样的方法，将转动关节沿 Z 轴正向相对移动"20"，设置"编辑爆炸"对话框中的参数，如图 10-44 所示。

单击"确定"按钮，完成机械臂爆炸图的创建，如图 10-45 所示。

图 10-44 设定移动距离

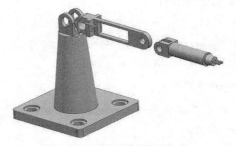

图 10-45 机械臂爆炸图

第 11 章
工程图

/ 导读

利用 UG 建模功能创建的零件和装配模型，可以被引用到 UG 制图模块中快速生成二维工程图，UG 制图功能模块建立的工程图是通过投影三维实体模型得到的，因此，二维工程图和三维实体模型完全相关。

/ 知识点

- 图纸操作
- 创建视图
- 视图编辑
- 图纸标注

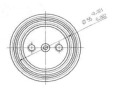

11.1 工程图概述

在 UG NX12 中，可以运用"制图"模块，在建模基础上生成平面工程图。由于建立的平面工程图是由三维实体模型投影得到的，因此，平面工程图与三维实体完全相关，实体模型的尺寸、形状以及位置的任何改变都会引起平面工程图的相应更新，更新过程可由用户控制。

工程图一般可实现如下功能。

（1）对于任何一个三维模型，可以根据不同的需要，使用不同的投影方法、不同的图幅尺寸，以及不同的视图比例建立模型视图、局部放大视图、剖视图等视图。各种视图能自动对齐，完全相关的各种剖视图能自动生成剖面线并控制隐藏线的显示。

（2）可半自动对平面工程图进行各种标注，且标注对象与基于它们所创建的视图对象相关。当模型和视图对象变化时，各种相关的标注都会自动更新。标注的建立与编辑方式基本相同，其过程也是即时反馈的，使得标注更容易和有效。

（3）可在工程图中加入文字说明、标题栏、明细栏等注释。软件提供了多种绘图模板，也可自定义模板，使标号参数的设置更容易、方便和有效。

（4）可用打印机或绘图仪输出工程图。

（5）拥有更直观和容易使用的图形用户接口，使得图纸的建立更加容易和快捷。

单击"主页"选项卡"标准"面组上的 🗋（新建）按钮，打开图 11-1 所示的"新建"对话框。在该对话框中打开"图纸"选项卡，选择适当的图纸并输入名称，也可以导入要创建图纸的部件。单击"确定"按钮进入工程图环境。

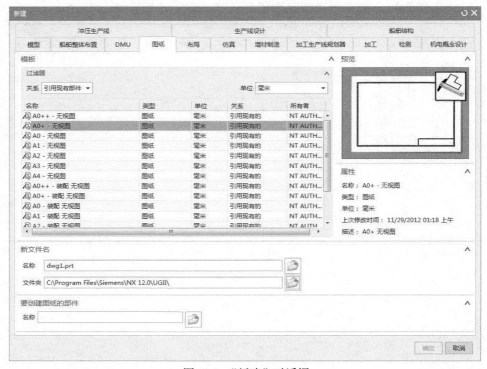

图 11-1 "新建"对话框

11.2　工程图参数

　　工程图参数用于设置在制作过程中工程图的默认设置情况，比如箭头的大小、线条的粗细、隐藏线的显示与否、标注的字体和大小等。UG NX12 默认安装完成以后，使用的是通用制标准，其中很多选项是不符合中国国标的，因此需要用户自己设置符合国标的工程图尺寸，以方便使用。下面介绍一些主要参数的设置方法。

　　单击"菜单"→"首选项"→"制图"命令，打开图 11-2 所示的"制图首选项"对话框。

图 11-2　"制图首选项"对话框

11.2.1　注释预设置

　　在"制图首选项"对话框中选择"注释"，打开图 11-3 所示的"注释"选项卡。其中，各主要选项卡的功能如下。

　　1．GDT

　　（1）格式：设置所有形位公差符号的颜色、线型和宽度。

　　（2）应用于所有注释：单击此按钮，将颜色、线型和线宽应用到所有制图注释，该操作不影响制图尺寸的颜色、线型和线宽。

　　2．符号标注

　　（1）格式：设置符号标注的颜色、线型和宽度。

　　（2）直径：以毫米或英寸为单位设置符号标注的大小。

　　3．焊接符号

　　（1）间距因子：设置焊接符号不同组成部分之间的间距默认值。

　　（2）符号大小因子：控制焊接符号中的符号大小。

（3）焊接线间隙：控制焊接线和焊接符号之间的距离。

图 11-3 "注释"选项卡

4. 剖面线 / 区域填充

（1）剖面线。

① 断面线定义：显示当前剖面线文件的名称。

② 图样：从派生自剖面线文件的图样列表设置剖面线图样。

③ 距离：控制剖面线之间的距离。

④ 角度：控制剖面线的倾斜角度。从 XC 轴正向到主剖面线沿逆时针方向测量角度。

（2）区域填充。

① 图样：设置区域填充图样。

② 角度：控制区域填充图样的旋转角度。该角度是从平行于图纸底部的一条直线开始沿逆时针方向测量。

③ 比例：控制区域填充图样的比例。

（3）格式。

① 颜色：设置剖面线颜色和区域填充图样。

② 宽度：设置剖面线和区域填充中曲线的线宽。

（4）边界曲线。

① 公差：用于控制 NX 沿着曲线逼近剖面线或区域填充边界的紧密程度。

② 查找表观相交：表现相交和表观成链是基于视图方位看似存在的相交曲线和链，但实际上不存在于几何体中。

（5）岛。

① 边距：设置剖面线或区域填充样式中排除文本周围的边距。

② 自动排除注释：勾选此复选框，将设置剖面线对话框和区域填充对话框中的自动排除注释选项。

5．中心线

（1）颜色：设置所有中心线符号的颜色。

（2）宽度：设置所有中心线符号的线宽。

11.2.2　视图预设置

在"制图首选项"对话框中选择"视图"，打开图 11-4 所示的"视图"选项卡。其中，各主要选项卡的功能如下。

图 11-4　"视图"选项卡

1．公共

（1）隐藏线：用于设置在视图中隐藏线的显示方法。其中有详细的选项可以控制隐藏线的显示类别、显示线型、粗细等。

（2）可见线：用于设置可见线的颜色、线型和粗细。

（3）光顺边：用于设置光顺边是否显示以及光顺边显示的颜色、线型和粗细。还可以设置光顺边距离边缘的距离。

（4）虚拟交线：用于设置虚拟交线是否显示以及虚拟交线显示的颜色、线型和粗细。还可以设置理论交线距离边缘的距离。

（5）常规：用于设置视图的最大轮廓线、参考、UV 栅格等细节选项。

（6）螺纹：用于设置螺纹表示的标准。

（7）PMI：用于设置视图是否继承在制图平面中的形位公差。

2．表区域驱动

（1）格式。

① 显示背景：用于显示剖视图的背景曲线。

② 显示前景：用于显示剖视图的前景曲线。

③ 剖切片体：用于在剖视图中剖切片体。

④ 显示折弯线：在阶梯剖视图中显示剖切折弯线。仅当剖切穿过实体材料时才会显示折弯线。

（2）剖面线。

① 创建剖面线：控制是否在给定的剖视图中生成关联剖面线。

② 处理隐藏的剖面线：控制剖视图的剖面线是否参与隐藏线处理。此选项主要用于局部剖和轴测剖视图，以及任何包含非剖切组件的剖视图。

③ 显示装配剖面线：控制装配剖视图中相邻实体的剖面线角度。设置此选项后，相邻实体间的剖面线角度会有所不同。

④ 将剖面线角度限制在 +/-45 度：强制装配剖视图中相邻实体的剖面线角度仅设置为 45 度和 135 度。

⑤ 剖面线相邻公差：控制装配剖视图中相邻实体的剖面线角度。

3．截面线

用于设置阴影线的显示类别。包括背景、剖面线、断面线等。

11.3 图纸操作

在 UG 中，任何一个三维模型，都可以通过不同的投影方法、不同的图样尺寸和不同的比例创建灵活多样的二维工程图。

11.3.1 创建图纸

进入制图环境后，系统提示用户需要创建一张工程图，如图 11-5 所示。进入制图环境后，单击"菜单"→"插入"→"图纸页"命令，或单击"主页"选项卡中的 （新建图纸页）按钮，也可以打开图 11-5 所示的"工作表"对话框。

（1）图纸页名称：设置默认的图纸页名称，或键入特有的图纸页名称。可键入多达 128 个字符。

（2）大小：用于指定图纸的尺寸规格。可在"大小"下拉列表中选择所需的标准图纸号，也可通过点选"定制尺寸"单选钮，在"高度"和"长度"文本框中输入用户所需的图纸尺寸。图纸尺寸随所选单位的不同而不同，如果点选"英寸"单选钮，则为英制规格；如果点选"毫米"单选钮，则为公制规格。

（3）比例：用于设置工程图中各类视图的比例大小，系统默认的设置比例为 1∶1。

（4）投影：用于设置视图的投影角度方式。系统提供了 （第一角投影）和 （第三角投影）两种投影角度。

图 11-5 "工作表"对话框

11.3.2　编辑图纸页

进入制图环境后，单击"菜单"→"编辑"→"图纸页"命令，或单击"主页"选项卡中的 📄（编辑图纸页）按钮，打开"工作表"对话框。

可按 11.3.1 节介绍的创建图纸的方法，在该对话框中修改已有的图纸名称、尺寸、比例、单位等参数。修改完成后，系统就会以新的图纸参数来更新已有的图纸。在"部件导航器"上选中要编辑的片体后右击，选择"编辑图纸页"命令也可打开相同的对话框。

11.4　创建视图

在创建的工程图中生成各种视图是最核心的问题，UG 制图模块提供了各种视图的创建功能，包括对齐视图、编辑视图等。

11.4.1　添加基本视图

单击"菜单"→"插入"→"视图"→"基本"命令，或单击"主页"选项卡"视图"面组上的 📄（基本视图）按钮，打开图 11-6 所示的"基本视图"对话框。下面介绍该对话框中主要选项的用法。

（1）要使用的模型视图：用于设置向图纸中添加何种类型的视图。其下拉列表中提供了"俯视图""前视图""右视图""后视图""仰视图""左视图""正等测图"和"正三轴测图"8 种类型的视图。

（2）🔄（定向视图工具）：单击该按钮，打开图 11-7 所示的"定向视图工具"对话框。该对话框用于自由旋转、寻找合适的视角、设置关联方位视图和实时预览。设置完成后，单击鼠标中键就可以放置基本视图。

图 11-6　"基本视图"对话框

图 11-7　"定向视图工具"对话框

（3）比例：用于设置图纸中的视图比例。

下面以踏脚杆的工程图为例讲解基本视图的创建步骤。

（1）打开随书光盘中的"tajiaogan"文件，创建"A3-无视图"图纸模板。

（2）单击"菜单"→"插入"→"视图"→"基本"命令，或单击"主页"选项卡"视图"面组上的 （基本视图）按钮，打开"基本视图"对话框，如图 11-6 所示。

（3）根据幅面大小确定缩放比例，单击确定基本视图的放置位置，按 <Esc> 键，关闭"基本视图"对话框，创建的工程图如图 11-8 所示。

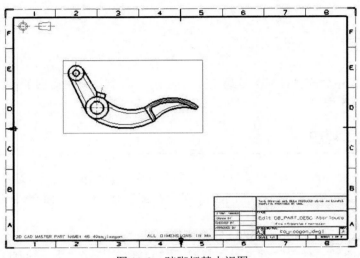

图 11-8　踏脚杆基本视图

11.4.2　添加投影视图

在添加完主视图后，系统会自动打开图 11-9 所示的"投影视图"对话框。单击"菜单"→"插入"→"视图"→"投影"命令，或单击"主页"选项卡"视图"面组上的 （投影视图）按钮，也可以打开相同的对话框。

（1）父视图：系统默认自动选择上一步添加的视图为主视图来生成其他视图，但是用户可以单击 （视图）按钮，选择相应的主视图。

（2）铰链线：系统默认在主视图的中心位置出现一条折叶线，同时用户可以拖动鼠标来改变折叶线的法向方向，以此来判断并实时预览生成的视图。勾选"反转投影方向"复选框，则系统按照铰链线的反向方向生成视图。

（3）移动视图：用于在视图放定位置后，重新移动视图。

下面，在基本视图的基础上以踏脚杆为例讲解投影视图的创建步骤。

（1）单击"菜单"→"插入"→"视图"→"投影"命令，或单击"主页"选项卡"视图"面组上的 （投影视图）按钮，

图 11-9　"投影视图"对话框

打开"投影视图"对话框，如图 11-9 所示。

（2）将视图移动到合适位置，如图 11-10 所示。

（3）单击完成投影视图的创建，如图 11-11 所示。

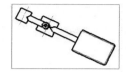
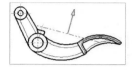
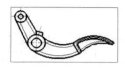

图 11-10　投影视图添加示意图　　　　图 11-11　踏脚杆投影视图

11.4.3　添加局部放大图

单击"菜单"→"插入"→"视图"→"局部放大图"命令，或单击"主页"选项卡"视图"面组上的 （局部放大图）按钮，打开图 11-12 所示的"局部放大图"对话框。

（1）矩形：用于指定视图的矩形边界。用户可以选择矩形中心点和边界点来定义矩形的大小，同时可以拖动鼠标来定义视图边界大小。

（2）圆形：用于指定视图的圆形边界。用户可以选择圆形中心点和边界点来定义圆的大小，同时可以拖动鼠标来定义视图边界大小。

"局部放大图"实例示意图如图 11-13 所示。

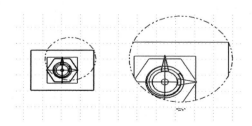

图 11-12　"局部放大图"对话框　　　　图 11-13　"局部放大图"实例示意图

11.4.4 添加剖视图

选择"菜单"→"插入"→"视图"→"剖视图"命令，或单击"主页"选项卡"视图"面组上 （剖视图）按钮，打开图 11-14 所示"剖视图"对话框。

部分选项功能如下。

1. 截面线

（1）定义：包括"动态"和"选择现有的"两种。如果选择"动态"，根据创建方法，系统会自动创建截面线，将其放置到适当位置即可；"选择现有的"则根据截面线创建剖视图。

（2）方法：在列表中选择创建剖视图的方法，包括"简单剖/阶梯剖""半剖""旋转"和"点到点"。

2. 铰链线

矢量选项：包括自动判断和已定义。

（1）自动判断：为视图自动判断铰链线和投影方向。

（2）已定义：允许为视图手工定义铰链线和投影方向。
反转剖切方向：反转剖切线箭头的方向。

3. 设置

（1）非剖切：在视图中选择不剖切的组件或实体，做不剖处理。

图 11-14 "剖视图"对话框

（2）隐藏的组件：在视图中选择要隐藏的组件或实体，使其不可见。

下面在投影视图的基础上以踏脚杆为例讲解剖视图的创建步骤。

（1）单击"菜单"→"插入"→"视图"→"剖视图"命令，或单击"主页"选项卡"视图"面组上的 （剖视图）按钮，打开图 11-14 所示的"剖视图"对话框。

（2）按系统提示选择剖视图的父视图，选择绘图窗口中的基本视图，系统提示定义剖视图的切割位置，选择适当的剖切位置，创建剖视图，并调整各视图位置，创建的工程图如图 11-15 所示。

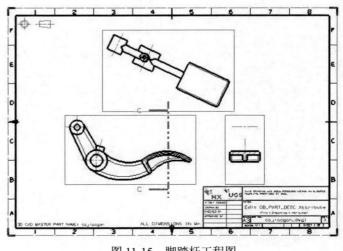

图 11-15 脚踏杆工程图

11.4.5 局部剖视图

单击"菜单"→"插入"→"视图"→"局部剖"命令，或单击"主页"选项卡"视图"面组上的  （局部剖视图）按钮，打开图 11-16 所示的"局部剖"对话框，该对话框用于创建、编辑和删除局部剖视图。

图 11-16 "局部剖"对话框

（1）⊞（选择视图）：用于选择要进行局部剖切的视图。

（2）◻（指出基点）：用于确定剖切区域沿拉伸方向开始拉伸的参考点，该点可通过"捕捉点"工具栏指定。

（3）⟟（指出拉伸矢量）：用于指定拉伸方向。可用矢量构造器指定，必要时可使拉伸反向，或指定为视图法向。

（4）⌣（选择曲线）：用于定义局部剖切视图剖切边界的封闭曲线。当选择错误时，可单击"取消选择上一个"按钮，取消上一个选择。定义边界曲线的方法如下：

在进行局部剖切的视图边界上右击，在打开的快捷菜单中选择"扩展成员视图"命令，进入视图成员模型工作状态。用曲线功能在要产生局部剖切的位置创建局部剖切边界线。完成边界线的创建后，在视图边界上右击，再从快捷菜单中选择"扩展成员视图"命令，恢复到工程图界面。这样，就建立了与选择视图相关联的边界线。

（5）⌣（修改边界曲线）：用于修改剖切边界点，必要时可用于修改剖切区域。

（6）切穿模型：勾选该复选框，则剖切时完全穿透模型。

11.4.6 断开视图

单击"菜单"→"插入"→"视图"→"断开视图"命令，或单击"主页"选项卡"视图"面组上的 ⑪（断开视图）按钮，打开图 11-17 所示的"断开视图"对话框，该对话框用于创建或编辑断开视图。

1. 类型

（1）⑪（常规）：创建具有两条表示图纸上概念缝隙的断裂线的断开视图。

（2）⑪（单侧）：创建具有一条断裂线的断开视图。

2. 主模型视图

用于当前图纸页中选择要断开的视图。

3. 方向

断开的方向垂直于断裂线。

（1）方位：指定与第一个断开视图相关的其他断开视图的方向。

（2）指定矢量：添加第一个断开视图。

4. 断裂线 1、断裂线 2

（1）关联：将断开位置锚点与图纸的特征点关联。

（2）指定锚点：用于指定断开位置的锚点。

（3）偏置：设置锚点与断裂线之间的距离。

5. 设置

（1）间隙：设置两条断裂线之间的距离。

（2）样式：指定断裂线的类型。包括简单、直线、锯齿线、长断裂、管状线、实心管状线、实心杆状线、拼图线、木纹线、复制曲线和模板曲线。

（3）幅值：设置用作断裂线的曲线的幅值。

（4）延伸 1/ 延伸 2：设置穿过模型一侧的断裂线的延伸长度。

（5）显示断裂线：显示视图中的断裂线。

（6）颜色：指定断裂线的颜色。

（7）宽度：指定断裂线的密度。

"断开视图"示意图如图 11-18 所示。

图 11-17 "断开视图"对话框

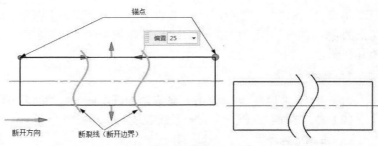

图 11-18 "断开视图"示意图

11.5 视图编辑

11.5.1 视图对齐

单击"菜单"→"编辑"→"视图"→"对齐"命令，或单击"主页"选项卡"视图"面组上"编辑视图"下的 （视图对齐）按钮，打开图 11-19 所示的"视图对齐"对话框。该对话框用于调整视图的位置，使之排列整齐。

1. 方法

（1）▣ （叠加）：将所选视图重叠放置。

（2）⊞ （水平）：将所选视图以水平方向对齐。

（3）品 （竖直）：将所选视图以竖直方向对齐。

（4）♪ （垂直于直线）：将所选视图与一条指定的参考直线垂直对齐。

（5）品 （自动判断）：自动判断所选视图可能的对齐方式。

（6）♪ （铰链副）：将所选视图与投影视图对齐。

2. 对齐

（1）模型点：用于选择模型上的点对齐视图。

（2）对齐至视图：用于选择视图中心来对齐视图。

（3）点到点：用于在不同的视图上选择点对齐视图。以第一个视图上的点为固定点，其他视图上的点以某一对齐方式向该点对齐。

图 11-19　"视图对齐"对话框

11.5.2　视图相关编辑

单击"菜单"→"编辑"→"视图"→"视图相关编辑"命令，或单击"主页"选项卡"视图"面组上"编辑视图"下的 🖼 （视图相关编辑）按钮，打开图 11-20 所示的"视图相关编辑"对话框。该对话框用于编辑几何对象在某一视图中的显示方式，而不影响在其他视图中的显示。

1. 添加编辑

（1）▯｜[（擦除对象）：擦除选择的对象，如曲线、边等。擦除并不是删除，只是使被擦除的对象不可见，使用"删除选择的擦除"命令可使被擦除的对象重新显示。若要擦除某一视图中的某个对象，则先选择视图；而若要擦除所有视图中的某个对象，则先选择图纸，再选择此功能，然后选择要擦除的对象并单击"确定"按钮，则所选择的对象被擦除。

（2）▯｜[（编辑完整对象）：编辑整个对象的显示方式，包括颜色、线型和线宽。单击该按钮，设置颜色、线型和线宽，单击"应用"按钮，打开"类选择"对话框，选择要编辑的对象并单击"确定"按钮，则所选对象按设置的颜色、线型和线宽显示。如要隐藏选择的视图对象，则只需设置选择对象的颜色与视图背景色相同即可。

（3）▯▮[（编辑着色对象）：编辑着色对象的显示方式。单击该按钮，设置颜色。单击"应用"按钮，打开"类选择"对话框，选择要编辑的对象并单击"确定"按钮，则所选的着色对象按设置的颜色显示。

（4）▯｜[（编辑对象段）：编辑部分对象的显示方式，用法与"编辑整个对象"相似。在选择编辑对象后，可选择一个或两个边界，则只编辑边界内的部分。

（5）🖼 （编辑剖视图背景）：编辑剖视图背景线。在建立剖视图时，可以有选择地保留背景线，而使用背景线编辑功能，不但可以删除已有的背景线，还可添加新的背景线。

2. 删除编辑

（1）[＋▯ （删除选定的擦除）：恢复被擦除的对象。单击该按钮，将高亮显示已被擦除的对象，选择要恢复显示的对象并确认。

（2）[+] （删除选定的编辑）：恢复部分编辑对象在原视图中的显示方式。

（3）[+] （删除所有编辑）：恢复所有编辑对象在原视图中的显示方式。单击该按钮，将显示警告信息对话框，单击"是"按钮，则恢复所有编辑。

3．转换相依性

（1） （模型转换到视图）：转换模型中单独存在的对象到指定视图中，且对象只出现在该视图中。

（2） （视图转换到模型）：转换视图中单独存在的对象到模型视图中。

11.5.3 剖面线

单击"菜单"→"插入"→"注释"→"剖面线"命令，或单击"主页"选项卡"注释"面组上的 （剖面线）按钮，打开图 11-21 所示的"剖面线"对话框。该对话框用于在用户定义的边界内填充剖面线或图案，用于局部添加剖面线或对局部的剖面线进行修改。

图 11-20 "视图相关编辑"对话框

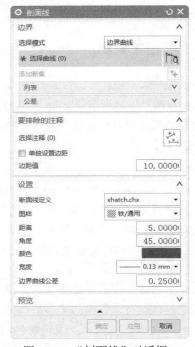

图 11-21 "剖面线"对话框

1．边界

（1）选择模式。

① 边界曲线：选择一组封闭曲线。

② 区域中的点：用于选择区域中的点。

（2）选择曲线：选择曲线、实体轮廓线、实体边及截面边来定义边界区域。

（3）指定内部位置：指定要定位剖面线的区域。

（4）忽略内边界：取消此复选框，排除剖面线的孔和岛，如图 11-22 所示。

2．要排除的注释

（1）选择注释：选择要从剖面线图样中排除的注释。

（2）自动排除注释：勾选此复选框，将在剖面线边界中任意注释周围添加文本区。

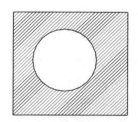 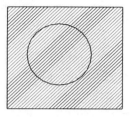

取消"忽略内边界"复选框　　　勾选"忽略内边界"复选框

图 11-22　忽略内边界

3．设置

（1）断面线定义：显示当前断面线的名称。

（2）图样：列出剖面线文件中包含的剖面线图样。

（3）距离：设置剖面线之间的距离。

（4）角度：设置剖面线的倾斜角度。

（5）颜色：指定剖面线的颜色。

（6）宽度：指定剖面线的密度。

（7）边界曲线公差：控制 NX 如何逼近沿不规则曲线的剖面线边界。值越小，就越逼近，构造剖面线图样所需的时间就越长。

技巧荟萃　用户自定义边界只能选择曲线、实体轮廓线、剖视图中的边等，不能选择实体边。

11.5.4　移动 / 复制视图

单击"菜单"→"编辑"→"视图"→"移动 / 复制"命令，或单击"主页"选项卡"视图"面组上"编辑视图"下的 （移动 / 复制视图）按钮，打开图 11-23 所示的"移动 / 复制视图"对话框。该对话框用于在当前图纸上移动或复制一个或多个选定的视图，或者把选定的视图移动或复制到另一张图纸中。

（1） （至一点）：移动或复制选定的视图到指定点，该点可用光标或坐标指定。

（2） （水平）：在水平方向上移动或复制选定的视图。

（3） （竖直）：在竖直方向上移动或复制选定的视图。

（4） （垂直于直线）：在垂直于指定方向移动或复制视图。

（5） （至另一图纸）：移动或复制选定的视图到另一张图纸中。

图 11-23　"移动 / 复制视图"对话框

（6）复制视图：勾选该复选框，用于复制视图，否则移动视图。

（7）距离：勾选该复选框，用于输入移动或复制后的视图与原视图之间的距离值。若选择多个视图，则以第一个选定的视图作为基准，其他视图将与第一个视图保持指定的距离。若取消该复选框的勾选，则可移动光标或输入坐标值指定视图位置。

11.5.5　更新视图

单击"菜单"→"编辑"→"视图"→"更新"命令，或单击"主页"选项卡"视图"面组上的（更新视图）按钮，打开图 11-24 所示的"更新视图"对话框。该对话框用于当模型改变时更新视图。

（1）显示图纸中的所有视图：勾选该复选框，系统会自动在列表框中选取所有过期视图，否则，需要用户自己更新过期视图。

（2）选择所有过时视图：用于选择当前图纸中的过期视图。

（3）选择所有过时自动更新视图：用于选择每一个在保存时设定为自动更新的视图。

图 11-24　"更新视图"对话框

11.5.6　视图边界

单击"菜单"→"编辑"→"视图"→"边界"命令，或单击"主页"选项卡"视图"面组上"编辑视图"下的（视图边界）按钮，或在要编辑视图的视图边界上右击，在打开的快捷菜单中选择"视图边界"命令，打开图 11-25 所示的"视图边界"对话框。该对话框用于重新定义视图边界，既可以缩小视图边界只显示视图的某一部分，也可以放大视图边界显示所有视图对象。

1. 边界类型选项

（1）断裂线/局部放大图：定义任意形状的视图边界，使用该选项只显示出被边界包围的视图部分。用此选项定义视图边界，则必须先建立与视图相关的边界线。当编辑或移动边界曲线时，视图边界会随之更新。

（2）手工生成矩形：以拖动方式手工定义矩形边界，该矩形边界的大小是由用户定义的，可以包围整个视图，也可以只包围视图中的一部分。该边界方式主要用于在一个特定的视图中隐藏不需要显示的几何体。

图 11-25　"视图边界"对话框

（3）自动生成矩形：自动定义矩形边界，该矩形边界能根据视图中几何对象的大小自动更新，主要用在一个特定的视图中显示所有的几何对象。

（4）由对象定义边界：由包围对象定义边界，该边界能根据被包围对象的大小自动调整，通常用于大小和形状随模型变化的矩形局部放大视图。

2. 其他参数

（1）锚点：用于将视图边界固定在视图对象的指定点上，从而使视图边界与视图相关，当模型变化时，视图边界会随之移动。锚点主要用于局部放大视图或用手工定义边界的视图。

（2）边界点：用于指定视图边界要通过的点。该功能可使任意形状的视图边界与模型相关，当模型修改后，视图边界也随之变化。也就是说，当边界内的几何模型的尺寸和位置变化时，该模型始终在视图边界之内。

（3）包含的点：视图边界要包围的点。只用于"由对象定义边界"方式。

（4）包含的对象：选择视图边界要包围的对象。只用于"由对象定义边界"方式。

（5）父项上的标签：控制圆形边界在父视图上的显示。

11.6　图纸标注

11.6.1　标注尺寸

单击"菜单"→"插入"→"尺寸"下拉菜单（如图 11-26 所示）中的命令，或者在"尺寸"面组（如图 11-27 所示）中选择所需的尺寸类型，进行尺寸标注。

下面介绍各种标注类型的用法。

（1） （快速）：可用单个命令和一组基本选择项从一组常规、好用的尺寸类型快速创建不同的尺寸，单击此按钮，打开图 11-28 所示的"快速尺寸"对话框。

图 11-26　"尺寸"下拉菜单

图 11-27　"尺寸"面组

图 11-28　"快速尺寸"对话框

下面介绍测量方法。

① （自动判断）：系统根据所选对象的类型和鼠标位置自动判断生成尺寸标注。可选对象包括点、直线、圆弧、椭圆弧等。

② （水平）：该选项用于指定与约束两点间距离的与 XC 轴平行的尺寸（也就是草图的水平参考），选择好参考点后，移动鼠标到合适位置，单击确定就可以在所选的两个点之间建立水平尺寸标注。

③ （竖直）：该选项用于指定与约束两点间距离的与 YC 轴平行的尺寸（也就是草图的竖直

参考），选择好参考点后，移动鼠标到合适位置，单击确定就可以在所选的两个点之间建立竖直尺寸标注。

④ ✣ （点到点）：该选项用于指定与约束两点间距离，选择好参考点后，移动鼠标到合适位置，单击确定就可以建立尺寸标注平行于所选的两个参考点的连线。

⑤ ✣ （垂直）：选择该选项后，首先选择一个线性的参考对象，线性参考对象可以是存在的直线、线性的中心线、对称线或者是圆柱中心线。然后利用捕捉点工具条在视图中选择定义尺寸的参考点，移动鼠标到合适位置，单击确定就可以建立尺寸标注。建立的尺寸为参考点和线性参考之间的垂直距离。

（2） ⊢⊣ （线性）：可将 6 种不同线性尺寸中的一种创建为独立尺寸，或者在尺寸集中选择链或基线，创建为一组链尺寸或基线尺寸，单击此按钮，打开图 11-29 所示的"线性尺寸"对话框。

图 11-29 "线性尺寸"对话框

以下为线性尺寸对话框中的测量方法（其中水平、竖直、点到点、垂直与上述快速尺寸中的一致，这里不再列举）。

① ⬛ （圆柱式）：该选项以所选两对象或点之间的距离建立圆柱的尺寸标注。系统自动将默认的直径符号添加到所建立的尺寸标注上，在"尺寸型式"对话框中可以自定义直径符号和直径符号与尺寸文本的相对关系。

② ⬛ （孔标注）：该选项用于标注视图中的孔的尺寸。在视图中选取圆弧特征，系统自动建立尺寸标注，并且自动添加直径符号，所建立的标注只有一条引线和一个箭头。

（3） ⬟ （径向）：用于标注圆弧或圆的半径或直径尺寸。下面介绍测量方法。

① ⬟ （直径）：该选项用于标注视图中的圆弧或圆。在视图中选取圆弧或圆后，系统自动建立尺寸标注，并且自动添加直径符号，所建立的标注有两个方向相反的箭头。

② ⬟ （径向）：该选项用于建立径向尺寸标注，所建立的尺寸标注包括一条引线和一个箭头，并且箭头从标注文本指向所选的圆弧。系统还会在所建立的标注中自动添加半径符号。

（4） ⬟ （角度）：该选项用于标注两个不平行的线性对象间的角度尺寸。

（5） ⬟ （倒斜角）：该选项用于定义倒角尺寸，但是该选项只能用于 45º 角的倒角。在"尺寸型式"对话框中可以设置倒角标注的文字、导引线等的类型。

（6） ⬟ （厚度）：该选项用于标注等间距两对象之间的距离尺寸。选择该项后，在图纸中选取两个同心而半径不同的圆，选取后移动鼠标到合适位置，单击鼠标系统标注出所选两圆的半径差。

（7） ⬟ （弧长）：该选项用于建立所选弧长的长度尺寸标注，系统自动在标注中添加弧长符号。

11.6.2 尺寸修改

尺寸标注完成后，如果要进行修改，直接双击该尺寸，就可以重新出现尺寸标注的环境，修改成为需要的形式即可。或者先单击该尺寸，选中后右击，打开图 11-30 所示的快捷菜单。

（1）原点：用于定义整个尺寸的起始位置、文本摆放位置等。

（2）编辑：单击该命令，打开相应的对话框和编辑工具栏（如图 11-31 所示），可以在小工具栏中对尺寸添加公差、修改精度、添加文字等。

图 11-30　标注尺寸快捷菜单　　　　图 11-31　编辑工具栏

（3）编辑附加文本：单击该命令，打开"附加文本"对话框，可在尺寸上追加详细的文本说明。

（4）设置：单击该命令，打开"设置"对话框，可以重新设置尺寸的参考设置。

（5）其他命令：类似于基本软件的操作，可以对尺寸标注进行删除、隐藏、编辑颜色和线宽等操作。

11.6.3　注释

单击"菜单"→"插入"→"注释"→"注释"命令，或单击"主页"选项卡"注释"面组上的  $\boxed{A}$（注释）按钮，打开图 11-32 所示的"注释"对话框，该对话框用于输入要注释的文本。

下面介绍对话框中主要选项的用法。

（1）原点：用于设置和调整文字的放置位置。

（2）指引线：用于为文字添加指引线，可以通过"类型"下拉列表指定指引线的类型。

（3）文本输入：用于设置注释中的内容。

① 编辑文本：用于编辑注释，其功能与一般软件的工具栏相同，具有复制、剪切、加粗、斜体、大小控制等功能。

② 格式设置：编辑窗口是一个标准的多行文本输入区，使用标准的系统位图字体，用于输入文本和系统规定的控制符。用户可以在字体选项下拉列表中选择所需的字体。

11.6.4　基准特征符号

图 11-32　"注释"对话框

单击"菜单"→"插入"→"注释"→"基准特征符号"命令，或单击"主页"选项卡"注释"面组上的 （基准特征符号）按钮，打开图 11-33 所示的"基准特征符号"对话框，该对话框用于创建形位公差基准特征符号，以便在图纸上指明基准特征。

1. 原点

（1） （原点工具）：使用原点工具查找图纸页上的表格注释。

（2） （指定位置）：用于为表格注释指定位置。

（3）对齐。

① 自动对齐：用于控制注释的相关性。

② ⚚ （层叠注释）：用于将注释与现有注释堆叠。

③ ☰ （水平或竖直对齐）：用于将注释与其他注释对齐。

④ ⚑ （相对于视图的位置）：将任何注释的位置关联到制图视图。

⑤ ⚼ （相对于几何体的位置）：用于将带指引线的注释的位置关联到模型或曲线几何体。

⑥ ⚛ （捕捉点处的位置）：可以将光标置于任何可捕捉的几何体上，然后单击放置注释。

⑦ 锚点：用于设置注释对象中文本的控制点。

2. 指引线

（1）选择终止对象：用于为指引线选择终止对象。

（2）类型：列出指引线类型。

① ↘ （普通）：创建带短划线的指引线。

② ⚲ （全圆符号）：创建带短划线和全圆符号的指引线。

③ ⊢ （标志）：创建一条从直线的一个端点到形位公差框角的延伸线。

④ ├ （基准）：创建可以与面、实体边或实体曲线、文本、形位公差框、短划线、尺寸延伸线以及下列中心线类型关联的基准特征指引线。

⑤ ⚲ （以圆点终止）：在延伸线上创建基准特征指引线，该指引线在附着到选定面的点上终止。

3. 基准标识符 – 字母

用于指定分配给基准特征符号的字母。

4. 设置

单击此按钮，打开"设置"对话框，用于指定基准显示实例的样式的选项。

图 11-33 "基准特征符号"对话框

11.6.5 符号标注

单击"菜单"→"插入"→"注释"→"符号标注"命令，或单击"主页"选项卡"注释"面组上的 ⚲ （符号标注）按钮，打开图 11-34 所示的"符号标注"对话框，该对话框用于插入和编辑 ID 符号及其放置位置。

（1）类型：用于选择要插入的 ID 符号类型。系统提供了多种符号类型可供用户选择，每种符号类型可以配合该符号的文本选项，在 ID 符号中放置文本内容。如果选择了上下型的 ID 符号，用户可以在"上部文本"和"下部文本"文本框中输入上下两行的内容。如果选择了独立型的 ID 符号，则用户只能在"文本"文本框中输入文本内容。各类 ID 符号都可以通过"大小"文本框的设置来改变显示比例。

（2）指引线：为 ID 符号指定引导线。单击该按钮，可指定

图 11-34 "符号标注"对话框

一条引导线的开始端点，最多可指定 7 个开始端点，同时每条引导线还可指定多达 7 个中间点。根据引导线类型，一般可选择尺寸线箭头、注释引导线箭头等作为引导线的开始端点。

11.6.6　表面粗糙度

单击"菜单"→"插入"→"注释"→"表面粗糙度符号"命令，或单击"主页"选项卡"注释"面组上的 √ （表面粗糙度）按钮，打开图 11-35 所示的"表面粗糙度"对话框，该对话框用于插入表面粗糙度符号。

1．属性

（1）除料：用于指定符号类型。

（2）图例：显示表面粗糙度符号参数的图例。

（3）上部文本：用于选择一个值以指定表面粗糙度的最大限制。

（4）下部文本：用于选择一个值以指定表面粗糙度的最小限制。

（5）生产过程：选择一个选项以指定生产方法、处理或涂层。

（6）波纹：波纹是比粗糙度间距更大的表面不规则性。

（7）放置符号：用于选择一个选项以指定放置方向。放置是由工具标记或表面条纹生成的主导表面图样的方向。

（8）加工：指定材料的最小许可移除量。

（9）切除：指定粗糙度切除。粗糙度切除是表面不规则性的采样长度，用于确定粗糙度的平均高度。

（10）次要粗糙度：指定次要粗糙度值。

（11）加工公差：指定加工公差的公差类型。

2．设置

（1）设置：单击此按钮，打开"设置"对话框，用于指定显示实例的样式的选项

（2）角度：更改符号的方位。

（3）圆括号：在表面粗糙度符号旁边添加，左侧、右侧或两侧。

图 11-35　"表面粗糙度"对话框

11.6.7　特征控制框

单击"菜单"→"插入"→"注释"→"特征控制框"命令，或单击"主页"选项卡"注释"面组上的 ⌷ （特征控制框）按钮，打开图 11-36 所示的"特征控制框"对话框，该对话框用于插入形位公差符号。

1．框

（1）特性：指定几何控制符号类型。

（2）框样式：可指定样式为单框或复合框。

（3）公差。

① 单位基础值：适用于直线度、平面度、线轮廓度和面轮廓度特性。可以为单位基础面积类型添加值。

② ▼ 形状：可指定公差区域形状的直径、球形或正方形符号。

③ 0.0 ：输入公差值。

④ ▼ （修饰符）：用于指定公差材料修饰符。

⑤ 公差修饰符：设置投影、圆 U 和最大值修饰符的值。

（4）第一基准参考 / 第二基准参考 / 第三基准参考。

① ▼ ：用于指定主基准参考字母、第二基准参考字母或第三基准参考字母。

② ▼ ：指定公差修饰符。

③ 自由状态：指定自由状态符号。

④ 复合基准参考：单击此按钮，打开"复合基准参考"对话框，该对话框允许向主基准参考、第二基准参考或第三基准参考单元格添加附加字母、材料状况和自由状态符号。

2. 文本

（1）文本框：用于在特征控制框前面、后面、上面或下面添加文本。

（2）符号 - 类别：用于从不同类别的符号类型中选择符号。

图 11-36 "特征控制框"对话框

11.7 综合实例——轴工程图

制作思路

本例绘制轴工程图，如图 11-37 所示。首先创建轴基本视图，然后创建剖视图，对视图进行尺寸标注，最后标注技术要求。

扫码看视频

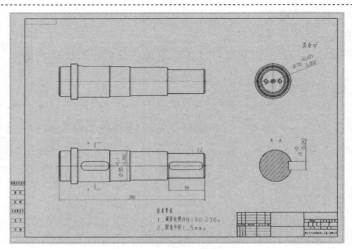

图 11-37 轴工程图

【绘制步骤】

1. 打开文件

单击"菜单"→"文件"→"打开"命令，或单击"快速访问"工具栏中的 （打开）按钮，打开"打开"对话框，选择"zhou"文件，单击"OK"按钮，打开实体模型。

2. 新建文件

单击"菜单"→"文件"→"新建"命令，或单击"快速访问"工具栏中的 （新建）按钮，打开"新建"对话框，在"模板"列表框中选择"A2- 无视图"，在"名称"文本框中输入"zhou_dwg1"，如图 11-38 所示。单击"确定"按钮，进入 UG 主界面。

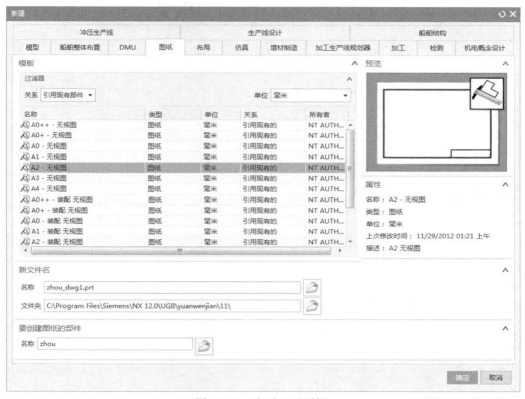

图 11-38 "新建"对话框

3. 视图预设置

（1）单击"菜单"→"首选项"→"制图"命令，打开"制图首选项"对话框。

（2）选择"视图"下拉选项中的"光顺边"选项，打开"光顺边"选项卡，勾选"显示光顺边"复选框，如图 11-39 所示。单击"确定"按钮，关闭对话框，创建的工程视图将显示光顺边。

4. 添加基本视图

（1）单击"菜单"→"插入"→"视图"→"基本"命令，或单击"主页"选项卡"视图"面组中的 （基本视图）按钮，打开图 11-40 所示的"基本视图"对话框。

（2）此时在窗口中出现所选视图的边框，拖曳视图到窗口的左下角，单击"确定"按钮，则将此视图定位到图纸中，即为三视图中的俯视图，如图 11-41 所示。

图 11-39 "制图首选项"对话框

图 11-40 "基本视图"对话框

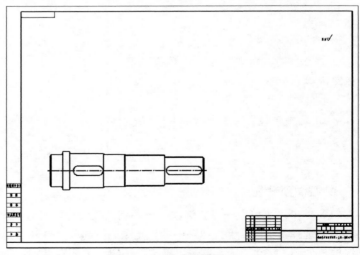

图 11-41 生成俯视图

5. 添加投影视图

（1）单击"菜单"→"插入"→"视图"→"投影"命令，或单击"主页"选项卡"视图"面组中的 （投影视图）按钮，打开"投影视图"对话框，如图 11-42 所示。

（2）在图样中单击俯视图作为正交投影的父视图。

（3）此时出现正交投影视图的边框，沿垂直方向拖曳视图，若投影方向不对，可以勾选"反转投影方向"复选框，在合适的位置处单击，将正交投影图定位到图样中，以此视图作为三视图中的正视图，如图 11-43 所示。

图 11-42　"投影视图"对话框

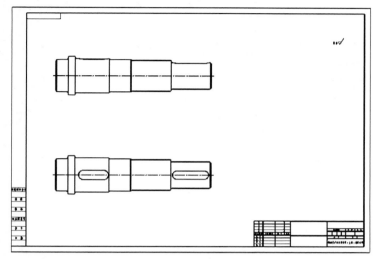

图 11-43　生成正视图

（4）采用同样的方法创建右视图，最终的三视图效果如图 11-44 所示。

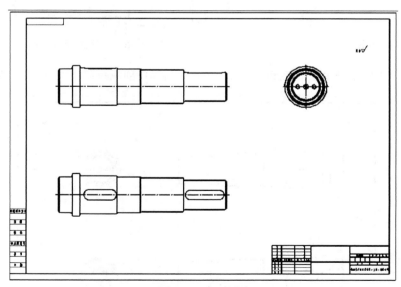

图 11-44　三视图

6．添加剖视图

（1）单击"主页"选项卡"视图"面组上的 ▦（剖视图）按钮，打开"剖视图"对话框，如图 11-45 所示。

（2）在视图中单击俯视图作为简单剖视图的父视图。

（3）系统激活点捕捉器，根据系统提示定义父视图的切割位置，选择图 11-46 所示位置和方向作为切割线的位置和方向。

图 11-45 "剖视图"对话框

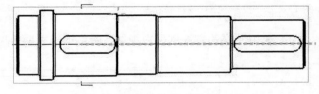

图 11-46 剖切线箭头位置

（4）沿水平方向将剖切视图拖曳到理想位置，单击将简单剖视图定位在图样中，如图 11-47 所示。

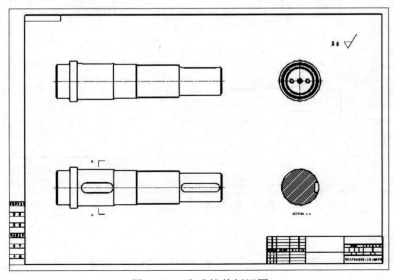

图 11-47 生成简单剖视图

7. 修改剖视图

（1）将光标放于剖视按钮签处，单击将其选中，然后再单击右键，打开图 11-48 所示的命令菜单，选择其中的"设置"命令，打开图 11-49 所示"设置"对话框。

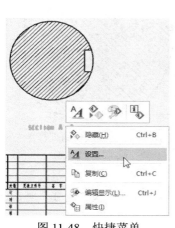

图 11-48　快捷菜单　　　　　　　　　　　图 11-49　"设置"对话框

（2）在对话框中单击"表区域驱动"下的"标签"选项，将"前缀"文本框中的默认字符删除，"字符高度因子"设置为"3"，其他参数保持默认，单击"确定"按钮，图样中的剖视按钮签变为"A-A"，效果如图 11-50 所示。

（3）将光标放置于剖视图附近，待光标改变了状态时，单击将其选中，然后右击，打开图 11-51 所示的快捷菜单，选择其中的"设置"命令，打开"设置"对话框。

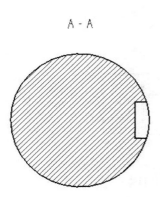

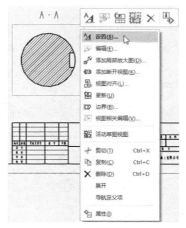

图 11-50　修改后的剖视按钮签　　　　　　　图 11-51　快捷菜单

（4）在对话框中打开"表区域驱动"选项卡，取消对"显示背景"复选框的勾选，如图 11-52 所示。

（5）单击"确定"按钮，则剖视图不显示背景投影线框，如图 11-53 所示。

图 11-52 "表区域驱动"选项卡

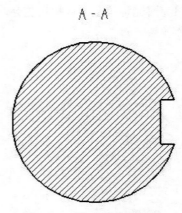

图 11-53 修改后的剖视图

8. 标注水平尺寸

（1）单击"主页"选项卡"尺寸"面组上的 ⚡（快速）按钮，打开"快速尺寸"对话框，参数设置如图 11-54 所示。

（2）在"测量"方法中选择"水平"选项，在俯视图中选择竖直直线上的两个任意点（可以利用捕捉工具捕捉线上不同位置的点），系统自动出现水平的尺寸线和尺寸值，拖动尺寸到合适位置，单击将水平尺寸固定在光标指定的位置处，标注的水平尺寸如图 11-55 所示。

图 11-54 "快速尺寸"对话框

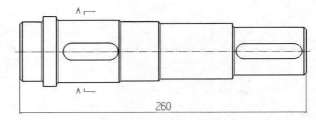

图 11-55 标注水平尺寸

9. 标注竖直尺寸

（1）单击"主页"选项卡"尺寸"面组上的 ⚡（快速）按钮，打开"快速尺寸"对话框。

（2）在"测量"方法中选择"竖直"选项，在剖视图中选择两个任意点（可以利用捕捉工具捕捉线上不同位置的点），系统自动出现竖直的尺寸线和尺寸值，拖动尺寸到合适位置，单击将竖直尺寸固定在光标指定的位置处。

（3）双击尺寸，打开"尺寸编辑栏"，如图 11-56 所示。在公差选项中选择"双向公差"，然后输入上偏差为"0"，下偏差为"-0.043"，设置公差小数为"3"，结果如图 11-57 所示。

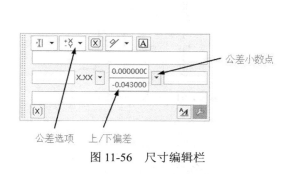

图 11-56　尺寸编辑栏　　　　　　　　图 11-57　带公差的竖直尺寸

10. 标注垂直尺寸

（1）单击"主页"选项卡"尺寸"面组上的 ⚡（快速）按钮，打开"快速尺寸"对话框。

（2）在"测量"方法中选择"垂直"选项，在俯视图中，选择要标注尺寸的点和直线，拖动打开的尺寸到合适的位置处，单击固定尺寸，标注的垂直尺寸如图 11-58 所示。

11. 标注倒角尺寸

（1）单击"主页"选项卡"尺寸"面组上的 ⟉（倒斜角）按钮，打开"倒斜角尺寸"对话框。

（2）在俯视图中，选择左上角的倒角线，拖动打开的倒角尺寸到合适的位置处，单击固定尺寸，标注的倒角尺寸如图 11-59 所示。

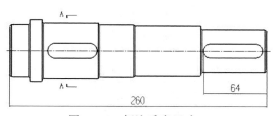
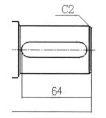

图 11-58　标注垂直尺寸　　　　　　　图 11-59　标注倒角尺寸

12. 标注圆柱尺寸

（1）单击"主页"选项卡"尺寸"面上的 ⚡（快速）按钮，打开"快速尺寸"对话框。

（2）在"测量"方法中选择"圆柱式"选项，参照步骤 10，按照图 11-60 所示设置，在俯视图中，选择第三段圆柱（从左向右数）的上下水平线，拖动圆柱形尺寸到合适的位置处，单击固定尺寸，标注的带公差圆柱尺寸如图 11-61 所示。

（3）单击"主页"选项卡"尺寸"面组上的 ⟋（径向）按钮，打开"径向尺寸"对话框，参照步骤 10，按照如图 11-62 所示设置公差值。

（4）在图样的左视图中，选择中间圆，旋转直径尺寸到合适位置处，单击固定尺寸，标注的带公差直径尺寸如图 11-63 所示。工程图的整体效果如图 11-64 所示。

图 11-60　设置公差

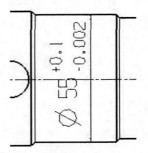

图 11-61　带公差的圆柱尺寸

图 11-62　设置公差值

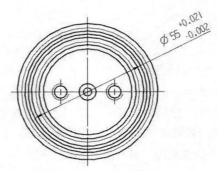

图 11-63　带公差的直径尺寸

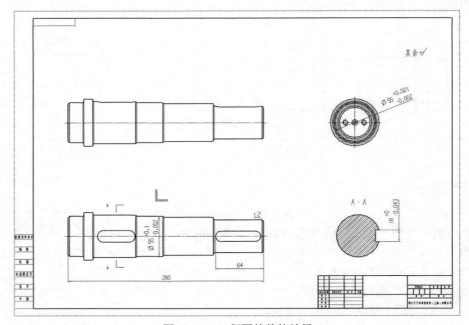

图 11-64　工程图的整体效果

13. 标注技术要求

（1）单击"菜单"→"插入"→"注释"→"注释"命令，或单击"主页"选项卡"注释"面

组上的 $\boxed{A}$（注释）按钮，打开"注释"对话框。

（2）按图 11-65 所示设置对话框中的参数。

（3）将技术要求添加到工程图中的适当位置，结果如图 11-66 所示。

图 11-65　添加技术要求

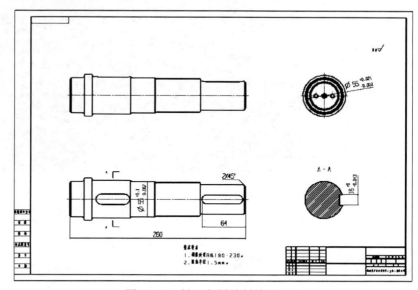

图 11-66　轴工程图绘制结果

第 12 章
钣金设计

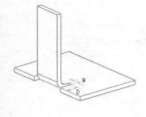

/ 导读

NX 钣金应用提供了一个直接操作钣金零件设计的集中的环境。NX 钣金建立于工业领先的 Solid Edge 方法，目的是设计：machinery, enclosures, brake-press manufactured parts，和其他具有线性折弯线的零件。

/ 知识点

- ➲ NX 钣金概述
- ➲ 钣金基本特征
- ➲ 钣金高级特征

12.1　NX 钣金概述

本节主要介绍如何进入钣金环境，以及钣金特征的创建流程。

启动 UG NX12 后，单击"菜单"→"文件"→"新建"命令，或单击"主页"选项卡"标准"面组上的 （新建）按钮，打开"新建"对话框，如图 12-1 所示；

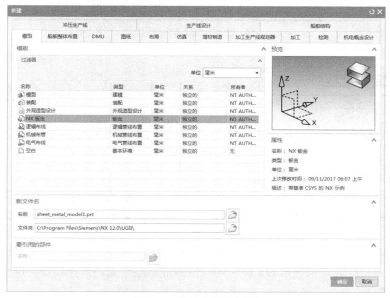

图 12-1　"新建"对话框

在"模板"列表框中选择"NX 钣金"，输入文件名称和文件路径，单击"确定"按钮，进入 UG NX 钣金环境，如图 12-2 所示。这里提供了 UG 专门面向钣金件的、直接的钣金设计环境。

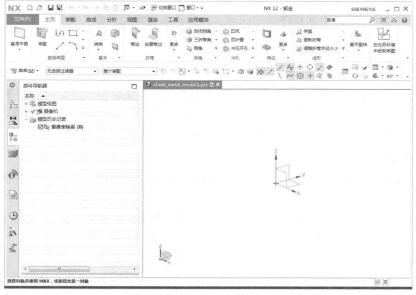

图 12-2　NX 钣金建模环境

或者在其他环境中，单击"应用模块"选项卡"设计"面组上的 （钣金）按钮，如图 12-3 所示，进入钣金设计环境。

图 12-3 "设计"面组

12.1.1 NX 钣金流程

典型的 NX 钣金流程如下。

（1）设置钣金属性的默认值。

（2）草绘基本特征形状，或者选择已有的草图。

（3）创建基本特征（常用标签特征）。

创建钣金零件的典型工作流程首先是创建基本特征，基本特征是要创建的第一个特征，典型地定义零件形状。在 NX 钣金中，常使用突出块特征来创建基本特征，但也可以使用轮廓弯边和放样弯边来创建。

（4）添加特征，进一步定义已经成形的钣金零件的基本特征。

在创建了基本特征之后，使用 NX 钣金和成形特征命令来完成钣金零件，这些命令有弯边、凹坑、折弯、孔、腔等。

（5）根据需要采用取消折弯展开折弯区域，在钣金零件上开孔、压花和添加百叶窗等特征。

（6）重新折弯展开的折弯面来完成钣金零件。

（7）生成零件展平实体便于检查图样和以后的加工。

应用 （展平实体）命令在零件文件中创建新的实体，同时保持最初的实体。

展平实体在部件导航器中的排序永远在最后，即其具有自动更新功能。

12.1.2 NX 钣金首选项

钣金应用提供了材料厚度、弯曲半径和让位槽深度等默认属性设置。也可以根据需要更改这些设置。单击"菜单"→"首选项"→"钣金"命令，打开图 12-4 所示的"钣金首选项"对话框，可以改变钣金的默认设置项，包括部件属性、展平图样处理和展平图样显示等。

1．部件属性

（1）材料厚度：钣金零件默认厚度，可以在图 12-4 所示的"钣金首选项"对话框中设置材料厚度。

（2）弯曲半径：折弯默认半径（基于折弯时发生断裂的最小极限来定义），在图 12-4 所示的"钣金首选项"对话框中可以根据所选材料的类型来更改折弯半径设置。

（3）让位槽深度和宽度：从折弯边开始计算折弯缺口延伸的距离称为折弯深度（D），跨度称为宽度（W）。可以在图 12-4 所示的"钣金首选项"对话框中设置止裂口宽度和深度，其含义如图 12-5 所示。

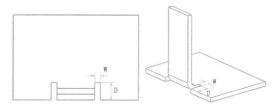

图 12-4 "钣金首选项"对话框　　　　　图 12-5 止裂口参数含义示意图

（4）折弯定义方法（中性因子值）

中性因子取决于被弯曲材料的性质。弯曲时，弯曲件的外表面处于拉伸状态，内表面处于压缩状态。介于两者之间的层既不是压缩也不是张力。这个表面从内弯到厚度的距离之比是中性因子。默认值是 0.33，值通常在 0 到 1 之间。

2. 展平图样处理

在"展平图样处理"选项卡中可以设置平面展开图处理参数，如图 12-6 所示。

（1）处理选项：对平面展开图的内拐角和外拐角进行倒角和倒圆。可在文本框中输入倒角的边长或倒圆半径。

（2）展平图样简化：对圆柱表面或者折弯线上具有裁剪特征的钣金零件进行平面展开时，生成 B 样条曲线，该选项可以将 B 样条曲线转化为简单直线和圆弧。用户可以在图 12-6 所示对话框中定义最小圆弧和偏差的公差值。

（3）移除系统生成的折弯止裂口：当创建没有止裂口的封闭拐角时，系统在 3-D 模型上生成一个非常小的折弯止裂口。可在图 12-6 所示对话框中设置在定义平面展开图实体时，是否移除系统生成的折弯止裂口。

3. 展平图样显示

在"展平图样显示"选项卡中可以设置平面展开图显示参数，如图 12-7 所示。包括各种曲线的显示颜色、线性、线宽和标注。

4. 钣金验证

在此选项卡中可设置最小工具间隙和最小腹板长度的验证参数。

图 12-6 "展平图样处理"选项卡

图 12-7 "展平图样显示"选项卡

12.2 钣金基本特征

NX 钣金包括基本的钣金特征，如弯边、突出块、轮廓弯边以及自动折弯缺口，也提供了通用的典型建模特征，如孔、槽，以及其他基本编辑方法，如拷贝、粘贴和镜像。

12.2.1 突出块特征

突出块命令可以使用封闭轮廓创建任意形状的扁平特征。

突出块是在钣金零件上创建平板特征，可以使用该命令来创建基本特征或者在已有钣金零件的表面添加材料。

单击"菜单"→"插入"→"突出块"命令，或单击"主页"选项卡"基本"面组上的 🖿（突出块）按钮，打开图 12-8 所示的"突出块"对话框，"突出块"示意图如图 12-9 所示。

1. 表区域驱动

（1）🖿（曲线）：用来指定使用已有的草图来创建平板特征。

（2）🖿（绘制截面）：可以在参考平面上绘制草图来创建平板特征。

2. 厚度

输入突出块的厚度。

图 12-8 "突出块"对话框

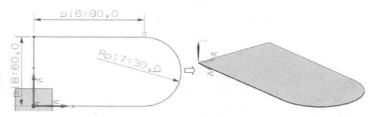

图 12-9 "突出块"示意图

12.2.2 弯边特征

弯边特征可以创建简单折弯和弯边区域。弯边包括圆柱区域（折弯区域）和矩形区域（网格区域）。

单击"菜单"→"插入"→"折弯"→"弯边"命令，或单击"主页"选项卡"折弯"面组上的 （弯边）按钮，打开图 12-10 所示的"弯边"对话框。

1. 宽度选项

用来设置定义弯边宽度的测量方式。宽度选项包括完整、在中心、在端点、从两端和从端点 5 种，示意图如图 12-11 所示。

（1）完整：指沿着所选择折弯边的边长来创建弯边特征。当选择该选项创建弯边特征时，弯边的主要参数有长度、偏置和角度。

（2）在中心：指在所选择的折弯边中部创建弯边特征，可以编辑弯边宽度值和使弯边居中，默认宽度是所选择折弯边长的三分之一。当选择该选项创建弯边特征时，弯边的主要参数有长度、偏置、角度和宽度（两宽度相等）。

（3）在端点：指从所选择的端点开始创建弯边特征。当选择该选项创建弯边特征时，弯边的主要参数有长度、偏置、角度和宽度。

图 12-10 "弯边"对话框

（4）从两端：指从所选择折弯边的两端定义距离来创建弯边特征，默认宽度是所选择折弯边长的三分之一。当选择该选项创建弯边特征时，弯边的主要参数有长度、偏置、角度、距离 1 和距离 2。

（5）从端点：指从所选折弯边的端点定义距离来创建弯边特征。当选择该选项创建弯边特征时，弯边的主要参数有长度、偏置、角度、从端点（从端点到弯边的距离）和宽度。

2. 角度

创建弯边特征的折弯角度，可以在视图区动态更改角度值。

3. 参考长度

用来设置定义弯边长度的度量方式，包括内侧、外侧和腹板3种方式。示意图如图 12-12 所示。

（1）内侧：指从已有材料的内侧测量弯边长度。

（2）外侧：指从已有材料的外侧测量弯边长度。

（3）腹板：指从已有材料的折弯处测量弯边长度。

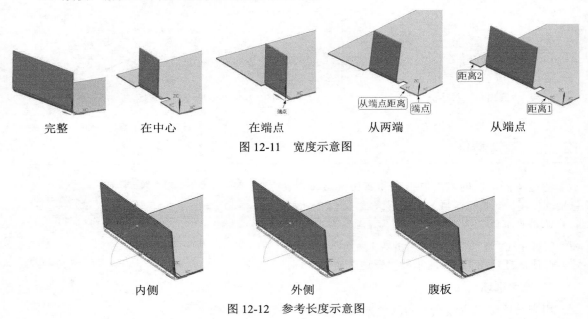

| 完整 | 在中心 | 在端点 | 从两端 | 从端点 |

图 12-11　宽度示意图

内侧　　　　　　外侧　　　　　　腹板

图 12-12　参考长度示意图

4. 内嵌

用来表示弯边嵌入基础零件的距离。嵌入类型包括材料内侧、材料外侧和折弯外侧3种，示意图如图 12-13 所示。

（1）材料内侧：指弯边嵌入到基本材料的里面，这样突出块区域的外侧表面与所选的折弯边平齐。

（2）材料外侧：指弯边嵌入到基本材料的里面，这样突出块区域的内侧表面与所选的折弯边平齐。

（3）折弯外侧：指材料添加到所选中的折弯边上形成弯边。

材料内侧　　　　　　材料外侧　　　　　　折弯外侧

图 12-13　内嵌示意图

5．止裂口

（1）折弯止裂口：定义是否折弯止裂口到零件的边。

（2）拐角止裂口：定义是否要创建的弯边特征所邻接的特征采用拐角止裂口。

① 仅折弯：指仅对邻接特征的折弯部分应用拐角缺口。

② 折弯／面：指对邻接特征的折弯部分和平板部分应用拐角止裂口。

③ 折弯／面链：指对邻接特征的所有折弯部分和平板部分应用拐角止裂口。

12.2.3　轮廓弯边

"轮廓弯边"命令通过拉伸表示弯边截面轮廓来创建弯边特征。可以使用"轮廓弯边"命令创建新零件的基本特征或者在现有的钣金零件上添加轮廓弯边特征，可以创建任意角度的多个折弯特征。

单击"菜单"→"插入"→"折弯"→"轮廓弯边"命令，或单击"主页"选项卡"折弯"面组上的　（轮廓弯边）按钮，打开图 12-14 所示"轮廓弯边"对话框。

1．底数

可以使用基部轮廓弯边命令创建新零件的基本特征。

2．宽度选项

包括有限范围和对称范围选项。示意图如图 12-15 所示。

（1）有限：指创建有限宽度的轮廓弯边的方法。

（2）对称：指用二分之一的轮廓弯边宽度值来定义轮廓两侧距离，确定轮廓弯边宽度来创建轮廓弯边的方法。

图 12-14　"轮廓弯边"对话框

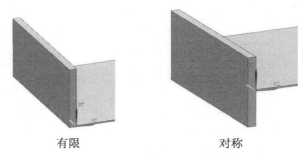

有限　　　　　　对称

图 12-15　宽度示意图

3. 斜接

可以设置轮廓弯边端（两侧），包括开始端和结束端选项的斜接选项和参数。

（1）斜接角：设置轮廓弯边开始端和结束端的斜接角度。

（2）使用法向开孔法进行斜接：定义是否采用法向切槽方式斜接。

12.2.4 放样弯边

利用"放样弯边"命令可在平行参考面上的轮廓或草图之间进行过渡连接，也可以创建新零件的基本特征。

单击"菜单"→"插入"→"折弯"→"放样弯边"命令，或单击"主页"选项卡"折弯"面组上的 （放样弯边）按钮，打开图 12-16 所示"放样弯边"对话框。示意图如图 12-17 所示。

（1）底数：创建一个基础放样法兰，必须在厚度选项设置法兰的厚度。

（2）选择曲线：用来指定使用已有的轮廓作为放样弯边特征的起始轮廓来创建放样弯边特征。

（3）绘制起始截面：在参考平面上绘制开轮廓草图作为放样弯边特征的起始轮廓来创建放样弯边特征。

（4）指定点：用来指定放样弯边起始轮廓的顶点。

图 12-16 "放样弯边"对话框

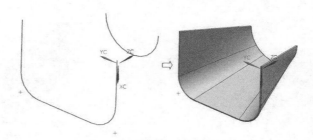

图 12-17 "放样弯边"示意图

12.2.5 二次折弯特征

二次折弯功能可以在钣金零件平面上创建两个 90 度的折弯，并添加材料到折弯特征。二次折弯功能的轮廓线必须是一条直线，并且位于放置平面上。

单击"菜单"→"插入"→"折弯"→"二次折弯"命令，或单击"主页"选项卡"折弯"面组上的 （二次折弯）按钮，打开图 12-18 所示"二次折弯"对话框。

1. 高度

创建二次折弯特征时可以在视图区中动态更改高度值。

2. 参考高度

包括"内侧"和"外侧"两个选项，如图 12-19 所示。

（1）内侧：定义选择放置面到二次折弯特征最近表面的高度。

（2）外侧：定义选择放置面到二次折弯特征最远表面的高度。

图 12-18 "二次折弯"对话框

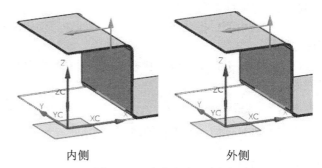

内侧　　　　　　　　外侧

图 12-19 参考高度示意图

3. 内嵌

包括"材料内侧""材料外侧"和"折弯外侧"3 个选项。示意图如图 12-20 所示。

（1）材料内侧：指凸凹特征垂直于放置面的部分在轮廓面内侧。

（2）材料外侧：指凸凹特征垂直于放置面的部分在轮廓面外侧。

（3）折弯外侧：指凸凹特征垂直于放置面的部分和折弯部分都在轮廓面外侧。

4. 延伸截面

选择该复选框，定义是否延伸直线轮廓到零件的边。

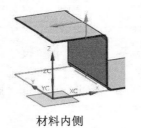
材料内侧

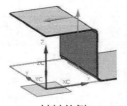
材料外侧

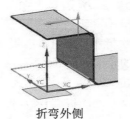
折弯外侧

图 12-20　内嵌示意图

12.2.6　折弯

利用"折弯"命令可以在钣金零件的平面区域上创建折弯特征。

单击"菜单"→"插入"→"折弯"→"折弯"命令，或单击"主页"选项卡"折弯"面组上的 （折弯）按钮，打开图 12-21 所示的"折弯"对话框。

1．内嵌

包括外模线轮廓，折弯中心线轮廓、内模线轮廓、材料内侧和材料外侧 5 种方式。

（1）外模线轮廓：指轮廓线表示在展开状态时平面静止区域和圆柱折弯区域之间连接的直线。

（2）折弯中心线轮廓：指轮廓线表示折弯中心线，在展开状态时折弯区域均匀分布在轮廓线两侧。

（3）内模线轮廓：指轮廓线表示在展开状态时的平面区域和圆柱折弯区域之间连接的直线。

（4）材料内侧：指在成形状态下轮廓线在平面区域外侧平面内。

（5）材料外侧：指在成形状态下轮廓线在平面区域内侧平面内。

2．延伸截面

定义是否延伸截面到零件的边。

图 12-21　"折弯"对话框

12.2.7　凹坑

凹坑是指用一组连续的曲线作为成形面的轮廓线，沿着钣金零件体表面的法向成形，同时在轮廓线上建立成形钣金部件的过程，它和冲压开孔有一定的相似之处，主要不同的是浅成形不裁剪由轮廓线生成的平面。

单击"菜单"→"插入"→"冲孔"→"凹坑"命令，或单击"主页"选项卡"冲孔"面组上的 （凹坑）按钮，打开图 12-22 所示的"凹坑"对话框。

和二次折弯功能的对应部分参数含义相同，这里不再详述。参考示意图和侧壁示意图分别如图 12-23 和图 12-24 所示。

图 12-22　"凹坑"对话框

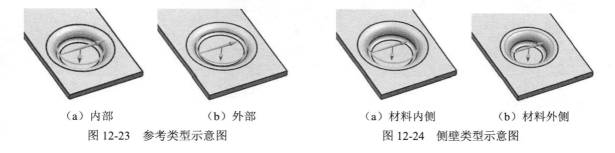

（a）内部　　　　　　（b）外部　　　　　　　　　　（a）材料内侧　　　　（b）材料外侧
图 12-23　参考类型示意图　　　　　　　　　　　图 12-24　侧壁类型示意图

12.2.8　法向开孔

　　法向开孔是指用一组连续的曲线作为裁剪的轮廓线，沿着钣金零件体表面的法向进行裁剪。

　　单击"菜单"→"插入"→"切割"→"法向开孔"命令，或单击"主页"选项卡"特征"面组上的 （法向开孔）按钮，打开图 12-25 所示"法向开孔"对话框。

1．切割方法

主要包括厚度、中位面和最近的面 3 种方法。

（1）厚度：指在钣金零件体放置面沿着厚度方向进行裁剪。

（2）中位面：是在钣金零件体的放置面的中间面向钣金零件体的两侧进行裁剪。

2．限制

包括值、所处范围、直至下一个和贯通 4 种类型。

（1）值：指沿着法向，穿过至少指定一个厚度的深度尺寸的

图 12-25　"法向开孔"对话框

427

裁剪。

（2）所处范围：指沿着法向从开始面穿过钣金零件的厚度，延伸到指定结束面的裁剪。

（3）直至下一个：指沿着法向穿过钣金零件的厚度，延伸到最近面的裁剪。

（4）贯通：指沿着法向，穿过钣金零件所有面的裁剪。

12.2.9　实例——机箱顶板

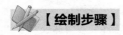　制作思路

本例绘制机箱顶板，如图 12-26 所示。首先绘制机箱基体主板，然后在其上面创建弯边，最后创建造型和孔，完成机箱顶板。

扫码看视频

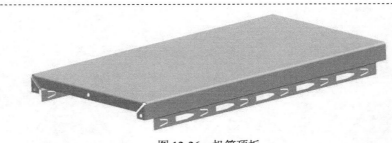

图 12-26　机箱顶板

【绘制步骤】

1. 创建新文件

单击"菜单"→"文件"→"新建"命令，或单击"快速访问"工具栏上的 🗋（新建）按钮，打开"新建"对话框。在"模板"列表框中选择"NX 钣金"，输入名称为"top_cover"，单击"确定"按钮，进入 NX 钣金环境。

2. 钣金参数预设置

（1）单击"菜单"→"首选项"→"钣金"命令，打开图 12-27 所示的"钣金首选项"对话框。

（2）设置"材料厚度"为"1"，"弯曲半径"为"2"，其他采用默认设置，单击"确定"按钮，完成 NX 钣金预设置。

3. 创建突出块特征

（1）单击"菜单"→"插入"→"突出块"命令，或单击"主页"选项卡"基本"面组上的 🔲（突出块）按钮，打开图 12-28 所示的"突出块"对话框。

（2）在"类型"下拉列表中选择"底数"，单击 🖼（绘制截面）按钮，打开图 12-29 所示的"创建草图"对话框。设置"XC-YC 平面"为参考平面，单击"确定"按钮，进入草图绘制环境，绘制图 12-30 所示的草图。单击 🏁（完成）按钮，草图绘制完毕。

图 12-27　"钣金首选项"对话框

图 12-28　"突出块"对话框

图 12-29　"创建草图"对话框

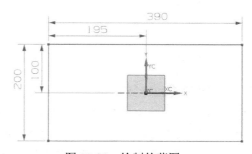

图 12-30　绘制的草图

（3）在"厚度"文本框中输入"1"。单击"确定"按钮，创建突出块特征，如图 12-31 所示。

4. 创建弯边特征

（1）单击"菜单"→"插入"→"折弯"→"弯边"命令，或单击"主页"选项卡"折弯"面组上的 （弯边）按钮，打开图 12-32 所示的"弯边"对话框。

（2）设置"宽度选项"为"完整"，"长度"为"23"，"角度"为"90"，"参考长度"为"外侧"，"内嵌"为"折弯外侧"，在"止裂口"中的"折弯止裂口"下拉列表中选择"无"。

（3）选择图 12-33 所示的弯边。单击"确定"按钮，创建弯边特征 1，如图 12-34 所示。

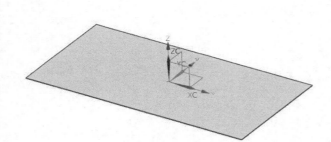

图 12-31　创建突出块特征

图 12-32　"弯边"对话框

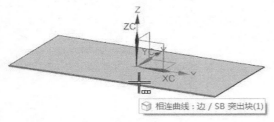

图 12-33　选择弯边

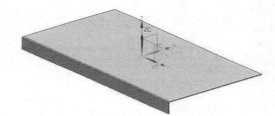

图 12-34　创建弯边特征 1

5. 创建轮廓弯边特征

（1）单击"菜单"→"插入"→"折弯"→"轮廓弯边"命令，或单击"主页"选项卡"折弯"面组上的 ▤（轮廓弯边）按钮，打开图 12-35 所示"轮廓弯边"对话框。

（2）设置"类型"为"底数"，单击 ▦（绘制截面）按钮，打开图 12-36 所示的"创建草图"对话框。

（3）选择草图绘制路径，如图 12-37 所示。在"弧长百分比"文本框中输入 50，单击"确定"按钮，进入草图绘制环境。

（4）绘制图 12-38 所示的草图，单击 ▨（完成）按钮，草图绘制完毕，返回图 12-35 所示的对话框。

（5）在对话框中，设置"宽度选项"为"对称"，"宽度"为 360。单击"确定"按钮，创建轮廓弯边特征，如图 12-39 所示。

6. 草图绘制

（1）单击"菜单"→"插入"→"草图"命令，或单击"主页"选项卡"直接草图"面组上的

（草图）按钮，打开"创建草图"对话框。

图 12-35 "轮廓弯边"对话框

图 12-36 "创建草图"对话框

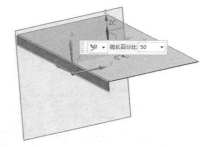

图 12-37 选择草图绘制路径

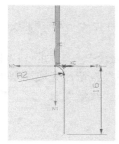

图 12-38 绘制草图

图 12-39 创建轮廓弯边特征

（2）在视图区选择图 12-39 所示的平面 1 作为草图工作平面，绘制图 12-40 所示的草图。

（3）在图 12-40 所示的草图中，选择所有已经标注的尺寸并单击鼠标右键，打开图 12-41 所示的快捷菜单。

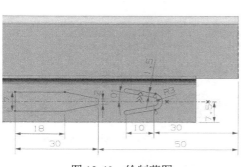

图 12-40 绘制草图

图 12-41 快捷菜单

（4）在图 12-41 所示菜单中单击"删除"选项，删除所有选中的尺寸标注，如图 12-42 所示。

（5）单击"菜单"→"插入"→"草图曲线"→"阵列曲线"命令，打开图 12-43 所示的"阵列曲线"对话框。

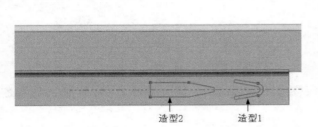

造型2　　　　　造型1

图 12-42　删除尺寸标注后的草图

图 12-43　"阵列曲线"对话框

（6）在视图区选择图 12-42 所绘制的造型孔 1 为阵列对象，选择中心线为阵列方向 1。选择"线性"布局，输入"数量"为"6"，"节距"为"65"，单击"应用"按钮，完成造型 1 的阵列。

（7）重复步骤（5）和（6），选择造型孔 2 为阵列对象，输入"数量"为"5"，"节距"为"65"，单击"确定"按钮，完成造型的阵列，如图 12-44 所示。

7. 创建法向开孔特征

（1）单击"菜单"→"插入"→"切割"→"法向开孔"命令，或单击"主页"选项卡"特征"面组上的 （法向开孔）按钮，打开图 12-45 所示的"法向开孔"对话框。

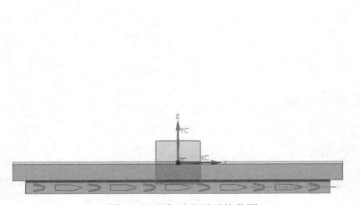

图 12-44　阵列造型后的草图

图 12-45　"法向开孔"对话框

（2）在视图区选择图 12-44 所绘制的草图为表区域驱动。

（3）设置"切割方法"为"厚度"，"限制"为"贯通"，单击"确定"按钮，创建法向开孔特征 1，如图 12-46 所示。

8. 创建弯边特征

（1）单击"菜单"→"插入"→"折弯"→"弯边"命令，或单击"主页"选项卡"折弯"面组上的 📎（弯边）按钮，打开"弯边"对话框。

（2）设置"宽度选项"为"在中心"，"宽度"为"194"，"长度"为"14"，"角度"为"90"，"参考长度"为"内侧"，"内嵌"为"材料内侧"，在"止裂口"中的"折弯止裂口"下拉列表中选择"无"，参数设置完毕的"弯边"对话框如图 12-47 所示。

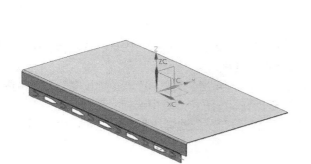

图 12-46 创建法向开孔特征 1

图 12-47 "弯边"对话框

（3）选择折弯边，如图 12-48 所示。单击"确定"按钮，创建弯边特征 2，如图 12-49 所示。

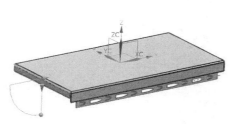

图 12-48 选择折弯边

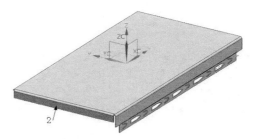

图 12-49 创建弯边特征 2

9. 创建法向开孔特征

（1）单击"菜单"→"插入"→"切割"→"法向开孔"命令，或单击"主页"选项卡"特征"面组上的 🗋（法向开孔）按钮，打开图 12-50 所示"法向开孔"对话框。

（2）在视图区选择图 12-49 所示的面 2 为草图绘制面，进入草图绘制环境，绘制图 12-51 所示的草图。单击 （完成）按钮，草图绘制完毕。

（3）设置"切割方法"为"厚度"，"限制"为"直至下一个"，单击"确定"按钮，创建法向开孔特征 2，如图 12-52 所示。

图 12-50 "法向开孔"对话框

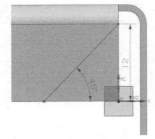

图 12-51 绘制草图

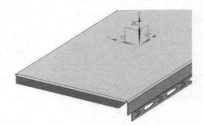

图 12-52 创建法向开孔特征 2

10. 创建弯边特征

（1）单击"菜单"→"插入"→"折弯"→"弯边"命令，或单击"主页"选项卡"折弯"面组上的 （弯边）按钮，打开图 12-53 所示"弯边"对话框。

（2）设置"宽度选项"为"完整"，"长度"为"14"，"角度"为"90"，"参考长度"为"内侧"，"内嵌"为"材料外侧"，在"止裂口"中的"折弯止裂口"下拉列表中选择"无"。

（3）选择折弯边，如图 12-54 所示。单击"确定"按钮，创建弯边特征 3，如图 12-55 所示。

图 12-53 "弯边"对话框

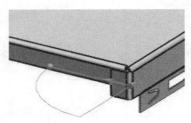

图 12-54 选择折弯边

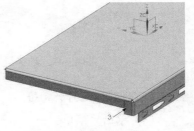

图 12-55 创建弯边特征 3

11. 创建法向开孔特征

（1）单击"菜单"→"插入"→"切割"→"法向开孔"命令，或单击"主页"选项卡"特征"面组上的 （法向开孔）按钮，打开"法向开孔"对话框。

（2）在视图区选择草图工作平面，如图 12-55 所示，进入草图绘制环境，绘制图 12-56 所示的草图。单击 （完成）按钮，草图绘制完毕。

（3）设置"切割方法"为"厚度"，"限制"为"直至下一个"，单击"确定"按钮，创建法向开孔特征 3，如图 12-57 所示。

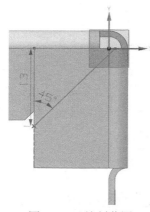

图 12-56　绘制草图

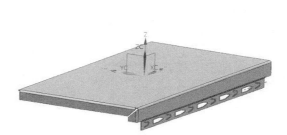

图 12-57　创建法向开孔特征 3

12. 镜像特征

（1）单击"菜单"→"插入"→"关联复制"→"镜像特征"命令，打开"镜像特征"对话框，如图 12-58 所示。

（2）在模型中选择步骤 4，5，7，8，9，10 和 11，创建的特征为要镜像的特征。

（3）在"平面"下拉列表中选择"新平面"选项，在"指定平面"下拉列表中选择"XC-ZC平面"，单击"确定"按钮，创建镜像特征，如图 12-59 所示。

图 12-58　"镜像特征"对话框

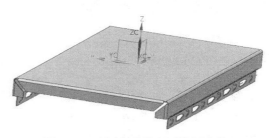

图 12-59　创建镜像特征后的钣金件

13. 创建孔特征

（1）单击"菜单"→"插入"→"设计特征"→"孔"命令，或单击"主页"选项卡"特征"

面组上的 （孔）按钮，打开图 12-60 所示的"孔"对话框。

（2）在"直径"和"深度"文本框中都输入"5"。

（3）在视图区选择图 12-61 所示的面 4 为孔放置面，进入草图绘制环境，绘制图 12-62 所示的草图。单击 （完成）按钮，草图绘制完毕。

图 12-60 "孔"对话框

图 12-61 选择放置面

（4）单击"确定"按钮，创建孔特征 1 后的钣金件，如图 12-63 所示。

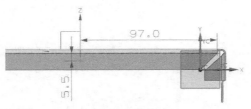

图 12-62 定位尺寸

图 12-63 创建孔特征 1

14. 创建孔特征

（1）单击"菜单"→"插入"→"设计特征"→"孔"命令，或单击"主页"选项卡"特征"面组上的 （孔）按钮，打开"孔"对话框。

（2）在"直径"和"深度"文本框中都输入"5"。

（3）在视图区选择图 12-64 所示的面 5 为孔放置面。进入草图绘制环境，绘制图 12-65 所示的草图。单击 （完成）按钮，草图绘制完毕。

（4）单击"确定"按钮，创建孔特征 2 后的钣金件，如图 12-66 所示。

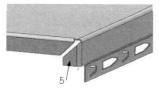
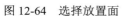

图 12-64　选择放置面

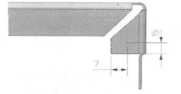

图 12-65　定位尺寸

图 12-66　创建孔特征 2

15. 镜像孔特征

（1）单击"菜单"→"插入"→"关联复制"→"镜像特征"命令，或单击"主页"选项卡"特征"面组上的 （镜像特征）按钮，打开图 12-67 所示的"镜像特征"对话框。

（2）选择步骤 14 创建的孔特征为镜像特征。

（3）在"平面"下拉列表中选择"新平面"选项，在"指定平面"下拉列表中选择"XC-ZC平面"。

（4）单击"确定"按钮，创建镜像孔特征后的钣金件如图 12-68 所示。

图 12-67　"镜像特征"对话框

图 12-68　钣金件

12.3　钣金高级特征

本节讲述 NX 钣金的一些高级特征，包括冲压开孔、凹坑、封闭拐角、转换为钣金件、展平实体等。

12.3.1　冲压开孔

冲压开孔是指用一组连续的曲线作为裁剪的轮廓线，沿着钣金零件体表面的法向进行裁剪，同时在轮廓线上建立弯边的过程。

单击"菜单"→"插入"→"冲孔"→"冲压开孔"命令，或单击"主页"选项卡"冲孔"面组上的 （冲压开孔）按钮，打开图 12-69 所示的"冲压开孔"对话框。

1. 深度

指钣金零件放置面到弯边底部的距离。

2．侧角

指弯边在钣金零件放置面法向倾斜的角度。

3．侧壁（如图 12-70 所示）

（1）材料内侧：指冲压开孔特征所生成的弯边位于轮廓线内部。

（2）材料外侧：指冲压开孔特征所生成的弯边位于轮廓线外部。

4．冲模半径

指钣金零件放置面转向折弯部分内侧圆柱面的半径大小。

5．角半径

指折弯部分内侧圆柱面的半径大小。

图 12-69　"冲压开孔"对话框

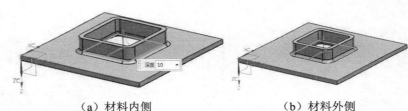

（a）材料内侧　　　　　　　　（b）材料外侧

图 12-70　侧壁示意图

12.3.2　筋

利用"筋"命令可在钣金零件表面的引导线上添加加强筋。

单击"菜单"→"插入"→"冲孔"→"加强筋"命令，或单击"主页"选项卡"冲孔"面组上的（筋）按钮，打开图 12-71 所示"筋"对话框。

根据横截面的形状分为圆形、U 形和 V 形 3 种类型的筋。

1．圆形

选择"圆形"筋，对话框显示如图 12-71 所示。

（1）深度：指圆形筋的底面和圆弧顶部之间的高度差值。

（2）半径：指圆形筋的截面圆弧半径。

（3）冲模半径：指圆形筋的侧面或端盖与底面倒角半径。

2．U 形

选择"U 形"筋，对话框显示如图 12-72 所示。

（1）深度：指 U 形筋的底面和顶面之间的高度差值。

（2）宽度：指 U 形筋顶面的宽度。

（3）角度：指 U 形筋的底面法向和侧面或者端盖之间的夹角。

（4）冲模半径：指 U 形筋的顶面和侧面或者端盖倒角半径。

（5）冲压半径：指 U 形筋的底面和侧面或者端盖倒角半径。

3. V 形

选择"V 形"筋，对话框显示如图 12-73 所示。

（1）深度：指 V 形筋的底面和顶面之间的高度差值。

（2）角度：指 V 形筋的底面法向和侧面或者端盖之间的夹角。

（3）半径：指 V 形筋的两个侧面或者两个端盖之间的倒角半径。

（4）冲模半径：指 V 形筋的底面和侧面或者端盖倒角半径。

不同类型的筋的示意图如图 12-74 所示。

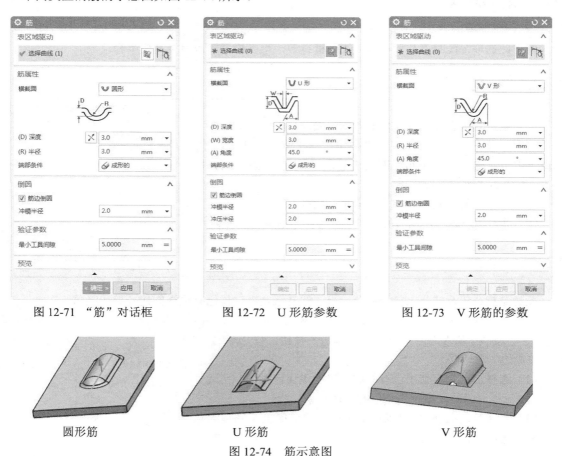

图 12-71 "筋"对话框　　　　图 12-72 U 形筋参数　　　　图 12-73 V 形筋的参数

圆形筋　　　　　　　　U 形筋　　　　　　　　　V 形筋

图 12-74 筋示意图

12.3.3 百叶窗

利用"百叶窗"命令可在钣金零件平面上创建通风窗。

单击"菜单"→"插入"→"冲孔"→"百叶窗"命令，或单击"主页"选项卡"冲孔"面组上的 （百叶窗）按钮，打开图 12-75 所示的"百叶窗"对话框。

1. 切割线

（1）曲线：用来指定使用已有的单一直线作为百叶窗特征的轮廓线来创建百叶窗特征。

（2）绘制截面：选择零件平面作为参考平面绘制直线草图，以此作为百叶窗特征的轮廓线来创建切开端百叶窗特征。

2. 百叶窗属性

（1）深度：百叶窗特征最外侧点距钣金零件表面（百叶窗特征一侧）的距离。

（2）宽度：百叶窗特征在钣金零件表面投影轮廓的宽度。

（3）百叶窗形状：包括"成形的"百叶窗和"冲裁的"百叶窗两种类型选项。

3. 百叶窗边倒圆

勾选此选项，此时"冲模半径"输入框有效，可以根据需求设置冲模半径。

图 12-75 "百叶窗"对话框

12.3.4 倒角

倒角就是对钣金件进行圆角或者倒角处理。

单击"菜单"→"插入"→"拐角"→"倒角"命令，或单击"主页"选项卡"拐角"面组上的 （倒角）按钮，打开图 12-76 所示"倒角"对话框。

（1）方法：有"圆角"和"倒斜角"两种。

（2）半径/距离：指倒圆的外半径或者倒角的偏置尺寸。

图 12-76 "倒角"对话框

12.3.5 撕边

撕边是指在钣金实体上，沿着草绘直线或者钣金零件体已有边缘创建开口或缝隙。

单击"菜单"→"插入"→"转换"→"撕边"命令，或单击"主页"选项卡"基本"面组上的 （撕边）按钮，打开图 12-77 所示"撕边"对话框。

（1）选择边：指定使用已有的边缘来创建切口特征。

（2） （曲线）：用来指定已有的边缘来创建切口特征。

（3） （绘制截面）：可以在钣金零件放置面上绘制边缘草图，来创建切口特征。

图 12-77 "撕边"对话框

12.3.6 转换为钣金件

转换为钣金件是指把非钣金件转换为钣金件，但钣金件必须是等厚度的。

单击"菜单"→"插入"→"转换"→"转换为钣金"命令，或单击"主页"选项卡"基本"面组上的 （转换为钣金）按钮，打开图 12-78 所示"转换为钣金"对话框。

（1）全局转换：指定选择钣金零件平面作为固定位置来创建转换为钣金件特征。

（2）选择边：用于创建边缘裂口所要选择的边缘。

（3）选择截面：用来指定已有的边缘来创建转换为钣金件特征。

（4） （绘制截面）：选择零件平面作为参考平面绘制直线草图，以此作为转换为钣金件特征的边缘来创建转换为钣金件特征。

图 12-78 "转换为钣金"对话框

12.3.7 封闭拐角

封闭拐角是指在钣金件基础面和与其相邻的两个具有相同参数的弯曲面，在基础面同侧所形成的拐角处，创建一定形状拐角的过程。

单击"菜单"→"插入"→"拐角"→"封闭拐角"命令，或单击"主页"选项卡"拐角"面组上的 （封闭拐角）按钮，打开图 12-79 所示"封闭拐角"对话框。

1. 处理

包括"打开""封闭""圆形开孔""U 形开孔""V 形开孔"和"矩形开孔"6 种选项类型，示意图如图 12-80 所示。

图 12-79 "封闭拐角"对话框

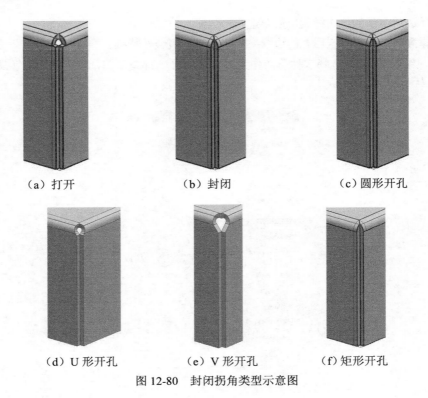

（a）打开　　　　　　　　（b）封闭　　　　　　　　（c）圆形开孔

（d）U 形开孔　　　　　　（e）V 形开孔　　　　　　（f）矩形开孔

图 12-80　封闭拐角类型示意图

2. 重叠

有"封闭"和"重叠的"两种方式，示意图如图 12-81 所示。

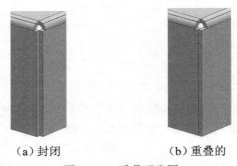

（a）封闭　　　　　　　　（b）重叠的

图 12-81　重叠示意图

（1）封闭：指对应弯边的内侧边重合。

（2）重叠的：指一条弯边叠加在另一条弯边的上面。

3. 缝隙

指两弯边封闭或者重叠时铰链之间的最小距离。

12.3.8　展平实体

　　采用"展平实体"命令可以在同一钣金零件文件中创建平面展开图，展平实体特征版本与成形特征版本相关联。当采用"展平实体"命令展开钣金零件时，将展平实体特征作为"引用集"在"部件导航器"中显示。如果钣金零件包含变形特征,这些特征将保持原有的状态;如果钣金模型更改,展平图样处理也自动更新并包含了新的特征。

单击"菜单"→"插入"→"展平图样"→"展平实体"命令,或单击"主页"选项卡"展平图样"面组上的(展平实体)按钮,打开图 12-82 所示"展平实体"对话框。

(1)固定面:可以选择钣金零件的平面表面作为展平实体的参考面,在选定参考面后系统将以该平面为基准将钣金零件展开。

(2)方位:通过指定定向方法,可以是平面实体定向。定向方法包括默认、选择边和指定坐标系这 3 种。

图 12-82　"展平实体"对话框

12.4　综合实例——机箱左右板

制作思路

本例绘制机箱左右板,如图 12-83 所示。首先利用"突出块"命令创建基体,然后在其上面创建弯边和轮廓弯边,再利用"法向开孔"和"弯边"命令做造型,最后创建凹坑和散热孔。

扫码看视频

图 12-83　机箱左右板

【绘制步骤】

1. 创建新文件

单击"菜单"→"文件"→"新建"命令,打开"新建"对话框。在"模板"列表框中选择"NX 钣金",输入名称为"side_cover",单击"确定"按钮,进入 NX 钣金环境。

2. 钣金参数预设置

(1)单击"菜单"→"首选项"→"钣金"命令,打开图 12-84 所示的"钣金首选项"对话框。

(2)设置"材料厚度"为"1","弯曲半径"为"1",其他采用默认设置。单击"确定"按钮,完成 NX 钣金预设置。

3. 创建突出块特征

(1)单击"菜单"→"插入"→"突出块"命令,或单击"主页"选项卡"基本"面组上的 ⬜（突出块）按钮，打开图 12-85 所示的"突出块"对话框。

图 12-84 "钣金首选项"对话框

图 12-85 "突出块"对话框

（2）在"类型"下拉列表中选择"底数"，单击 📊（绘制截面）按钮，打开图 12-86 所示的"创建草图"对话框。设置"XC-YC 平面"为参考平面，单击"确定"按钮，进入草图绘制环境，绘制图 12-87 所示的草图。单击 🏁（完成）按钮，草图绘制完毕。

图 12-86 "创建草图"对话框

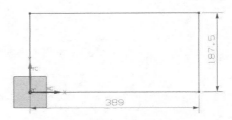

图 12-87 绘制的草图

（3）在"厚度"文本框中输入"1"，单击"确定"按钮，创建突出块特征，如图 12-88 所示。

4．创建弯边特征

（1）单击"菜单"→"插入"→"折弯"→"弯边"命令，或单击"主页"选项卡"折弯"面组上的 🔷（弯边）按钮，打开图 12-89 所示的"弯边"对话框。

（2）设置"宽度选项"为"完整"，"长度"为"16"，"角度"为"90"，"参考长度"为"外侧"，"内嵌"为"折弯外侧"，在"止裂口"中的"折弯止裂口"下拉列表中选择"无"。

（3）选择图 12-90 所示的弯边，单击"确定"按钮，创建弯边特征，如图 12-91 所示。

5．创建轮廓弯边特征

（1）单击"菜单"→"插入"→"折弯"→"轮廓弯边"命令，或单击"主页"选项卡"折弯"面组上的 📄（轮廓弯边）按钮，打开图 12-92 所示的"轮廓弯边"对话框。

（2）在"类型"下拉列表中选择"底数"类型，单击 🔲（绘制截面）按钮，打开图 12-93 所示的"创建草图"对话框。

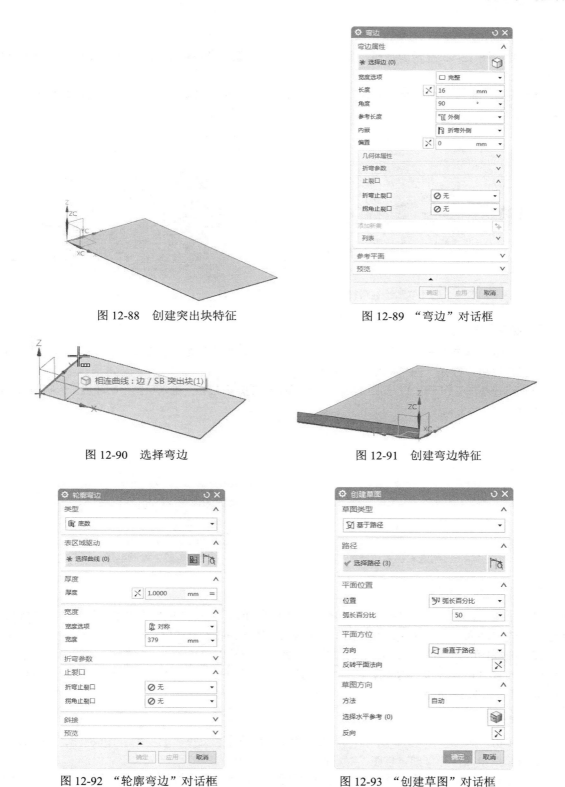

图 12-88　创建突出块特征

图 12-89　"弯边"对话框

图 12-90　选择弯边

图 12-91　创建弯边特征

图 12-92　"轮廓弯边"对话框

图 12-93　"创建草图"对话框

（3）选择草图绘制路径，如图 12-94 所示。在"弧长百分比"文本框中输入"50"，单击"确定"

按钮，进入草图绘制环境。

（4）绘制图 12-95 所示的草图，单击 ▓（完成）按钮，草图绘制完毕，返回图 12-92 所示对话框。

（5）设置"宽度选项"为"对称"，"宽度"为"379"，单击"确定"按钮，创建轮廓弯边特征，如图 12-96 所示。

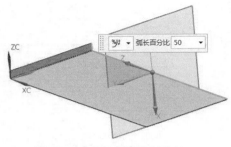

图 12-94　选择草图绘制路径

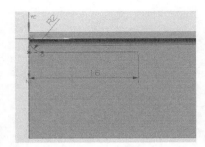

图 12-95　绘制草图

6. 绘制草图

（1）单击"菜单"→"插入"→"草图"命令，或单击"主页"选项卡"直接草图"面组上的 ▣（草图）按钮，打开"创建草图"对话框。

（2）选择草图工作平面 1，如图 12-96 所示，单击"确定"按钮，进入草图绘制环境，绘制图 12-97 所示的草图。

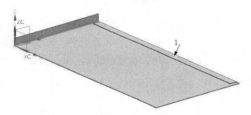

图 12-96　创建轮廓弯边特征

图 12-97　绘制草图

7. 创建法向开孔特征

（1）单击"菜单"→"插入"→"切割"→"法向开孔"命令，或单击"主页"选项卡"特征"面组上的 ▢（法向开孔）按钮，打开图 12-98 所示"法向开孔"对话框。

（2）在视图区选择图 12-97 所绘制的草图为表区域驱动。

（3）设置"切割方法"为"厚度"，"限制"为"直至下一个"，单击"确定"按钮，创建法向开孔特征 1，如图 12-99 所示。

8. 绘制草图

（1）单击"菜单"→"插入"→"草图"命令，或单击"主页"选项卡"直接草图"面组上的 ▣（草图）按钮，打开"创建草图"对话框。

（2）选择图 12-99 所示的面 2 为草图工作平面，单击"确定"按钮，进入草图绘制环境，绘制图 12-100 所示的草图。

（3）单击"菜单"→"插入"→"草图曲线"→"阵列曲线"命令，打开图 12-101 所示的"阵列曲线"对话框。

图 12-98　"法向开孔"对话框

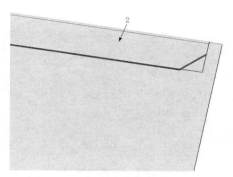

图 12-99　创建法向开孔特征 1

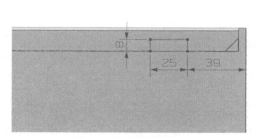

图 12-100　绘制草图

图 12-101　"阵列曲线"对话框

（4）选择图 12-100 所绘制的矩形为阵列对象，选择"–XC 轴"为阵列方向 1。选择"线性"布局，输入"数量"为"5"，"节距"为"65"，单击"确定"按钮，完成矩形的阵列，如图 12-102 所示。

9．创建法向开孔特征

（1）单击"菜单"→"插入"→"切割"→"法向开孔"命令，或单击"主页"选项卡"特征"面组上的 （法向开孔）按钮，打开图 12-103 所示的"法向开孔"对话框。

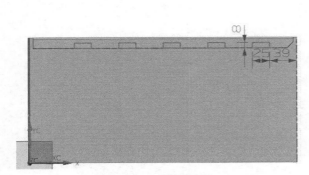

图 12-102　阵列矩形

图 12-103　"法向开孔"对话框

（2）在视图区选择图 12-102 所绘制的草图为表区域驱动。

（3）设置"切割方法"为"厚度"，"限制"为"直至下一个"，单击"确定"按钮，创建法向开孔特征 2，如图 12-104 所示。

10.　创建弯边特征

（1）单击"菜单"→"插入"→"折弯"→"弯边"命令，或单击"主页"选项卡"折弯"面组上的 （弯边）按钮，打开图 12-105 所示的"弯边"对话框。

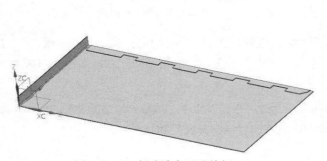

图 12-104　创建法向开孔特征 2

图 12-105　"弯边"对话框

（2）选择图 12-106 所示的弯边。设置"宽度选项"为"从端点"，选取图 12-106 所示的端点为指定点，设置"距离 1"为"7"，"宽度"为"18"，"长度"为"7"，"角度"为"90"，"参考长度"为"内侧"，"内嵌"为"折弯外侧"，在"止裂口"中的"折弯止裂口"下拉列表中选择"无"。

（3）单击"应用"按钮，创建弯边特征，如图 12-107 所示。

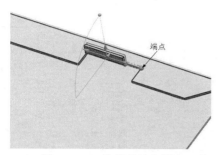

图 12-106　选择弯边和端点

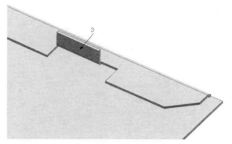

图 12-107　创建弯边特征

（4）重复上述步骤，在其他开孔特征边线上创建相同参数的弯边特征，如图 12-108 所示。

11. 绘制草图

（1）单击"菜单"→"插入"→"草图"命令，或单击"主页"选项卡"直接草图"面组上的 （草图）按钮，打开"创建草图"对话框。

（2）选择草图工作平面，如图 12-108 所示，单击"确定"按钮，进入草图绘制环境，绘制图 12-109 所示的草图。

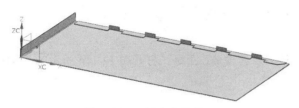

图 12-108　创建弯边特征

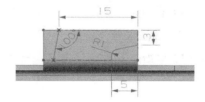

图 12-109　绘制草图

12. 拉伸操作

（1）单击"菜单"→"插入"→"设计特征"→"拉伸"命令，或单击"主页"选项卡"特征"面组上的 （拉伸）按钮，打开图 12-110 所示的"拉伸"对话框。

（2）选择步骤 11 绘制的草图为拉伸曲线。

（3）在"指定矢量"下拉列表中选择"YC 轴"为拉伸方向。

（4）在开始"距离"和结束"距离"文本框中输入"0"和"5"，在"布尔"下拉列表中选择"减去"选项，单击"确定"按钮，结果如图 12-111 所示。

13. 阵列拉伸特征

（1）单击"菜单"→"插入"→"关联复制"→"阵列特征"命令，打开图 12-112 所示的"阵列特征"对话框。

（2）选择步骤 12 绘制的拉伸特征为阵列对象，选择"-XC 轴"为阵列方向 1。选择"线性"布局，输入"数量"为"5"，"节距"为"65"。

图 12-110　"拉伸"对话框

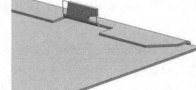

图 12-111　法向开孔

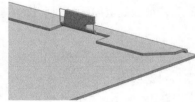

图 12-112　"阵列特征"对话框

（3）在对话框中单击"确定"按钮，完成拉伸特征的创建，如图 12-113 所示。

14．创建镜像体特征

（1）单击"菜单"→"插入"→"关联复制"→"镜像体"命令，打开图 12-114 所示的"镜像体"对话框。

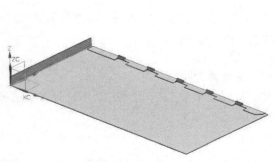

图 12-113　阵列特征

图 12-114　"镜像体"对话框

（2）在视图区选择体，如图 12-115 所示。

（3）在视图区选择 ZC-XC 平面为镜像平面，如图 12-115 所示。单击"确定"按钮，镜像体，如图 12-116 所示。

图 12-115　选择体

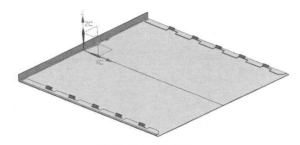

图 12-116　镜像体

15. 创建合并特征

（1）单击"应用模块"选项卡"设计"面组上的 （建模）按钮，进入建模环境。

（2）单击"菜单"→"插入"→"组合"→"合并"命令，或单击"主页"选项卡"特征"面组上的 （合并）按钮，打开图 12-117 所示的"合并"对话框。

（3）在视图区选择目标体和工具体，如图 12-118 所示。

（4）单击"确定"按钮，合并实体。

图 12-117　"合并"对话框

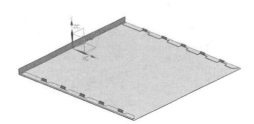

图 12-118　选择目标体

16. 创建轮廓弯边特征

（1）单击"应用模块"选项卡"设计"面组上的 （钣金）按钮，进入钣金环境。

（2）单击"菜单"→"插入"→"折弯"→"轮廓弯边"命令，或单击"主页"选项卡"折弯"面组上的 （轮廓弯边）按钮，打开图 12-119 所示"轮廓弯边"对话框。

（3）设置"类型"为"底数"，单击 （绘制截面）按钮，打开图 12-120 所示的"创建草图"对话框。

（4）选择草图绘制路径，如图 12-121 所示。在"弧长百分比"文本框中输入"50"，单击"确定"按钮，进入草图绘制环境。

（5）绘制图 12-122 所示的草图，单击 （完成）按钮，草图绘制完毕，返回图 12-119 所示对话框。

图 12-119　"轮廓弯边"对话框

图 12-120　"创建草图"对话框

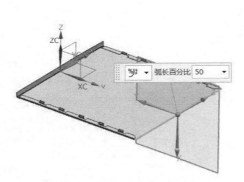

图 12-121　选择草图绘制路径

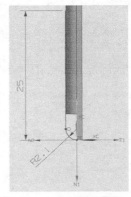

图 12-122　绘制草图

（6）设置"宽度选项"为"对称"，"宽度"为"355"，单击"确定"按钮，创建轮廓弯边特征，如图 12-123 所示。

17. 绘制草图

（1）单击"菜单"→"插入"→"草图"命令，或单击"主页"选项卡"直接草图"面组上的 🖾（草图）按钮，打开"创建草图"对话框。

（2）选择图 12-123 所示的平面 4 为草图工作平面，单击"确定"按钮，进入草图绘制环境，绘制图 12-124 所示的草图。

18. 创建法向开孔特征

（1）单击"菜单"→"插入"→"切割"→"法向开孔"命令，或单击"主页"选项卡"特征"面组上的 🗐（法向开孔）按钮，打开图 12-125 所示的"法向开孔"对话框。

（2）设置"切割方法"为"厚度"，"限制"为"直至下一个"。

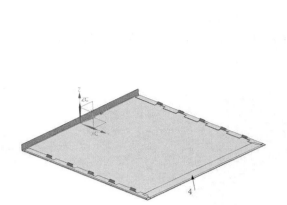

图 12-123　创建轮廓弯边特征　　　图 12-124　绘制草图　　　图 12-125　"法向开孔"对话框

（3）在视图区选择图 12-126 所绘制的草图为表区域驱动。

（4）单击"确定"按钮，创建法向开孔特征 3，如图 12-126 所示。

19. 绘制草图

（1）单击"菜单"→"插入"→"草图"命令，或单击"主页"选项卡"直接草图"面组上的 📐（草图）按钮，打开"创建草图"对话框。

（2）选择图 12-123 所示的面 4 为草图工作平面，单击"确定"按钮，进入草图绘制环境，绘制图 12-127 所示的草图。单击 ❌（完成草图）按钮，草图绘制完毕。

20. 创建百叶窗特征

（1）单击"菜单"→"插入"→"冲孔"→"百叶窗"命令，或单击"主页"选项卡"冲孔"面组上的 🍥（百叶窗）按钮，打开图 12-128 所示的"百叶窗"对话框。

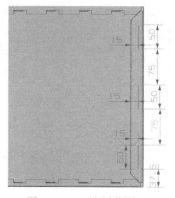

图 12-126　创建法向开孔特征 3　　图 12-127　绘制草图　　　图 12-128　"百叶窗"对话框

（2）在视图区选择切割线。

（3）在"深度"和"宽度"文本框中分别输入"2"和"9"。设置"百叶窗形状"为"冲裁的"，勾选"百叶窗边倒圆"复选框，在"冲模半径"文本框中输入"2"。

（4）单击"应用"按钮，创建百叶窗特征，如图12-129所示。

（5）同理，创建分割线为其他直线的百叶窗，创建完成百叶窗的钣金件如图12-130所示。

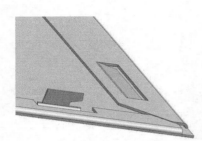 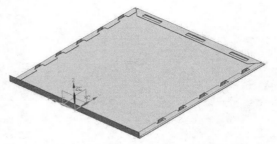

图 12-129　创建百叶窗特征　　　　图 12-130　创建完成百叶窗的钣金件

21．创建法向开孔特征

（1）单击"菜单"→"插入"→"切割"→"法向开孔"命令，或单击"主页"选项卡"特征"面组上的 （法向开孔）按钮，打开"法向开孔"对话框。

（2）单击 （绘制截面）按钮，打开"创建草图"对话框。在视图区选择图12-123所示的面4为草图工作平面，单击"确定"按钮，进入草图设计环境。

（3）绘制图12-131所示的裁剪轮廓。单击 （完成）按钮，草图绘制完毕。

（4）设置"切割方法"为"厚度"，"限制"为"直至下一个"，单击"确定"按钮，创建法向开孔特征4，如图12-132所示。

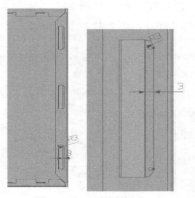 

图 12-131　绘制草图　　　　　　图 12-132　创建法向开孔特征 4

22．创建孔特征

（1）单击"菜单"→"插入"→"设计特征"→"孔"命令，或单击"主页"选项卡"特征"面组上的 （孔）按钮，打开图12-133所示的"孔"对话框。

（2）在"直径"和"深度"文本框中都输入"5"。

（3）在视图区选择图 12-134 所示的面 5 为孔放置面，进入草图绘制环境，绘制图 12-135 所示的草图。单击 （完成）按钮，草图绘制完毕。

图 12-133　"孔"对话框

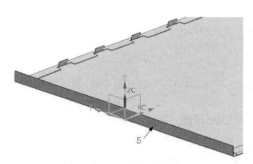

图 12-134　选择放置面

（4）单击"确定"按钮，创建孔特征。

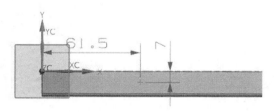

图 12-135　绘制草图

23. 阵列孔特征

（1）单击"菜单"→"插入"→"关联复制"→"阵列特征"命令，打开图 12-136 所示的"阵列特征"对话框。

（2）选择步骤 22 创建的孔特征为阵列对象，选择"YC 轴"为阵列方向 1。选择"线性"布局，输入"数量"为"3"，"节距"为"125"。

（3）单击"确定"按钮，阵列孔特征，如图 12-137 所示。

图 12-136 "阵列特征"对话框

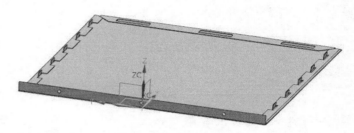

图 12-137 阵列特征

24. 绘制草图

（1）单击"菜单"→"插入"→"草图"命令，或单击"主页"选项卡"直接草图"面组上的 （草图）按钮，打开"创建草图"对话框。

（2）选择图 12-138 所示草图工作平面，单击"确定"按钮，进入草图绘制环境，绘制图 12-139 所示的草图。

图 12-138 选择草图工作平面

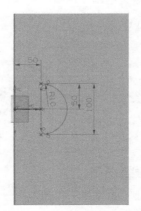

图 12-139 绘制草图

25. 创建拉伸体

（1）隐藏钣金件，单击"菜单"→"插入"→"设计特征"→"拉伸"命令，或单击"主页"选项卡"特征"面组上的 （拉伸）按钮，打开图 12-140 所示的"拉伸"对话框。

（2）在视图区选择图 12-139 所绘制的草图曲线为表区域驱动。

（3）在开始"距离"文本框中输入"–10"，结束"距离"文本框中输入"10"，单击"确定"按钮，创建拉伸特征，如图 12-141 所示。

（4）单击"菜单"→"插入"→"基准 / 点"→"基准平面"命令，打开图 12-142 所示的"基准平面"对话框。

（5）在"基准平面"对话框中的"类型"列表中选择"曲线和点"。

图 12-140　"拉伸"对话框

图 12-141　创建拉伸特征

图 12-142　"基准平面"对话框

（6）在视图区选择曲线和点，如图 12-143 所示。单击"确定"按钮，创建基准平面，如图 12-144 所示。

26. 修剪体

（1）单击"菜单"→"插入"→"修剪"→"修剪体"命令，打开图 12-145 所示的"修剪体"对话框。

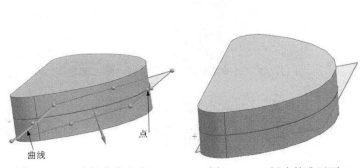

图 12-143　选择曲线和点

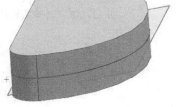

图 12-144　创建基准平面

图 12-145　"修剪体"对话框

（2）在视图区选择拉伸体为目标体，选择步骤25创建的基准平面为工具，单击"确定"按钮，创建修剪体特征，如图12-146所示。

27．创建实体冲压特征

（1）显示钣金件，单击"菜单"→"插入"→"冲孔"→"实体冲压"命令，或单击"主页"选项卡"冲孔"面组上的  （实体冲压）按钮，打开图12-147所示的"实体冲压"对话框。

图12-146　创建修剪体特征　　　　　图12-147　"实体冲压"对话框

（2）设置"类型"为"冲压"，在视图区选择目标面，如图12-148所示。

（3）在视图区选择图12-149所示的工具体，单击"确定"按钮，创建实体冲压特征，如图12-150所示。

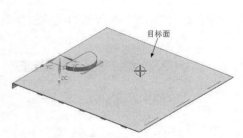 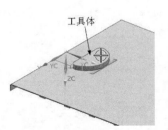 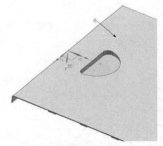

图12-148　选择目标面　　　　图12-149　选择工具体　　　图12-150　创建实体冲压特征

28．创建孔特征

（1）单击"菜单"→"插入"→"设计特征"→"孔"命令，或单击"主页"选项卡"特征"面组上的  （孔）按钮，打开图12-151所示的"孔"对话框。

（2）在"直径"和"深度"文本框中都输入"3"。

（3）在视图区选择图 12-150 所示的面 6 为孔放置面，进入草图绘制环境，绘制图 12-152 所示的草图。单击 （完成）按钮，草图绘制完毕。

（4）单击"确定"按钮，创建孔特征。

图 12-151　"孔"对话框

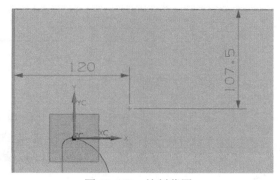

图 12-152　绘制草图

29. 阵列钣金孔

（1）单击"菜单"→"插入"→"关联复制"→"阵列特征"命令，打开"阵列特征"对话框。

（2）选择步骤 28 绘制的孔特征为阵列对象，选择"线性"布局。

（3）选择"XC 轴"为方向 1，输入"数量"为"5"，"节距"为"40"。

（4）勾选"使用方向 2"复选框。选择"YC 轴"为方向 2，输入"数量"为"5"，"节距"为"40"。

（5）在对话框中单击"确定"按钮，阵列钣金孔，如图 12-153 所示。

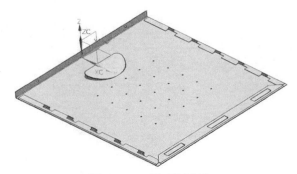

图 12-153　阵列钣金孔

第 13 章
运动仿真

/ 导读

本章主要介绍 UG NX12 动力学分析的一些基础知识和操作实例，包括仿真基础、连杆、运动副、约束、载荷、弹簧连接、接触单元以及结果输出等知识。

/ 知识点

- 连杆及运动副
- 创建约束
- 载荷
- 弹性链接

13.1　机构分析基本概念

机构分析是 UG 里的一个特殊分析功能模块，该功能涉及很多特殊的概念和定义，本节将进行简要介绍。

13.1.1　机构的组成

1. 构件

任何机器都是由许多零件组合而成的。这些零件中，有的是作为一个独立的运动单元体而运动的，有的由于结构和工艺上的需要，而与其他零件刚性连接在一起，作为一个整体而运动，这些刚性连接在一起的各个零件共同组成了一个独立的运动单元体。机器中每一个独立的运动单元体称为一个构件。

2. 运动副

将构件组成机构时，需要以一定的方式把各个构件彼此连接起来，这种连接不是刚性连接，而是能产生某些相对运动。这种由两个构件组成的可动连接称为运动副，两个构件上能够参加接触而构成运动副的表面称为运动副元素。

3. 自由度和约束

设有任意两构件，它们在没有构成运动副之前，两者之间有 6 个相对自由度（在正坐标系中 3 个运动和 3 个转动自由度）。若将两者以某种方式连接而构成运动副，则两者间的相对运动便受到一定的约束。

运动副常根据两构件的接触情况进行分类，两构件通过点或线接触而构成运动副的称为高副，通过面接触而构成运动副的称为低副，另外，也有按移动方式分类的，如移动副、回转副、螺旋副、球面副等移动方式分别为移动、转动、螺旋运动和球面运动。

13.1.2　机构自由度的计算

常用运动副的约束数目如表 13-1 所示。在机构创建过程中，每个自由构件将引入 6 个自由度，同时运动副又给机构运动带来约束，常用运动副引入的约束数目，如表 13-1 所示。

表 13-1　常用运动副的约束数

运动副类型	转动副	移动副	圆柱副	螺旋副	球副	平面副
约束数	5	5	4	1	3	3
运动副类型	齿轮副	齿轮齿条幅	缆绳副	万向联轴器	点线接触高副	曲线间接触高副
约束数	1	1	1	4	2	2

机构总自由度数可用以下计算式计算。

机构自由度总数 = 活动构件数 ×6 - 约束总数 - 原动件独立输入运动数

13.2 进入仿真环境

仿真模型是在主模型的基础上创建的，两者间存在密切联系。

（1）单击"应用模块"选项卡"仿真"面组上的 （运动）按钮，进入运动分析模块。

（2）单击绘图窗口左侧 （运动导航器）按钮，打开"运动导航器"，如图 13-1 所示。

（3）右键单击"运动导航器"中的主模型名称，在打开的快捷菜单中选择"新建仿真"，打开"新建仿真"对话框，单击"确定"按钮，打开图 13-2 所示的"环境"对话框，单击"确定"按钮。

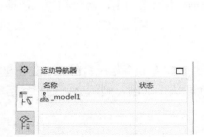

图 13-1 运动导航器

图 13-2 "环境"对话框

（4）打开图 13-3 所示的"机构运动副向导"对话框，单击"取消"按钮，创建缺省名为"motion_1"的运动仿真文件。

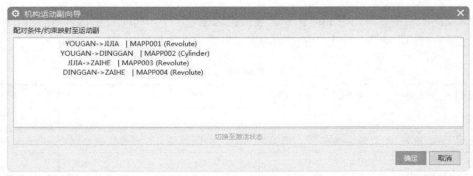

图 13-3 "机构运动副向导"对话框

（5）右键单击该文件名，打开图 13-4 所示的快捷菜单，用户可以对仿真模型进行多项操作，各选项含义如下。

① 新建连杆：在模型中创建连杆，通过"连杆"对话框可以为连杆赋予质量特性、转动惯

量等。

② 新建运动副：在模型中的接触连杆间定义运动副，包括旋转副、滑动副、球面副等。

③ 新建连接器：为机构各连杆定义力学对象，包括标量力、标量力矩、矢量力、矢量扭矩和弹簧、阻尼器、衬套等。

④ 新建标记：通过在连杆上产生标记点，可为结果分析方便地得出该点接触力、位移和速度。

⑤ 新建耦合副：为模型中定义传动对，包括齿轮副、齿轮齿条副、线缆副、2-3 连接耦合副和连杆耦合副。

⑥ 新建约束：为模型定义高低副，包括点在线上副、线在线上副和点在面上副。

⑦ 环境：为运动分析定义解算器，包括运动学和动态两种解算器。

⑧ 信息：供用户查看仿真模型中的信息，包括运动连接信息和在 Scenario 模型修改表达式的信息。

⑨ 导出：该选项用于输出机构分析结果，以供其他系统调用。

⑩ 运动分析：对设置好的仿真模型进行求解分析。

⑪ 求解器：选择分析求解的运算器，包括 Simcenter Motion、NX Motion、Recurdyn 和 Adams。

图 13-4　快捷菜单

13.3　连杆及运动副

在运动分析中，连杆和运动副是组成构件的最基本的要素，没有这两部分，机构就不可能运动。

13.3.1　连杆

连杆（Link）是连杆机构中两端分别与主动和从动构件铰接以传递运动和力的杆件。例如，在往复活塞式动力机械和压缩机中，用连杆来连接活塞与曲柄，如图 13-5 所示。在创建仿真机构中必须要选择运动模型几何体作为连杆，不运动的几何体可以作为固定连杆。

创建连杆的对象包含三维的有质量、体积的实体和二维的曲线、点。每个连杆均可以包含多个对象（可以是二维与三维的混合），对象之间可以有干涉和间隙。定义连杆时的注意事项如下。

（1）对象不能重复使用，如果在第一个连杆已经定义，则第二个不能再选择该对象。

（2）如果连杆不需要运动，可以勾选"无运动副固定连杆"复选框，使几何体固定。

（3）整个运动机构模型必须有一个固定连杆或固定运动副，否则将不能对其模型进行解算。

连杆的创建步骤如下。

（1）单击"菜单"→"插入"→"连杆"命令，或单击"主页"选项卡"机构"面组上的 ✎（连杆）按钮，打开图 13-6 所示的"连杆"对话框。

图 13-6　"连杆"对话框

图 13-5　机械手

（2）在视图区选择几何体作为连杆，可以是一个或多个对象（点、线、片体、实体）。

（3）在"名称"文本框输入连杆名字，也可以用默认的名字（Name），格式为 L001、L002、L003…。

（4）单击"连杆"对话框的"确定"按钮，完成连杆的创建。

连杆对话框部分参数的含义如下。

（1）连杆对象：选择几何体为连杆。

（2）质量与力矩：当在"质量属性选项"中选择"用户定义"选项时，此选项组可以为定义的杆件赋予质量并可使用"点构造器"定义杆件质心。

在定义惯性矩和惯性积前，必须先编辑坐标方向，也可以采用系统默认的坐标方向。惯性矩表达式为 $I_{XX} = \int_A x^2 \mathrm{d}A$　$I_{YY} = \int_A y^2 \mathrm{d}A$　$I_{ZZ} = \int_A z^2 \mathrm{d}A$；惯性积表达式为 $I_{XY} = \int_A xy\mathrm{d}A$　$I_{XZ} = \int_A xz\mathrm{d}A$　$I_{YZ} = \int_A yz\mathrm{d}A$

（3）初始平移速度：为连杆定义一个初始平移速度。

① 指定方向：为初始速度定义速度方向。

② 平移速度：用于重新设定构件的初始平移速度。

（4）初始旋转速度：为连杆定义一个初始转动速度。

① 幅值：设定一个矢量作为角速度的旋转轴，然后在"旋转速度"选项中输入角速度大小。

② 分量：通过输入初始角速度的各坐标分量大小来设定连杆的初始角速度大小。

（5）无运动副固定连杆：勾选此复选框，选择目标零件后为固定连杆。

技巧荟萃	若仅对机构进行运动分析，可不必为连杆赋予质量与力矩以及惯性积参数。

13.3.2　运动副

NX 12.0 内各种运动副（Joint）建立的步骤几乎是相同的，只要掌握其中的一种，其他的便可迎刃而解。

运动副的创建步骤如下。

（1）单击"菜单"→"插入"→"接头"命令，或单击"主页"选项卡"机构"面组上的 （接头）按钮，打开图 13-7 所示的"运动副"对话框。

（2）选择当前运动副所需要的连杆，如果不是连杆就不能被选中。

（3）指定运动副的原点、方向。设置完运动副的第一个连杆上相关的参数后，如果还需要和其他连杆关联运动，可以选择第二个连杆进行咬合。

（4）设置运动副的驱动。

"运动副"对话框中部分参数的含义如下。

（1）旋转副：旋转副可以实现部件绕轴做旋转运动。它有两种形式。一种是两个连杆绕同一轴做相对的转动（咬合）；另一种是一个连杆绕固定轴进行旋转（非咬合）。旋转副一共限制了 5 个自由度，物体只能沿矢量的 Z 轴旋转，Z 轴的正反向可以设置旋转的方向。

图 13-7　"运动副"对话框

（2）滑块：滑块可以连接两个部件，并保持接触和相对的滑动。滑动副一共限制了 5 个自由度，物体只能沿矢量的 Z 轴方向运动，Z 轴正反向可以设置运动的方向。

（3）柱面副：柱面副连接实现了一个部件绕另一个部件（或机架）的相对转动。柱面副一共限制了 4 个自由度，物体只能在轴心线性运动、旋转。

（4）螺旋副：螺旋副连接实现了一个部件绕另一个部件（或机架）做相对的螺旋运动。螺旋副连接只限制了 1 个自由度，物体在除轴心方向外可任意运动。

（5）万向节：万向节实现了两个部件之间绕互相垂直的两根轴做相对的转动。它只有一种形式，即必须是两个连杆相连。万向节一共限制了 4 个自由度，物体只能沿两个轴旋转，如图 13-8 所示。

（6）球面副：球面副实现了一个部件绕另一个部件（或机架）做相对的各个自由度的运动，它只有一种形式，即必须是两个连杆相连。球面副一共限制了 3 个自由度，物体只能在轴心摆动、旋转。如图 13-9 所示。

（7）平面副：平面副可以连接两个部件，之间以平面相接触、互相约束，平面副和滑动副比较类

图 13-8　万向节

似。平面副一共限制了 3 个自由度，物体可在平面内任意运动，如图 13-10 所示。

（8）固定副：固定（Fixed）连接可以阻止连杆的运动，单个具有固定的连杆自由度为零。比如一个连杆上有驱动的滑动副，如果另外一个连杆和这个连杆加上固定，则两个连杆可以一起运动。

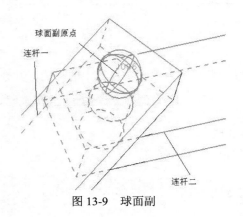

图 13-9　球面副

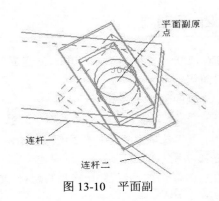

图 13-10　平面副

13.3.3　齿轮副

1．齿轮齿条副

齿轮齿条副（Rack and pinion）可以模拟齿轮、齿条之间的啮合运动，创建时需要选取一个旋转副和一个滑动副，并定义齿轮齿条的传动比。

齿轮齿条副的特点如下。

（1）齿轮齿条副不能定义驱动，如果需要驱动，则需要通过旋转副或滑动副定义。

（2）齿轮副除去了两个运动副的一个自由度，其中一个运动副要跟随另一个运动副传动，因此需要定义啮合点，以确定它们的传动比。

齿轮齿条副的创建步骤如下。

（1）单击"菜单"→"插入"→"耦合副"→"齿轮齿条副"命令，或单击"主页"选项卡"耦合副"面组上的 （齿轮齿条副）按钮，打开图 13-11 所示的"齿轮齿条副"对话框。

（2）选择已创建的滑动副、旋转副和接触点。

（3）系统能自动给定比率参数，用户也可以直接设定比率值，然后由系统给出接触点位置。

（4）单击"确定"按钮，图 13-12 所示为齿轮齿条副示意图，由一个与机架连接的滑动副和一个与机架连接的具有驱动能力的旋转副组成。

"齿轮齿条副"对话框中的主要选项介绍如下。

比率（销半径）：等效于齿轮的节圆半径，即齿轮中心到接触点间的距离。

2．齿轮耦合副

齿轮耦合副（Gear Joint）可以模拟齿轮的传动，如图 13-13 所示。创建齿轮时需要选取两个旋转副或柱面副，并定义齿轮传动比。

齿轮耦合副的特点如下。

（1）齿轮耦合副不能定义驱动，如果需要驱动可以在其他运动副上定义。

（2）齿轮耦合副除去了两个旋转副的一个自由度，其中一个旋转副要跟随另一个旋转副转动，因此需要定义啮合点，以确定它们的传动比。

（3）两旋转副的轴心可以不平行，即能创建锥齿轮，如图 13-14 所示。

图 13-11　"齿轮齿条副"对话框

图 13-12　齿轮齿条副

图 13-13　直齿轮

图 13-14　锥齿轮

（4）成功创建齿轮耦合副的条件：两个旋转副或柱面副全部为固定的或自由的，且不同轴。

齿轮耦合副的创建步骤如下。

（1）单击"菜单"→"插入"→"耦合副"→"齿轮耦合副"命令，或单击"主页"选项卡"耦合副"面组上的 （齿轮耦合副）按钮，打开图 13-15 所示的"齿轮耦合副"对话框。

（2）依次选择两旋转副和接触点。

（3）系统由接触点自动给出显示比例，用户也可以先设定显示比例，然后由系统给出接触点位置。

（4）单击"确定"按钮，图 13-16 所示为一个由驱动旋转副和普通旋转副组成的齿轮耦合副。

图 13-15　"齿轮耦合副"对话框

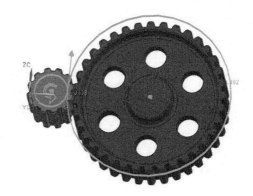

图 13-16　齿轮耦合副

"齿轮耦合副"对话框中的主要选项介绍如下。

"显示比例": 两齿轮节圆半径比值。

13.3.4 线缆副

线缆副（Cable Joint）可以模拟线缆的运动，比如起重机、线缆等。创建时需要选取两个滑动副，当其中一个滑动副移动时另外一个滑动副也跟随滑动。传动的比率一般是 1:1，也可以是一个快一个慢，甚至方向相反。线缆副如图 13-17 所示。

线缆副的特点如下。

（1）线缆副不能定义驱动，如果需要驱动，则需要在其中一个滑动副内定义。

（2）线缆副除去了两个自由度。

（3）线缆副比率默认是 1:1，如果为正值则两滑动副的方向一致，如果为负值则两滑动副的方向相反。

图 13-17　线缆副

线缆副的速度和比率有关，如果比值大于 1，则第一个滑动副比第二个滑动副速度快；如果比值小于 1，则第二个滑动副比第一个滑动副速度快。

创建线缆副的操作步骤如下。

（1）单击"菜单"→"插入"→"耦合副"→"线缆副"命令，或单击"主页"选项卡"耦合副"面组上的 （线缆副）按钮，打开图 13-18 所示的"线缆副"对话框。

（2）依次选择两个滑动副。

（3）设置比率值。

（4）单击"确定"按钮，生成图 13-17 所示的线缆副。

"线缆副"对话框中的主要选项介绍如下。

比率：表示第一个滑动副相对于第二个滑动副的传动比，正值表示两滑动副滑动方向相同，负值表示两滑动副滑动方向相反。

图 13-19 所示为两滑动副组成的线缆副。

图 13-18　"线缆副"对话框

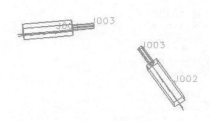

图 13-19　线缆副

13.3.5　实例——自卸车斗运动仿真之一

本实例将讲解自卸车斗的运动仿真。通过油缸与顶杆之间的滑动实现车斗的运动，自卸车斗模型如图 13-20 所示。

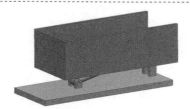

图 13-20　自卸车斗模型

扫码看视频

【绘制步骤】

1. 进入运动仿真环境。

（1）打开 yuanwenjian/ 13/13.10.2/zixiechedou.prt，自卸车斗模型。

（2）单击"应用模块"选项卡"仿真"面组上的 （运动）按钮，进入运动仿真界面。

2. 新建仿真

（1）在"资源导航器"中选择"运动导航器"，右键单击 （运动仿真）按钮，打开图 13-21 所示的快捷菜单，选择"新建仿真"选项。

（2）选择新建仿真后，软件自动打开"新建仿真"对话框，单击"确定"按钮，打开图 13-22 所示的"环境"对话框。默认各参数，单击"确定"按钮。

图 13-21　快捷菜单　　　　　　　　　　图 13-22　"环境"对话框

（3）打开图 13-23 所示的"机构运动副向导"对话框，单击"取消"按钮，进入运动仿真环境。

若单击"确定"按钮，自动转换成运动副。

图 13-23 "机构运动副向导"对话框

3．创建连杆

（1）单击"主页"选项卡"机构"面组上的 ✎ （连杆）按钮，打开"连杆"对话框，如图 13-24 所示。

（2）在视图区选择油缸为连杆 L001，单击"应用"按钮，完成连杆 L001 的创建。

（3）在视图区选择顶杆为连杆 L002，单击"应用"按钮，完成连杆 L002 的创建。

（4）在视图区选择车斗为连杆 L003，单击"确定"按钮，完成连杆 L003 的创建，如图 13-25 所示。

图 13-24 "连杆"对话框

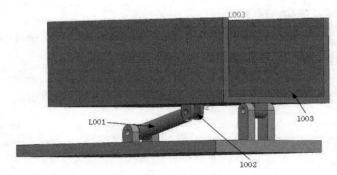

图 13-25 连杆的创建

4．创建旋转运动副 1

（1）单击"主页"选项卡"机构"面组上的 ⬎ （接头）按钮，打开"运动副"对话框，选择"旋转副"类型，如图 13-26 所示。

（2）在视图区或"运动导航器"中选择连杆 L001。

（3）单击"指定原点"按钮，在视图区选择连杆 L001 与机架连接处圆心点为原点，如图 13-27 所示。

（4）单击"指定矢量"按钮，选择图 13-28 所示面，使临时坐标系的 Z 轴垂直于面。

（5）单击"驱动"标签，打开"驱动"选项卡。

（6）在"旋转"下拉列表中选择"多项式"类型。在"速度"文本框输入"8"，如图 13-29 所示。单击"确定"按钮，完成第一个旋转副的创建，如图 13-30 所示。

图 13-26 "运动副"对话框

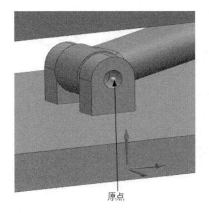

图 13-27 指定原点

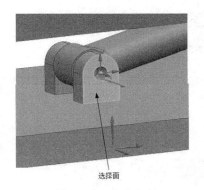

图 13-28 指定矢量

图 13-29 "驱动"选项卡

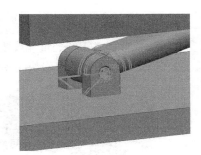

图 13-30 创建旋转副 1

5. 创建滑块副

（1）单击"主页"选项卡"机构"面组上的 （接头）按钮，打开"运动副"对话框。选择"滑块"类型，如图 13-31 所示。

（2）在视图区或"运动导航器"中选择顶杆 L002。

（3）单击"指定原点"按钮，在视图区选择连杆 L001 上端圆心点为原点。

（4）单击"指定矢量"按钮，选择顶杆的柱面，使临时坐标系的 Z 轴指向轴心，如图 13-32 所示。

（5）勾选"啮合连杆"复选框，在视图区或"运动导航器"中选择连杆 L001 为要啮合的连杆。

（6）单击"指定原点"按钮，在视图区选择连杆 L001 上端圆心点为原点。

6. 创建连杆

（1）单击"主页"选项卡"机构"面组上的 （连杆）按钮，打开"连杆"对话框，如图 13-24 所示。

图 13-31 "运动副"对话框

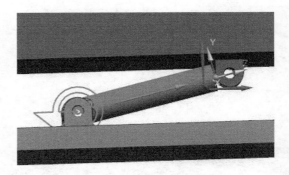

图 13-32 指定矢量

（2）单击"指定矢量"按钮，选择图 13-33 所示的圆柱面，使临时坐标系的 Z 轴指向轴心。单击"确定"按钮，完成滑块副的创建，如图 13-34 所示。

图 13-33 指定啮合连杆矢量

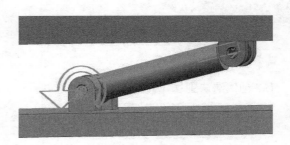

图 13-34 滑块副

7. 创建旋转运行副 2

（1）单击"主页"选项卡"机构"面组上的 ![接头] （接头）按钮，打开"运动副"对话框，选择"旋转副"类型。

（2）在视图区或"运动导航器"中选择连杆 L003。

（3）单击"指定原点"按钮，在视图区选择连杆 L003 左侧圆心点为原点，如图 13-35 所示。

（4）单击"指定矢量"按钮，选择图 13-36 所示的面，使临时坐标系的 Z 轴垂直于面。

（5）勾选"啮合连杆"复选框，在视图区或"运动导航器"中选择连杆 L002 为要啮合的连杆。

（6）单击"指定原点"按钮，在视图区选择连杆 L003 上端圆心点为原点，如图 13-35 所示。

（7）单击"指定矢量"按钮，选择图 13-36 所示的面，使临时坐标系的 Z 轴垂直于面。单击"确定"按钮，完成旋转副的创建，如图 13-37 所示。

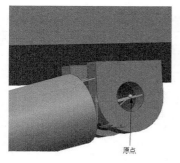

图 13-35　指定原点

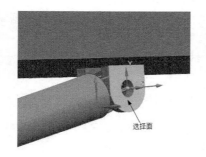

图 13-36　指定矢量

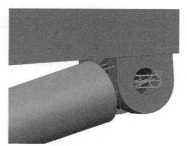

图 13-37　创建旋转副 2

8．创建旋转运动副 3

（1）单击"主页"选项卡"机构"面组上的 （接头）按钮，打开"运动副"对话框，选择"旋转副"类型。

（2）在视图区或"运动导航器"中选择连杆 L003。

（3）单击"指定原点"按钮，在视图区选择连杆 L003 右侧圆心点为原点，如图 13-38 所示。

（4）单击"指定矢量"按钮，选择图 13-39 所示的面，使临时坐标系的 Z 轴垂直于面。单击"确定"按钮，完成旋转副的创建，如图 13-40 所示。

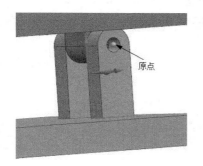

图 13-38　指定原点

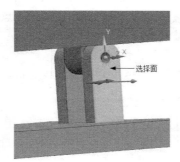

图 13-39　指定矢量

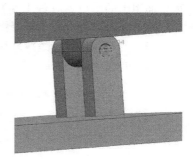

图 13-40　创建旋转副 3

13.4　创建约束

13.4.1　点在线上副

点在线上副（point-on-curve）运动类型可以保持两个对象以点与线接触的方式运动，如图 13-41 所示。比如缆车沿钢丝上升或下降。两个对象可以都是连杆，或一个是连杆另一个不是连杆。

点在线上副特点如下。

图 13-41　点在线上

（1）点在线上副不能定义驱动。

（2）点在线上副去掉了对象的两个自由度，物体可以沿曲线移动或旋转。

（3）点在线上副运动必须接触，不可以脱离。

点在线上副类型可以将不在线上的点装配在一起运动。根据对象是否为连杆一共有 3 种类型，如图 13-42 所示，具体含义如下。

（1）固定点：点自由移动，线固定。

（2）固定线：线自由移动，点固定。

（3）无约束：点自由移动，线自由移动。

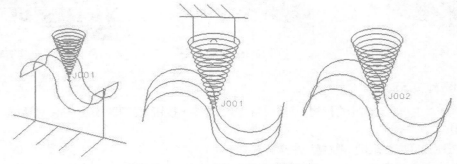

图 13-42　点在线上副类型

点在线上副的创建步骤如下。

（1）单击"菜单"→"插入"→"约束"→"点在线上副"命令，或单击"主页"选项卡"约束"面组上的 （点在线上副）按钮，打开图 13-43 所示的"点在线上副"对话框。

（2）选择连杆，然后选择接触点。

（3）选择线，接受系统默认的显示比例和名称。

（4）单击"确定"按钮，生成图 13-44 所示的点在线上副。

图 13-43　"点在线上副"对话框

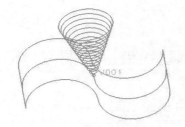

图 13-44　点在线上副

13.4.2　线在线上副

线在线上副（curve on curve Jonit）可以保持两个对象以曲线接触的方式运动，如图 13-45 所示，比如凸轮运动。线在线上副和点在线上副不同之处在于：点在线上副的接触点必须在同一平面上，而线在线上副的曲线可以不在同一平面。

线在线上副的特点如下。

（1）线在线上副不能定义驱动。

（2）线在线上副去掉了对象的两个自由度，物体可以沿曲线移动或旋转。

（3）线在线上副不能定义方向，两对象之间的公切线是运动副的 X 轴。

（4）线在线上副运动必须接触，线与线之间在运动时始终为相切关系，所有的曲线也是相切连续，如果运动中的接触不是点，则会解算失败。

图 13-45　线在线上副

线在线上的创建步骤如下。

（1）单击"菜单"→"插入"→"约束"→"线在线上副"命令，或单击"主页"选项卡"约束"面组上的 $\curlyvee$（线在线上副）按钮，打开图 13-46 所示的"线在线上副"对话框。

（2）选择线，接受系统默认的显示比例和名称。

（3）单击"确定"按钮，生成图 13-47 所示的线在线上副。

图 13-46　"线在线上副"对话框

图 13-47　线在线上副

13.4.3　点在面上副

点在面上副（Point on Surface）可以保持两个对象以点和曲面接触的方式运动，如图 13-48 所示。两个对象可以都是连杆或任意一个为连杆。

点在面上副的特点如下。

（1）点在面上副不能定义驱动。

（2）点在面上副去掉了对象的 3 个自由度，物体可以沿曲面移动或旋转。

（3）点在面上副运动必须接触，点与面之间在运动时始终保持相切。

（4）点在面上副解算需要的时间要比其他的类型慢很多。

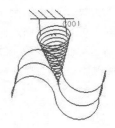

图 13-48　点在面上副

点在面上副的创建步骤如下。

（1）单击"菜单"→"插入"→"约束"→"点在面上副"命令，或单击"主页"选项卡"约束"面组上的 （点在面上副）按钮，打开图 13-49 所示的"曲面上的点"对话框。

（2）选择连杆，然后选择点和面。

（3）接受系统默认的显示比例和名称。

（4）单击"确定"按钮，生成图 13-50 所示的点在面上副。

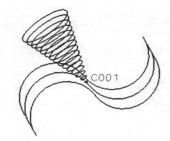

图 13-49　"曲面上的点"对话框　　　　图 13-50　点在面上副

13.5　载荷

在机构分析中可以为两个连杆间添加载荷，用于模拟构件间的弹簧、阻尼、力或力矩等。在连杆间添加的载荷不会影响机构的运动分析，仅用于动力学分析求解作用力和反作用力。系统中常用载荷包括弹簧、阻尼、力、力矩、弹性衬套和接触副等。

13.5.1　标量力

标量力（Scalar Force）是有一定大小并通过空间直线方向作用的力。标量力可以使一个物体运动，也可以给物体施加载荷形成限制物体运动的反作用力。如图 13-51 所示，物体在标量力推动下某个时间点的位置。

标量力的创建步骤如下。

（1）单击"菜单"→"插入"→"载荷"→"标量力"命令，或单击"主页"选项卡"加载"面组上的 （标量力）按钮，打开图 13-52 所示的"标量力"对话框。

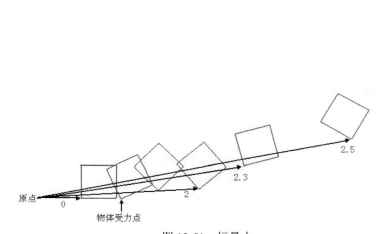

图 13-51　标量力

图 13-52　"标量力"对话框

（2）依据选择步骤在屏幕中选择第一连杆。

（3）选择标量力原点，选择第二连杆，选择标量力终点（标量力方向由起点指向终点）。

（4）设置"幅值"参数。

（5）单击"确定"按钮，完成标量力的创建。

创建标量力时的注意要点如下。

（1）标量力的方向通过它的原点和终点推动。

（2）如果需要使用反作用力，需要在"底数"选项卡选择第二个连杆。

（3）标量力的方向只是代表了初始的方向，在整个运动过程中方向是不断变化的。

（4）所有标量力、矢量力在整个分析过程中都会影响机构的运动。

13.5.2　矢量力

矢量力（Vector Force）是有一定大小和方向作用的力。与标量力一样，矢量力可以改变物体的运动状态，它和标量力的区别在于施加力的方向相对物体始终不变。矢量力有以下两种类型。

（1）分量：不需指定方位，以绝对坐标系为参照分别在 X、Y、Z 轴上输入力的大小，力的大小和方向通过各轴上的分力合成。

（2）幅值和方向：需要指定方位，以确定力在对象上的方位，因此力的大小只有一项。

矢量力的创建步骤如下。

（1）单击"菜单"→"插入"→"载荷"→"矢量力"命令，或单击"主页"选项卡"加载"面组上的  （矢量力）按钮，打开图 13-53 所示的"矢量力"对话框。

（2）用户根据需要可以为矢量力定义不同的力坐标系。在绝对坐标系中，用户应分别给定 3 个力分量，可以给定常值，也可以给定函数值。

（3）在用户定义坐标系中，用户需给定力方向。系统给定默认力名称为 G001。

创建矢量力时的注意要点如下。

矢量力和标量力在操作步骤上略有不同，不需要指出不动的原点，只需要指出施加力的点就可以了。

（1）如果要明确力的方向，请不要使用分量类型，而是使用幅值和方向。

（2）矢量力的原点是力的作用点，这是需要明确的定义。

（3）如果需要使用反作用力，需要在"底数"选项卡选择第二个连杆。

图 13-53 "矢量力"对话框

13.5.3 标量扭矩

标量扭矩只能添加在已存在的旋转副上，大小可以是常数或一函数值，正扭矩表示绕旋转轴正 Z 轴旋转，负扭矩与之相反。

标量扭矩的创建步骤如下。

（1）单击"菜单"→"插入"→"载荷"→"标量扭矩"命令，或单击"主页"选项卡"加载"面组上的  （标量扭矩）按钮，打开图 13-54 所示的"标量扭矩"对话框。

（2）为扭矩输入设定值，系统默认的标量扭矩名称为 T001。

13.5.4 矢量扭矩

图 13-54 "标量扭矩"对话框

矢量扭矩（Vector Torque）同标量扭矩一样，可使物体做旋转运动。标量扭矩只能施加在旋转副上，而矢量扭矩则是施加在连杆上，并可以定义反作用力连杆。矢量扭矩有以下两种类型。

（1）分量：可以在一个或多个轴上定义扭矩。

（2）幅值和方向：用户自定义一个轴上的扭矩。

矢量扭矩的创建步骤如下。

（1）单击"菜单"→"插入"→"载荷"→"矢量扭矩"命令，或单击"主页"选项卡"加载"面组上的 （矢量扭矩）按钮，打开图 13-55 所示的"矢量扭矩"对话框。

图 13-55　"矢量扭矩"对话框

（2）选择连杆，选择原点。

（3）单击"指定矢量"按钮，选择合适的方位。

（4）设置"幅值"参数。

（5）系统默认的矢量扭矩为 G001。

创建矢量扭矩时的注意要点如下。

（1）方位的方向或力的正负决定了对象旋转的方向。

（2）一般矢量扭矩的原点定义在对象的旋转中心。

（3）如果对象不包含旋转副，则可以使用分量类型定义矢量扭矩。

13.6　弹性链接

13.6.1　弹簧

弹簧（Spring）是一种弹性元件，如螺旋线弹簧、钟表发条、载重汽车减震钢板等。弹簧最大的特点是在受力时会发生形变，撤消力之后恢复原形状。

弹簧的弹力和形变的大小有关，形变越大弹力也就越大，形变为零弹力也为零。在 NX12 中形变有两种情况：弯曲形变和扭转形变，具体的含义如下。

（1）弯曲形变：物体弯曲时发生的形变，比如弹簧拉长或缩短。

（2）扭转形变：物体扭曲时发生的形变，比如扭转铁丝，扭转的角度越大弹力就越大。

根据胡克定律，弹力的大小 F 和弹簧的长度 X 成正比，公式为：

$$F=k \times X$$

 技巧荟萃　　k 是比例常数，为弹簧的劲度系数（在 NX 中为刚度系数），劲度系数的国际单位是 N/m。物体的弹性形变有一定的范围，超出范围后，即使撤消外力物体也不能恢复原来的样子，因此胡克定律只适用于弹性形变范围内。

弹簧的创建步骤如下。

（1）单击"菜单"→"插入"→"连接器"→"弹簧"命令，或单击"主页"选项卡"连接器"面组上的 （弹簧）按钮，打开图 13-56 所示的"弹簧"对话框。

图 13-56　"弹簧"对话框

（2）依次在屏幕中选择连杆一、原点一、连杆二和原点二，如果弹簧与机架连接，则可不选连杆二。

（3）根据需要设置好"弹簧参数"及弹簧名称，系统默认弹簧名称为 S001。

13.6.2　阻尼

阻尼是一个耗能组件，阻尼力是表示运动物体速度的函数，作用方向与物体的运动方向相反，对物体的运动起反作用。阻尼一般将连杆的机械能转化为热能或其他形式的能量，同弹簧相似，阻尼也提供了拉伸阻尼和扭转阻尼两种形式的元件。阻尼元件可添加在两连杆间或运动副中。

单击"菜单"→"插入"→"连接器"→"阻尼器"命令，或单击"主页"选项卡"连接器"面组上的 （阻尼器）按钮，打开图 13-57 所示的"阻尼器"对话框。

添加阻尼的操作步骤和弹簧相似。用户根据需要设置阻尼系数及阻尼名称。

图 13-57　"阻尼器"对话框

13.6.3　弹性衬套

弹性衬套是用来定义两个连杆之间弹性关系的对象。有两种类型的弹性衬套供用户选择，圆柱形弹性连接和一般弹性连接。圆柱形弹性连接需对径向、纵向、锥形和扭转 4 种不同运动类型分别定义刚度和阻尼两个参数，常用于由对称和均质材料构成的弹性衬套。

常规弹性连接衬套需对 6 个不同的自由度（3 个平动自由度和 3 个旋转自由度）分别定义刚度、阻尼和预装入 3 个参数。

弹性衬套的创建步骤如下。

（1）单击"菜单"→"插入"→"连接器"→"衬套"命令，或单击"主页"选项卡"连接器"面组上的 （衬套）按钮，打开图 13-58 所示的"衬套"对话框。

（2）在"类型"中选择"常规"选项。根据选择步骤在屏幕中依次选择第一连杆、第一原点、第一方位、第二连杆、第二原点和第二方位。

（3）完成以上设置后，单击"刚度""阻尼"和"执行器"标签，如图 13-59 所示，设置参数选项，用户可以直接输入参数。

图 13-58 "衬套"对话框

图 13-59 "衬套"对话框参数设置

（4）单击"确定"按钮，弹性衬套如图 13-60 所示。系统默认衬套名称为 G001。

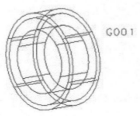

图 13-60 弹性衬套

13.7 接触单元

13.7.1 2D 接触

2D 接触定义组成曲线接触副间两杆件的接触力，通常用来表达两杆件间弹性或非弹性冲击。

单击"菜单"→"插入"→"接触"→"2D 接触"命令，打开图 13-61 所示的"2D 接触"对话框。

在选择平面曲线的过程中，若选择曲线为封闭曲线，则激活反向材料侧选项，该选项用来确定实体在曲线外侧或内侧。

"2D 接触"对话框中大部分参数同 3D 接触中的参数相同,"最多接触点数"表示两接触曲线最大点数目,取值范围为 1 ～ 32,当取值为 1 时,系统定义曲线接触区域中点为接触点。

2D 接触同线与线上副相比能更精确地描述机构的运动,运动时能定义摩擦、阻尼等,甚至还允许运转时分离。2D 接触的参数比较多,具体的含义如下。

（1）刚度:物体穿透材料时所需要的力,刚度越大材料硬度越大。

（2）刚度指数:用于计算法向力,ADAMS 解释器会使用力指数计算材料的刚度对瞬间法向力的作用。力指数必须大于 1,对于钢,一般给定 1.1 ～ 1.3。

（3）材料阻尼:代表碰撞中负影响的量。材料阻尼必须大于等于零,值越大物体跳动越小。

（4）穿透深度:用于计算法向力,定义解算器达到完全阻尼系数时的接触穿透深度。此值必须大于零,但是值很小,在 0.001 左右。

图 13-61 "2D 接触"对话框

（5）接触曲线属性:系统在每个迭代中检查的点数,软件会在下方显示曲线划分的点数,设置时一般不要大于显示的值。

13.7.2 3D 接触

3D 接触（3D Contacts）是运动仿真中的一个特征,它可以创建实体与实体之间的接触。一个物体和多个物体碰撞或接触生成的接触力和运动响应由以下 5 个因素决定。

（1）接触物体的刚度（Stiffness）:k。

（2）力指数（Force of Nonlinear Stiffness）:e。

（3）穿透深度（Penetration Depth）:x。

（4）材料阻尼（Damper）:最大阻尼系数。

（5）摩擦参数:静摩擦系数（Coefficient of Static）和动摩擦系数（Coefficient of Dynamic）。

单击"菜单"→"插入"→"接触"→"3D 接触"命令,或单击"主页"选项卡"接触"面组上的 （3D 接触）按钮,打开图 13-62 所示的"3D 接触"对话框。

对于有相对摩擦的杆件,根据两者间是否有相对运动,分别设置以下参数。

（1）静摩擦系数:取值范围在 0 ～ 1 之间,对于材料钢与钢之间无润滑时取 0.15,有润滑时取值范围在 0.1 ～ 0.12 之间。

（2）静摩擦速度:与静摩擦速度相关的滑动速度,该值一般取 0.1 左右。

（3）动摩擦:取值范围在 0 ～ 1 之间,对于材料钢与钢之

图 13-62 "3D 接触"对话框

间无润滑时取 0.15，有润滑时取值范围在 0.05 ~ 0.1 之间。

（4）动摩擦速度：与动摩擦系数相关的滑动速度。

对于不考虑摩擦的运动分析情况，可在"库仑摩擦"选项中设置"关"。3D 接触副的默认名称为 G001。

13.8 解算方案

当用户完成连杆、运动副和驱动等条件的设立后，即可以开始解算方案的创建和求解，进行运动的仿真分析。

13.8.1 解算方案设置

解算方案包括定义分析类型、解算类型，以及特定的传动副驱动类型等。用户可以根据需求对同一组连杆、运动副定义不同的解算方案。

单击"菜单"→"插入"→"解算方案"命令，或单击"主页"选项卡"解算方案"面组上的 （解算方案）按钮，打开图 13-63 所示的"解算方案"对话框。

（1）常规驱动：这种解算方案包括动力学分析和静力平衡分析，由用户设定时间和步数，在此范围内进行仿真分析解算。

（2）铰链运动驱动：在求解的后续阶段通过用户设定的传动副及定义步长进行仿真分析。

（3）电子表格驱动：用户通过 Excel 电子表格列出传动副的运动关系，系统根据输入的电子表格进行运动仿真分析。

与求解器相关的参数基本保持默认设置，解算方案默认名称为 Solution_1。

完成解算方案的设置后，进入系统求解阶段。对于不同的解算方案，求解方式不同。常规解算方案，系统直接完成求解，用户在运动分析的工具条中完成运动仿真分析的后置处理。

铰链运动驱动和电子表格驱动方案，需要用户设置传动副，定义步长和输入电子表格完成仿真分析。

图 13-63 "解算方案"对话框

13.8.2 实例——自卸车斗运动仿真之二

本实例接 13.3.5 小节内容继续进行自卸车斗运动仿真。

【绘制步骤】

1. 创建解算方案

（1）单击"主页"选项卡"解算方案"面组上的 （解算方案）按钮，打开"解算方案"对话框。

扫码看视频

（2）在"解算方案选项"选项卡中输入"时间"为"3"，"步数"为"1000"，如图 13-64 所示。单击"确定"按钮，完成解算方案。

2. 求解

单击"主页"选项卡"解算方案"面组上的 ▤（求解）按钮，求解出当前解算方案的结果，如图 13-65 所示。

图 13-64　"解算方案"对话框

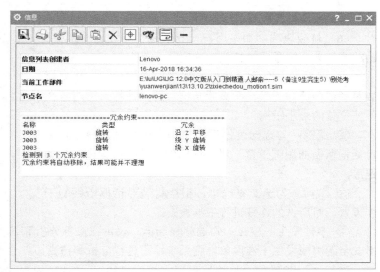

图 13-65　求解"信息"

13.9　结果输出

运动分析模块可用多种方式输出机构分析结果，如基于时间的动态仿真，基于位移的动态仿真，输出动态仿真的图像文件，输出机构分析结果的数据文件，用线图表示机构分析结果以及用电子表格输出机构分析结果等。每种输出方式均可以输出各类数据。例如，用线图输出位移图、速度或加速度图等，输出构件上标记的运动规律图，以及运动副上的作用力图。利用机构模块还可以计算构件的支承反力和动态仿真构件的受力情况。

本节主要对运动分析模块各个功能进行比较详细的介绍。

13.9.1　动画

动画是基于时间的机构动态仿真，包括静力平衡分析和静力／动力分析两类仿真分析。静力平衡分析将模型移动到平衡位置，并输出运动副上的反作用力。

单击"菜单"→"分析"→"运动"→"动画"命令，或单击"分析"选项卡"运动"面组上的 ✎（动画）按钮，打开图 13-66 所示的"动画"对话框。

（1）滑动模式：包括"时间"和"步数"两个选项，时间表示动画以时间为单位进行播放，步数表示动画以步数为单位一步一步进行连续播放。

（2）动画延时：当动画播放速度过快时，可以设置动画每帧之间间隔时间，每帧间最长延迟时间是一秒。

（3）播放模式：系统提供了 3 种播放模式，包括播放一次、循环播放和往返播放。

（4） （设计位置）：表示机构各连杆在进入仿真分析前所处的位置。

（5） （装配位置）：表示机构各连杆按运动副设置的连接关系所处的位置。

（6）封装选项：如果用户在封装操作中设置了测量、跟踪或干涉，则激活"打包"选项。

① 测量：勾选此复选框，则在动态仿真时，根据封装对话框中所做的最小距离或角度设置，计算所选对象在各帧位置的最小距离。

② 跟踪：勾选此复选框，在动态仿真时，根据封装对话框所做的跟踪设置，对所选构件或整个机构进行运动跟踪。

③ 干涉：勾选此复选框，根据封装对话框所做的干涉设置，对所选的连杆进行干涉检查。

图 13-66 "动画"对话框

④ 事件发生时停止：勾选此复选框，表示在进行分析和仿真时，如果发生测量的最小距离小于安全距离或发生干涉现象，则系统停止进行分析和仿真，并会打开提示信息。

（7） （追踪整个机构）和 （爆炸机构）：该选项根据封装对话框中的设置，对整个机构或其中某连杆进行跟踪等。包括跟踪当前位置、跟踪整个机构和机构爆炸图。跟踪当前位置将封装设置中选择的对象复制到当前位置；跟踪整个机构将跟踪整个机构所有连杆的运动到当前位置；爆炸视图用来创建和保存做铰链运动时的各个任意位置的爆炸视图。

13.9.2 XY 结果视图

当用户通过前面的动画或铰链运动对模型进行仿真分析后，还可以采用生成图表方式输出机构的分析结果。

单击"菜单"→"分析"→"运动"→"XY 结果"命令，或单击"分析"选项卡"运动"面组上的 （XY 结果）按钮，打开图 13-67 所示"XY 结果视图"面板。

（1）"名称"面板

"XY 结果视图"中显示出关于运动部件的绝对和相对的位移、速度、加速度和力。可根据需要选择正确的位移、速度、加速度和力的分量，结果如图 13-68 所示。

（2）绘制结果视图

选择好需要进行绘制结果视图操作的分量后，单击鼠标右键，打开图 13-69 所示的快捷菜单。

① 绘图：绘制分量结果视图。

② 叠加：在已绘制好的结果视图中绘制同轴类分量的结果视图。

③ 设为 X 轴：将选择的分量设置为 X 轴。

选择"绘图"命令，打开"查看窗口"对话框，接着选择绘图区域，得出结果视图。

图 13-67 "XY 结果视图"面板　　图 13-68 快捷菜单　　图 13-69 查看窗口

13.9.3 实例——自卸车斗运动仿真之三

本实例接 13.8.2 小节内容继续进行自卸车斗运动仿真。

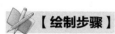

1. 动画

（1）单击"分析"选项卡"运动"面组上的（动画）按钮，打开图 13-70 所示的"动画"对话框。

（2）单击 ▶ （播放）按钮，自卸车斗的动画结果如图 13-71 所示。单击"关闭"按钮，完成自卸车斗的动画分析。

图 13-70 "动画"对话框

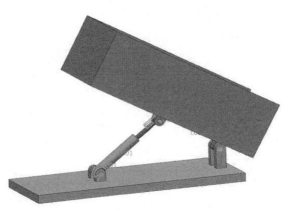

图 13-71 动画结果

2. 转速和顶起速度的图表

（1）单击"分析"选项卡"运动"面组上的 （XY 结果）按钮，打开"XY 结果视图"面板。

（2）在"运动导航器"列表框中选择 J002 或在绘图区选取。

（3）在"XY 结果视图"面板中选择"绝对"类型中的"力"类型。

（4）在"力"下拉列表中选择"力幅值"类型，如图 13-72 所示。

（5）选中"力幅值"选项并单击右键，在打开的快捷菜单中选择"绘图"，打开"查看窗口"对话框，如图 13-73 所示，单击 （新建窗口）按钮，计算出顶杆受力的图表，如图 13-74 所示。

图 13-72 "XY 结果视图"面板　　　　图 13-73 "查看窗口"对话框

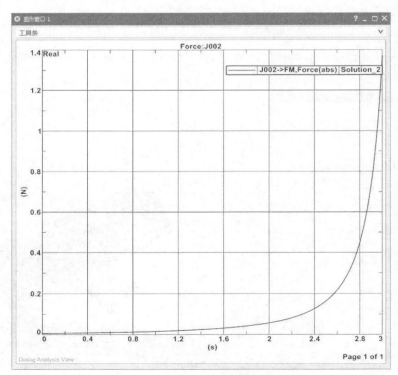

图 13-74 受力图表

13.10 综合实例——落地扇运动仿真

制作思路

在本节将讲解普通落地扇的运动仿真。落地扇通常由电动机的转轴直接带动叶片旋转，之间没有任何齿轮、传动带等，比较容易创建运动仿真。

【绘制步骤】

扫码看视频

13.10.1 运动要求及分析思路

通常，落地扇运转时除电动机带动叶片旋转外，还可以摆头。本例假设在开启控制风扇摆头的按钮的情况下进行模拟，其中风扇摆头的主动力依然是电动机，具体分析思路如下。

（1）连杆的划分。落地扇的部件从摆动轴以下都是固定不动的，头部一共有 14 个零件。相对固定零件可以合并为一个连杆，一共需要创建 6 个连杆，如图 13-75 所示。

（2）运动副的划分。根据各部件规定的动作给出对应的运动副，其中大部分连杆都需要啮合风扇的外壳。

L001 由电动机驱动，为旋转副，为了伴随风扇摆动，需要啮合 L002。

L002 为摆动的主支持，为旋转副。

L003 需固定，为固定副。

L004、L005 为旋转副，伴随外壳一起摆动。

L006 为摆动的关键部件，它需要连接 L002 和 L003，在两端都需要创建旋转副。

（3）运动的传动。落地扇通过高速旋转的电动机实现风扇周期性的摆动，期间经过了 3 次传动，需要创建的传动副如下。

L004 和 L001 之间需要创建齿轮，且为涡轮蜗杆形式，传动比为 0.1。

L005 和 L004 之间需要创建齿轮，传动比为 0.3。

L006 和 L005 之间为普通的运动副。

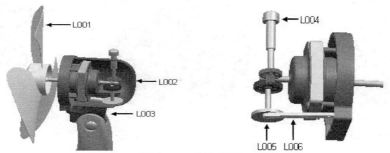

图 13-75 划分连杆

13.10.2 创建连杆

落地扇固定不动的部件可以不用设置为连杆，最终一共需要创建 6 个连杆，具体的步骤如下。

（1）启动 UG NX12，打开 yuanwenjian /13/13.10.1/dfs.prt，落地扇模型，如图 13-76 所示。

（2）单击"应用模块"选项卡"仿真"面组上的 （运动）按钮，进入运动仿真界面。

（3）在"资源导航器"中选择"运动导航器"，右击 dfs（运动仿真）按钮，新建仿真。

（4）软件自动打开"新建仿真"对话框，单击"确定"按钮，打开"环境"对话框，如图 13-77 所示。单击"确定"按钮，默认各参数，激活运动工具栏。

（5）单击"主页"选项卡"机构"面组上的 （连杆）按钮，打开"连杆"对话框，如图 13-78 所示。

图 13-76　落地扇　　　　　图 13-77　"环境"对话框　　　　　图 13-78　"连杆"对话框

（6）在视图区选择叶片为连杆 L001，如图 13-79 所示。

（7）单击"连杆"对话框的"应用"按钮，完成连杆 L001 的创建。

（8）在视图区选择外壳、电动机为连杆 L002，如图 13-80 所示。

（9）单击"连杆"对话框的"应用"按钮，完成连杆 L002 的创建。

（10）在视图区选择支柱为连杆 L003，如图 13-81 所示。

图 13-79　创建连杆 L001　　　　　图 13-80　创建连杆 L002　　　　　图 13-81　创建连杆 L003

（11）勾选"无运动副固定连杆"复选框，固定定模，如图 13-82 所示。

（12）单击"连杆"对话框的"应用"按钮，完成连杆 L003 的创建。

（13）在视图区选择摆动按钮、小齿轮为连杆 L004，如图 13-83 所示。

（14）单击"连杆"对话框的"应用"按钮，完成连杆 L004 的创建。

（15）在视图区选择大齿轮、转盘为连杆 L005，如图 13-84 所示。

（16）单击"连杆"对话框的"应用"按钮，完成连杆 L005 的创建。

（17）在视图区选择摆动杆连杆 L006，如图 13-85 所示。

（18）单击"连杆"对话框的"确定"按钮，完成连杆 L006 的创建。

图 13-82　"连杆"对话框　　图 13-83　创建连杆 L004　　图 13-84　创建连杆 L005　　图 13-85　创建连杆 L006

13.10.3　运动副

完成连杆的创建后，按照创建连杆的顺序依次创建它们的运动副。具体的步骤如下。

（1）单击"主页"选项卡"机构"面组上的 （接头）按钮，打开"运动副"对话框，如图 13-86 所示。

（2）在视图区选择连杆 L001。

（3）单击"指定原点"按钮。在视图区选择连杆 L001 转轴上的圆心点，如图 13-87 所示。

（4）单击"指定矢量"按钮。选择 L001 的柱面，使方向指向轴心。

（5）打开"底数"选项板，如图 13-88 所示。

图 13-86　"运动副"对话框　　　　图 13-87　指定原点　　　　图 13-88　"底数"选项板

（6）单击"选择连杆"按钮，在视图区选择连杆 L002，如图 13-89 所示。

（7）打开"驱动"选项卡，如图 13-90 所示。

（8）单击"旋转"下拉列表，选择"多项式"类型。

（9）在"速度"文本框输入"800"，如图 13-91 所示。

（10）单击"运动副"对话框的"确定"按钮，完成旋转副的创建。

（11）单击"主页"选项卡"机构"面组上的 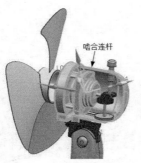（接头）按钮，打开"运动副"对话框。

图 13-89　啮合连杆　　　　图 13-90　"驱动"选项卡　　　　图 13-91　"旋转"选项

（12）在视图区选择连杆 L002。

（13）单击"指定原点"按钮。在视图区选择连杆 L002 转轴上的圆心点，如图 13-92 所示。

（14）单击"指定矢量"按钮。选择连杆 L002 转轴的柱面，如图 13-93 所示。

（15）单击"运动副"对话框的"应用"按钮，完成运动副的创建。

（16）在视图区选择齿条连杆 L004。

（17）单击"指定原点"按钮。在视图区选择 L004 的圆心点为原点，如图 13-94 所示。

（18）单击"指定矢量"按钮。选择 L004 的柱面。

（19）打开"底数"选项板。

（20）单击"选择连杆"按钮，在视图区选择连杆 L002，如图 13-95 所示。

图 13-92　指定原点　　　图 13-93　指定矢量　　　图 13-94　指定原点　　　图 13-95　啮合连杆

（21）单击"运动副"对话框的"确定"按钮，完成旋转副的创建。

（22）按照相同的步骤完成大齿轮旋转副的创建，并啮合 L002。

13.10.4　创建传动副

落地扇通过高速旋转的电动机实现风扇周期性的摆动，在运动的过程中经过了 3 次传递：涡轮蜗杆、齿轮和连杆，具体的步骤如下。

（1）为了方便选择运动副，打开"运动导航器"，如图 13-96 所示。单击所有的 ☑〵连杆（连杆）按钮，隐藏连杆模型，只显示运动副按钮，如图 13-97 所示。

（2）单击"主页"选项卡"耦合副"面组上的 🐌（齿轮耦合副）按钮，打开"齿轮耦合副"对话框，如图 13-98 所示。

图 13-96　运动导航器　　　　图 13-97　运动副按钮　　　　图 13-98　"齿轮耦合副"对话框

（3）在视图区选择第一个旋转副 J001、第二个旋转副 J003。

（4）打开"设置"选项板，在"显示比例"文本框输入"1"，如图 13-99 所示。

（5）单击"齿轮耦合副"对话框的"应用"按钮，完成涡轮蜗杆的创建，如图 13-100 所示。

图 13-99　"设置"选项卡　　　　图 13-100　创建齿轮耦合副

（6）在视图区选择第一个旋转副 J003、第二个旋转副 J004。

（7）在"显示比例"文本框输入"1"，如图 13-101 所示。

（8）单击"齿轮耦合副"对话框的"应用"按钮，完成齿轮的创建，如图 13-102 所示。

图 13-101　"设置"选项　　　　图 13-102　创建齿轮耦合副

（9）单击"主页"选项卡"机构"面组上的 🔧（接头）按钮，打开"运动副"对话框，如图 13-103 所示。

（10）在视图区选择连杆 L006。

493

（11）单击"指定原点"按钮。在视图区选择连杆 L006 转轴上的圆心点，如图 13-104 所示。

（12）单击"指定矢量"按钮。选择系统提示的坐标系 Z 轴。

（13）打开"底数"选项板，如图 13-105 所示。

图 13-103 "运动副"对话框

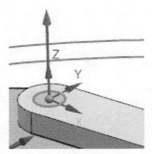

图 13-104 指定原点

图 13-105 "底数"选项板

（14）单击"选择连杆"按钮，在视图区选择连杆 L005，如图 13-106 所示。

（15）单击"运动副"对话框的"应用"按钮，完成运动副的创建。

（16）在视图区选择连杆 L006。

（17）单击"指定原点"按钮。在视图区选择连杆 L006 孔上的圆心点，如图 13-107 所示。

（18）单击"指定矢量"按钮。选择系统提示的坐标系 Z 轴，如图 13-108 所示。

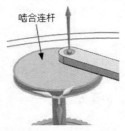

图 13-106 啮合连杆

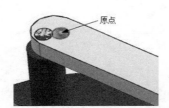

图 13-107 指定原点

图 13-108 指定矢量

（19）打开"底数"选项板。

（20）勾选"啮合连杆"复选框，激活选项，如图 13-109 所示

（21）单击"选择连杆"按钮，在视图区选择连杆 L003。

（22）单击"指定原点"按钮。在视图区选择连杆 L003 转轴的圆心点，如图 13-110 所示。

图 13-109 "底数"选项板

图 13-110 指定原点

（23）单击"指定矢量"按钮。选择系统提示的坐标系 Z 轴。

（24）单击"运动副"对话框的"确定"按钮，完成运动副的创建。

13.10.5　动画分析

完成运动副的创建，接下来解算模型的运动是否符合要求，具体步骤如下。

（1）单击"主页"选项卡"解算方案"面组上的 （解算方案）按钮，打开"解算方案"对话框。

（2）在"解算方案选项"中输入"时间"为"10"，"步数"为"1000"。

（3）勾选"按'确定'进行求解"复选框，如图 13-111 所示。

（4）单击"解算方案"对话框的"确定"按钮，完成解算方案。

（5）单击"分析"选项卡"运动"面组上的 （动画）按钮，打开"动画"对话框。

图 13-111　"解算方案"对话框

（6）单击"播放"按钮，动画分析开始，如图 13-112 所示。

（7）单击"动画"对话框的"关闭"按钮，完成动画分析。

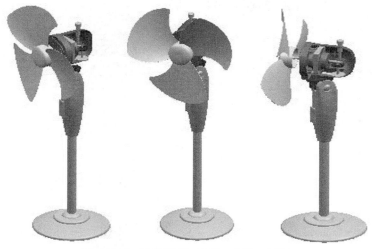

图 13-112　动画结果（0 秒、4 秒、9 秒）

第 14 章
有限元分析

/ 导读

本章主要介绍 UG NX12 有限元分析的一些基础知识和实例操作，包括建立有限元模型、模型准备，以及有限元模型的编辑、分析和查看结果等知识。

/ 知识点

- 指派材料
- 划分网格
- 单元操作与编辑
- 创建解法并分析

14.1　有限元分析过程

在 UG NX 建模模块中建立的模型称为主模型，它可以被系统中的装配、加工、工程图和高级分析等模块引用。有限元模型是在引用零件主模型的基础上建立起来的，用户可以根据需要由同一个主模型建立多个包含不同属性的有限元模型。有限元模型主要包括几何模型的信息（如对主模型进行简化后），在前后置处理后还包括材料属性信息、网格信息和分析结果等信息。

有限元模型虽然是从主模型引用而来，但在资料存储上是完全独立的，对该模型进行修改不会对主模型产生影响。

（1）在建模模块中完成需要分析的模型建模，单击"应用模块"选项卡"仿真"面组上的 （前／后处理）按钮，进入高级仿真模块。单击屏幕左侧的 （仿真导航器）按钮，在屏幕左侧打开"仿真导航器"界面，如图 14-1 所示。

（2）在"仿真导航器"中，右键单击模型名称，在打开的菜单中选择"新建 FEM 和仿真"，或单击"主页"选项卡"关联"面组上的 （新建 FEM 和仿真）按钮，打开图 14-2 所示"新建 FEM 和仿真"对话框。

图 14-1　仿真导航器　　　　　图 14-2　"新建 FEM 和仿真"对话框

（3）系统根据模型名称，默认给出有限元和仿真模型名称（模型名称：model1.prt；FEM 名称：model1_fem1.fem；仿真名称：model1_sim1.sim），用户根据需要在"求解器"下拉列表和"分析类型"下拉列表中选择合适的解算器和分析类型，单击"确定"按钮，进入"解算方案"对话框，如

图 14-3 所示。

图 14-3 "解算方案"对话框

（4）接受系统设置的各选项值（包括最大作业时间和默认温度等），单击"确定"按钮，完成创建解法的设置。这时，单击"仿真导航器"按钮，进入该界面，用户可以清楚地看到各模型间的层级关系，如图 14-4 所示。

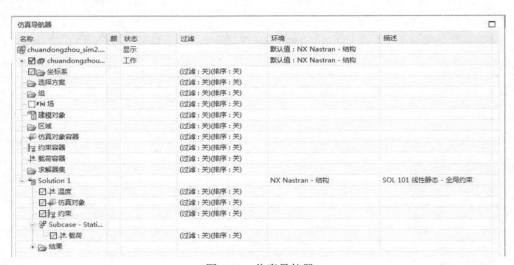

图 14-4 仿真导航器

14.2 求解器和分析类型

在建立仿真模型的过程中，用户必须了解系统提供的各项求解器和分析类型。各种类型的求解器在各自领域都有很强的优势，用户只有选择合适的求解器和分析类型才能得到最佳的分析结果。

14.2.1 求解器

UG NX 有限元模块支持多种类型的解算器，这里简要说明主要的 3 种。

（1）NX.Nastran 和 MSC.Nastran：Nastran 是美国航空航天局推出的为了满足航空航天工业对结构分析的迫切需求，主持开发的大型应用有限元程序，经过几十年发展，其较强大的功能在世界有限元方面得到注目。使用该求解器，求解对象的自由度几乎不受数量的限制，在求解各方面都有相当高的精度。其中包括 UGS 公司开发的 NX. Nastran 和 MSC 公司开发的 MSC.Nastran。

（2）ANSYS：ANSYS 求解器是由世界上较大的有限元分析软件公司 ANSYS 公司开发的，ANSYS 广泛应用于机械制造、石油化工、航空和航天等领域，是集结构、热、流体、电磁和声学于一体的通用型求解器。

（3）ABAQUS：ABAQUS 求解器在非线性求解方面有很高的求解精度，其求解对象也很广泛。

当用户选择了求解器后，分析工作被提交到所选的求解器进行求解，然后在 UG NX 中进行后置处理。

14.2.2 分析类型

UG 的分析模块主要包括以下分析类型。

（1）结构（线性静态分析）：在进行结构线性静态分析时，可以计算结构的应力、应变和位移等参数；施加的载荷包括力、力矩、温度等，其中温度主要计算热应力；可以进行线性静态轴对称分析（在"求解器环境"中选择"轴对称结构"选项）。结构线性静态分析是使用最为广泛的分析之一，UG NX 根据模型的不同和用户的需求提供极为丰富的单元类型。

（2）热（稳态热传递分析）：稳态热传递分析主要是分析稳定热载荷对系统的影响，可以计算温度、温度梯度和热流量等参数，可以进行轴对称分析。

（3）轴对称分析：如果分析模型是一个旋转体，且施加的载荷和边界约束条件仅作用在旋转半径或轴线方向，则在分析时，可采用一半或四分之一的模型进行有限元分析，这样可以大大减少单元数量，提高求解速度，而且对计算精度没有影响。

14.3 模型准备

在 UG NX 高级仿真模块中进行有限元分析，可以直接引用建立的有限元模型，也可以通过高级仿真操作简化模型，经过高级仿真处理过的仿真模型有助于网格划分，提高分析精度，缩短求解时间。

14.3.1 理想化几何体

在建立仿真模型的过程中，为模型划分网格是这一过程重要的一步。模型中有些特征，诸如小孔、圆角等对分析结果的影响并不重要，如果对包含这些不重要特征的整个模型自动划分网格，会产生数量巨大的单元，虽然得到的精度可能会高些，但在实际的工作中意义不大，而且对计算机的性能要求很高并影响求解速度。通过简化几何体可将一些不重要的细小特征从模型中去掉，而保留原模型的关键特征和用户认为需要分析的特征，缩短划分网格时间和求解时间。

（1）单击"菜单"→"插入"→"模型准备"→"理想化"命令，或单击"主页"选项卡"几何体准备"面组上的  （理想化几何体）按钮，打开图 14-5 所示的"理想化几何体"对话框。

（2）选择要简化的模型。

（3）在"自动删除特征"中选择选项。

（4）单击"确定"按钮。

图 14-5 "理想化几何体"对话框

14.3.2　移除几何特征

用户可以通过移除几何特征直接对模型进行操作，在有限元分析中对模型不重要的特征进行移除。

（1）单击"菜单"→"插入"→"模型准备"→"移除几何特征"命令，或单击"主页"选项卡"几何体准备"面组上"更多"库下的 （移除几何特征）按钮，打开图 14-6 所示的"移除几何特征"对话框。

图 14-6 "移除几何特征"对话框

（2）选择要简化的模型。

（3）在"自动删除特征"中选择选项。

（4）单击"确定"按钮，简化模型。

（5）可以直接在模型中选择单个面，也可以选择与之相关的面和区域，如添加与选择面相切的边界、相切的面以及区域。

（6）单击 ✓ （确定）按钮，完成移除特征操作。

14.3.3　实例——电动机吊座结构分析之一

👉 **制作思路**

本实例为电动机吊座的结构分析，如图 14-7 所示。首先直接打开已经建立好的模型，进行模型准备。

扫码看视频

图 14-7 吊座

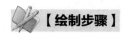 **【绘制步骤】**

1. 打开模型

（1）单击"快速访问"工具栏中的 （打开）按钮，或单击"菜单"→"文件"→"打开"命令，打开"打开"对话框。

（2）在"打开"对话框中选择目标实体目录路径和模型名称：yuanwenjian/14/diaozuo.prt。单击"OK"按钮，在 UG NX 系统中打开目标模型。

2. 进入高级仿真界面

（1）单击"应用模块"选项卡"仿真"面组上的 （前 / 后处理）按钮，进入高级仿真界面。

（2）单击屏幕左侧的"仿真导航器"，进入"仿真导航器"界面并选中模型名称，单击右键，在打开的快捷菜单中选择"新建 FEM 和仿真"选项，如图 14-8 所示，打开"新建 FEM 和仿真"对话框，如图 14-9 所示，接受系统各选项，单击"确定"按钮，打开图 14-10 所示的"解算方案"对话框。采用默认设置，单击"确定"按钮。

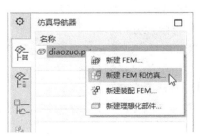

图 14-8　快捷菜单　　　　　　　图 14-9　"新建 FEM 和仿真"对话框

（3）单击屏幕左侧的"仿真导航器"，在"仿真导航器"中的"仿真文件视图"下选中 diaozuo_fem1 结点，单击右键，在打开的快捷菜单中选择"设为显示部件"选项，如图 14-11 所示，进入编辑有限元模型界面。

图 14-10 "解算方案"对话框

图 14-11 快捷菜单

14.4 指定边界条件

在有限元分析中，必须给实体模型指定一定的边界条件，然后系统才能对模型进行有限元分析求解，包括材料属性、载荷和约束等。

14.4.1 指派材料

在有限元分析中，实体模型必须赋予一定的材料，指定材料属性即是将材料的各项性能，包括物理性能或化学性能赋予模型，然后系统才能对模型进行有限元分析求解。

（1）单击"菜单"→"工具"→"材料"→"指派材料"命令，或单击"主页"选项卡"属性"面组上"更多"库下的 （指派材料）按钮，打开图 14-12 所示的"指派材料"对话框。

（2）在"材料列表"和"类型"选项卡中分别选择用户材料所需选项。

（3）若要对材料进行删除、更名、取消材料赋予的对象或更新材料库等操作，可以点击图 14-12 所示对话框下部的命令按钮。

图 14-12　"指派材料"对话框

材料的物理性能分为：各向同性、各向异性、正交各向异性和流体等。

（1）各向同性：材料的各个方向具有相同的物理特性，大多数金属材料都是各向同性的。UG NX 中列出了各向同性材料常用的物理参数表格。

（2）正交各向异性：该材料是用于壳单元的特殊各向异性材料，在模型中包含 3 个正交的材料对称平面，UG NX 中列出了正交各向异性材料常用的物理参数表格。

正交各向异性材料常用的物理参数和各向同性材料相同，但是由于正交各向异性材料在各正交方向的物理参数值不同，为方便计算，列出了材料在 3 个正交方向（X，Y，Z）的物理参数值，同时也可根据温度不同给出各参数的温度表值，建立方式同上。

（3）各向异性：材料各个方向的物理特性都不同，UG NX 中列出了各向异性材料物理参数表格。

各向异性材料由于在材料的各个方向具有不同的物理特性，不可能把每个方向的物理参数都详细列出来，用户可以根据分析需要列出材料重要的 6 个方向的物理参数值，同时也可根据温度不同给出各物理参数的温度表值。

（4）流体：在做热或流体分析时，会用到材料的流体特性，系统给出了液态水和气态空气的常用物体特性参数。

UG NX 带有常用材料物理参数的数据库，用户根据自己需要可以直接从材料库中调出相应的材料，若材料库中的材料缺少某些物理参数时，用户也可以直接给出以作为补充。

14.4.2　添加载荷

在 UG 高级分析模块中，载荷包括力、力矩、重力、压力、边界剪切、轴承载荷和离心力等，用户可以将载荷直接添加到几何模型上，载荷与作用的实体模型关联，当修改模型参数时，载荷可自动更新，而不必重新添加，在生成有限元模型时，系统通过映射关系作用到有限元模型的节点上。

载荷类型一般根据分析类型的不同包含不同的形式，在结构分析中常包括以下形式。

（1）力：力载荷可以施加到点、曲线、边和面上，符号采用单箭头表示。

（2）节点压力：节点压力载荷是垂直施加在作用对象上的，施加对象包括边界和面两种，符号采用单箭头表示。

（3）重力：重力载荷作用在整个模型上，不需用户指定，符号采用单箭头在坐标原点处表示。

（4）压力：压力载荷可以作用在面、边界和曲线上，和正压力相区别，压力可以在作用对象上指定作用方向，而不一定是垂直于作用对象的，符号采用单箭头表示。

（5）力矩：力矩载荷可以施加在边界、曲线和点上，符号采用双箭头表示。

（6）轴承：应用一个径向轴承载荷，以仿真加载条件，如滚子轴承、齿轮、凸轮和滚轮。

（7）扭矩：对圆柱的法向轴加载扭矩载荷。

（8）流体静压力：应用流体静压力载荷，以仿真每个深度静态液体处的压力。

（9）离心压力：离心压力作用在绕回转中心转动的模型上，系统默认坐标系的 Z 轴为回转中心，在添加离心力载荷时，用户需指定回转中心与坐标系的 Z 轴重合。符号采用双箭头表示。

（10）温度：温度载荷可以施加在面、边界、点、曲线和体上，符号采用单箭头表示。

在用户建立加载方案的过程中，所有添加的载荷都包含在这个加载方案中。当用户需在不同加载状况下对模型进行求解分析时，系统允许提供建立多个加载方案，并为每个加载方案提供一个名称，用户也可以自定义加载方案名称。也可以对加载方案进行复制和删除操作。

下面以添加轴承为例讲述载荷的添加过程。

（1）单击"主页"选项卡"载荷和条件"面组上"载荷类型"下的 ⚙（轴承）按钮，打开图 14-13 所示的"轴承"对话框。

（2）选择模型的外圆柱面为载荷施加面。

（3）指定载荷矢量方向。

（4）设置力的大小、力的区域角范围及分布方法。

（5）单击"确定"按钮，完成轴承载荷的加载，如图 14-14 所示。

图 14-13 "轴承"对话框

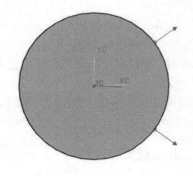

图 14-14 显示轴承载荷

在仿真模型中才能添加载荷，仿真模型系统默认名称：model1_sim1.sim。

14.4.3　添加约束

一个独立的分析模型，在不受约束的状况下，存在 3 个移动自由度和 3 个转动自由度，边界条件即是为了限制模型的某些自由度，约束模型的运动。边界条件是 UG NX 系统的参数化对象，与作用的几何对象关联。当模型进行参数化修改时，边界条件自动更新，而不必重新添加。边界条件施加在模型上，由系统映射到有限元单元的节点上，不能直接指定到单独的有限元单元上。

系统为用户提供了标准的约束类型。共有以下几类，如图 14-15 所示。

（1）用户定义约束：根据用户自身要求设置所选对象的移动和转动自由度，各自由度可以设置为固定、自由或限定幅值的运动。

（2）强制位移约束：用户可以为 6 个自由度分别设置一个运动幅值。

（3）固定约束：用户选择的对象的 6 个自由度都被约束。

（4）固定平移约束：3 个移动自由度被约束，而转动副都是自由的。

（5）固定旋转约束：3 个转动自由度被约束，而移动副都是自由的。

（6）简支约束：在选择面的法向自由度被约束，其他自由度处于自由状态。

（7）销住约束：在一个圆柱坐标系中，旋转自由度是自由的，其他自由度被约束。

（8）圆柱形约束：在一个圆柱坐标系中，用户根据需要设置径向长度、旋转角度和轴向高度 3 个值，各值可以分别设置为固定、自由和限定幅值的运动。

（9）滑块约束：在选择平面的一个方向上的自由度是自由的，其他各自由度被约束。

（10）滚子约束：对于滚子轴的移动和旋转方向是自由的，其他自由度被约束。

（11）对称约束和反对称约束。在关于轴或平面对称的实体中，用户可以提取实体模型的一半，或四分之一部分进行分析，在实体模型的分割处施加对称约束或反对称约束。

下面以添加固定约束为例讲述约束的添加过程。

（1）单击"主页"选项卡"载荷和条件"面组上的 ·（约束类型）按钮，在下拉菜单中选择"固定约束"选项，打开图 14-16 所示的"固定约束"对话框。

图 14-15　约束类型下拉菜单

图 14-16　"固定约束"对话框

（2）接受系统默认约束名称，在屏幕中选择需要进行边界条件操作的对象，单击"确定"按钮，完成约束的添加操作。

技巧荟萃　　　　在仿真模型中才能添加约束，仿真模型系统默认名称：model1_sim1.sim。

14.5　划分网格

划分网格是有限元分析的关键一步，网格划分的优劣直接影响最后的结果，甚至会影响求解是否能完成。高级分析模块为用户提供了一种直接在模型上划分网格的工具——网格生成器。使用网格生成器为模型（包括点、曲线、面和实体）建立网格单元，可以快速建立网格模型，大大减少划分网格的时间。

技巧荟萃　　　　在有限元模型中才能为模型划分网格，有限元模型系统默认名称：model1_fem1.fem。

UG NX 高级分析模块包括零维网格、一维网格、二维网格、三维网格和接触网格 5 种类型，每种类型都适用于一定的对象。

14.5.1　零维网格

零维网格用于产生集中质量点，适用于为点、线、面、实体或网格的节点处产生质量单元。
零维网格的创建步骤如下。

（1）单击"菜单"→"插入"→"网格"→"0D 网格"命令，或单击"主页"选项卡"网格"面组上的 （0D 网格）按钮，打开图 14-17 所示的"0D 网格"对话框。

（2）选择现有的单元或几何体。

（3）在"单元属性"选项板下选择单元的属性。

（4）单击"确定"按钮，完成零维网格的创建。

"0D 网格"对话框中的部分选项说明如下。

（1）类型：用于选择要在其上创建 0D 单元的几何体。包括"创建 0D 网格"和"在重心处创建集中质量"两种类型。

（2）单元属性。

类型：指定要创建的 0D 单元的类型。

图 14-17　"0D 网格"对话框

14.5.2　一维网格

一维网格单元由两个节点组成，用于对曲线和边进行网格划分（如杆和梁等）。
一维网格的创建步骤如下。

（1）单击“菜单”→“插入”→“网格”→“1D 网格”命令，或单击“主页”选项卡“网格”面组上的（1D 网格）按钮，打开“1D 网格”对话框，如图 14-18 所示。

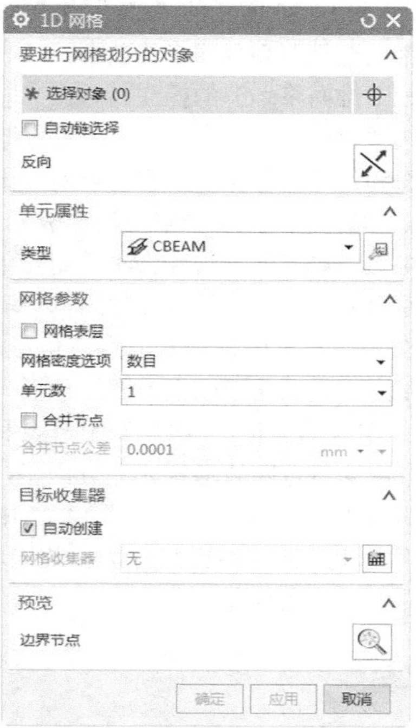

图 14-18　“1D 网格”对话框

（2）选择符合分析要求的“类型”“网格参数”和“合并节点公差”等选项。

（3）在屏幕中选择创建网格所需的曲线，单击“确定”按钮，完成一维网格的创建。

14.5.3　二维网格

二维网格包括三角形单元（3 节点或 6 节点组成）和四边形单元（4 节点或 8 节点组成），适用于对片体和壳体实体划分网格，如图 14-19 所示。注意，在使用二维网格划分网格时尽量采用正方形单元，这样分析结果会比较精确；如果无法使用正方形网格，则要保证四边形的长宽比小于 10；如果是不规则四边形，则应保证四边形的各角度在 45° ～ 135° ；在关键区域应避免使用有尖角的单元，且避免产生扭曲单元，因为对于严重的扭曲单元，UG NX 的各解算器可能无法完成求解。在使用三角形单元划分网格时，应尽量使用等边三角形单元。还应尽量避免混合使用三角形和四边形单元对模型划分网格。

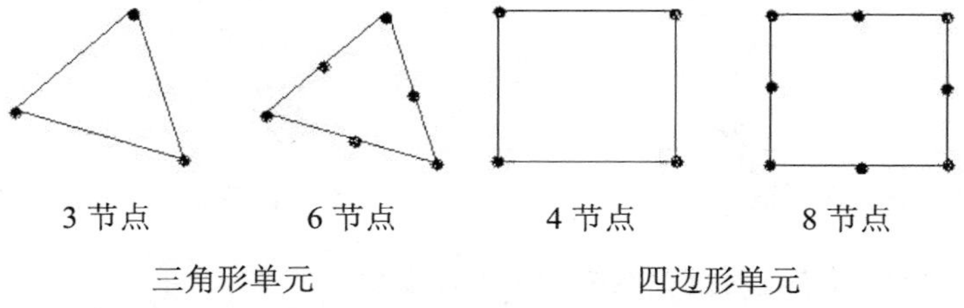

图 14-19　二维网格

二维网格的创建步骤如下。

（1）单击"菜单"→"插入"→"网格"→"2D 网格"命令，或单击"主页"选项卡"网格"面组上的◈（2D 网格）按钮，打开图 14-20 所示的"2D 网格"对话框。

（2）设置好各选项，并在屏幕上选择要划分网格的曲面。

（3）单击"确定"按钮，完成二维网格划分的操作。

"2D 网格"对话框中的部分选项说明如下。

（1）类型：二维网格可以对面和片体进行操作，也可以对二维网格进行再编辑，生成网格的类型包括 3 节点三角形板元、6 节点三角形板元、4 节点四边形板元和 8 节点四边形板元。

（2）网格参数：控制二维网格生成单元的方法和大小，用户根据需要设置大小。单元设置得小一些，分析精度便可以在一定范围内提高一些，但解算时间也会增加。

（3）网格质量选项：当在"类型"选项中选择 6 节点三角形板元或 8 节点四边形板元时，"中节点方法"选项被激活。该选项用来定义三角形板元或四边形板元中间节点的位置类型，定义中节点的类型可以是线性的，弯曲的或混合的 3 种，"线性"中节点和"弯曲"中节点，如图 14-21 和图 14-22 所示。两图中的片体均采用 4 节点四边形板元划分网格，图 14-21 中的节点为线性，网格单元边为直线，网格单元中节点可能不在曲面片体上；图 14-22 中的节点为弯曲，网格单元边为分段直线，网格单元中节点在曲面片体上。对于单元尺寸大小相同的板元，采用中节点为"弯曲的"可以更好地为片体划分网格，解算的精度也较高。

图 14-20 "2D 网格"对话框

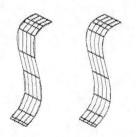

图 14-21 "线形"中节点

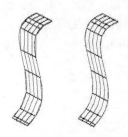

图 14-22 "弯曲"中节点

（4）网格设置：控制滑块，对过渡网格大小进行设置。

（5）模型清理选项：可设置"匹配边"，通过输入匹配边的距离公差，来判定两条边是否匹配。

当两条边的中点间距离小于用户设置的距离公差时，系统判定两条边匹配。

14.5.4 三维四面体网格

三维网格包括四面体单元（4 节点或 10 节点组成）和六面体单元（8 节点或 20 节点组成），如图 14-23 所示。10 节点四面体单元是应力单元，4 节点四面体单元是应变单元，后者刚性较高，在对模型进行三维网格划分时，使用四面体单元时应优先采用 10 节点四面体单元。

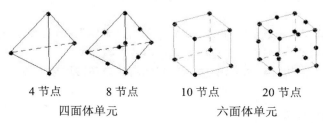

| 4 节点 | 8 节点 | 10 节点 | 20 节点 |

四面体单元　　　　　　　六面体单元

图 14-23　三维网格

图 14-24 "3D 四面体网格"对话框

3D 四面体网格常用来划分三维实体模型。不同的解算器能划分不同类型的单元，在 NX.Nastran，MSC.Nastran 和 ANSYS 解算器中都包含 4 节点四面体和 10 节点四面单元，在 ABAQUS 解算器中，三维四面体网格包含 tet4 和 tet10 两单元。

3D 四面体网格的创建步骤如下。

（1）单击"菜单"→"插入"→"网格"→"3D 四面体网格"命令，或单击"主页"选项卡"网格"面组上的 ◢（3D 四面体）按钮，打开图 14-24 所示"3D 四面体网格"对话框。

（2）设置好对话框各选项，在屏幕中选择划分网格对象。

（3）单击"确定"按钮，生成图 14-25 所示网格单元。

4 节点划分网格　　　　10 节点划分网格

图 14-25　划分网格

14.5.5 实例——电动机吊座结构分析之二

本实例接 14.3.3 小节内容继续进行电动机吊座结构分析。

扫码看视频

1. 指派材料

（1）单击"菜单"→"工具"→"材料"→"指派材料"命令，或单击"主页"选项卡"属性"面组上"更多"库下的（指派材料）按钮，打开图 14-26 所示的"指派材料"对话框。

（2）在"材料"列表框中选择"Steel"材料，单击"确定"按钮。若"材料"列表框中无用户需求的材料，可以直接在"材料"对话框中设置材料各参数。

（3）在视图中选择模型，将在图 14-26 中选择的材料赋予该模型，单击"确定"按钮，完成材料设置。

2. 创建 3D 四面体网格

（1）单击"菜单"→"插入"→"网格"→"3D 四面体网格"命令，或单击"主页"选项卡"网格"面组上的（3D 四面体）按钮，打开图 14-27 所示的"3D 四面体网格"对话框。

（2）在视图区中选择吊座模型，选择单元属性类型为"CTETRA（10）"，在"单元大小"文本框中输入"30"，选择"中节点方法"为"混合"，在"雅可比"文本框中输入"30"，其他采用默认设置。

图 14-26 "指派材料"对话框

图 14-27 "3D 四面体网格"对话框

（3）单击"确定"按钮，开始划分网格。生成图 14-28 所示有限元模型。

3．施加约束

（1）在"仿真文件视图"中选择"diaozuo_sim1"的结点，单击右键，在打开的快捷菜单中选择"设为显示部件"选项，如图 14-29 所示，进入仿真模型界面。

（2）单击"主页"选项卡"载荷和条件"面组上的 ·（约束类型）按钮，并在下拉菜单中选择 （固定约束）选项，打开图 14-30 所示的"固定约束"对话框。

图 14-28　有限元模型

图 14-29　快捷菜单

图 14-30　"固定约束"对话框

（3）在视图中选择吊座底面为需要施加约束的模型面，如图 14-31 所示，单击"确定"按钮，完成约束的设置。

4．添加力

（1）单击"主页"选项卡"载荷和条件"面组上的 （载荷类型）按钮，并在下拉菜单中选择 （力）选项，打开图 14-32 所示的"力"对话框。

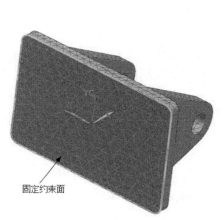

固定约束面

图 14-31　施加约束

图 14-32　"力"对话框

（2）在视图中选择孔的内表面为施加力的对象，如图 14-33 所示。

（3）在"幅值"选项板的"力"文本框中输入"600000"。

（4）在"方法"下拉列表中选择"沿矢量"选项，选择"－YC轴"为力的方向。

（5）单击"确定"按钮，完成力的设置，如图14-34所示。

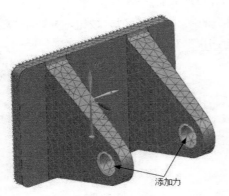

图 14-33　添加扭矩　　　　　　　图 14-34　完成扭矩的添加

14.6　单元操作与编辑

对于已产生网格单元的模型，如果生成的网格不合适，可以对不合适的单元和节点进行编辑，即对二维网格进行拉伸和旋转等操作。该功能是在有限元模型界面中操作的（文件名称为 * _fem1. fem）。

14.6.1　单元操作

单元操作包括单元创建、单元拉伸、单元复制和平移等。

1. 单元创建

单元创建操作可以在模型已有节点的情况下，生成零维、一维、二维或三维单元。单元创建的操作步骤如下。

（1）单击"菜单"→"插入"→"单元"→"创建"命令，或单击"节点和单元"选项卡"单元"面组上的 ⊞（单元创建）按钮，打开图14-35所示的"单元创建"对话框。

（2）在"单元族"下拉列表中选择要生成的单元族和单元类型，依次选择各节点，系统自动生成规定单元。

（3）单击"关闭"按钮，完成单元创建操作。

2. 单元拉伸

单元拉伸操作可对面单元或线单元进行拉伸，创建新的三维单元或二维单元。单元拉伸的操作步骤如下。

（1）单击"菜单"→"插入"→"单元"→"拉伸"命令，或单击"节点和单元"选项卡"单元"面组上的 ⊞（拉伸）按钮，

图 14-35　"单元创建"对话框

打开图 14-36 所示"单元拉伸"对话框。

（2）在"类型"下拉列表中选择"单元面"，选择屏幕中任意一个二维单元，在"副本数"选项板输入需要创建的拉伸单元数量；在"方向"下拉列表中选择拉伸的方向。

（3）在"距离"选项板中选择"每个副本"，输入距离值。

（4）"扭曲角"表示拉伸的单元按指定的点扭转一定的角度，"指定点"选择圆弧的中心点，输入角度值。

（5）单击"确定"按钮，完成单元拉伸操作，如图 14-37 所示。

图 14-36　"单元拉伸"对话框

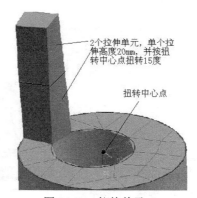

2个拉伸单元，单个拉伸高度20mm，并按扭转中心点扭转15度

扭转中心点

图 14-37　拉伸单元

3. 单元旋转

单元旋转操作可将面或线单元绕某一矢量旋转一定角度，在原面或线单元和旋转到达新的位置的面或线单元之间形成新的三维或二维单元。单元旋转的操作步骤如下。

（1）单击"菜单"→"插入"→"单元"→"旋转"命令，或单击"节点和单元"选项卡"单元"面组上的 ⬙（旋转）按钮，打开图 14-38 所示的"单元旋转"对话框。

（2）选择"单元面"类型，选择屏幕中任意一个二维单元，在"副本数"选项板中输入需要创建的拉伸单元数量；指定矢量，选择圆弧中心点为回转轴位置点。

（3）在"角度"选项板选择"每个副本"，输入角度值。

（4）单击"确定"按钮，完成单元旋转操作，如图 14-39 所示。

4. 单元复制和平移

单元复制和平移操作可完成对零维、一维、二维和三维单元的复制和平移。单元复制和平移的操作步骤如下。

（1）单击"菜单"→"插入"→"单元"→"复制和平移"命令，或单击"节点和单元"选项卡"单元"面组上的 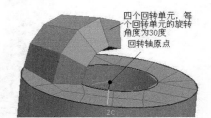（平移）按钮，打开图 14-40 所示的"单元复制和平移"对话框。

（2）选择"单元面"单元类型，选择屏幕中任意一个二维单元，在"副本数"文本框中输入需要创建的复制单元数量；在"方向"下拉列表中选择"有方位"，在"坐标系"下拉列表中选择"全局坐标系"，在"距离"选项板中选择"每个副本"，设置参数。

（3）单击"确定"按钮，完成单元复制和平移操作。

四个回转单元，每个回转单元的旋转角度为30度
回转轴原点

图 14-38　"单元旋转"对话框　　图 14-39　旋转单元　　图 14-40　"单元复制和平移"对话框

5. 单元复制和投影

单元复制和投影操作可将一维或二维单元在指定曲面投影，并在投影面生成新的单元。

"目标投影面"选项板中的"曲面的偏置百分比"表示指定单元的偏置距离相对于原始面与目标面之间距离的百分比。

单元复制和投影的操作步骤如下。

（1）单击"菜单"→"插入"→"单元"→"复制和投影"命令，或单击"节点和单元"选项卡"单元"面组上的 （投影）按钮，打开图 14-41 所示的"单元复制和投影"对话框。

（2）在"类型"下拉列表中选择"单元面"，根据选择步骤选择下底面为投影面；在"方向"选项板中选择"单元法向"，并单击"反向"按钮，使投影方向矢量指向投影目标面。

（3）单击"确定"按钮，完成单元复制和投影操作，如图 14-42 所示。

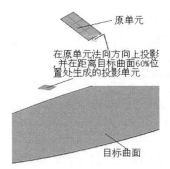

图 14-41　"单元复制和投影"对话框　　　　图 14-42　复制和投影单元

14.6.2　单元编辑

单元编辑包括创建拆分壳、合并三角形、移动节点和删除单元等。

1. 拆分壳

拆分壳操作可将选择的四边形分为多个单元（包括 2 个三角形，3 个三角形、2 个四边形、3 个四边形、4 个四边形和按线分割多种形式）。拆分壳的操作步骤如下。

（1）单击"菜单"→"编辑"→"单元"→"拆分壳"命令，或单击"节点和单元"选项卡"单元"面组上"更多"库下的 ◇（拆分壳）按钮，打开图 14-43 所示的"拆分壳"对话框。

（2）在"类型"下拉列表中选择"四边形分为 2 个三角形"，然后选择系统中任意四边形单元，系统自动生成两个三角形单元，单击对话框中的 ✕（翻转分割线）按钮，系统变换对角分割线，生成不同形式的 2 个三角形单元。

（3）单击"确定"按钮，生成图 14-44 所示的三角形单元。

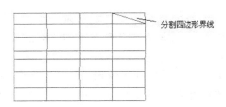

图 14-43　"拆分壳"对话框　　　　图 14-44　生成三角形单元

2. 合并三角形

合并三角形操作可将模型两个临近的三角形单元合并到四边形单元中。合并三角形的操作步骤如下。

（1）单击"菜单"→"编辑"→"单元"→"合并三角形"命令，或单击"节点和单元"选项卡"单元"面组上"更多"库下的（合并三角形）按钮，打开图 14-45 所示的"合并三角形"对话框。

（2）按选择步骤依次选择两相邻三角形单元。

（3）单击"确定"按钮，完成操作。

3. 移动节点

移动节点操作可将单元中一个节点移动到面上或网格的另一节点上。移动节点的操作步骤如下。

（1）单击"菜单"→"编辑"→"节点"→"移动"命令，或单击"节点和单元"选项卡"节点"面组上"更多"库下的（移动）按钮，打开图 14-46 所示"移动节点"对话框。

图 14-45 "合并三角形"对话框

图 14-46 "移动节点"对话框

（2）根据选择步骤依次在屏幕上选择"源节点"和"目标节点"。

（3）单击"确定"按钮完成移动节点操作，如图 14-47 所示。

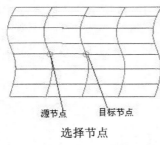

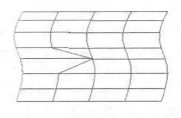

源节点　目标节点

选择节点　　　　　　　　　　生成图形

图 14-47 "移动节点"示意图

4. 删除单元

系统对模型划分网格后，若对某些单元感到不满意，可以直接进行删除单元操作，将不满意的单元删除。删除单元的操作步骤如下。

（1）单击"菜单"→"编辑"→"单元"→"删除"命令，或单击"节点和单元"选项卡"单元"面组上"更多"库下的（删除）按钮，打开图 14-48 所示的"单元删除"对话框。

图 14-48 "单元删除"对话框

（2）选择需删除的单元。

（3）单击"确定"按钮完成删除操作。

对于网格中的孤立节点，用户可以选中对话框中的"删除孤立节点"选项，一起完成删除操作。

14.7　创建解法并分析

在完成有限元模型和仿真模型的建立后，用户可以在仿真模型中（*_sim1.sim）进入分析求解阶段。

14.7.1　解算方案

单击"菜单"→"插入"→"解算方案"命令，或单击"主页"选项卡"解算方案"面组上的 （解算方案）按钮，打开图 14-49 所示的"解算方案"对话框。

图 14-49　"解算方案"对话框

根据用户需要，选择解算方案的名称、求解器、分析类型和解算类型等。一般根据不同的求解器和分析类型，"解算方案"对话框会有不同的选项。"解算类型"下拉列表中有多种类型，一般采用系统自动选择的最优算法。在"SOL 101 线性静态 – 全局约束"选项板中可以设置最长作业时间和估算温度等参数。

用户可以选定解算完成后的结果输出选项。

14.7.2　求解

单击"菜单"→"分析"→"求解"命令，或单击"主页"选项卡"解算方案"面组上的 （求解）按钮，打开图 14-50 所示的"求解"对话框。

"求解"对话框中的选项说明如下。

（1）提交：包括"求解""写入求解器输入文件""求解输入文件"和"写、编辑并求解输入文件"4 个选项。在有限元模型前置处理完成后，一般直接选择"求解"选项。

（2）编辑解算方案属性：单击该按钮，打开图 14-51 所示的"解算方案"对话框，该对话框包含"常规""文件管理"和"执行控制"等 6 个选项。

（3）编辑求解器参数：单击该按钮，打开图 14-52 所示的"求解器参数"对话框。该对话框为当前求解器建立一个临时目录。完成各选项后，直接单击"确定"按钮，程序开始求解。

图 14-50　"求解"对话框

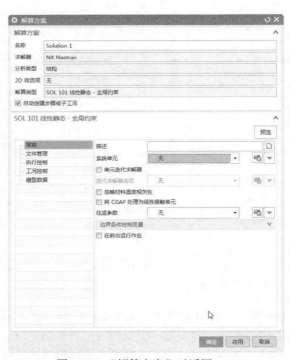

图 14-51　"解算方案"对话框

图 14-52　"求解器参数"对话框

14.7.3　分析作业监视

分析作业监视可以在分析完成后查看分析任务信息和检查分析质量。

单击"菜单"→"分析"→"分析作业监视"命令，或单击"主页"选项卡"解算方案"面组上的 （分析作业监视）按钮，打开图 14-53 所示的"分析作业监视"对话框。

"分析作业监视"对话框选项说明如下。

（1）分析作业信息：在图 14-53 所示的对话框中选中列表中的完成项，单击"分析作业信息"按钮，打开图 14-54 所示的"信息"对话框。

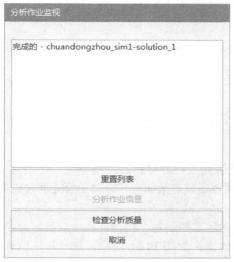

图 14-53　"分析作业监视"对话框

图 14-54　"信息"对话框

"信息"对话框中列出与分析模型有关的信息，包括日期、信息列表创建者、节点名，若采用适应性求解，会给出自适应有关参数等信息。

（2）检查分析质量：对分析结果进行综合评定，给出整个模型求解置信水平，用户可决定是否对模型进行更加精细的网格划分。

14.7.4　实例——电动机吊座结构分析之三

图 14-55　"求解"对话框

本实例接 14.5.5 小节内容继续进行电动机吊座结构分析。

（1）单击"主页"选项卡"解算方案"面组上的 （求解）按钮，或单击"菜单"→"分析"→"求解"命令，打开图 14-55 所示的"求解"对话框。

扫码看视频

（2）单击"确定"按钮，打开图 14-56 所示的"Solution Monitor"对话框和图 14-57 所示的"分析作业监视"对话框。

（3）单击"关闭"和"取消"按钮，完成求解过程。

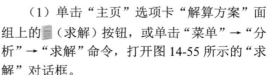

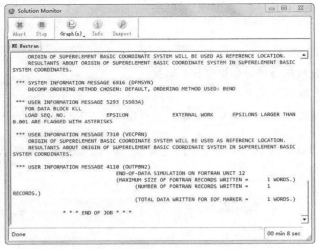

图 14-56 "Solution Monitor" 对话框

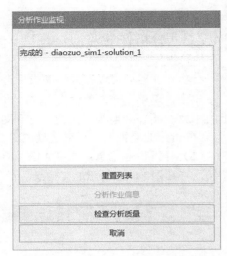

图 14-57 "分析作业监视" 对话框

14.8 后处理控制

后处理控制对有限元分析来说是重要的一步，当求解完成后，得到的数据非常多，如何从中选出对用户有用的数据，数据以何种形式表达出来，都需要通过对数据进行合理的后处理来实现。

UG NX 高级分析模块提供了较完整的后处理方式。

在求解完成后，进入后处理选项，就可以激活后处理环节控制各个操作。在"后处理导航器"中可以看见在"已导入的结果"选项下激活了各种求解结果，如图 14-58 所示。选择不同的选项，在屏幕中出现不同的结果。

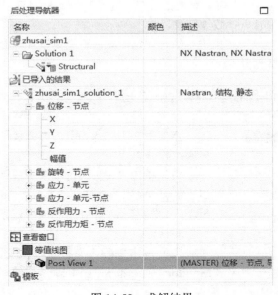

图 14-58 求解结果

14.8.1 后处理视图

　　视图是最直观的数据表达形式，在 UG NX 高级分析模块中，一般通过不同形式的视图表达结果。通过视图，用户能很容易地识别最大变形量、最大应变和应力等在图形中的具体位置。

　　单击"结果"选项卡"后处理视图"面组上的 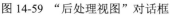（编辑后处理视图）按钮，打开图 14-59 所示的"后处理视图"对话框。

　　"后处理视图"对话框中的选项说明如下。

　　（1）颜色显示：系统为分析模型提供了 9 种类型的显示方式，包括光顺、分段、等值线、等值曲面、箭头、球体、立方体、流线和张量。图 14-60 所示为用例图形式表示的 7 种模型分析结果图形显示方式。

图 14-59 "后处理视图"对话框

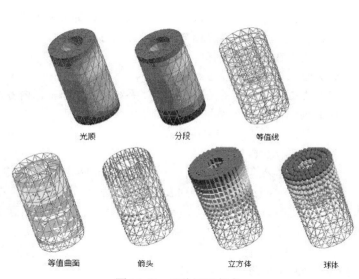

图 14-60 7 种显示方式

　　（2）变形：表示是否用变形的模型视图来表达结果。

　　（3）显示于：有 3 种方式，分别为切割平面、自由面和空间体。

　　切割平面选项定义一个平面对模型进行切割，用户通过该选项可以参看模型内部切割平面处的数据结果。单击后面的"选项"按钮，打开"切割平面"对话框，如图 14-61 所示。对话框各选项含义如下。

　　（1）剪切侧：包括"正的""负的"和"两者"选项。

　　① 正的：显示切削平面上部分模型

　　② 负的：显示切削平面下部分模型

　　③ 两者：显示切削平面与模型接触平面的模型。

　　（2）切割平面：将切割平面定义一个相对于指定坐标系轴的曲面。

　　如图 14-62 所示，按照"光顺"颜色显示方式，并定义切割平面为 *XC-YC* 面偏移 *60mm*，且以

"两者"的剪切侧方式显示视图。

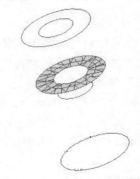

图 14-61 "切割平面"对话框　　　　图 14-62 定义 XC-YC 面为切割平面

14.8.2 标识

通过标识操作，可以直接在模型视图中选择感兴趣的节点，得到相应的结果信息。

系统提供了 5 种选取目标节点或单元的方式。

（1）直接在模型中选择。

（2）输入节点或单元号。

（3）根据用户输入的结果值范围，系统自动给出范围内各节点。

（4）列出 N 个最大结果值节点。

（5）列出 N 个最小结果值节点。

标识的操作步骤如下。

（1）单击"菜单"→"工具"→"结果"→"标识"命令，打开图 14-63 所示的"标识"对话框。

（2）在"节点结果"下拉列表中选择"从模型中选取"，在模型中选择感兴趣的区域节点，当选中多个节点时，系统就自动判定选择的多个节点的结果的最大值和最小值，并进行总和与平均计算，显示最大值和最小值的 ID 号。

（3）单击 ⓘ（在信息窗口中列出选择内容）按钮，打开"信息"对话框，该信息框详细显示各被选中节点的信息，如图 14-64 所示。

图 14-63 "标识"对话框　　　　图 14-64 "信息"对话框

14.8.3　动画

动画操作可模拟模型受力变形的情况，通过放大变形量使用户清楚地了解模型发生的变化。

单击"结果"选项卡"动画"面组上的 （动画）按钮，打开图 14-65 所示"动画"对话框。

动画依据不同的分析类型，可以模拟不同的变化过程，在结构分析中可以模拟变形过程。用户可以通过设置较多的帧数来描述变化过程。设置完成后，可以单击动画设置中的 ▶（播放）按钮，此时屏幕中的模型动画显示变形过程。用户还可以通过单步播放、后退、暂停和停止功能对动画进行控制。

图 14-65　"动画"对话框

14.8.4　实例——电动机吊座结构分析之四

本实例接 14.7.4 小节内容继续进行电动机吊座结构分析。

（1）单击"后处理导航器"，在打开的"后处理导航器"中选择"已导入的结果"，右键单击，在打开的快捷菜单中选择"导入结果"选项，如图 14-66 所示，系统打开"导入结果"对话框，如图 14-67 所示，单击 （浏览）按钮，打开"导入结果文件"对话框，在对话框中选择结果文件，如图 14-68 所示，单击"OK"按钮，返回到"导入结果"对话框，采用默认设置，单击"确定"按钮，系统激活后处理工具。

扫码看视频

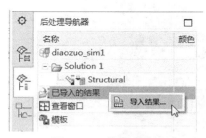

图 14-66　快捷菜单

图 14-67　"导入结果"对话框

（2）在"后处理导航器"中单击"diaozuo_sim1_solution_1"→"应力 - 单元"节点，选择"Von Mises"并单击右键，在打开的快捷菜单中选择"绘图"选项，如图 14-69 所示，云图显示有限元模型的应力情况，如图 14-70 所示。

图 14-68 "导入结果文件"对话框

图 14-69 快捷菜单

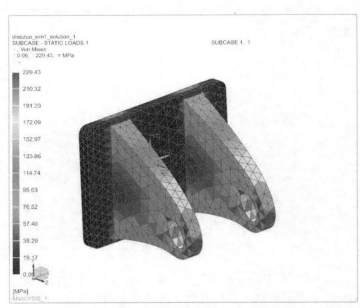

图 14-70 应力云图

14.9　综合实例——传动轴有限元分析

制作思路

　　本实例为传动轴（如图 14-71 所示）的有限元分析，可以直接打开已经建立好的模型，然后为模型指定材料进行网格的划分，之后为传动轴添加约束和扭矩就可以进行求解操作了。求解之后进行后处理操作，导出分析报告。

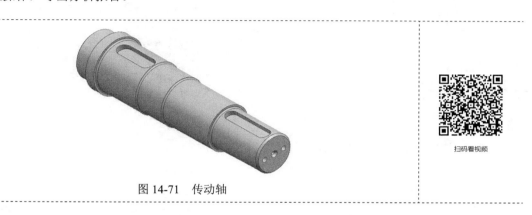

扫码看视频

图 14-71　传动轴

【绘制步骤】

1. 打开模型

　　（1）单击"快速访问"工具栏中的 ⬚（打开）按钮，或单击"菜单"→"文件"→"打开"命令，打开"打开"对话框。

　　（2）在"打开"对话框中选择目标实体目录路径和模型名称：yuanwenjian /14/chuandongzhou. prt。单击"OK"按钮，在 UG NX 系统中打开目标模型。

2. 进入高级仿真界面

　　（1）单击"应用模块"选项卡"仿真"面组上的 ⬚（前 / 后处理）按钮，进入高级仿真界面。

　　（2）单击屏幕左侧"仿真导航器"，进入"仿真导航器"界面并选中模型名称，单击右键，在打开的快捷菜单中选择"新建 FEM 和仿真"选项，如图 14-72 所示，打开"新建 FEM 和仿真"对话框，如图 14-73 所示，接受系统各选项，单击"确定"按钮，打开图 14-74 所示的"解算方案"对话框。采用默认设置，单击"确定"按钮。

图 14-72　快捷菜单

图 14-73 "新建 FEM 和仿真"对话框

图 14-74 "解算方案"对话框

（3）单击屏幕左侧"仿真导航器"，在"仿真导航器"中的"仿真文件视图"下选中"chuandongzhou_fem1"结点，单击右键，在打开的快捷菜单中选择"设为显示部件"选项，如图 14-75 所示，进入编辑有限元模型界面。

3. 指派材料

（1）单击"菜单"→"工具"→"材料"→"指派材料"命令，或单击"主页"选项卡"属性"面组"更多"库"材料"库下的 📎（指派材料）按钮，打开图 14-76所示的"指派材料"对话框。

（2）在"材料"列表中选择"Steel"材料，单击"确定"按钮。若材料列表中无用户需求的材料，可以直接在材料对话框中设置材料各参数。

（3）在屏幕上选择模型，将在图 14-76 中选择的材料赋予该模型，单击"确定"按钮，完成材料设置。

4. 创建 3D 四面体网格

（1）单击"菜单"→"插入"→"网格"→"3D四面体网格"命令，或单击"主页"选项卡"网格"面

图 14-75 快捷菜单

组上的 ◁ （3D 四面体）按钮，打开图 14-77 所示的 "3D 四面体网格" 对话框。

图 14-76 "指派材料" 对话框

图 14-77 "3D 四面体网格" 对话框

（2）在视图区中选择传动轴模型，选择单元属性类型为 "CTETRA（10）"，输入 "单元大小" 为 "10"，"雅可比" 为 "20"，其他采用默认设置。

（3）单击 "确定" 按钮，开始划分网格。生成图 14-78 所示有限元模型。

5. 施加约束

（1）在 "仿真文件视图" 中选择 "chuandongzhou_sim1" 结点，单击右键，并选择 "设为显示部件"，如图 14-79 所示，进入仿真模型界面。

（2）单击 "主页" 选项卡 "载荷和条件" 面组上的 🖳（固

图 14-78 有限元模型图

定约束）按钮，打开图 14-80 所示的"固定约束"对话框。

（3）在视图中选择需要施加约束的模型面，如图 14-81 所示，单击"确定"按钮，完成约束的设置。

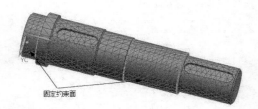

图 14-79　快捷菜单　　　　图 14-80　"固定约束"对话框　　　　图 14-81　施加约束

6. 添加扭矩 1

（1）单击"主页"选项卡"载荷和条件"面组上的 （扭矩）按钮，打开图 14-82 所示的"扭矩"对话框。

（2）在视图中选择第一个键槽的圆柱面为施加扭矩的对象，如图 14-83 所示。

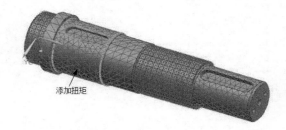

图 14-82　"扭矩"对话框　　　　　　图 14-83　添加扭矩

（3）在"幅值"选项板输入"扭矩"为"3900"。

（4）单击"确定"按钮，完成扭矩的设置，如图 14-84 所示。

7. 添加扭矩 2

（1）单击"主页"选项卡"载荷和条件"面组上的 （扭矩）按钮，打开"扭矩"对话框。

（2）在视图中选择第二个键槽的圆柱面为施加扭矩的对象，如图 14-85 所示。

图 14-84　完成第一个扭矩的添加　　　　图 14-85　添加扭矩

（3）在"幅值"选项板输入"扭矩"为"-3900"。

（4）单击"确定"按钮，完成扭矩的设置，如图 14-86 所示。

8. 求解

（1）单击"菜单"→"分析"→"求解"命令，或单击"主页"选项卡"解算方案"面组上的 （求解）按钮，打开图 14-87 所示的"求解"对话框。

图 14-86 完成扭矩的添加 图 14-87 "求解"对话框

（2）单击"确定"按钮，打开图 14-88 所示的"Solution Monitor"对话框和图 14-89 所示的"分析作业监视"对话框。

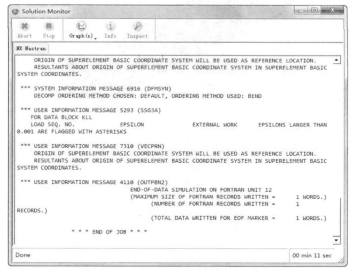

图 14-88 "Solution Monitor"对话框 图 14-89 "分析作业监视"对话框

（3）单击"关闭"和"取消"按钮，完成求解过程。

9. 云图

（1）单击"后处理导航器"，在打开的"后处理导航器"中选择"已导入的结果"，右键单击，选择"导入结果"选项，如图 14-90 所示，系统打开"导入结果"对话框，如图 14-91 所示，在用户硬盘中选择结果文件，单击"确定"按钮，系统激活后处理工具。

图 14-90　快捷菜单

图 14-91　"导入结果"对话框

（2）在屏幕右侧"后处理导航器"中选择"已导入的结果"选项，选择"应力 - 单元"节点，选择"Von Mises"并单击右键，在打开的快捷菜单中选择"绘图"选项，如图 14-92 所示，云图显示有限元模型的应力情况，如图 14-93 所示。

图 14-92　快捷菜单

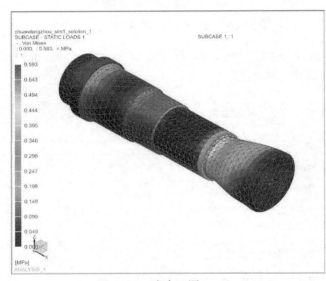

图 14-93　应力云图

（3）在屏幕右侧"后处理导航器"中选择"已导入的结果"选项，双击"位移 - 节点"节点，云图显示有限元模型的位移情况，如图 14-94 所示。

10．报告

（1）单击"菜单"→"工具"→"创建报告"命令，或单击"主页"选项卡"解算方案"面组上的 （创建报告）按钮，打开"在站点中显示模板文件"对话框，选择其中的一个模板，单击"OK"按钮，系统根据整个分析过程，创建一份完整的分析报告。

（2）在"仿真导航器"中选中报告，单击右键，在打开的快捷菜单中选择"发布报告"选项，如图 14-95 所示，打开"指定新的报告文档名称"对话框，输入文档名称，单击"OK"按钮进行报告文档的保存，系统显示上述创建的报告，如图 14-96 所示。至此，整个分析过程结束。

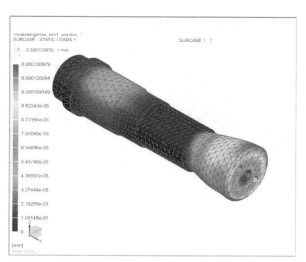

图 14-94　位移云图

图 14-95　"发布报告"快捷菜单

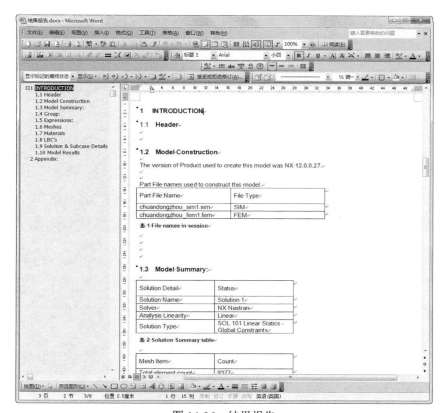

图 14-96　结果报告